개정판

통계수학

Statistical Mathematics

정윤식

自由아카데미

이 책을 이 자리에 있기까지

용기와 희망을 주신

부모님(鄭彰億, 金熙玉님)에게 드립니다.

머 리 말

이 책은 대학 1년의 미적분 과정을 이수하고 해석학의 이론적 기초를 공부하려는 통계학전공 학생을 위한 교재로 엮은 것이다. 해석학이란 계산위주의 문제 풀이가 강조되는 초등 미・적분학과는 아주 다르게 개념적이고 엄밀한 이론 전개가 강조되는 특성 때문에 이를 이해하고자 하는 학생들은 그것들의 개념을 정확히 파악하고 활용하는데 많은 어려움을 갖고 있다. 본 저자는 이러한 학생들의 어려움을 충분히 감안하여 지난 십여년간 통계수학을 강의하면서 얻은 경험을 토대로 초등 미적분학을 마친 학생이면 누구나 쉽게 해석학의 기본 개념과 이론을 이해하고, 이러한 것들이 통계학에 어떻게 접목되는가를 자세히 설명하였다.

17세기에 가장 빛나는 수학의 발전은 뉴톤(Newton, 1642-1727)과 라이프니츠(Leibniz, 1646-1716)의 미・적분학의 발명이다. 그 이래, 원리적으로 양적인 언어로써 사용되는 과학의 모든 분야에서 매우 중요한 역할을 하고 있다. 특히, 현대과학적 접근을 요구하는 거의 모든 분야에서 미적분학의 충분한 지식은 필수적인 도구인 것이다.

통계학 분야에서의 해석학(또는 고등 미・적분학)은 통계적 방법론을 강조하는 기본적 이론의 발달에 필수적이며 생산적인 역할을 해오고 있다. 특히 지난 삼십년간 통계학의 급속한 성장에 고등미적분의 지식은 통계학분야의 최신 발전된 연구를 이해하기 위하여 필연적인 도구가 되어 가고 있다. 통계학 분야의 연구자들뿐만이 아니라 학생들도 새로운 통계적 방법론의 출현에 의하여 나타난 복잡성에 대응하기 위해서는 적당한 정도의 수학적 이론을 습득하여야만 한다. 이러한 점에 근거하여 이 책은 다음의 구체적인 목적을 갖고 구성되었다. 통계학의 기본 개념을 갖고 있는 학부학생 또는 통계학을 전공하고자 하는 첫 학기 대학원생들에게 고등 미・적분학의 기본 개념을 제공하고자 한다. 대부분의 학생들은 두 세 개의 미・적분학 과목을 이수하여 얻은 수학적 훈련을 갖고 있다. 그러나 일반적으로, 그 들은 통계학의 전공 학위를 추구하기 위한 준비가 잘 되어 있지 않기 때문에 이 책을 통한 그 들의 수학적 훈련으로 통계학과 해석학간의 간격을 좁히고 또한, 그 들에게 통계학 대학원에서 필요로 하는 고등 미적분 도구를 무장시키고자 구성되었다. 이 것은 대학원 통계학에서 필요로 하는 더 발전된 고등 수학을 하기 위한 기본적인 준비를 제공한다.

이 책의 특징은 다음과 같다. 첫째, 새로운 개념이 소개되면 그 개념을 정확히 표현할 수 있도록 여러 가지 예를 제시하였으며, 또한 주의를 만들어 잘못 이해할 수 있는 부분을 강조한다. 둘째, 정리의 증명은 가능한 평이하게 소개하고, 정리의 중요성을 강조하기 위해 주의를 만들어 설명하였다. 마지막으로, 각 장의 마지막 절에 통계학에서의 응용 분야를 서술하였다. 이러한 응용들의 목적은 통계학 분야에서의 관련성을 보임으로써 고등 미적분에 대한 배움의 필요성을 더욱 동기화 할 수 있다.

이 책은 모두 10장으로 구성되었다. 1장은 집합론의 기본 이론을 소개하며, 2장은 실수계를 설명한다. 3장은 수열과 함수의 극한을 소개하고, 무한 급수의 이론들을 포함한다. 함수의 연속성은 4장에 서술한다. 5장은 함수의 미분을 설명하고, 일 변수 적분은 6장에서 논한다. 7장은 함수의 수열 및 무한 급수의 수렴성을 연구한다. 8장은 앞장에서 소개된 방법들을 이용한 함수의 근사 방법을 연구한다. 9장은 푸리에 급수를 소개하고 있으며, 다중함수의 미적분은 10장에서 연구한다. 특히 이 장에서는 다중함수의 극한, 연속성, 미분 및 적분의 개념을 확장한다. 마지막으로 11장은 통계학에서 많이 사용되어지는 특별한 함수들을 소개한다.

이 책을 출판함에 있어서 필자의 능력 부족으로 인하여 이론의 전개나 증명의 표현에 부족한 점이 많은 부분에서 나타날 것으로 생각된다. 이 책을 이용하는 독자들의 따듯한 조언과 매서운 질타를 받아드리고자 하니 부족한 점을 지적해 주길 기대한다. 이 들을 바탕으로 계속 보완하고 수정하여 발전시킬 것을 약속한다.(http://stat.pusan.ac.kr/~yschung)

이 책이 있기까지 도와준 부산대학교 통계학과 베이지안 통계학 연구실 대학원생들과 자유아카데미 출판사에 감사한다. 특히 초고 때부터 도와준 송성호, 원고 정리 및 타자에 도움을 준 박봉수, 장정훈, 김미숙, 박준범, 마지막 편집에 많은 도움을 준 정진혁, 안상욱에게 감사한다. 마지막으로 이 책을 쓰기까지 이 자리에 있게 하여주신 부모님께 감사드리고, 항상 용기를 준 사랑스런 아내 순만, 자랑스런 아들 지훈, 우원에게 감사한 마음을 보낸다.

금정산 기슭에서

정 윤 식

차 례

제 1 장 집 합 론

제 2 장 실 수 계

제 3 장 함수의 극한, 수열과 급수의 수렴성

제 4 장 연 속 함 수

제 5 장 미 분

제 6 장 적 분

제 7 장 함수들의 수열과 급수

제 8 장 함수의 근사식

제 9 장 푸리에(Fourier) 급수

제 10 장 다중미적분

제 11 장 특별한 함수들

제 1 장

집 합 론

1.1 집합과 그의 연산
1.2 함 수
1.3 곱 집합과 함수의 그래프
1.4 관 계
1.5 이항 연산과 결과
1.6 수학적 귀납법
1.7 유한, 무한 집합
1.8 확률의 응용

집합의 이해는 모든 수학의 전 분야에 대한 이해에 우선하여 이루어져야 한다. 이는 집합의 개념이 수학의 기초이기 때문이다. 모든 수학적 분야는 근본적으로 집합론에 기본을 두고 있다. 현대 집합론의 기원은 러시아 태생이며 독일 수학자인 죠지 캔토(George Cantor, 1845−1918)에 의하여 이루어졌다. 집합론을 정확히 정의하려면 공리적 방법에 따라야 하나 이는 우리의 수준을 벗어나므로 여기서는 직관적으로 정의하고 자주 사용될 집합론적 기본개념들을 간단히 다루고자 한다. 제1.1절은 집합과 그들의 연산에 대하여 설명한다. 제1.2와 제1.3절은 함수를 정의하고 함수의 그래프를 설명한다. 제1.4절에서는 관계를 정의하고 예를 들어 설명한다. 제1.5절은 이항연산들의 성질들을 유도한다. 제1.6절은 수학적 귀납법을 정의한다. 제1.7절은 유한, 무한집합을 정의하고 그들의 예를 보인다. 마지막으로 제1.8절은 확률에서의 응용에 대하여 설명한다.

1.1. 집합과 집합의 연산

수학의 모든 분야에서 가장 기본적인 개념이 집합이다. 직관적으로 집합이라고 하는 것은 어떠한 대상들의 잘 정의된 목록, 수집 또는 묶음이라 생각할 수 있다. 이러한 각각의 대상들을 이 집합의 원소 또는 원이라 한다. 이때 각각의 집합들은 대문자인 A, B, X, Y 등으로 표기하고, 그것들의 원소는 a, b, x, y 등과 같이 소문자로 나타낸다. a가 집합 A의 원소임을 $a \in A$로 표기하고, "a는 A에 속한다" 라고 말한다. 또한 a가 A의 원소가 아니면, $a \notin A$로 표기하고 "a는 A에 속하지 않는다"라고 한다. 대상 a에 관한 어떤 성질 $P(a)$를 만족시키는 대상 a들 전체의 집합을 $\{a \mid P(a)\}$로 나타내고 이 형태를 집합의 조건제시문이라 한다. 또한 대상 모두를 { }와 콤마를 이용하여 나열시키면 그것을 표(tabular)형태라 한다. 예를 들면, $A = \{1, 3, 7, 10\}$와 같이 표현한다. 집합 A와 B가 모든 같은 원소를 갖는다면 "두 집합 A, B는 같다(equal)"라 하며, A=B 라 표기한다. 즉 A에 속한 모든 원소는 B에 속하고 B에 있는 모든 원소가 A에 속한다. 원소가 하나도 없는 집합을 공(empty)집합이라 하고 $\emptyset$로 표기한다. 예를 들면, $B = \{x \mid x^2 = 4,\ x\text{는 홀수}\}$라 하면 B는 공집합이다. 집합 A의 모든 원소가 집합 B의 원소이면, A는 B의 부분집합이라 하고 $A \subset B$ 라 표기하고 "A는 B에 속한다"라고 한다. 또한 A가 B의 부분집합이 아니면 $A \not\subset B$ 로 표기한다.

[정 의 1.1.1.]
두 집합 A, B가 같다(equal)라 하면, $A \subset B$이고 동시에 $B \subset A$이다.

[주 의 1.1.1.]
1) 공집합 $\emptyset$은 모든 집합의 부분집합이다.
2) A가 B의 부분집합이 아니면 B에 속하지 않는 A의 원소가 최소한 하나 존재한다.

[정 의 1.1.2.]
A와 B가 집합들일 때 A 또는 B에 속하는 모든 원소들의 집합을 합집합(union)이라 하고 $A \cup B$로 표기한다. 즉, $A \cup B = \{x \mid x \in A \text{ 또는 } x \in B\}$ 이라 정의한다.

[정 의 1.1.3.]
A와 B가 집합들일 때 A와 B에 모두 속하는 모든 원소들의 집합을 교집합(intersection)이라 하고 $A \cap B$라 표기한다. 즉, $A \cap B = \{x \mid x \in A \text{ 이고 } x \in B\}$이라 정의한다.

[주 의 1.1.2.]
1) $A \subset (A \cup B)$이고, $B \subset (A \cup B)$이다.
2) $(A \cap B) \subset A$이고 $(A \cap B) \subset B$이다.

[정 의 1.1.4.]

만약 $A \cap B = \varnothing$ (즉, A와 B가 공통원소를 갖지 않는다)이면, A와 B는 서로素(disjoint)라 한다.

[정 의 1.1.5.]

A와 B가 집합들일 때, B에는 속하지 않는 A의 모든 원소들의 집합을 差집합(difference)이라 하고 A−B라 표기한다. 즉 $A-B=\{x \mid x \in A$ 이고 $x \notin B\}$라 정의한다.

[주 의 1.1.3.]

1) $(A-B) \subset A$이다.
2) $(A-B)$, $(A \cap B)$와 $(B-A)$는 상호간 서로 素 이다. 또한, 이들 중 어느 두 개의 교집합도 항상 공집합이다.

[정 의 1.1.6.]

X가 전체집합이고 A를 X의 부분집합이라 하자. A에 속하지 않는 모든 원소들의 집합을 餘집합(complement)이라 하고, A^c 또는 A'이라 표기한다.

[주 의 1.1.4.]

1) A^c 는 $X-A$ 라 쓸 수 있다.
2) $A \cup A^c = X$ 이다.
3) $X^c = \varnothing$ 이고 $\varnothing^c = X$ 이다.
4) A와 B가 집합들일 때, $A-B = A \cap B^c$ 이다.

[정 리 1.1.1.]

A가 B의 부분집합이라 하자. 이 때,
1) $A \cap B = A$ 이며,
2) $A \cup B = B$ 이며,
3) $B^c \subset A^c$ 이며,
4) $A \cup (B-A) = B$ 이다.

(증명) 연습문제

[정 리 1.1.2.] **(집합의 대수법칙)**

1) $A \cup B = B \cup A$, $A \cap B = B \cap A$ (교환법칙)
2) $(A \cup B) \cup C = A \cup (B \cup C)$, $(A \cap B) \cap C = A \cap (B \cap C)$ (결합법칙)
3) $A \cup (B \cap C) = (A \cup B) \cap (A \cup C)$, $A \cap (B \cup C) = (A \cap B) \cup (A \cap C)$ (배분법칙)
4) $(A \cup B)^c = A^c \cap B^c$, $(A \cap B)^c = A^c \cup B^c$

(증명) 1) 과 2) 의 증명은 간단하므로 생략하기로 한다.

3) 만약 $x \in A \cup (B \cap C)$이면, $x \in A$ 또는 $x \in B \cap C$이다. 즉 $x \in A$, 또는 $x \in B$이고, $x \in C$이다. 그러므로 $x \in A$ 또는 $x \in B$이고, $x \in A$ 또는 $x \in C$이다. 따라서 $x \in A \cup B$이고 $x \in A \cup C$이므로 $x \in (A \cup B) \cap (A \cup C)$이다. 그러므로 $A \cup (B \cap C) \subset (A \cup B) \cap (A \cup C)$가 성립한다.

역으로 만약 $x \in (A \cup B) \cap (A \cup C)$이면, $x \in A \cup B$이고 $x \in A \cup C$이다. 즉 $x \in A$ 또는 $x \in B$이고, $x \in A$ 또는 $x \in C$이다. 그러므로 $x \in A$ 또는 $x \in B \cap C$이다. 즉, $x \in A \cup (B \cap C)$이다. 따라서 $(A \cup B) \cap (A \cup C) \subset A \cup (B \cap C)$이 성립되므로 정의 1.1.1에 의하면 $A \cup (B \cap C) = (A \cup B) \cap (A \cup C)$이다. 같은 방법으로 $A \cap (B \cup C) = (A \cap B) \cup (A \cap C)$임을 보일 수 있다.

4) 만약 $x \in (A \cap B)^c$이면 $x \notin A \cap B$이므로, $x \notin A$ 또는 $x \notin B$ 이다. 즉 $x \in A^c \cup B^c$ 이므로 $(A \cap B)^c \subset A^c \cup B^c$이 성립된다. 역으로 만약 $x \in A^c \cup B^c$이면 $x \in A^c$ 또는 $x \in B^c$이므로 $x \notin A$ 또는 $x \notin B$ 이다. 즉 $x \notin A \cap B$ 이므로 $A^c \cup B^c \subset (A \cap B)^c$이 성립되므로 정의 1.1.1에 의하면 $(A \cap B)^c = A^c \cup B^c$이다. 같은 방법으로 $(A \cup B)^c = A^c \cap B^c$임을 보일 수 있다. ■

예 제 1.2.1.

1) $(A \cup B) \cap (A \cup B^c) = A$ 임을 보여라.

(풀이) $(A \cup B) \cap (A \cup B^c) = A \cup (B \cap B^c)$ (배분법칙)

$= A \cup \emptyset$

$= A.$

2) $A \subset B$ 이고 $B \subset C$ 이면 $A \subset C$ 이다.

(풀이) $A = A \cap B$이고 $B = B \cap C$이다.

그러므로 $A = A \cap B = A \cap (B \cap C) = (A \cap B) \cap C = A \cap C \rightarrow A \subset C$ 이다.

1.2. 함 수

[정 의 1.2.1.]

두 집합들 X와 Y에 있어서 X의 각 원소 x에 대하여 Y의 단 하나의 원소 y를 대응시키는 규칙(rule) f를 함수(function)라 하고 $f: X \rightarrow Y$로 표기하고 X를 함수 f의 정의역(domain)이라 하고, Y를 함수 f의 공변역(co-domain)이라 한다. 더욱이 만약 $x \in X$이면 x에 대응되어진 Y의 유일한 원소 y를 x의 상(image)이라 하고 $f(x)$로 표기하며 x에서의 f의 함수값이라 한다.

[주 의 1.2.1.]

$f: X \rightarrow Y$ 인 함수라 하자. Y 에 있는 모든 원소는 X 에 있는 원소들의 상(image)으로 나타날 필요가 없다. X 에 있는 최소한 한 원소의 상으로 되어진 Y 에 있는 모든 원소들의 집합을 함수 f의 치역(range)이라 하고, 이것을 $f(X)$ 또는 $ran(f)$로 나타낸다. 즉 $f(X) = \{ y \in Y \mid f(x) = y, x \in X \}$ 이다.

[정 의 1.2.2.]

f와 g를 같은 정의역 D에서 정의된 함수들이고 모든 $x \in D$ 에 대하여 $f(x) = g(x)$ 이면 "두 함수 f와 g 는 같다(equal)"이라 하며 $f = g$로 표기한다.

[정 의 1.2.3.]

함수 $f: X \to Y$ 에 있어서, 임의의 x_1, $x_2 \in X$ 에 대하여

$$f(x_1) = f(x_2)\text{이면, } x_1 = x_2\text{이다.}$$

가 성립될 때 f를 1대1 함수(one-one function) 또는 단사함수(injective function)라 한다.

예 제 1.2.1.

1) 함수 $f: R^* \to R^*$가 $f(x) = x+1$로 정의되었을 때 f는 단사함수이다. 여기서 R^*는 실수들의 집합이다. 왜냐하면, $x_1, x_2 \in R^*$에 대하여 $f(x_1) = f(x_2)$라 하면 $x_1+1 = x_2+1$이므로 $x_1 = x_2$이다.

2) 함수 $f: R^* \to R^*$가 $f(x) = x^2 - 1$으로 정의하자. 이때 f는 단사함수가 아니다. 왜냐하면, $f(1) = f(-1) = 0$이다. 그러나 $1 \neq -1$이기 때문이다.

[정 의 1.2.4.]

함수 $f: X \to Y$에 있어서 $f(X) = Y$ 이면 f를 위로의 함수(onto function) 또는 전사함수(surjective function)라 한다. 즉 임의의 $y \in Y$에 대하여 $f(x) = y$를 만족하는 $x \in X$ 가 존재한다.

예 제 1.2.2.

1) 함수 $f: R^* \to R^*$ 가 $f(x) = x^2$ 이라 하자. 이때 f는 전사함수가 아니다. 왜냐하면, 음수는 f의 치역이 아니기 때문이다.

2) 함수 $f: R^* \to R^+$가 $f(x) = x^2$이라 하자. 여기서 R^+는 0을 포함한 양의 실수들의 집합을 나타낸다. 이때 f는 전사함수이다.

[정 의 1.2.5.]

함수 $f: X \to Y$에 있어서 f가 단사, 전사함수이면 f를 1-1대응(one-one correspondence) 또는 전단사함수(bijective)라 한다.

예 제 1.2.3.

1) 함수 $1_x: X \to X$의 대응규칙을 $1_x(x) = x$로 정의하면 이 함수 1_x를 항등함수(identity function)라 한다. 이때 1_x는 전단사 함수이다.

2) 함수 $f: X \to Y$에 있어서 $y_0 \in Y$의 한 고정된 원소라 하고 이 함수의 대응규칙을 $f(x) = y_0$라 정의하면 이 함수는 상수함수(constant function)라 한다. 이때 함수 f는 전단사 함수가 아니다.

[정 의 1.2.6.]

두 함수 $f: X \to Y$ 와 $g: Y \to Z$ 에 있어서, f와 g 를 결합한 새로운 함수 $h: X \to Z$ 의 대응규칙을 $h(x) = g(f(x))$ 로 정의하면, 이 함수 h를 f와 g의 합성함수(composition function)이라 하고 $h = g \circ f$ 또는 $h = gf$로 표기한다.

[주 의 1.2.2.]

함수 $f: X \to Y$ 라 하자. 이때 $1_y \circ f = f$, $f \circ 1_x = f$ 이다. 여기서 1_y와 1_x는 예제 1.2.3에서 정의한다.

[정 리 1.2.1.]

$f: X \to Y$, $g: Y \to Z$와 $h: Z \to W$인 함수들이라 하자. 이 때 $(h \circ g) \circ f = h \circ (g \circ f)$이다.

(증명) 연습문제

[정 의 1.2.7.]

함수 $f: X \to Y$ 에 있어서 $y \in Y$을 임의의 원소라 하자. 이 때 y에 대응되어진 X의 모든 원소들을 y의 역(inverse)이라 하고 $f^{-1}(y)$라 표기한다. 즉 $f^{-1}(y) = \{x \in X | f(x) = y\}$이다. 만약 $D \subset Y$ 이면, $f^{-1}(D) = \{ x \in X \mid f(x) \in D \}$ 라 정의된다. 일반적으로 $f^{-1}(y)$ 는 한 원소 이상으로 이루어지거나 공집합일 수 있다. 만약 $f: X \to Y$가 전단사함수이면 각각의 $y \in Y$에 대하여 그에 대응되는 X에 있는 오직 한 원소로 구성된다. 그러므로 각각의 $y \in Y$ 에 대하여 X 에 있는 오직 한 개의 원소인 $f^{-1}(y)$에 대응하는 규칙이다. 따라서 $f^{-1}: Y \to X$인 함수이다. 따라서 함수 f^{-1}를 f의 역함수(inverse function)라 한다. 즉 $f^{-1}(f(x)) = x$, $f(f^{-1}(y)) = y$ 이다.

예 제 1.2.4.

1) 항등함수 $1_x: X \to X$는 전단사(bijective)함수이므로 1_x는 역함수를 갖고 $1_x^{-1} = 1_x$이다.

2) 함수 $f: X \to Y$ 가 전단사함수이면 f^{-1} 도 역시 전단사함수이다.

[정 의 1.2.8.]

함수 $f: X \to Y$ 와 X의 부분집합 A에 대하여 새로운 함수 $f': A \to Y$가 모든 $a \in A$에 대하여 $f'(a) = f(a)$를 만족하게 정의한다면, 함수 f'을 A에서 f의 축소함수(restriction of f to A)라 하고 $f|_A$로 표기한다. 또한 $X \subset B$인 B에 대하여 새로운 함수 $F: B \to Y$가 모든 $x \in X$에 대하여 $F(x) = f(x)$를 만족하게 정의한다면, 함수 F를 f의 확대함수 (extention of f) 라 한다.

예 제 1.2.5.

함수 f : $R^* \to R^*$ 가 $f(x) = x^2$ 이라 하자. 만약 N을 자연수들의 집합이라면

$$f|_N = \{ (1, 1), (2, 4), (3, 9), (4, 16), \cdots \}$$

은 N에서 f의 축소함수이다. 또한 f는 함수 $f|_N$의 확대함수이다.

[정 의 1.2.9.]

X 를 임의의 집합이라 할때, 함수 $f: N \to X$ 를 X에서의 점열(sequence in X)이라 한다. 각각의 $n \in N$에 대한 f의 함수값 $f(n) = x_n \in X$를 점열 f의 제 n항이라고 한다. 점열 f를 $\{ x_1, x_2, \cdots \}$ 또는 $\{ x_n \}$ 으로 표기한다.

1.3. 곱집합(Product sets)과 함수의 그래프

[정 의 1.3.1.]

두집합 A 와 B 에 대하여, $A \times B = \{(a, b) \mid a \in A, b \in B\}$를 A와 B의 곱집합(product set)이라 하며, 이 때 (a, b)를 a 와 b 의 순서쌍(ordered pair)이라 한다. 곱집합 $A \times B$ 를 A와 B의 Cartesian 곱(product)이라고도 한다. 두 순서쌍 (a, b)와 (c, d)에서 $a = c$, $b = d$가 성립될 때 같다(equal) 라고 정의한다.

[주 의 1.3.1.]

1) 만약 집합 A가 n개의 원소를 갖고 B가 m개의 원소를 갖는다면 곱집합 $A \times B$는 nm개의 원소를 갖는다. 만약 A와 B중 하나가 공집합이면 $A \times B$ 역시 공집합이다.
2) 일반적으로 $A \times B \neq B \times A$ 이다.

[정 의 1.3.2.]

함수 $f: X \to Y$ 라 하자. $X \times Y$ 의 부분집합인 $f^* = \{ (x, y) \mid x \in X, y = f(x) \}$ 를 함수 f의 그래프(graph)라 한다.

[주 의 1.3.2.]

함수 $f: X \to Y$ 라 하자.

1) 각각의 $x \in X$에 대하여 $(x, y) \in f^*$가 존재한다.

2) $(x, y_1) \in f^*$ 와 $(x, y_2) \in f^*$ 이면 $y_1 = y_2$이다.

3) $f^* \subset X \times Y$이므로 $X \times Y$의 좌표그림(coordinate diagram) 위에서 그래프가 될 수 있다.

1.4. 관계(Relations)

[정 의 1.4.1.]

Cartesian 곱 $A \times B$에서 정의되어진 명제함수(propositional function)는 $P(x, y)$로 표현하고, 여기서 $P(x, y)$란 각각의 순서쌍 $(a, b) \in A \times B$에 대하여 $P(a, b)$가 참(true)이거나 오(false)인 성질을 갖는 표현이다. 예를 들면, A는 작가들의 집합이고 B는 작품들의 집합이라 하고 $P(x, y)$ = "x가 y를 쓰다"인 $A \times B$에서의 명제함수라 하자. 이때 P(Shakespeare, Hamlet)은 참이고 P(Shakespeare, Faust)는 오이다. 표현 $P(x, y)$를 개문장(open sentence)이라 한다.

[정 의 1.4.2.]

관계(relation) R 은 다음들로 구성된다.

1) 집합 A

2) 집합 B

3) 곱집합 $A \times B$ 에 속한 임의의 순서쌍 (a, b)에 대하여 $P(a, b)$가 참 또는 오로 나타낼 수 있는 개문장 $P(x, y)$.

이 때 R을 A에서 B의 관계(relation from A to B)라 하고 $R = (A, B, P(x, y))$로 표기한다. 더욱이 $P(a, b)$ 가 참이면 aRb 라쓰고 "a 는 b에 관계되어졌다" 라 한다. 반면에 $P(a, b)$ 가 참이 아니면 $a \not R b$라 쓰고 "a 는 b와 관계없다" 라 한다.

예 제 1.4.1.

1) $R_1 = (R^*, R^*, P(x, y))$ 이며 여기서 $P(x, y)$는 "x는 y보다 작다" 라 정의하자. 이 때 R_1은 관계이다. $2 R_1 \pi$, $5 \not R_1 \sqrt{2}$ 이다.

2) $R_2 = (A, B, P(x, y))$이며 여기서 A는 남자들의 집합, B는 여자들의 집합이고 $P(x, y)$는 "x는 y의 남편이다" 라 정의하자. 이 때 R_2는 관계이다.

3) $R_3=(A, B, P(x,y))$이며 여기서 A, B는 2)에서와 같은 집합들이며 $P(x,y)$는 "x는 y를 나눈다" 라 정의하자. 이때 R_3는 관계가 아니다.

4) $R_4=(N, N, P(x,y))$이며 여기서 N은 자연수들의 집합이고 $P(x,y)$는 "x는 y보다 작다"라 정의하자. 이때 R_4는 관계이다. 여기서 R_1과 R_4는 같은 개문장이지만 같은 관계는 아니다.

[정 의 1.4.3.]

$R=(A,B,P(x,y))$을 관계라 하자. 이때 $P(a,b)$가 참인 경우의 원소 $(a,b)\in A\times B$ 들의 집합을 관계 R의 해집합(solution set) R_0라 한다. 즉 $R_0 = \{(a,b)\in A\times B \mid P(a,b)$ 는 참이다$\}$이다. 관계 R의 그래프는 $A\times B$ 의 좌표그림에서 R의 해집합에 속한 점들로 구성된다.

예 제 1.4.2.

$R=(A, B, P(x,y))$은 관계이며 여기서 $A=\{2,3,4\}$, $B=\{3,4,5,6\}$이고 $P(x,y)$는 "x는 y를 나눈다" 라 정의하자. 이 때 R의 해집합 R_0는 $R_0=\{(2,4),(2,6),(3,3),(3,6),(4,4)\}$이다.

[정 의 1.4.4.]

R^0를 $A\times B$의 임의의 집합이라 하자. $P(x,y)$를 순서쌍 (x,y)가 R^0에 속하는 개문장으로 하면 $R=(A, B, P(x,y))$을 하나의 관계로 정의할 수 있으며 이 관계 R의 해집합은 처음 정의한 집합 R^0이다. 그러므로 모든 관계 $R=(A, B, P(x,y))$에 대하여 $A\times B$의 부분집합인 오직 하나의 해집합 R^0를 대응할 수 있으며 또한 $A\times B$의 부분집합 R^0에 대하여 R^0가 해집합이 될 수 있는 관계 $R=(A, B, P(x,y))$를 대응시킬 수 있다. 관계 $R=(A, B, P(x,y))$와 $A\times B$의 부분집합 R^0사이에 $1-1$ 대응규칙이 존재하므로 우리는 A에서 B의 관계를 $A\times B$의 부분집합이라 함으로써 관계를 다시 정의할 수 있다.

예 제 1.4.3.

1) $A=\{1,2,3\}$, $B=\{a,b\}$라 하자. 이때 $R=\{(1,a),(1,b),(3,a)\}$는 A에서 B의 관계이다. 또한 ${}_1R_a$, ${}_2\not R_b$, ${}_3R_a$, ${}_3\not R_b$ 이다.

2) $W=\{a,b,c\}$라 하자. 이때 $R=\{(a,b),(a,c),(c,c),(c,b)\}$는 W에서 관계이다. 더욱이 ${}_a\not R_a$, ${}_b\not R_a$, ${}_cR_c$, ${}_aR_b$ 이다.

[주 의 1.4.1.]

1) A는 m개의 원소, B는 n개의 원소를 각각 갖는다 하자. 이 때 A에서 B의 2^{mn}

개의 다른 관계가 있다. 왜냐하면 $A \times B$가 mn개의 원소를 가지므로 $A \times B$ 는 2^{mn} 개의 다른 부분집합을 갖기 때문이다.

2) 모든 관계 $R(A, B, P(x, y))$는 $R^{-1} = \{ (b, a) \mid (a, b) \in R \}$ 로 정의되는 B 에서 A의 역관계(inverse relation)를 갖는다.

예 제 1.4.4.

$A = \{1, 2, 3\}$, $B = \{a, b\}$라 하자. 이때 $R = \{(1, a), (1, b), (3, a)\}$는 A에서 B의 관계이고, R의 역관계는 $R^{-1} = \{(a, 1), (b, 1), (a, 3)\}$이다.

[정 의 1.4.5.]

$R = (A, A, P(x, y))$는 A에서 관계라 하자. 즉 R는 $A \times A$의 부분집합이다.

1) 만약 모든 $a \in A$에 대하여 $(a, a) \in R$ 이면 R을 反射的(reflexive)관계라 한다.
2) 만약 $(a, b) \in R$일 때 $(b, a) \in R$이면 R을 대칭적(symmetric)관계라 한다.
3) 만약 $(a, b) \in R$이고 $(b, a) \in R$일 때 $a = b$이면 R을 反대칭적(anti-symmetric)관계라 한다. 다시 말해서, 만약 $a \neq b$이면 aRb 또는 bRa이지만 결코 함께 참은 아니다.
4) 만약 $(a, b) \in R$이고 $(b, c) \in R$일 때 $(a, c) \in R$이면 R을 推移的(transitive)관계라 한다.

예 제 1.4.5.

1) $V = \{1, 2, 3, 4\}$, $R = \{(1, 1), (2, 4), (3, 3), (4, 1), (4, 4)\}$라 하자. 이 때 R은 V에서 반사적이 아니다.
2) A를 삼각형들의 집합이라 하자. A에서의 관계 R 에서 개문장이 "x는 y와 닮은 꼴이다" 라 하면 관계 R은 반사적, 대칭적, 추이적이지만 반대칭적은 아니다.
3) 실수에서 개문장을 "x 는 y 보다 작거나 같다"라 하는 관계 R 이라 하자. 이 때 R은 반사적, 반대칭적, 추이적이지만 대칭적은 아니다.

[정 리 1.4.1.]

1) R 이 대칭적 관계의 필요충분조건은 $R = R^{-1}$ 이다.
2) $D = \{ (a, a) \in A \times A \}$ 를 $A \times A$ 의 대각선(diagonal line)이라 하자. 이 때 관계 R이 반대칭적 관계의 필요충분조건은 $R \cap R^{-1} \subset D$ 이다.

(증명) 연습문제

[정 의 1.4.6.]

R 을 집합 A에서의 관계이며

1) R 이 반사적, 2) R 이 대칭적, 3) R 이 추이적이면,

이 관계 R을 同値관계 (equivalence relation)라 한다.

예 제 1.4.6.

1) A를 삼각형들의 집합이라 하고, A에서의 개문장을 "x는 y와 닮은 꼴이다" 라고 정의하는 관계 R이 있다고 하자. 이때 R은 동치관계이다.
2) 가장 중요한 예제는 "같다(equality)" 이다. 임의의 집합에 임의의 원소에 대하여, $a=a$, $a=b \to b=a$, 그리고 $a=b$이고 $b=c \to a=c$이다.

1.5. 이항연산과 결과

X를 전체집합이라 하자. 집합들에 대한 문장에서 ∩와 ∪ 그리고 역시 X와 ∅을 상호교환한다면 새로운 문장을 원(original)문장의 雙對(dual)라 한다. 예를 들면 $(X \cup B) \cap (A \cup \varnothing) = A$의 쌍대는 $(\varnothing \cap B) \cup (A \cap X) = A$ 이다.

[쌍대원리(Principle of Duality)]

어떤 공리(axiom)들이 그들 자신의 쌍대를 含意(imply)한다면 그 공리들의 결론인 정리들의 쌍대는 역시 그 공리들의 결론이다. 왜냐하면, 정리들과 그것의 증명이 주어지면, 그 정리의 쌍대는 원증명에서 각 과정의 쌍대를 이용함으로써 증명될 수 있기 때문이다.

예 제 1.5.1. $(A \cap B) \cup (A \cap B^c) = A$ 임을 보여라.

(풀이) 예제 1.1.1의 1)에서 $(A \cup B) \cap (A \cup B^c) = A$임을 보였으므로 쌍대원리에 의하여 주어진 문장은 항상 참이다.

$A_1 = \{1, 10\}$ $A_2 = \{2, 4, 6, 10\}$, $A_3 = \{3, 6, 9\}$, $A_4 = \{4, 8\}$, $A_5 = \{5, 6, 10\}$이라 하고 $I = \{1,2,3,4,5\}$인 집합들이라 하자. 이때 I에 있는 각각의 원소 i를 집합 A_i에 대항할 수 있다. 이런 상황에서 I를 添字집합(index set)이고, $\{A_1, \cdots, A_5\}$를 첨자된 집합(indexed sets)이라 하고, A_i 의 i를 첨자라 한다. 더욱이 그런 첨자된 집합족(indexed family of sets)을 $\{ A_i \}_{i \in I}$ 로 표기한다.

[정 의 1.5.1.]

첨자된 집합족(indexed family of sets) $\{ A_i \}_{i \in I}$ 은 함수 $f: I \to A$ 이다. 여기서 함수의 정의역은 첨자집합 I 이고 치역은 집합족이다.

예 제 1.5.2.

1) $B_n=\left\{x \mid 0\le x\le \frac{1}{n}\right\}$이고 여기서 n은 자연수들이다. 이 때 $B_1=[0,1]$, $B_2=[0,\frac{1}{2}]$, ….

2) $D_n=\{x|x$는 n의 배수$\}$이고 여기서 n은 자연수들이다. $D_1=\{1,2,3,4,\cdots\}$, $D_2=\{2,4,6,8,\cdots\}$, $D_3=\{3,6,9,12,\cdots\}$이다.

[주 의 1.5.1.]

집합족 B은 그 자신으로 첨자될 수 있다. 즉, 항등 함수 $i: B\to B$ 은 첨자된 집합족 $\{A_i\}_{i\in B}$ 이며 여기서 $A_i\in B$이고 $i=A_i$ 를 나타낸다.

[정 의 1.5.2.]

$\{A_i\}_{i\in I}$ 을 첨자된 집합족이고 $J\subset I$ 이라 하자. 이때,

$\bigcup_{i\in J}A_i=\{x \mid$ 적어도 하나의 $i\in J$ 에 대하여 $x\in A_i\}$,

$\bigcap_{i\in J}A_i=\{x \mid$ 모든 $i\in J$ 에 대하여 $x\in A_i\}$ 라 정의한다.

예 제 1.5.3.

1) $B_n=[0,\frac{1}{n}]$이고 여기서 $n\in N$는 자연수들이다. 이 때 $\bigcap_{i\in N}B_i=\{0\}$, $\bigcup_{i\in N}B_i=[0,1]$이다.

2) $D_n=\{x|x$는 n의 배수$\}$이고 여기서 $n\in N$는 자연수들이다. 이 때 $\bigcap_{i\in N}D_i=\emptyset$ 이다.

[정 리 1.5.1.]

$\{A_i\}_{i\in I}$ 가 첨자된 집합족이라 하자. 이때 임의의 집합 B 에 대하여

1) $B\cap(\bigcup_{i\in I}A_i)=\bigcup_{i\in I}(B\cap A_i)$, 2) $B\cup(\bigcap_{i\in I}A_i)=\bigcap_{i\in I}(B\cup A_i)$ 이다.

(증명)

1) 만약 $x\in B\cap(\bigcup_{i\in I}A_i)$이면, $x\in B$ 이고 $x\in\bigcup_{i\in I}A_i$이다. 그러므로 $x\in A_{i_0}$인 $i_0\in I$가 존재하므로 $x\in B\cap A_{i_0}$이다. 따라서 $x\in\bigcup_{i\in I}(B\cap A_i)$이므로 $B\cap(\bigcup_{i\in I}A_i)\subset\bigcup_{i\in I}(B\cap A_i)$이다. 역으로 $x\in\bigcup_{i\in I}(B\cap A_i)$이면 $x\in B\cap A_{i_0}$인 $i_0\in I$가 존재해서 $x\in B$이고 $x\in A_{i_0}$이다. 그러므로 $x\in\bigcup_{i\in I}A_i$이고 $x\in B\cap(\bigcup_{i\in I}A_i)$이다.

따라서 $\bigcup_{i\in I}(B\cap A_i)\subset B\cap(\bigcup_{i\in I}A_i)$이므로 $B\cap(\bigcup_{i\in I}A_i)=\bigcup_{i\in I}(B\cap A_i)$이다.

2) 또한 $B\cup(\bigcap_{i\in I}A_i)=\bigcap_{i\in I}(B\cup A_i)$은 1)과 쌍대원리에 의하여 증명되어진다. ■

[정 의 1.5.3.]

{ B_i } $_{i\in I}$가 공이 아닌 집합 A 의 집합족이라 하자. $\{B_i\}_{i\in I}$가

1) $\bigcup_{i\in I} B_i = A$ 이고

2) 임의의 두 원소 B_i, B_j에 대하여 $B_i = B_j$ 또는 $B_i \cap B_j = \emptyset$ 이면,

이 때 { B_i } $_{i\in I}$ 를 A의 분할(partition)이라 한다.

예 제 1.5.4.

1) $N=\{1,2,3,\cdots\}$, $E=\{2,4,6,\cdots\}$, $F=\{1,3,5,\cdots\}$라 하면 이때 {E,F}는 N의 분할이다.

2) $T=\{1,2,\cdots,9,10\}$, $A=\{1,3,5\}$, $B=\{2,6,10\}$, $C=\{4,8,9\}$라 하면 이 때 $\{A,B,C\}$는 T의 분할이 아니다.

정의 1.4.6에서 동치관계 R을 정의하였다. 복습하여 보면, 집합 A에서의 관계 R이

1) 반사적 (즉 $_aR_a$),

2) 대칭적 (즉 $_aR_b$ 이면 $_bR_a$ 이다),

3) 추이적 (즉 $_aR_b$이고 $_bR_c$이면 $_aR_c$ 이다)

이면 이 관계 R을 동치관계라 하였다.

[정 리 1.5.2.] **(동치관계의 기본원리)**

R을 집합 A에서의 동치관계라 하고 임의의 $\alpha\in A$에 대하여 $B_\alpha=\{x\in A|(x,\alpha)\in R\}$라 하자. 이때 { B_α } $_{\alpha\in A}$ 는 A의 분할이다.

(증명) $\{B_\alpha\}_{\alpha\in A}$ 가 A 의 분할임을 보이기 위하여 다음 두가지를 증명하여야 한다.

1) $A = \bigcup_{\alpha\in A} B_\alpha$ 이고,

2) B_r 과 B_s 가 공통원소를 갖고 있다면 $B_r = B_s$ 이다.

R이 반사적이므로 모든 $a\in A$에 대하여 $a\in B$이다. 그러므로 1)은 참이다. 만약 $z\in B_r\cap B_s$이라 하자. x를 B_r의 임의의 원소라면 $(x,r)\in R$ 이다. R이 대칭적이므로 $(r,z)\in R$이고 추이적 관계에 의하여 $(x,r)\in R$와 $(r,z)\in R \rightarrow (x,z)\in R$이고 $(x,z)\in R$과 $(z,s)\in R \rightarrow (x,s)\in R$ 이다. 그러므로 $x\in B_s$이므로 $B_r\subset B_s$이다. 같은 방법으로 $B_s\subset B_r$임을 보일 수 있으므로 $B_r=B_s$이다. 결과적으로 $\{B_\alpha\}_{\alpha\in A}$는 A의 분할이다. ■

[정 의 1.5.4.]

정리 1.5.2에서 집합 B_a을 a에 의해 결정된 동치계급 (equivalence class)이라 하고 동치계급들인 $\{B_a\}_{a\in A}$의 모임을 상(商)집합(quotient set)이라 하고 A/R이라 표기한다.

[정 리 1.5.3.]

$\{B_i\}_{i\in I}$을 A의 분할이라 하고 R을 개문장 "x는 y와 같이 같은 집합에 있다(x is in the same set as y)" 인 A에서의 관계라 하자. 이 때 R은 A에서의 동치관계이다.

(증명) 연습문제

[정 의 1.5.5.]

$\{A_i\}_{i\in I}$가 집합 B의 공이 아닌 부분집합들의 족이라 하자. 이때 함수

$$f: \{A_i\}_{i\in I}\rightarrow B$$

가 모든 $i\in I$에 대하여, $f(A_i)\in A_i$라 정의하면 이 함수 f를 선택함수(Choice function)라 한다.

예 제 1.5.5.

$A_1=\{1,2,3\}$. $A_2=\{1,3,4\}$, $A_3=\{2,5\}$를 $B=\{1,2,3,4,5\}$의 부분집합들이라 하자. 함수 f와 g를 $f(A_1)=3$, $f(A_2)=2$, $f(A_3)=5$, $g(A_1)=2$, $g(A_2)=4$, $g(A_3)=2$라 정의하면 f는 선택함수가 아니고 g는 선택함수이다.

[정 의 1.5.6.]

집합 A에 대하여 함수 $\alpha: A\times A\rightarrow A$를 A위의 이항연산(binary operation)이라 한다.

[주 의 1.5.2.]

연산 α : A × A →A가 때때로 이항연산이라 불려지므로 n항연산 (n−nary operation)은 α : A × ⋯ × A →A 으로 정의될 수 있다.

예 제 1.5.6.

함수 $\alpha: R^*\times R^*\rightarrow R^*$ 를 $\alpha(a, b) = a/b$ 로 정의하면, α는 R^*위의 이항연산이며 흔히 우리는 이 연산은 실수 위에서의 나눗셈인 것이다.

[정 의 1.5.7.]

집합 A 위에서 연산 α : A × A →A가 임의의 $a, b\in A$에 대하여 $\alpha(a,b)=\alpha(b,a)$이 성립하면 연산 α는 교환적(commutative)이다. 또는 교환법칙을 만족한다고 달한다.

예 제 1.5.7.

1) 임의의 $a, b \in R^*$ 에 대하여 $a+b=b+a$, $a \cdot b=b \cdot a$가 성립되므로 R^* 위의 연산 + 와 · 는 모두 교환법칙을 만족한다.

2) 집합 X의 모든 부분집합들로 이루어진 집합을 $P(X)$라 하자. 임의의 $A, B \in P(X)$에 대하여 $A \bigcup B = B \bigcup A$, $A \bigcap B = B \bigcap A$ 가 성립되므로, $P(x)$위의 연산 $\bigcup$과 $\bigcap$ 는 모두 교환법칙을 만족한다.

[정 의 1.5.8.]

연산 α : A × A → A 가 임의의 $a, b, c \in A$에 대하여

$$\alpha(\alpha(a, b), c) = \alpha(a, \alpha(b, c))$$

이 성립하면 연산 α는 결합적(associative)이다. 또는 결합법칙을 만족한다고 말한다.

예 제 1.5.8.

1) 임의의 $a, b, c \in R^*$에 대하여 $(a+b)+c=a+(b+c)$, $(a \cdot b) \cdot c=a \cdot (b \cdot c)$ 이므로 R^* 위의 연산 + 와 · 은 결합적이다. 그러나 나눗셈은 결합적이 아니다.

2) 집합 X의 $P(X)$ 위의 연산 ∪과 ∩은 결합적이다.

[정 의 1.5.9.]

연산 α: A × A → A 와 β: A × A → A 가 정의되었을 때 임의의 $a, b, c \in A$에 대하여 $\alpha(a, \beta(b, c)) = \beta(\alpha(a, b), \alpha(a, c))$이 성립하면 연산 α는 연산 β에 관하여 배분적(distributive), 또는 배분법칙을 만족한다고 한다.

예 제 1.5.9.

1) 임의의 $a, b, c \in R^*$에 대하여 $a \cdot (b+c) = a \cdot b + a \cdot c$가 성립하므로 R^* 위의 곱셈 · 은 덧셈 + 에 관하여 배분법칙을 만족한다.

2) 임의의 $A, B, C \in P(X)$에 대하여 $A \bigcup (B \bigcap C) = (A \bigcup B) \bigcap (A \bigcup C)$, $A \bigcap (B \bigcup C) = (A \bigcap B) \bigcup (A \bigcap C)$가 성립하므로 $P(x)$위의 연산 $\bigcup$은 연산 $\bigcap$에 관하여 배분법칙을 만족하고, 또한 연산 $\bigcap$, 연산 $\bigcup$에 관하여 배분 법칙을 만족한다.

[정 의 1.5.10.]

집합 A위의 연산 $\alpha : A \times A \to A$을 $\alpha(a, b) = a * b$로 쓴다고 하자. 특정한 원소 $e \in$ A 가 존재해서, 임의의 $a \in$ A 에 대하여 $a * e = e * a = a$가 성립하면, 이 원소 e를 연산 * 에 관한 恒等元(identity)이라 한다.

예 제 1.5.10.

1) $0 \in R^*$ 과 $1 \in R^*$ 은 각각 + 와 · 에 관한 항등원이 된다.

2) 임의의 $A \in P(X)$ 에 대하여 $A \bigcup \varnothing = \varnothing \bigcup A = A$, $A \bigcap X = X \bigcap A = A$가 성립되므로 $\varnothing \in P(X)$ 와 $X \in P(X)$ 는 각각 $\bigcup$ 과 $\bigcap$ 에 관한 항등원이다.

[정 의 1.5.11.]

집합 A위의 연산 $*$이 정의되어 있고 $e \in A$가 $*$에 관한 항등원일 때, 한 원소 $a \in A$에 대하여 $a*x = x*a = e$를 만족시키는 원소 $x \in A$가 존재하면, 이 x를 연산 $*$에 관한 a의 역원(inverse)이라 하며 a^{-1}로 표시한다.

예 제 1.5.11.

$0 \in Z$ 는 Z(정수들의 집합) 위의 덧셈 $+$에 대한 항등원이며, 임의의 원소 $a \in Z$ 에 대하여 $a + x = x + a = 0$을 만족시키는 원소 $x \in Z$, 즉 $x = -a \in Z$가 존재한다. 따라서 $-a$는 덧셈 $+$에 관한 a의 역원이다.

1.6. 수학적 귀납법

이 절에서 N은 자연수들의 집합이라 하자.

[정 의 1.6.1.]

A는 순서들의 집합으로 A의 모든 부분집합들이 最小元(first element 또는 least element)인 성질을 갖는다면, 이때 이러한 A를 整列(well-ordered)된 집합이라 한다.

[정 리 1.6.1.]

정렬된 집합의 모든 부분집합은 정렬된다.

(증명) 연습문제

[따름 정리 1.6.1.] **(자연수의 정렬성 : Well-ordering property of N)**

공이 아닌 A가 N의 부분집합이면, A는 최소원을 갖는다. 즉, 모든 $a \in A$에 대하여 $m \leq a$을 만족시키는 원소 $m \in A$이 존재한다.

(증명) 연습문제

[정 리 1.6.2.] **(수학적 귀납법의 원리 : Principle of mathematical induction)**

S가 N의 부분집합으로

1) $1 \in S$,

2) $n \in S$ 일때, $n+1 \in S$ 이면

이 때 S는 자연수들의 집합이다.(즉 $S=N$이다)

(증명) $S \neq N$이라 가정하자. 이때 $N-S \neq \varnothing$이고 정렬성에 의하여 하나의 최소원 m이 존재한다. 가정 1)에 의하여 $1 \in S$이므로 $m \neq 1$이고, 따라서 $m>1$이 되어 $m-1 \in N$이 된다. $m-1<m$이므로 m은 $N-S$의 최소원이므로 $m-1 \in S$이어야 한다. 다시 가정 2)에 의하면 $(m-1)+1 \in S$가 된다. 즉 $m \in S$이므로 이는 m이 $N-S$ 의 최소원 $(m \in S)$에 모순이다. 그러므로 $N-S=\varnothing$이고 $N=S$이다. ■

[정 리 1.6.3.] **(수학적 귀납법)**

각 $n \in N$에 대하여 $P(n)$을 n에 대한 명제라 하고 다음 두 조건을 성립한다고 하자.

1) $P(1)$은 참이다. 2) $P(n)$이 참이면 $P(n+1)$도 참이다.

이 때 모든 $n \in N$에 대하여 $P(n)$은 참이다.

(증명) $S=\{n \in N \mid P(n)$은 참이다$\}$라 정의하면 S는 N의 부분집합이다. 명제 $P(n)$에 대한 조건 1)과 2)는 정리 1.6.2의 1)과 2)에 대응된다. 그러므로 $S=N$이 된다. 따라서 모든 $n \in N$에 대하여 $P(n)$은 참이다. ■

예 제 1.6.1.

$x \geq -1$이고 n이 양의 정수이면, 이때 $(1+x)^n \geq 1+nx$ 임을 보여라.

(풀이) 명제 $P(n)$을 $x \geq -1$ 이면 $(1+x)^n \geq 1+nx$라 하자.

1) $P(1)$은 항상 참이다. 사실, $(1+x)=1+x$ 이다.

2) $P(n)$이 참이라 가정하자. 즉, $(1+x)^n \geq 1+nx$ 이다.

여기서 $1+x$를 양변에 곱하면,

$$\begin{aligned}(1+x)^{n+1} &\geq (1+nx)(1+x)=1+(n+1)x+nx^2 \\ &\geq 1+(n+1)x.\end{aligned}$$

1.7. 유한, 무한집합

[정 의 1.7.1.]

두 집합 X, Y에 대하여 X에서 Y로의 전단사함수가 존재하면 X와 Y는 서로 동치 (equivalent)라 하고 X ~ Y 라 표기한다.

예 제 1.7.1.

1) $X=\{x\in R\mid 0\le x\le 1\}$, $Y=\{x\in R\mid 0\le x\le 2\}$이면, 함수 $f: X\to Y$를 $f(x)=2x$라 하면 f는 전단사함수이다. 따라서 $X\sim Y$이다.
2) $X=\{1,2,3\}$, $Y=\{1,2\}$이라면 X와 Y사이에는 전단사함수가 존재치 않으므로 X와 Y는 서로 동치가 아니다.
3) $N=\{1,2,3,\cdots\}$, $E=\{2,4,6,\cdots\}$이라 하면 $N\sim E$.

[정 리 1.7.1.]

$X \sim Y$로 나타내어진 집합에서의 관계는 동치관계이다.

(증명) 연습문제

[정 의 1.7.2.]

집합 X가 공집합이거나, 또 적당한 $n\in N$에 있어서 $\{1,\cdots,n\}\sim X$이면, X를 유한집합(finite set)이라 하고, 그렇지 아니하면 X를 무한집합(infinite set)이라 한다. 또한 $X\sim N$이면 X를 가산무한집합(countably infinite, denumerable, enumerable set)이라 한다. 집합 X가 유한 집합이거나 가산 무한 집합이면 X를 가산(可算) 집합(countable set)이라 하고 X가 가산 집합이 아니면 X를 비가산 집합(uncountable set)이라 한다.

[주 의 1.7.1.]

1) $N=\{$ 모든 자연수들 $\}$은 당연히 가산무한집합이다.
2) $E=\{2,4,6,\cdots\}$은 $N\sim E$이므로 가산무한집합이다.

예 제 1.7.2.

$Z=\{$ 모든 정수들$\}$은 가산무한집합이다.

(풀이) 함수 $f: N\to Z$ 가

$$f(n)=\begin{cases}\dfrac{n}{2} & n\text{ 이 짝수}\\[2mm] -\dfrac{n-1}{2} & n\text{ 이 홀수}\end{cases}$$

이면 함수 f는 전단사함수이다. 따라서 $N\sim Z$이므로 Z는 가산무한집합이다.

[주 의 1.7.2.]

집합 X가 가산무한집합이면 N과 X사이에 전단사함수 f가 존재하므로 각 $n\in N$에 대하여 $f(n)=x_n$이라 하면 X를 $X=\{x_1,x_2,\cdots\}$로 나타낼 수 있다.

[정 리 1.7.2.]

가산무한집합의 무한부분집합은 가산무한집합이다.

(증명) X를 가산무한집합이고 A를 X의 무한부분집합이라 하자. 즉, $X=\{x_1, x_2, \cdots\}$로 나타낼 수 있으며, 자연수의 정렬성을 이용하면 다음과 같이 자연수열 $\langle n_k \rangle$로 정의할 수 있다. N의 부분집합 $\{n \in N \mid x_n \in A\}$의 최소원을 $n_1 \in N$이라고 하고, 또 $n_2 = \min\{n \in N \mid n > n_1, x_n \in A\}$이라 하자. 이와 같이, $n_3, \cdots, n_{k-1}$이 정해졌다고 하면, $n_k = \min\{n \in N \mid n > n_{k-1}, x_n \in A\}$인 n_k 을 정할 수 있다. 따라서 모든 $k \in N$에 대하여 자연수 n_k가 대응된다. 그러므로 자연수열 $\langle n_k \rangle$가 정의된다. 여기서 함수 $f: N \to A$를 $f(k) = x_{n_k}$로 정의하면, f는 전단사함수가 되므로 A는 가산무한집합이다.

[정 리 1.7.3.]

집합列 $\langle A_n \rangle$의 각 항 A_n가 가산무한집합이고, 또한 $n \neq m$인 모든 $m, n \in N$에 대하여 $A_n \cap A_m = \emptyset$ 이면, $A = \bigcup_{n=1}^{\infty} A_n$은 가산무한집합이다.

(증명) 연습문제

[따름 정리 1.7.1.]

집합열 $\langle A_n \rangle$에 있어서 각 항 A_n가 가산집합이고 또한 $n \neq m$인 모든 $m, n \in N$에 대하여 $A_n \cap A_m = \emptyset$ 이면 $A = \bigcup_{n=1}^{\infty} A_n$은 가산집합이다. 특히 유한개의 가산집합의 합집합은 가산집합이다.

(증명) 연습문제

예 제 1.7.3.

집합 $N \times N$은 가산무한집합이다.

(풀이) 임의의 고정된 $m \in N$에 대하여, 함수 $f: N \to N \times \{m\}$을 $f(n) = (n, m)$이라 하면 명백히 f는 전단사함수이다. 따라서 모든 $m \in N$에 대하여 $N \times \{m\}$은 가산무한집합이다. 그런데 $k \neq m$인 모든 k, m에 대하여 $N \times \{k\} \cap N \times \{m\} = \emptyset$ 이고 $N \times N = \bigcup_{m=1}^{\infty} N \times \{m\}$이므로 정리 1.7.3에 의하여 $N \times N$은 가산무한 집합이다.

예 제 1.7.4.

구간 $A = [0, 1]$ 은 가산무한집합이 아님을 보여라.

(풀이) A를 가산무한집합이라 가정하자. 그러면 $A = \{x_1, x_2, x_3 \cdots\}$이라 표기할 수 있다. A 에 있는 각각의 원소는 다음과 같은 무한십진법으로 쓸 수 있다.

$$x_1 = 0.a_{11}a_{12}a_{13}\cdots a_{1n}\cdots$$
$$x_2 = 0.a_{21}a_{22}a_{23}\cdots a_{2n}\cdots$$
$$\vdots$$
$$x_n = 0.a_{n1}a_{n2}a_{n3}\cdots a_{nn}\cdots$$
$$\vdots$$

여기서 $a_{ij} \in \{0, 1, \cdots, 9\}$ 이며 각 소수점 자리들은 무수히 많은 영이 아닌 수들로 이루어진다. 예를들면, 1은 0.999 ··· 또는 0.5 = 0.4999 ···이다. $y = 0.b_1b_2\cdots b_n\cdots \in$ A인 새로운 수를 만든다. 여기서 $b_1 \neq a_{11}$, $b_1 \neq 0$이고 $b_2 \neq a_{22}$, $b_2 \neq 0$, $b_3 \neq a_{33}$, $b_3 \neq 0$ 등으로 b들을 선택한다. 그러므로 $y \neq x_1$이다. 왜냐하면 $b_1 \neq a_{11}$이기 때문이다. 같은 이유들로 $y \neq x_2, \cdots, y \neq x_n \cdots$이다. 따라서 y $\notin$ A 이며 이것은 y $\in$ A라는 것에 모순이다. 그러므로 A는 가산무한 집합이 아니다.

1.8. 확률의 응용

확률적 실험이란 결과가 여러 가지로 나타날 수 있으며 반복할 수 있는 실험이나 현상을 말한다. 이때 확률적 실험에 의하여 나타난 가능한 모든 결과들의 집합을 표본공간이라 한다. 이 표본 공간을 흔히 Ω로 나타낸다.

[정 의 1.8.1.] **(확률공간)**

표본공간에서 사건들의 보렐 필드(Borel field 또는 σ-field)는 다음 성질들을 만족하는 사건들의 집합 B이다.

1) $\Omega \in B$
2) 만약 $E \in B$이면 $E^c \in B$이다. 여기서 E^c는 E의 여집합을 나타낸다.
3) 만약 $E_1, \cdots, E_n, \cdots$이 B에 있는 가산 집합이면, $\bigcup_{i=1}^{\infty} E_i \in B$이다

사건 E에 대한 확률은 실수이고 $P(E)$로 표현하며 다음 성질을 갖는다.

1) $0 \leq P(E) \leq 1$
2) $P(\Omega) = 1$
3) 만약 $E_1, \cdots, E_n, \cdots$ 이 B에 있는 가산 집합들이고 서로 배반이면

   이 때 $P(\bigcup_{i=1}^{\infty} E_i) = \sum_{i=1}^{\infty} P(E_i)$를 만족한다.

정의로써 (Ω, B, P)를 확률공간(Probability space)이라 정의한다.

[정 의 1.8.2.] **(확률변수)**

확률공간 (Ω, B, P)에서 정의된 확률변수 X는 정의역이 Ω이고, 공변역이 실수 R인 함수이다. 즉, $X: \Omega \to R$로 표기한다. 편의상 임의의 실수 x에 대하여 $E = \{ X \le x \} = \{ \omega \in \Omega \mid X(\omega) \le x \}$를 의미한다. 이때, $E \in B$ 이다.

확률변수 X의 확률누적분포함수(cumulative distribution function)는 $F(x)$로 표시하며

$$F(x) = P(X \le x)$$

라 정의한다.

[정 의 1.8.3.]

만약 확률변수 X의 치역이 유한이거나 가산집합이면, 확률변수 X는 이산형(discrete)이라 한다.

예 제 1.8.1.

① 이항확률변수 X가 가질 수 있는 값은 0부터 n까지의 정수이므로 그것의 치역은 유한집합이므로 이항확률변수 X는 이산형이다.

② 포아송 X의 치역은 0, 1,⋯ 이므로 그것의 치역은 가산집합이므로 포아송 확률변수 X는 이산형이다.

[정 의 1.8.4.]

만약 확률변수 X의 치역이 무한(uncountable)이면 X는 연속형(continuous)이라 한다.

예 제 1.8.2.

정규, 감마, F, t, 랠리(Rayleigh) 확률변수들은 모두 연속형이다.

연습문제 (1)

1. A={1,2,3,4} , B={2,4,6,8} , C={3,4,5,6} 이라 하자. 이때 다음을 구하라.

   1) $A \cup B$ 2) $A \cap C$ 3) $A \cap (B \cup C)$

2. 다음을 보여라.

   1) $A \subset A \cup B$
   2) $A \cup \varnothing = A$
   3) $A \cup B = \varnothing$ 이면 $A = \varnothing, B = \varnothing$ 이다.
   4) $A - B \subset A$
   5) $A \subset B$ 이면 $B^c \subset A^c$ 이다.

3. $f(x) = x^2$ 이 단사함수가 되게 하는 가장 큰 구간 D를 찾아라.

4. 1) 단사함수인 상수함수를 찾을 수 있는가?
   2) 전사함수인 상수함수를 찾을 수 있는가?

5. 함수 $f: A \to B$와 $g: B \to C$에서 전사함수들이면 합성함수 $g \cdot f: A \to C$가 전사함수임을 보여라.

6. $f: A \to B$, $g: B \to C$ 와 $h: C \to D$ 이면 $(h \cdot g) \cdot f = h \cdot (g \cdot f)$ 임을 보여라.

7. 함수 $f: A \to B$ 와 $g: B \to C$ 는 각각 역함수 f^{-1} 와 g^{-1}를 갖는다 하자.
   합성함수 $g \cdot f: A \to C$ 가 역함수 $f^{-1} \cdot g^{-1}: C \to A$를 가짐을 보여라.

8. $f: A \to B$와 $g: B \to C$는 단사함수라 하자. 이때 합성함수 $g \circ f; A \to C$가 단사함수임을 보여라.

9. $A = \{a, b\}$, $B = \{2, 3\}$, $C = \{3, 4\}$라 하자.
   1) $A \times (B \cup C)$ 2) $(A \times B) \cup (A \times C)$ 3) $(A \times B) \cap (A \times C)$

10. $A \subset B$ 와 $C \subset D$ 이면 $(A \times C) \subset (B \times D)$ 임을 보여라.

11. $A \times (B \cap C) = (A \times B) \cap (A \times C)$ 임을 보여라.

12. 관계 $R = \{(1,5), (4,5), (1,4), (4,6), (3,7), (7,6)\}$이라 하자. R의 정의역, 치역과 R^{-1}을 구하라.

13. 다음을 설명하라.
   1) 집합 A에서 관계없이 R이 언제 반사적이 아닌가?
   2) 집합 A에서 관계없이 R이 언제 대칭적이 아닌가?
   3) 집합 A에서 관계없이 R이 언제 비대칭적이 아닌가?
   4) 집합 A에서 관계없이 R이 언제 추이적이 아닌가?

14. 1) 반사적이면 $D \subset A \times A$ 을 보여라.
   2) R 이 반사적이면 $R = R^{-1}$이다.
   3) R 또는 R' 이 대칭적이면 $R \cap R'$ 도 대칭적이다.
   4) R 이 추이적이면 R^{-1} 도 추이적이다.

15. 다음을 증명하라.
   1) $[0, 1] \sim (0, 1)$ 2) $[0, 1] \sim [0, 1)$ 3) $[0, 1] \sim (0, 1]$

16. $X \sim Y$는 동치관계임을 보여라. (정리 1.7.1)

17. 다음을 증명 또는 반례를 들어라.

1) $A, B \subset X$이고 $f: X \to Y$인 함수라 하자. 이때, $f(A \cap B) = f(A) \cap f(B)$ 이다.

2) $f: X \to Y$는 단사함수이고 $A \subset X$, $E \subset Y$라 하자.

이 때 $f(f^{-1}(E)) = E$, $f^{-1}(f(A)) = A$이다.

18. 귀납법을 이용하여 다음을 증명하라.

1) $1 + 2 + \cdots + n = \dfrac{n(n+1)}{2}$

2) $1 + \dfrac{2}{3} + \cdots + (\dfrac{2}{3})^n = 3 - 2(\dfrac{2}{3})^n$, $n = 0, 1, 2 \cdots$

3) $1^3 + 2^3 + \cdots + n^3 = (1 + 2 + \cdots + n)^2$

19. 다음을 증명하라.

1) $(1+x)^n \geq 1 + nx + \dfrac{n(n+1)}{2} x^2$, $x \geq 0$

2) $(1-x)^n \leq 1 - nx + \dfrac{n(n-1)}{2} x^2$, $0 \leq x \leq 1$

3) 모든 $a_n \geq 0$ 이면, $(1+a_1)(1+a_2)\cdots(1+a_n) \geq 1 + a_1 + a_2 + \cdots + a_n$.

20. (Schwarz inequality)

a_i, b_i는 실수들이라 하자. 이때,

$$\left| \sum_{i=1}^{k} a_i b_i \right| \leq \sqrt{\sum_{i=1}^{k} a_i^2} \sqrt{\sum_{i=1}^{k} b_i^2}$$

임을 보여라.

21. n은 양의정수이고, $0 \leq k \leq n$인 임의의 정수 k에 대하여 이항계수(binomial coefficient)는 $\dfrac{n!}{k!(n-k)!}$로 정의한다. 여기서 $n! = n(n-1)\cdots 2 \cdot 1$이며 $0! = 1$이다.

1) $\binom{n}{k} + \binom{n}{k+1} = \binom{n+1}{k+1}$임을 보여라. (Pascal triangle identity)

2) 임의의 $a, b \in R$과 양의정수 n에 대하여 $(a+b)^n = \sum_{k=0}^{n} \binom{n}{k} a^k b^{n-k}$임을 보여라.

22. X 를 확률변수라고 하고, 다음 사건들을 생각하자.

$A_n = \{ \omega \in \Omega \mid X(\omega) < x + 2^{-n} \}$ n=1, 2, ⋯

$B_n = \{ \omega \in \Omega \mid X(\omega) < x - 2^{-n} \}$ n=1, 2, ⋯

$A = \{ \omega \in \Omega \mid X(\omega) \leq x \}$

$B = \{ \omega \in \Omega \mid X(\omega) < x \}$

여기서 x 는 실수이다. 임의의 x에 대하여 다음을 증명하라.

1) $\bigcap_{n=1}^{\infty} A_n = A$ 2) $\bigcup_{n=1}^{\infty} B_n = B$

제 2 장

실 수 계

2.1. 실수의 대수적 구조

[체의 공리]

집합 R 위에 정의된 두 이항연산을 각각 $+$와 $\cdot$ 로 나타내며 두 이항연산은 다음의 체의 공리를 만족한다. a, b, c가 R의 임의의 원소라 하자.

A1) $a+b=b+a$. (덧셈의 교환법칙)

A2) $(a+b)+c=a+(b+c)$. (덧셈의 결합법칙)

A3) 모든 $a\in R$에 대하여 $0+a=a$, $a+0=a$인 $0\in R$가 존재하며, 이러한 0을 零(zero)이라고 부른다.

A4) 모든 $a\in R$에 대하여 $a+x=x+a=0$을 만족시켜주는 $x\in R$가 존재한다. 이 x를 덧셈에 관한 a의 역원(additive inverse of a)이라고 한다. $(x=-a)$

M1) $a\cdot b=b\cdot a$ (곱셈의 교환법칙)

M2) $(a\cdot b)\cdot c=a\cdot(b\cdot c)$ (곱셈의 결합법칙)

M3) 모든 $a\in R$에 대하여 $1\cdot a=a$, $a\cdot 1=a$인 0이 아닌 $1\in R$이 존재한다. 이러한 1을 단위원 (identity) 이라고 부른다.

M4) 0이 아닌 각 $a\in R$에 대하여 $a\cdot x=x\cdot a=1$을 만족시키는 $x\in R$ 가 존재한다. 이 x를 곱셈에 관한 a의 역원(multiplicative inverse of a)이라고 부른다.

D) $a\cdot(b+c)=a\cdot b+a\cdot c$, $(b+c)\cdot a=b\cdot a+c\cdot a$. (덧셈 위의 곱셈의 배분법칙)

[주 의 2.1.1.]

임의의 두 실수 a와 b의 곱 $a\cdot b$를 관례에 따라 ab로 나타내기로 하고, 특히 $a\cdot a$를 a^2으로 한다. 또 $n\in N$ 에 대하여 $a^n=a\cdot a\cdots a$ (n개의 곱)이라 한다.

[정 리 2.1.1.]

R의 영과 단위원은 각각 唯一하다.

(증명) 0과 $0'$이 R의 영이라 하자. 영의 정의에 의하여 $0+0'=0$이고 $0'+0=0'$이다. A1)에 의하여 $0+0'=0'+0$이므로 $0=0'$이다. 1과 $1'$이 R의 단위원이라하면 정의에 의하여 $1\cdot 1'=1'$이고 $1'\cdot 1=1$이다. 또한 M1)에 의하면 $1\cdot 1'=1'\cdot 1$이므로 $1=1'$이다. ■

[정 리 2.1.2.]

A4)에서의 a의 합역원(additive inverse)이 유일하게 존재한다. 또한 M4)에서의 a의 곱역원(multiplicative inverse)이 유일하게 존재한다.

(증명) $a+x=0$과 $a+x'=0$을 만족시키는 $x, x' \in R$이 존재한다고 할 때 $x=x'$임을 보이면 된다. $x=x+0=x+(a+x')=(x+a)+x'=0+x'=x'$ 이므로 $x=x'$ 이다. 같은 방법으로 M4)에서의 역원도 보일 수 있다. ■

[정 리 2.1.3.]

a를 R의 임의의 원소라 하자.

1) $a \cdot 0=0$.

2) $(-1)a=-a$.

3) $-(-a)=a$.

4) $(-1)(-1)=1$.

(증명)

1) M3)로 부터 $a \cdot 1=a$이다.

$$a+a \cdot 0 = a \cdot 1+a \cdot 0=a(1+0)=a \cdot 1=a.$$

그러므로 A3)와 정리 2.1.1에 의해 $a \cdot 0=0$ 이다.

2) $a+(-1)a=1 \cdot a+(-1)a=(1+(-1))a=0 \cdot a=0$ 그러므로 A4)와 정리 2.1.2에 의해 $(-1)a=-a$이다.

3) A4)에 의하여 $(-a)+a=0$이다. 정리 2.1.1 에 의하여 $a=-(-a)$이다.

4) 앞 2)에 $a=-1$을 대입시키면 $(-1)(-1)=-(-1)$이고 3)에 의하여 $(-1)(-1)=1$이다. ■

[주 의 2.1.2.]

R의 원소로서 b/a $(a, b \in Z, a \neq 0)$형태로 쓰여질 수 있는 수를 유리수라고 부른다. 그 집합을 Q로 나타낸다.

[정 리 2.1.4.]

$r^2=2$ 인 유리수 r은 존재하지 않는다.

(증명) 연습문제

2.2. 실수의 순서구조

[順序公理]

R에는 다음의 두 조건을 만족하는 공이 아닌 部分集合 P가 존재한다.

O1: 임의의 a, $b \in P$ 에 대하여 $a+b \in P$ 이고 $ab \in P$이다.

O2: 임의의 $a \in R$ 에 대하여 다음 중 단 하나만이 성립한다.

1) $a \in P$, 2) $a=0$, 3) $-a \in P$.

집합 P의 원소를 陽의 實數(positive real number)라고 하고, 또 집합 $N=\{a| -a \in P\}$의

원소를 陰의 實數(negative real number)라고 한다. O2)로부터 $a\in R$은 양의 실수, 0, 또는 음의 실수 중의 어느 하나이다.

[정 의 2.2.1.]

임의의 $a, b\in R$ 에 대하여 $a-b\in P$ 일 때 a가 b보다 크다, 또는 b가 a보다 작다고 말하고, 기호로는 $a>b$ 또는 $b<a$로 나타내며, $-(a-b)\in P$일 때 b가 a보다 크다, 또는 a가 b보다 작다고 말하고, 기호로는 $a<b$ 또는 $b>a$로 나타낸다. 특히 $a>b$ 또는 $a=b$ 일 때, $a\geq b$로 나타내고, $a<b$ 또는 $a=b$ 일 때 $a\leq b$로 나타낸다.

[정 리 2.2.1.]

a, $b\in R$이라고 하자. 이 때,

1) $a>b$, $b>c$이면 $a>c$이다.

2) 다음 중 반드시 하나만 성립한다 : $a>b$, $a=b$, $a<b$이다.

3) $a\leq b$, $a\geq b$ 이면 $a=b$이다.

(증명)

1) $a-b\in P$ 이고 $b-c\in P$ 이면 순서공리에 의하여 $(a-b)+(b-c)=a-c\in P$이다. 따라서 $a>c$이다.

2) 순서공리의 O2)에 의하여 다음 중 반드시 하나만이 가능하다.

$$a-b\in P,\ a-b=0, -(a-b)=b-a\in P$$

3) 만약 $a\neq b$라 하자. 2)에 의하여 $a>b$ 또는 $a<b$이다. 이 때, $a>b$이면, $a\geq b$는 성립하지만 $a\leq b$는 성립할 수 없다. 또한 $a<b$이면 같은 방법으로 $a\geq b$는 성립할 수 없다. 그러므로 어느 경우라도 주어진 가정에 모순이다. 따라서 $a=b$이다. ■

[정 리 2.2.2.]

임의의 $a, b\in R$ 에 대하여 다음이 성립한다.

1) 항상 $a^2\geq 0$이다. 따라서, $1>0$ 이 된다.

2) $a>0$ 이고 $b<0$ 이면 $ab<0$ 이다.

3) $a<0$ 이고 $b<0$ 이면 $ab>0$ 이다.

4) $a>0$ 이면 $1/a>0$ 이다.

(증명)

1) $a=0$ 이면 $a^2=0$ 이므로 $a^2\geq 0$이 성립한다. $a>0$이면 $a^2>0$이므로 $a^2\geq 0$이다. 또, $a<0$이면 $-a>0$이고 순서공리의 O.1)에 의하여 $(-a)(-a)=(-a)^2=a^2>0$이 된다. 따라서, 어느 경우이든 $a^2\geq 0$이다. 특히 $a=1$ 이면 $1^2\geq 0$이 성립한다. 그런데 체의 공리의 M.3)에서 $1\neq 0$이므로 $1>0$이다.

2) $a>0$이고 $b<0$이면, $a>0$이 되고 또한 $-b>0$이므로 $a(-b)=-ab>0$이 된다. 따라서, $ab<0$ 이다.

3) 이 증명은 2)의 증명과 같으므로 생략한다.

4) $a>0$이면 $a\neq0$이므로 $1/a\neq0$이다. 만일 $1/a<0$이라면 $a\cdot1/a=1<0$ 이 되므로 (a)에 의하여 모순이다. 따라서 순서공리의 O.2)에 의하여 $1/a>0$이다. ■

[정 리 2.2.3.]

$a, b, c, d\in R$이라고 하자. 이 때, 다음을 만족한다.

1) $a>b$이면 $a+c>b+c$이다.

2) $a>b$, $c>d$ 이면 $a+c>b+d$이다.

3) $a>b$, $c>0$이면 $ca>cb$, $a>b$, $c<0$ 이면 $ca<cb$이다.

(증명) 연습문제.

[정 리 2.2.4.]

$a, b\in R$, $a>b$ 이면 $a>(a+b)/2>b$이다.

(증명) 연습문제.

[따름 정리 2.2.1.]

$a\in R$, $a>0$이면 $a>a/2>0$ 이다.

(증명) 정리 2.2.4에 의하여 바로 얻을 수 있다. ■

[정 리 2.2.5.]

$a\in R$이고 모든 $\varepsilon>0$ 에 대하여 $0\leq a<\varepsilon$이면 $a=0$ 이다.

(증명) $a>0$이라 가정하자. 그러면 따름정리 2.2.1에 의하여 $a>a/2>0$이다. 이때 $\varepsilon_0=a/2$ 로 하면 $a>\varepsilon_0>0$이고 이는 모든 $\varepsilon>0$에 대하여 $a<\varepsilon$에 모순이다. 그러므로 $a=0$ 이다. ■

[정 의 2.2.2.]

임의의 $a\in R$에 대하여 a를 다음과 같이 정의하고, 이것을 $|a|$의 絶對값(absolute value)이라 부른다.

$$|a|=\begin{cases} a\ , & a\geq0 \text{ 일 때} \\ -a\ , & a<0 \text{ 일 때}\end{cases}$$

절대값은 다음의 정리에서와 같은 성질을 갖는다.

[정 리 2.2.6.]

임의의 $a, b \in R$ 에 대하여 다음이 성립한다.

1) $|a| \geq 0$, $|a| = 0 \Leftrightarrow a = 0$이다.
2) $|-a| = |a|$이다.
3) $|ab| = |a||b|$이다.
4) $c \geq 0$이면, $|a| \leq c \Leftrightarrow -c \leq a \leq c$이다.
5) $-|a| \leq a \leq |a|$이다.

(증명)

1) 명백히 $|a| \geq 0$은 성립한다. $a = 0$이면 절대값의 정의에 의하여 $|0| = 0$ 이고 또, $a \neq 0$이면 $-a \neq 0$ 이므로 $|a| \neq 0$ 이다.

2) $a = 0$ 이면 $|0| = 0 = -|0|$ 이다. $a > 0$이면, $|a| = a = -(-a) = |a|$이고, 또한 $a < 0$이면, $|a| = -a = |-a|$이다.

3) $a > 0$이고 $b > 0$이면 $ab > 0$이므로 $|ab| = (ab) = a \cdot b = |a||b|$. $a > 0$이고, $b < 0$이면 $ab < 0$이므로 $|ab| = -(ab) = a(-b) = |a||b|$이고, $b > 0$일 경우와 $a < 0$이고 $a < 0$일 경우도 같은 방법으로 증명된다. 끝으로 a, b중 어느 하나가 0인 경우에는 $|ab| = 0 = |a||b|$이다.

4) $|a| \leq c$이면 절대값의 정의에 의하여 $a \leq c$이고 $-a \leq c$이다. 그런데 $-a \leq c$이면 $a \geq -c$이므로 $-c \leq a \leq c$가 성립한다. 역으로, $-c \leq a \leq c$이면 $a \leq c$이고 $-a \leq c$이므로 $|a| \leq c$가 성립한다.

5) 4)에서 $c = |a|$를 적용시키면 된다. ■

[정 리 2.2.7.] **삼각부등식(三角不等式)**

임의의 $a, b \in R$에 대하여 다음의 부등식이 성립한다.

$$\big| |a| - |b| \big| \leq |a \pm b| \leq |a| + |b|.$$

(증명) 정리 2.2.6의 5)에 의하여 $-|a| \leq a \leq |a|$가 성립하고, 또한 $-|b| \leq b \leq |b|$이므로 정리 2.2.3의 2)에 의하여 $-(|a| + |b|) \leq a \pm b \leq |a| + |b|$. 따라서, 정리 2.2.6의 4)를 적용시키면 다음이 성립한다. $|a \pm b| \leq |a| + |b|$. 이제, $||a| - |b|| \leq |a \pm b|$임을 보이자. 앞에서 증명한 사실을 이용하면 $|a| = |(a - b) + b| \leq |a - b| + |b|$ 이므로 $|a| - |b| \leq |a - b|$이다.

한편, $|b| = |a + (b - a)| \leq |a| + |b - a|$ 이므로 $|b| - |a| \leq |a - b|$가 된다. 따라서, 정리 2.2.6 4)에 의하여 $||a| - |b|| \leq |a - b|$가 된다. 또한, 이 부등식에서 b 대신 $-b$를 대입하면 $||a| - |b|| \leq |a + b|$를 얻는다. 따라서, 부등식 $||a| - |b|| \leq |a \pm b|$가 성립한다. ■

[정 의 2.2.3.]

$a \in R$라고 하자.

1) $\varepsilon > 0$에 대하여, a의 $\varepsilon-$근방(ε-neighborhood)은 집합 $N_\varepsilon(a) = \{x \in R : |x - a| < \varepsilon\}$이다.

2) a의 근방(neighborhood)은 어떤 $\varepsilon>0$에 대하여 a의 한 $\varepsilon-$근방을 포함하는 집합이다. $a\in R$에 대하여 x가 $N_\varepsilon(a)$에 속한다는 말은 x가 다음 조건을 만족한다는 말과 같다. $a-\varepsilon<x<a+\varepsilon$. 따라서 $\varepsilon-$근방 $N_\varepsilon(a)$는 a에 대하여 "대칭적(symmetric)"인 집합이다.

[정 리 2.2.8.]

$a\in R$이라고 하자. 어떤 $x\in R$가 a의 모든 근방에 속하면 $x=a$ 이다.

(증명) 가정에 의하여 모든 $\varepsilon>0$에 대하여, $x\in V_\varepsilon(a)$, 이는 모든 $\varepsilon>0$에 대하여 $|x-a|<\varepsilon$이 성립한다. 이는 정리 2.2.5에 의하여 $|x-a|=0$ 이고 따라서 $x=a$ 이다. ■

예 제 2.2.1.

1) $U=\{x: 0<x<1\}$이라고 하자. $a\in U$이면 $0<a<1$이다. 그래서 ε이 두 수 a와 $1-a$ 중 작은 수라 하면 $N_\varepsilon(a)$는 U안에 포함되는 a의 한 $\varepsilon-$근방이다. 그래서 U는 그 각각의 점의 근방이 된다.
2) $I=\{x: 0<x<1\}$는 0의 근방이 아니다. 왜냐하면 임의의 $\varepsilon>0$에 대하여 $|x|<\varepsilon$을 만족하는 수 $x<0$ (그래서 $x\notin I$) 가 존재하기 때문이다.

2.3. 실수의 완비성 공리

[정 의 2.3.1.]

S가 R의 부분집합이라 하자.

1) 모든 $s\in S$에 대하여 $s\leq u$이면 원소 $u\in R$를 S의 上界(upper bound)라 한다.
2) 모든 $s\in S$에 대하여 $w\leq s$이면 원소 $w\in R$를 S의 下界(lower bound)라 한다.

용어의 문제로서, R의 한 집합이 上界를 갖는다면 그것은 위로 有界(bounded above)라고 말한다. 마찬가지로 下界를 갖는다면 그것은 아래로 有界(bounded below)라고 말한다. 만약 한 집합이 上界와 下界를 갖는다면 그것은 有界(bounded)라고 말한다. 또 집합이 上界나 下界 중 어느 한 쪽이라도 갖지 않으면, 그것은 有界가 아닌(unbounded)집합이라고 한다. 예를 들어, 집합 $\{x\in R: x\leq 2\}$은 (비록 위로 有界이긴 하지만) 아래로 有界가 아니므로 有界가 아니다.

예 제 2.3.1.

1) 집합 $S=\{x\in R|x<0\}$은 위로 有界이다. 이 때, $1, 2, \cdots$들은 모두 S의 上界가 된다. 그러나 S는 아래로 有界가 아니다.

2) 집합 $S=\{1/n|n\in N\}$ 는 위로 有界이며 동시에 아래로 有界이다. 이 때, $1, 2, \cdots$ 들은 S의 上界이고, $0, -1, \cdots$ 들은 S 의 下界이다.

[정 의 2.3.2.]

R의 空이 아닌 부분집합 S가 위로 有界라고 하자. 다음의 두 조건을 만족하는 $\alpha\in R$가 존재할 때, α를 S의 上限(supremum), 또는 **最小上界**(least upper bound)라고 한다.

1) α는 S의 上界이다. 즉, 모든 $x\in S$에 대하여 $x\leq\alpha$이다.
2) $\beta\in R$이고 $\beta<\alpha$이면 β는 S의 上界가 될 수 없다. 즉, $\beta<\alpha$이면 $\beta<x\leq\alpha$를 만족시키는 $x\in S$가 반드시 존재한다.

또한, R의 空이 아닌 부분집합 S가 아래로 有界이고 다음의 두 조건을 만족하는 $u\in R$가 존재할 때, u를 S의 下限(infimum) 또는 **最大下界**(greatest lower bound)라고 한다.

3) u는 S의 下界이다. 즉, 모든 $x\in S$에 대하여 $u\leq x$이다.
4) $u\in R$이고 $u<v$이면 v는 S의 下界가 될 수 없다. 즉, $u<v$이면 $u\leq x<v$를 만족시키는 $x\in S$가 반드시 존재한다.

[完備性 公理]

R의 空集合이 아닌 部分集合 S가 위로 有界이면, 반드시 그 上限이 존재한다.

實數系의 완비성공리를 이용하여 증명되는 몇 가지의 定理들을 논하기로 한다.

[정 리 2.3.1.]

실수계의 완비성공리는 다음 명제와 서로 동치이다.

"R의 空이 아닌 부분집합 S가 아래로 有界이면, 下限이 존재한다."

(증명)

$(\rightarrow)$: 집합 $T=\{y\in R\mid y$는 S의 下界이다$\}$는 S가 下界를 가지므로 공집합이 아니다. 더우기 $x\in S$, $y\in T$이면 $y\leq x$이므로 T는 위로 有界인 R의 부분집합이다. 따라서, 완비성공리에 의해 T는 上限을 갖는다. $\sup T=\alpha$ 로 놓으면 上限의 정의에 의해서 (i)모든 $y\in T$에 대하여 $y\leq\alpha$이고 또한, 모든 $x\in S$는 T의 上界이므로 (ii)모든 $x\in S$에 대하여 $\alpha\leq x$이다.

그런데 성질 (ii)는 α가 S의 下限임을 뜻하고, 성질(i)은 y가 S의 임의의 하계이면 (즉, $y\in T$), $y\leq\alpha$임을 뜻한다. 따라서 下限의 정의에 의해 $\alpha=\inf S$ 이다.

$(\leftarrow)$: $(\rightarrow)$의 증명과 같은 방법으로 증명된다. ■

[정 리 2.3.2.] **(Archimedes 정리)**

임의의 $a>0$, $b\in R$에 대하여 $na>b$가 성립하는 적당한 $n\in N$이 존재한다.

(증명) 간접증명법으로 증명하기 위하여 정리가 성립하지 않는다고 하자. 즉, 적당한 $a>0$, $b\in R$가

존재해서 모든 $n \in N$에 대하여 $na \leq b$가 성립한다고 하자. 이 때, b는 집합 $S = \{na | n \in N\}$의 상계가 되므로 S는 위로 유계이다. 따라서, 실수계의 완비성공리에 의하여 S는 상한을 갖는다. 이 때, S의 상한을 α라고 하면 모든 $n \in N$에 대하여 $(n+1)a \leq \alpha$ 즉 $na \leq \alpha - a$가 되므로 $\alpha - a$는 S의 상계이다. 따라서 $\alpha \leq \alpha - a$가 되므로 $a \leq 0$이 되어 $a > 0$이라는 가정에 모순이다. ■

[따름 정리 2.3.1.]

임의의 $a \in R(a>0)$에 대하여 다음이 성립한다.

1) $a < n$을 만족시키는 $n \in N$이 존재한다.

2) $0 < 1/n < a$를 만족시키는 $n \in N$이 존재한다.

(증명)

1) 정리 2.3.2에서 $a = 1$로 잡고 b를 a로 바꾸어 생각하면 본 결과가 증명된다.

2) 정리 2.3.2에서 $b = 1$로 잡으면 $na > 1$, 즉 $0 < 1/n < a$를 만족시키는 자연수 n이 존재한다. ■

[정 리 2.3.3.] **유리수의 조밀성 (有理數의 稠密性)**

임의의 $a, b \in R$ 가 $a < b$이면, $a < r < b$를 만족시키는 유리수 r이 존재한다.

(증명)

(i) $a > 0$인 경우를 생각하자. 가정 $a < b$로부터 $b - a > 0$이므로 정리 2.3.2에 의하여 $n(b-a) > 1$ 즉 $(b-a) > 1/n$을 만족하는 $n \in N$이 존재한다. 또, a와 $1/n$에 대하여 다시 정리 2.3.6을 적용하면 $a < k/n$를 만족하는 $k \in N$가 존재한다. $a < k/n$ 를 만족하는 $k \in N$중에서 가장 작은 k를 m이라 하자.(m의 존재성은 N의 整列性 때문이다.) 따라서,

$$\frac{m-1}{n} \leq a < \frac{m}{n}$$

이 된다. 이 때, $r = \frac{m}{n}$으로 놓으면,

$$b > a + \frac{1}{n} \geq \frac{m-1}{n} + \frac{1}{n} = \frac{m}{n} = r > a$$

이므로 $a < r < b$이다.

(ii) $a < 0$인 경우를 생각하자. 따름정리 2.3.1의 1)에 의하여 $-a < n$ 을 만족하는 $n \in N$이 존재한다. 그런데 $0 < a+n < b+n$ 이므로 (i)에 의하여 $a+n < r' < b+n$ 을 만족하는 $r' \in Q$가 존재한다. 여기서, $r = r' - n$ 으로 놓으면 $r \in Q$이고 $a < r < b$이므로 정리가 증명된다.

(iii) $a = 0$인 경우는 따름정리 2.3.1의 2)에 의해 분명하다. ■

다음의 정리는 실수계의 완비성공리의 중요한 결과로서 실수계는 순서구조상 틈(gap)이 없이 연속이 되어 있음을 말해주고 있다.

[정 리 2.3.4.] **(Dedekind 定理)**

R 의 두 부분집합 A 와 B 가 다음의 성질

1) $A \bigcup B = R$

2) $A \neq \phi$, $B \neq \phi$

3) 임의의 $a \in A$, $b \in B$에 대하여 $a < b$을 만족한다 하자. 이 때, 임의의 $a \in A$, $b \in B$에 대하여 $a \leq \alpha$이고 $\alpha \leq b$인 $\alpha \in R$가 唯一하게 존재한다.

(증명)

(i) (α의 존재성) 가정에서 A와 B가 공집합이 아니고 임의의 $b \in B$는 A의 상계이므로 R의 완비성 공리에 의해서 A는 상계를 갖는다. 여기서 $\alpha = \sup A$로 놓으면 α는 A의 상계이므로 임의의 $a \in A$에 대하여 $a \leq \alpha$가 성립하고, 또한 임의의 $b \in B$는 A의 상계이므로 상한의 정의로부터 $\alpha \leq b$이다. 따라서, α의 존재성이 증명되었다. (여기서, $\alpha \in R$는 $\alpha \in A$인지 또는 $\alpha \in B$인지는 알 수 없다. 만일 $\alpha \in A$이라면 모든 $b \in B$에 대하여 $\alpha < b$가 되고, 한편, $\alpha \in B$이라면 모든 $a \in A$에 대하여 $a < \alpha$가 된다. 따라서 $\alpha \in R$가 $\alpha \in A$이면 A의 최대수가 되고, $\alpha \in B$이면 B의 최소수가 된다.)

(ii) (α의 유일성) 임의의 $a \in A$, $b \in B$에 대하여 $a \leq \beta$이고 $\beta \leq b$인 $\beta \in R$가 존재한다고 하자. β는 A의 상계이므로 $\alpha \leq \beta$이다. 여기서, 만일 $\alpha < \beta$라면 $\gamma = \dfrac{\alpha+\beta}{2}$는 $\alpha < \gamma < \beta$이고, 가정 1)로부터 $\gamma \in A$이거나 $\gamma \in B$이다. 그런데 $\gamma \in A$이라면 임의의 $a \in A$에 대하여 $a \leq \alpha$라는 사실에 모순이고, 한편 $\gamma \in B$이라면 임의의 $b \in B$에 대하여 $\beta \geq b$라는 사실에 모순이다. 따라서, $\alpha = \beta$일 수 밖에 없다. ■

[정 리 2.3.5.] **(Dedekind 정리) ⇒ (완비성 공리)**

(증명) R의 空이 아닌 부분집합 S가 위로 유계라고 하자. 집합 S가 상한을 가짐을 보이자. S의 상계가 존재하므로 S의 상계전체의 집합을 B라고 놓으면 $B \neq \phi$가된다. 또한, $A = R-B$ 라고 하면 명백히 $A \neq \phi$이고 $R = A \bigcup B$ 가 성립한다. 따라서 집합 A와 B는 Dedekind 정리의 가정 1)와 2)를 만족한다. 이제, 집합 A와 B가 가정 3)을 만족함을 보이자. 임의의 $a \in A$, $b \in B$에 대하여 a는 S 의 상계가 아니므로 $a < s$인 $s \in S$가 존재하고 또한, b가 S의 상계이므로 모든 $s \in S$에 대하여 $s \leq b$이다. 따라서, $a < b$ 이다. 이상에서 Dedekind 정리의 가정 1), 2), 3)을 모두 만족하므로 Dedekind 정리에 의하여 임의의 $a \in A$, $b \in B$ 에 대하여 $a < \alpha$이고 $\alpha \leq b$가 성립하는 $\alpha \in R$가 유일하게 존재한다. 그런데 $R = A \bigcup B$ 이므로 $\alpha \in A$이거나 $\alpha \in B$이다. 이제, $\alpha \in B$ 임을 보이자. 만일 $\alpha \in A$이라면 α는 S의 상계가 아니므로 $\alpha < s$인 $s \in S$가 존재하고, $x_0 = \dfrac{\alpha+s}{2}$로 놓으면 $\alpha < x_0 < s$가 되므로 x_0 는 S의 상계가 아니다. 따라서, $x_0 \in A$가 되고 $\alpha < x_0$가 되어 모순이다. 그러므로 $\alpha \notin A$, 즉 $\alpha \in B$가 된다. 그런데 모든 $b \in B$에 대해 $\alpha \leq b$이므로 상한의 정의로부터 α는 S의 상계이다. ■

[정 리 2.3.6.]

임의의 $a \geq 0$인 실수에 대하여 유일한 양의 제곱근 $\sqrt{a}$가 존재한다.

(증명)

(ⅰ) (존재성) 집합 $S = \{x \in R \mid x \geq 0, \ x^2 \leq a\}$를 생각하자. S는 따름정리 2.3.1의 2)에 의하여 공집합이 아니다. 또한, 임의의 $x \in S$에 대하여

$$x^2 \leq a < a^2 + a + \frac{1}{4} = \left(a + \frac{1}{2}\right)^2$$

이므로 $x < a + \frac{1}{2}$이 성립하므로 S는 위로 유계이다. 따라서, 실수계의 완비성공리에 의하여 S의 상한이 존재한다. 여기서 $\alpha = \sup S$로 놓으면 순서공리에 의하여 $\alpha^2 = a$, $\alpha^2 < a$, $\alpha^2 > a$ 중 어느 하나만이 성립해야 한다. $\alpha^2 \not< a$이고 $\alpha^2 \not> a$임을 정리 2.3.5에서와 같은 방법으로 증명할 수 있다. 따라서, $\alpha^2 = a$이다. 이 $\alpha \in R$가 구하는 a의 양의 제곱근이다.

(ⅱ) (유일성) $\beta^2 = a$인 β가 있다고 하자. $\beta < \alpha$이면 $\beta < \alpha^2 = a$이고, 또한 $\beta > \alpha$이면 $\beta^2 > \alpha^2 = a$이므로 모순이다. 따라서 $\alpha = \beta$이다. ■

[정 리 2.3.7.] **(무리수의 조밀성)**

임의의 $a, b \in R$ 가 $0 < a < b$이면, 임의의 무리수 $\alpha > 0$에 대하여 적당한 유리수 r이 존재해서 $a < r\alpha < b$가 성립한다. 더욱이, $r\alpha$는 무리수이다.

(증명) $0 < a < b$이고 $\alpha > 0$ 이므로 $\frac{a}{\alpha} < \frac{b}{\alpha}$ 이다. 따라서 유리수의 조밀성에 의하여 $\frac{a}{\alpha} < r < \frac{b}{\alpha}$ 인 유리수 r 이 존재한다. 그러므로 $a < r\alpha < b$ 이며, 명백히 $r\alpha$는 무리수이다. ■

2.4. 벡터공간 R^n

[정 의 2.4.1.]

$R^n = \{(x_1, \cdots, x_n) : x_1, \cdots, x_n \in R\}$으로 정의한다. R^n 의 각 원소를 벡터(vector)라 하고, u, v, w 등으로 나타낸다. 임의의 벡터 $v = (x_1, \cdots, x_n) \in R^n$ 에서 각각의 x_i를 v의 i 좌표(coordinate)라 한다. 두 벡터 $v = (x_1, \cdots, x_n)$와 $u = (y_1, \cdots, y_n)$가 같다(equal)라 함은 각각의 $i = 1, \cdots, n$에 대하여 $x_i = y_i$ 임을 의미한다.

두 벡터 v와 u의 합은 $v + u = (x_1 + y_1, \cdots, x_n + y_n)$이라 정의하고 스칼라 배(scalar multiple) αv는 $\alpha v = (\alpha x_1, \cdots, \alpha x_n)$ 으로 정의한다. 여기서 $\alpha \in R$이다. 이 때 $v + u \in R^n$이고 $\alpha v \in R^n$ 임을 쉽게 알 수 있다.

[정 리 2.4.1.]

$n \in Z^+$, u, v, , $w \in R^n$, $\alpha, \beta \in R$ 에서 R^n은 다음 여덟 가지의 성질들을 만족한다.

1) $u+(v+w)=(u+v)+w$

2) $O_n \in R^n$ 이 존재하여 $O_n+v=v+O_n=v$ 를 만족한다.

3) $\forall v \in R^n$에 대하여, $-v \in R^n$이 존재하여 $v+(-v)=(-v)+v=O_n$을 만족한다.

4) $v+w=w+v$

5) $\alpha(v+w)=\alpha v+\alpha w$

6) $(\alpha+\beta)v=\alpha v+\beta v$

7) $(\alpha\beta)v=\alpha(\beta v)$

8) $1v=v$.

(증명) 연습문제

[정 의 2.4.2]

$v=(x_1, \cdots, x_n)$, $w=(y_1, \cdots, y_n) \in R^n$ 이라 하자. v 와 w의 스칼라 곱(scalar product 또는 dot product) 은 $v \cdot w$ 로 표현하며,

$$v \cdot w = x_1y_1 + x_2y_2 + \cdots + x_ny_n$$

이라 정의한다.

[정 의 2.4.3.]

$v \in R^n$ 이면 벡터 v의 놈(norm 또는 length)은

$$\|v\| = \sqrt{v \cdot v}$$

로 정의한다.

[정 리 2.4.2.]

u, v, $w \in R^n$, $\alpha \in R$ 이면

1) $v \cdot w = w \cdot v$

2) $v \cdot O_n = 0$

3) $v \cdot (w+u) = v \cdot w + v \cdot u$

4) $v \cdot (\alpha u) = (\alpha v) \cdot u = \alpha(v \cdot u)$

5) $v \cdot v \geq 0$ 이고 $v \cdot v = 0 \Leftrightarrow v = O_n$

이다.

(증명) 연습문제

[정 리 2.4.3.]

$v \in R^n$, $\alpha \in R$ 이면

1) $\|v\| \geq 0$ 이고, $\|v\|=0 \Leftrightarrow v=O_n$

2) $\|\alpha v\| = |\alpha|\|v\|$

3) $\|v+w\| \leq \|v\| + \|w\|$

이다.

(증명) 연습문제

[정 리 2.4.4.] (Cauchy-Schwarz 부등식)

$v, w \in R^n$ 이면, $|v \cdot w| \le ||v|| ||w||$이며 등식은 $v = \alpha w$ 또는 $w = \alpha v$일 때 성립한다. 여기서 $\alpha \in R$ 이다.

(증명) $x \in R$ 를 고정하자. 이 때 $(xv + w) \cdot (xv + w)$ 를 생각하자.

$$\begin{aligned}(xv+w)\cdot(xv+w) &= x^2(v\cdot v)+2x(v\cdot w)+(w\cdot w)\\ &= x^2||v||^2+2x(v\cdot w)+||w||^2\end{aligned}$$

이다. 이 때 $(xv+w)\cdot(xv+w)=||xv+w||^2 \ge 0$ 이므로 $x^2||v||^2+2x(v\cdot w)+||w||^2 \ge 0$ 이다. 판별식을 이용하면 $4(v\cdot w)^2-4||v||^2||w||^2 \le 0$ 이므로 $(v\cdot w)^2 \le ||v||^2||w||^2$ 에서

$$|v\cdot w| \le ||v|| ||w||$$

이다. 만약 $|v\cdot w| = ||v|| ||w||$이면 $(v\cdot w)^2=||v||^2||w||^2$이다. $4(v\cdot w)^2-4||v||^2||w||^2=0$이므로 이차식 $x^2||v||^2+2x(v\cdot w)+||w||^2$은 하나의 근만을 갖는다. 이 때 근은

$$\begin{aligned}x=\frac{-2(v\cdot w)}{2||v||^2} &= \frac{-(v\cdot w)}{||v||^2}\\ &= \begin{cases} -\dfrac{||w||}{||v||}, & v\cdot w>0\\ \dfrac{||w||}{||v||}, & v\cdot w<0\end{cases}\end{aligned}$$

이다. 더구나,

$$\begin{aligned}||xv+w||^2=(w+xv)\cdot(w+xv) &= ||w||^2+2x(v\cdot w)+x^2||v||^2\\ &= ||w||^2+2\left(\frac{-(v\cdot w)}{||v||^2}\right)(v\cdot w)+\left(\frac{\pm||w||}{||v||}\right)^2||v||^2\\ &= ||w||^2-\frac{2(v\cdot w)^2}{||v||^2}+\frac{||w||^2}{||v||^2}||v||^2\\ &= 2||w||^2-\frac{2||v||^2||w||^2}{||v||^2}=0\end{aligned}$$

이다. 정리 2.4.3. 1)에 의하면 $xv+w=O_n$ 이다. 그러므로 $w=-xv$ 이며 만약 $\alpha=-x$이면 $w=\alpha v$ 이다. 역으로 w 가 v 의 스칼라 배라면, 즉, $w=\alpha v$, 이 때

$$|v\cdot w| = |v\cdot \alpha v| = |\alpha| ||v||^2 = ||v|| ||\alpha v|| = ||v|| ||w||.$$

이다. ■

2.5. 위상 개념(Topological Concepts)

본 절에서는 R^n에서의 위상 수학의 개념을 소개하고자 한다.

[정 의 2.5.1.]

$A \subset R^n$이 개(open)집합이라 함은

$A=\varnothing$ 이거나 $\forall v \in A$ 에 대하여 적당한 $r>0$이 존재하여 $B_r(v) \subset A$을 만족한다.

이 때 $B_r(v)$를 반경 r인 벡터 v의 (개)근방이다. 즉, $B_r(v)=\{u \in R^n : \|v-u\| < r\}$이다. 정의 2.2.3에 있는 $N_r(v)$ 는 $n=1$인 경우의 $B_r(v)$이다.

예 제 2.5.1.

$A=(a, b) \subset R^1$은 개집합이다. 임의의 $c \in (a, b)$를 선택한다. 이 때 $\delta = \min(c-a, b-c)$라 두고 $r=\frac{\delta}{2}$라 하자. 그러면 항상 모든 $c \in (a, b)$는 $B_r(c)=(c-\frac{\delta}{2}, c+\frac{\delta}{2}) \subset A$를 만족하므로 A 는 개집합이다.

[정 리 2.5.1.]

U_1, U_2 가 R^n 의 개 부분집합이라 하자. 이 때 $U_1 \cup U_2$ 와 $U_1 \cap U_2$ 도 개집합이다.

(증명) $p \in U_1 \cup U_2$라 하자. 이 때 $p \in U_1$이거나 $p \in U_2$이다. $p \in U_1$이라 하자. U_1이 개집합이므로 $B_r(p) \subset U_1$인 $r>0$ 이 존재한다. 따라서 $B_r(p) \subset U_1 \cup U_2$이므로 $U_1 \cup U_2$는 개집합이다. $U_1 \cap U_2 \neq \varnothing$ 이라 하자. 만약 공집합이라면 정의에 의하여 그 자체가 개집합이다. $p \in U_1 \cap U_2$라 하자. 이 때 $p \in U_1$, $p \in U_2$이고 U_1 과 U_2 가 각각 개집합이므로 적당한 $r_1, r_2>0$가 존재하여 $B_{r_1}(p) \subset U_1$, $B_{r_2} \subset U_2$ 을 만족한다. $r=\min(r_1, r_2)$라 하면 $B_r(p) \subset U_1$, $B_r(p) \subset U_2$ 이므로 $B_r(p) \subset U_1 \cap U_2$ 이다. 따라서 $U_1 \cap U_2$ 는 개집합이다.

[정 의 2.5.2.]

$A \neq \varnothing \subset R^n$, $p \in A$ 이라 하자.

이 때 p를 집합 A의 내점(interior point)이라 함은

적당한 $r>0$이 존재하여 $B_r(p) \subset A$를 만족한다.

$A^0=\{p \in A : p$는 A의 내점이다$\}$을 내부(內部, interior)라 한다.

점 p를 집합 A의 외점(exterior point)이라 함은

적당한 $r>0$ 이 존재하여 $B_r(p) \cap A=\varnothing$ 를 만족한다.

점 p를 집합 A의 경계점(boundary point)이라 함은

모든 $B_r(p)$가 A의 원소와 R^n-A 원소들을 포함한다.

$bd(A)=\{p \in R^n : p$는 집합 A의 경계점이다$\}$을 집합 A의 경계(boundary)라 한다. $\overline{A}=A \cup bd(A)$라 정의하고 이를 집합 A의 폐포(closure, 閉包)라 한다. 집합 A가 폐집합

(closed)이라 함은

$$A=\overline{A}$$

이다. 점 p가 A의 집적점(accumulation point)이라 함은

$$\forall\delta>0\text{에서 } B_\delta(p)\cap(A-\{p\})\neq\emptyset \text{ 을 만족한다.}$$

예 제 2.5.2.

$A=(-2,3]\subset R^1$ 이라 하자.

이 때 $A^o=(-2,3)$, $bd(A)=\{-2,3\}$이다. 또한 $\overline{A}=[-2,3]$ 이다.

[정 리 2.5.3.]

$A\neq\emptyset\subset R^n$ 이 개집합일 필요충분조건은 $A=A^o$ 이다.

(증명) 연습문제

[정 리 2.5.4.]

$A\subset R^n$ 이라 하자. 이 때 A 가 폐집합일 필요충분조건은 $A^c=R^n-A$ 는 개집합이다.

(증명)

(필요조건) A가 폐집합이라 하자. 즉 $A=\overline{A}=A\cup bd(A)$이다. 따라서 R^n-A는 A의 경계점을 포함할 수 없다. 즉, $p\in R^n-A$이면, 모든 $B_p(r)$는 R^n-A에 완전히 포함된다. 이는 모든 p는 R^n-A의 내점이다. 그러므로 $R^n-A\subset(R^n-A)^o$이므로 $R^n-A=(R^n-A)^o$ 이다. 따라서 정리 2.5.3.에 의하면 R^n-A 는 개집합이다.

(충분조건) 역으로 R^n-A가 개집합이라 하자. 다시 정리 2.5.3에 의하면 $R^n-A=(R_n-A)^o$이다. 이는 $p\in R^n-A$이면 p는 절대 R^n-A의 경계점이 될 수 없다. 그러므로 $bd(R^n-A)\subset A$이다. 그러나 경계점의 정의에 의하면 $bd(R^n-A)=bd(A)$이므로 $bd(A)\subset A$ 이다. 따라서 $\overline{A}=A$ 이므로 A는 폐집합이다. ■

[정 의 2.5.3.]

R^n 의 부분집합족 $\{U_\lambda\}_{\lambda\subset\Lambda}$이 집합 A의 커버(cover)라 함은 $A\subset\bigcup_{\lambda\in\Lambda}U_\lambda$ 임을 의미한다. 만약 $\Lambda'\neq\emptyset\subset\Lambda$이면 $A\subset\bigcup_{\lambda\in\Lambda'}U_\lambda$을 만족하는 집합족 $\{U_\lambda\}_{\lambda\in\Lambda'}$을 부분커버(sub-cover)라 한다. 특히 U_λ가 모두 개집합들이면 $\{U_\lambda\}_{\lambda\in\Lambda}$과 $\{U_\lambda\}_{\lambda\in\Lambda'}$를 각각 집합 A의 개 커버(open cover), 개 부분커버(open subcover)라 한다. $A\subset R^n$이 컴팩트(compact)라 함은 A의 모든 개 커버 $\{U_\lambda\}_{\lambda\in\Lambda}$는 부분 커버 $\{U_\lambda\}_{\lambda\in\Lambda'}$를 갖는 것을 의미한다. 여기서 Λ'는 Λ의 유한(finite) 부분집합이다.

[정 리 2.5.5.] **(Heine-Borel 정리)**

$A \subset R^n$ 가 폐집합이고 유계이면 A 는 컴팩트이다.

(증명) 정리 3.4.3을 보라.

[정 리 2.5.6.]

$A \subset R^n$ 이 컴팩트이면, A 는 폐집합이고 유계이다.

(증명) 개집합들의 족 $\{B_m(O)\}_{m \in Z^+}$을 생각하자. 여기서 O는 R^n의 원점이다.
이 때 $\{B_m(O)\}_{m \in Z^+}$는 집합 A의 개 커버이다. A가 컴팩트이므로 $\{B_m(O)\}_{m \in Z^+}$에서 유한부분커버를 찾을 수 있다. 즉, 이 유한부분커버를 $\{B_{n_1}(O), B_{n_2}(O), \cdots, B_{n_p}(O)\}$이라 하자.
$M = \max\{n_1, \cdots, n_p\}$ 이라 하면 $A \subset B_M(O)$이다. 따라서 $p \in A$이면 $\|p\| \le M$이므로 A는 유계이다. $q \in R^n - A$라 하자. $\forall k \in Z^+$에 대하여 $U_k = \left\{q' \in R^n : \|q - q'\| > \frac{1}{k}\right\}$로 정의하자. 이 때 각각의 U_k는 개집합이다. 또한 $\{U_k\}_{k \in Z^+}$는 $R^n - \{q\}$의 개 커버이다. 그러므로 이것은 A의 개 커버이다. A가 컴팩트이므로 A를 커버할 수 있는 유한개 커버가 존재한다. 즉, $\{U_{k_1}, \cdots, U_{k_l}\}$이다. $k^* = \max(k_1, \cdots, k_l)$ 이라 두면 $B_{1/k^*}(\delta) \subset R^n - A$이다. $R^n - A$ 는 개 집합이므로 A는 폐집합이다. ■

예 제 2.5.3.

$\{a_n\} = \left\{\left(\frac{1}{n}, \frac{n+1}{n}\right)\right\}$ 인 구간들의 수열이다. 이 때 $\lim_{n \to \infty} a_n = (0, 1)$ 이다.
$A = \left\{(1, 2), \left(\frac{1}{2}, \frac{3}{2}\right), \left(\frac{1}{3}, \frac{4}{3}\right), \cdots, (0, 1)\right\}$ 이라 하자. A 는 모든 집적점(accumulation point)를 포함하므로 폐집합이고 당연히 유계이다. 그러므로 A 는 컴팩트이다.

[정 의 2.5.4.]

집합 $A \subset R^n$ 이 연결(connected)이라 함은

1) $A \subset U_1 \cup U_2$

2) $A \cap U_1 \ne \emptyset$, $A \cap U_2 \ne \emptyset$

3) $A \cap (U_1 \cap U_2) = \emptyset$

을 만족하는 개집합 $U_1, U_2 \subset R^n$이 존재하지 않는다. 그러한 개집합 U_1과 U_2가 존재하면 집합 A는 비연결(disconnected)이라 한다.

예 제 2.5.4.

$A=\{v\in R^2: ||v||<1$ 또는 $||v-v_0||<2\}$ 이고 여기서 $v_0=(4,0)\in R^2$ 이다.

$U_1=\{v\in R^2: ||v||<2\}$, $U_2=\{v\in R^2: ||v-v_0||<2, v_0=(4,0)\}$라 하면 각각의 U_1과 U_2는 개집합이므로 $A=U_1\bigcup U_2$ 도 개집합이다. (그림 2.1)

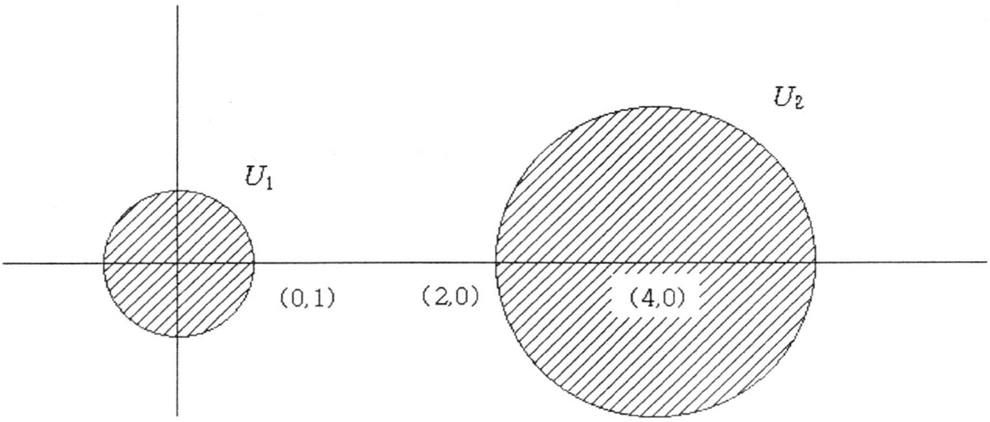

<그림 2.1>

[정 리 2.5.7.]

R^1 는 연결이다.

(증명) R이 비연결이라 하자. 그러면 적당한 개집합 $U_1\neq\emptyset$, $U_2\neq\emptyset$가 존재하고 $R=U_1\bigcup U_2$, $U_1\bigcap U_2=\emptyset$, $R\bigcap U_1\neq\emptyset$, $R\bigcap U_2\neq\emptyset$, $R\bigcap(U_1\bigcap U_2)=\emptyset$를 만족하는 적당한 폐구간 $I=[a,b]$를 선택할 수 있다. 일반성 손실없이 $b\in U_2$에 있다하자. 이 때 $I\bigcap U_1$는 위로 유계이므로 $I\bigcap U_1$은 상한 M을 갖는다. 여기서 $M\not\in U_1$, $M\not\in U_2$을 보임으로써 모순에 도달하고자 한다.

$M\in U_1$이라 하자. U_1이 개집합이므로 적당한 $\varepsilon>0$이 존재하여 $(M-\varepsilon, M+\varepsilon)\subset U_1$을 만족한다. M이 $I\bigcap U_1$의 상한이고 b는 $I\bigcap U_2$의 상계이므로 $M\leq b$이다. 또한 $M\geq a$이고 M은 $I\bigcap U_1$의 상한일 때는 언제나 $x\in I$에서 $M\geq x$이고 $x\in I$이면 $x\geq a$이다. $(M-\varepsilon, M+\varepsilon)\subset U_1$이고 $U_1\bigcap U_2=\emptyset$이므로 적당한 ε 를 선택하고 $M+\varepsilon<b$이다. 그러므로 $[M, M+\varepsilon)\subset I$이며, 이는 $[M, M+\varepsilon)\subset I\bigcap U_1$이다. 따라서 $I\bigcap U_1$에는 M보다 큰 원소들이 있다. 이는 M이 $I\bigcap U_1$의 상한이란 것에 모순이다. 따라서 $M\not\in U_1$이다.

반면에, $M\in U_2$라 하자. U_2가 개집합이며, 적당한 $\delta>0$가 존재하고 $(M-\delta, M+\delta)\subset U_2$를 만족한다. 이 때 $I\bigcap U_1\subset[a, M-\delta]$ 이다. $M'=\dfrac{M-\delta+M}{2}$이면 $M-\delta<M'<M$ 이다. 이는 M'는 $I\bigcap U_1$의 상계이다. 그러나 $M'<M$이므로 이는 M이 상한이란 가정에 모순이다. 그러므로 $M\not\in U_2$이다. ■

[따름 정리 2.5.1.]

$A \subset R^1$ 연결일 필요충분조건은 $A = R^1$ 이거나 A 는 구간(interval)이다.

(증명) 연습문제

[정 의 2.5.5.]

$A \subset R^n$ 이 R^n 의 조밀(dense)부분집합이라 함은 $\overline{A} = R^n$ 이다.

연습문제 (2)

1. $B \neq \phi$ 는 유계이고 $A \subset B \subset R$, $A \neq \phi$ 이라 하자. 이 때 $\inf B \leq \inf A \leq \sup A \leq \sup B$ 임을 보여라.

2. $a > 0$이고 $S = \{ n \in N \mid n > a \}$인 자연수의 부분집합이라 하자. 이때, $S \neq \phi$ 임을 보여라.

3. 다음을 보여라.
   1) $b + (-a) = b - a$
   2) $(-a)(-b) = a \cdot b$
   3) $a \neq 0$ 이면 $a^2 > 0$ 이다.
   4) $a \cdot b = 0$ 이면 $a = 0$ 또는 $b = 0$이다.

4. 귀납법을 이용하여 다음을 증명하라.
   1) $1 + 2 + \cdots + n = \dfrac{n(n+1)}{2}$
   2) $1 + \dfrac{2}{3} + \cdots + (\dfrac{2}{3})^n = 3 - 2(\dfrac{2}{3})^n, \quad n = 0, 1, 2\cdots$
   3) $1^3 + 2^3 + \cdots + n^3 = (1 + 2 + \cdots + n)^2$

5. 다음의 각 항에 나타난 집합들을 S라 하자. 이때 각각의 상한과 하한을 구하라.
   1) $\{ x^2 - 3x < 4 \}$
   2) $\{ |x| + |x-4| \leq 6 \}$
   3) $\left\{ (-1)^{n+1} (1 - \dfrac{1}{3^n}) \right\} \quad n = 1, 2, \cdots$
   4) $\left\{ 1 + \dfrac{4}{n} \right\} \quad n = 1, 2, \cdots$

6. 다음을 증명하라.
   1) $(1+x)^n \geq 1 + nx + \dfrac{n(n+1)}{2} x^2, \quad x \geq 0$
   2) $(1-x)^n \leq 1 - nx + \dfrac{n(n-1)}{2} x^2, \quad 0 \leq x \leq 1$
   3) 모든 $a_n \geq 0$ 이면, $(1+a_1)(1+a_2)\cdots(1+a_n) \geq 1 + a_1 + a_2 + \cdots + a_n$.

7. S가 아래로 유계이고 m_0가 하한(infimum)이면, $y > m_0$에 대하여 $y > x \geq m_0$를 만족하는 $x \in S$가 존재함을 보여라.

8. 임의의 $\varepsilon > 0$ 에 대하여 $N > \frac{1}{\varepsilon}$ 을 만족하는 N이 존재함을 보여라. 즉, $\frac{1}{N} < \varepsilon$이다.

9. 비음(nonnegative) 확률변수 X가 유한인 평균 $EX = \mu$를 갖는다 하자. 이때, 모든 양의 실수 h에 대하여

$$\Pr(X \geq h) \leq \frac{\mu}{h}$$

는 사실이다. 이 부등식을 마코프 부등식(Markov's inequality)이라 한다. 지금부터 평균 λ를 갖는 포아송(Poisson) 확률분포를 생각하자.

1) 마코프 부등식을 이용하여 확률 $\Pr(X \geq 2)$에 대한 상계를 구하라.

2) $\Pr(X \geq 2)$에 대한 정확한 값을 구하고, 그 값이 1)에서 구한 상계보다 작음을 보여라.

10. X는 연속 확률변수로써 다음과 같은 확률 밀도 함수를 갖는다.

$$f(x) = \begin{cases} 1 - |x|, & -1 < x < 1 \\ 0 \quad , & \text{이외에} \end{cases}$$

1) 마코프 부등식을 이용하여 $\Pr(|X| \geq \frac{1}{2})$ 의 상계를 구하라.

2) $\Pr(|X| \geq \frac{1}{2})$ 의 정확한 값을 구하고, 이 값과 1)에서 구한 상계를 비교하라.

11. 다음을 증명하라.

1) $ab > 0$이면 $a > 0$이고 $b > 0$이거나, $a < 0$이고 $b < 0$이다.

2) $a > 0, b > 0$일 때 $a^2 > b^2 \Leftrightarrow a > b$ 이다

12. 만약 n이 자연수이면, $n > 0$임을 증명하라.

13. $A, B \subset R^n$ 에서

1) $A^0 \subset A$

2) $A \subset B$ 이면 $A^0 \subset B^0$

3) $A^0 \cup B^0 \subset (A \cup B)^0$

4) $A \subset B$ 이면 $\overline{A} \subset \overline{B}$

임을 보여라.

14. $A, B \subset R^n$ 에서

1) $bd(A) = bd(R^n - A)$

2) $bd(A \cup B) \subset bd(A) \cup bd(B)$

3) $bd(A \cap B) \subset bd(A) \cup bd(B)$

임을 보여라.

15. 다음을 증명하라.

1) A가 컴팩트이고 B 가 폐집합이면, $A \cap B$ 는 컴팩트이다.

2) A가 컴팩트이면 $\overline{A}$ 가 컴팩트이다.

16. $A, B \in R^n$가 개집합이고 연결이라 하자. 이 때 $A \cap B \neq \varnothing$ 이면 $A \cup B$ 는 개집합이고 연결임을 보여라.

17. $\boldsymbol{v}, \boldsymbol{w} \in R^n$ 이면 $|\,\|\boldsymbol{v}\| - \|\boldsymbol{w}\|\,| \leq \|\boldsymbol{v} + \boldsymbol{w}\|$ 임을 보여라.

18. $\boldsymbol{v}, \boldsymbol{w} \in R^n$에 대하여 $\boldsymbol{v}$ 와 $\boldsymbol{w}$ 의 거리(distance)는 $\|\boldsymbol{v} - \boldsymbol{w}\|$ 로 정의하고 $d(\boldsymbol{v}, \boldsymbol{w})$ 로 표기한다. 다음을 증명하라.

1) 만약 $\boldsymbol{v} = (x_1, \ldots, x_n)$, $\boldsymbol{w} = (y_1, \ldots, y_n)$ 이면, 이 때

$$d(\boldsymbol{v}, \boldsymbol{w}) = \sqrt{(x_1 - y_1)^2 + \cdots + (x_n - y_n)^2}$$

이다.

2) $d(\boldsymbol{v}, \boldsymbol{w}) \geq 0$ 이고, $d(\boldsymbol{v}, \boldsymbol{w}) = 0 \Leftrightarrow \boldsymbol{v} = \boldsymbol{w}$

3) $d(\boldsymbol{v}, \boldsymbol{w}) + d(\boldsymbol{w}, \boldsymbol{u}) \geq d(\boldsymbol{v}, \boldsymbol{u})$

4) $d(\boldsymbol{v}, \boldsymbol{w}) = d(\boldsymbol{v} + \boldsymbol{u}, \boldsymbol{w} + \boldsymbol{u})$

5) $d(\boldsymbol{v}, \boldsymbol{w}) = d(\boldsymbol{w}, \boldsymbol{v})$.

19. $\boldsymbol{v}, \boldsymbol{w} \in R^n$ 에서, $\|\boldsymbol{v} + \boldsymbol{w}\|^2 + \|\boldsymbol{v} - \boldsymbol{w}\|^2 = 2\|\boldsymbol{v}\|^2 + 2\|\boldsymbol{w}\|^2$ 임을 보여라.

20. 다음을 증명하라.

1) A 가 유계이면 $\overline{A}$ 도 역시 유계이다.

2) A 가 컴팩트이면 $\overline{A}$ 도 역시 컴팩트이다.

21.

1) A, B 가 R^n 의 컴팩트 부분집합이면 $A \cup B$ 도 역시 컴팩트이다.

2) A 가 컴팩트이고 B 가 폐집합이면 $A \cap B$ 는 컴팩트이다.

제 3 장

함수의 극한, 수열과 급수의 수렴성

3.1 수열의 수렴
3.2 함수의 극한
3.3 단조수열, 단조함수
3.4 집적점(Cluster Point)
3.5 Cauchy 수열
3.6 상극한과 하극한
3.7 급수의 수렴성
3.8 급수의 판정법
3.9 재배열 급수와 급수의 곱
3.10 Raabe's Test
3.11 o, O의 표현
3.12 통계의 응용

제 2장에서 완비 순서체로써의 실수계의 기본구조를 논하였다. 이들 실수계의 구조를 바탕으로 해석학에서의 보다 본질적인 문제로써 극한의 개념을 논한다. 극한의 개념은 해석학의 이론전개에 가장 기본이 되는 개념이다. 해석학은 여러 가지의 극한의 개념을 기본 개념으로 하여 그 이론이 전개된다는데에 특징이 있는 수학의 한 분야이다. 함수의 연속성, 미분성, 적분성, 무한 급수의 수렴성등은 바로 이 극한 개념들의 응용이다. 제3.1절은 수열의 수렴을 정의하고 그 성질들을 유도한다. 제3.2절은 함수의 극한을 정의하고, 그 성질들을 증명한다. 제3.3절은 단조수열과 단조함수를 정의한다. 제3.4절은 집적점을 정의하고 Heine Borel정리를 증명한다. 제3.5절은 코쉬수열을 정의하고 그 성질을 유도한다. 제3.6절은 상극한과 하극한을 정의하고 수열이 수렴할 필요충분조건을 유도한다. 제3.7절은 급수의 수렴을 정의하고, 급수가 수렴할 코쉬정리를 증명한다. 제3.8절은 급수의 수렴성을 다루는 여러 가지의 판정법을 유도한다. 제3.9절은 급수의 재배치와 곱을 정의한다. 제3.10절은 o, O의 표현을 정의한다. 제3.10절은 특수한 형태의 급수판정법을 소개한다. 마지막으로 제3.11절은 통계에서 사용되어지는 분야를 소개하고 예를 들어 설명한다.

3.1. 수열의 수렴

어떤 정수 n_0보다 크거나 같은 모든 정수들을 정의역 D로 갖는 함수 $f: D \to R$를 수열(sequence)라 한다. 각 $n \in D$에 대한 함수의 값 $f(n) = a_n$을 수열 f의 항들이라 한다. 그러므로 수열 f를 $\{a_n\}$으로 나타낸다. 수열이 시작되는 정수 n_0는 보통 0 또는 1이다. 그러나 n_0는 수열 $\{a_n\}$이 모든 $n \geq n_0$에서 정의될 수 있도록 선택되어야 한다. 예를 들면, 수열 $\left\{\frac{1}{n}\right\}$은 $n_0 = 0$를 가질 수 없으며 수열 $\left\{\frac{1}{n(n-1)(n-2)}\right\}$는 최소한 n_0를 3보다 크거나 같도록 하여야한다.

[정 의 3.1.1.]

임의의 큰 수들을 갖고 있는 정의역 D의 함수 f에 대하여, 적당한 실수 A가 존재해서

임의의 양수 ε에 대하여, 이에 상응하는 적당한 $X = X(\varepsilon) \in R$가 존재하여 $x > X$인 모든 $x \in D$ 에 대하여 $\lvert f(x) - A \rvert < \varepsilon$ 이다

를 만족하면 함수 $f(x)$는 수렴하며, A에 수렴한다고 한다. 이때 A를 $f(x)$의 극한(limit)이라 하며 이것을 기호로 $\lim_{x\to\infty} f(x) = A$, 또는 $x \to \infty$ 일때 $f(x) \to A$로 나타낸다.

특히 수열 $\{a_n\}$의 경우에 있어서, 같은 방법을 이용하면, 적당한 실수 A가 존재하여

임의의 양수 ε에 대하여, 이에 상응하는 적당한 $N(\varepsilon) = N$이 존재하여 $n > N$인 모든 n에 대하여 $\lvert a_n - A \rvert < \varepsilon$ 이다.

를 만족하면 수열 $\{a_n\}$이 수렴하며, 또한 A에 수렴한다고 한다. 이것을 표기하면 $\lim_{n\to\infty} a_n = A$ 또는 $n \to \infty$일때 $a_n \to A$라고 한다. 또는 더욱 간단히 $\lim a_n = A$라고 쓰기도 한다. 만약 $\lim a_n$이 존재하지 않으면 수열 $\{a_n\}$은 발산한다고 한다.

[정 리 3.1.1.]

만약 $a_n \to A$, $c_n \to A$ 와 $a_n \leq b_n \leq c_n$일 때 $b_n \to A$ 이다.

(증명) 주어진 양수 ε에 대하여, 적당한 정수 N이 존재하여 $n > N$일때 $\lvert b_n - A \rvert < \varepsilon$임을 보이면 된다. $a_n \to A$이므로, 주어진 양수 ε에 대하여 적당한 N_1이 존재하여 $n > N_1$일때 $\lvert a_n - A \rvert < \varepsilon$를 만족한다. 역시 $c_n \to A$이므로, 같은 ε에 대하여 적당한 N_2가 존재하여 $n > N_2$일때, $\lvert c_n - A \rvert < \varepsilon$를 만족한다. 여기서 $N = \max(N_1, N_2)$ 라 놓으면, 모든 $n > N$에 대하여

$$\lvert c_n - A \rvert < \varepsilon \text{과 } \lvert a_n - A \rvert < \varepsilon \tag{3.1}$$

를 만족한다. 위의 부등식 (3.1)을 이용하면

$$c_n - A < \lvert c_n - A \rvert < \varepsilon, \quad -\varepsilon \leq a_n - A < \varepsilon \tag{3.2}$$

이 된다. 이때 $a_n \le b_n \le c_n$이므로

$$-\varepsilon < a_n - A < b_n - A < c_n - A < \varepsilon \tag{3.3}$$

을 만족한다. 다시 말하면 $n > N$에 대하여 $|b_n - A| < \varepsilon$임을 말한다. ■

[정 리 3.1.2.]

수열 $\{a_n\}$이 수렴하면 그 극한은 유일(唯一)하다.

(증명) 두 실수 A_1와 A_2를 수열 $\{a_n\}$의 서로 다른 극한이라 하자. 각 양수 ε에 대하여 정수 N_1이 존재하여 $n > N_1$일때 $|A_1 - a_n| < \varepsilon/2$ 를 만족하고 또한 정수 N_2가 존재하여 $n > N_2$ 일때 $|A_2 - a_n| < \varepsilon/2$을 만족한다. 이 때 $N = \max(N_1, N_2)$라 놓으면 모든 $n > N$에 대하여

$$\begin{aligned} |A_1 - A_2| &= |A_1 - a_n + a_n - A_2| \\ &\le |A_1 - a_n| + |A_2 - a_n| \\ &< \varepsilon \end{aligned} \tag{3.4}$$

를 만족하며 이는 $-\varepsilon < A_1 - A_2 < \varepsilon$이다. 이때 ε는 임의의 양수이므로 $A_1 - A_2 = 0$이어야 한다. ■

예 제 3.1.1.

정의역 $D: \{x \ge 2\}$를 갖는 함수 f는 다음과 같다.

$$f(x) = \frac{1}{x^2 + 2x - 4} .$$

이 때 수열 f를 $a_n = \dfrac{1}{n^2 + 2n - 4}$라 할 수 있다. $f(x) \to 0$ as $n \to \infty$

(풀이) $x \ge 2$이므로 우선 $x^2 + 2x - 4 \ge x^2 > x$임을 알 수 있다. ε를 임의의 양수라 하자. 이 때 $X = \max(2, \frac{1}{\varepsilon})$라 놓으면 모든 $x > X$에 대하여 $0 \le f(x) \le \frac{1}{x} < \frac{1}{X} < \varepsilon$이므로 $\lim_{x \to \infty} f(x) = 0$ 또는 $\lim_{n \to \infty} a_n = 0$ 이다.

예 제 3.1.2.

① 수열 $\left\{\frac{1}{n}\right\}$이 0에 수렴함을 보여라.

(풀이) 임의의 양수 ε에 대하여, 정수 N이 존재하며 $n > N$일때 $\left|\frac{1}{n} - 0\right| < \varepsilon$임을 만족하는 것을 보이면 된다. 정리 2.3.2인 Archimedes정리에 의하여 $N > \frac{1}{\varepsilon}$을 만족하는 N을 선택할 수 있으며 $n > N$일때 $\left|\frac{1}{n} - 0\right| = \frac{1}{n} < \frac{1}{N} < \varepsilon$을 만족한다. 그러므로 $\lim_{n \to \infty} \frac{1}{n} = 0$ 이다.

② 수열 $\left\{\frac{1}{n^2}\right\}$이 0에 수렴한다.

[정 의 3.1.3.]

$\{a_n\}$를 주어진 수열이라 하자. 정수에서의 수열 $\{n_k\}$가 $n_1 < n_2 < \cdots < n_k < \cdots$인 관계를 만족하며 수열 $\{a_{n_k}\}$를 수열 $\{a_n\}$의 부분 수열(subsequence)이라 한다. 이때 $n_k \geq k$를 항상 만족한다.

[정 리 3.1.3.]

수열 $\{a_n\}$이 수렴한다면, 그 부분수열도 역시 수렴하며 같은 극한을 갖는다.

(증명) $A = \lim a_n$이라 하자. $\{a_n\}$이 수렴하므로 임의의 양수 ε에 대하여 N이 존재하며 $n>N$일 때 $|a_n - A| < \varepsilon$를 만족한다. 그러나 $n_k > k$이다. $k > N$일 때 $n_k > N$이므로 $k > N$이면 $|a_{n_k} - A| < \varepsilon$을 만족한다. ■

[정 리 3.1.4.]

$\lim a_n$이 존재하면, 수열 $\{a_n\}$는 유계집합이다.

(증명) $A = \lim a_n$라 두자. 그때 N이 존재하여 $n > N$일때 $|a_n - A| < 1$를 만족한다. 그러므로 $n > N$일때

$$|a_n| - |A| \leq |a_n - A| < 1 \tag{3.5}$$

이며 또는 $|a_n| < |A| + 1$이다.

$$M = \max\{|a_1|, \cdot\cdot\cdot, |a_N|, |A|+1\}$$

라 두면 모든 n에 대하여 $|a_n| \leq M$이다. 그러므로 $\{a_n\}$은 유계집합이다. ■

[정 리 3.1.5.]

수열 $\{a_n\}, \{b_n\}$이 수렴할 때 다음이 성립한다.

1) $\lim(a_n \pm b_n) = \lim a_n \pm \lim b_n$, 2) $\lim(a_n \cdot b_n) = (\lim a_n)(\lim b_n)$,

3) $\lim\left(\frac{a_n}{b_n}\right) = \lim a_n / \lim b_n$, 여기서 $\lim b_n \neq 0$이다.

(증명) $\lim a_n = a$ 과 $\lim b_n = b$ 라 하자.

1) $\varepsilon(>0)$ 를 임의의 양의 실수라 하자. 수열 $\{a_n\}$과 $\{b_n\}$이 수렴하므로 N_1과 N_2이 존재하며 $n \geq N_1$일 때 $|a_n - a| < \varepsilon/2$를 만족하고 또한 $n \geq N_2$일 때 $|b_n - b| < \varepsilon/2$를 만족한다. 이 때

$N = \max(N_1, N_2)$라 하면 $n > N$인 모든 n에 대하여

$$|(a_n + b_n) - (a + b)| \le |a_n - a| + |b_n - b| < \frac{\varepsilon}{2} + \frac{\varepsilon}{2} = \varepsilon \tag{3.6}$$

이므로 $\lim(a_n + b_n) = \lim a_n + \lim b_n$이 성립된다.

또한 같은 방법으로 $\lim(a_n - b_n) = \lim a_n - \lim b_n$임을 보일 수 있다.

2) $\varepsilon(>0)$를 임의의 양의 실수라 하자. 정리 3.1.4에 의하면 수열 $\{a_n\}$이 수렴하므로 실수 $M(>0)$이 존재하여 모든 n에 대하여 $|a_n| \le M$을 만족시킨다. $\varepsilon_1 = \dfrac{\varepsilon}{2(|b|+1)}$과 $\varepsilon_2 = \dfrac{\varepsilon}{2(M+1)}$라 하자. 그때 N_1, N_2가 존재하며 $n \ge N_1$인 모든 n에 대해 $|a_n - a| < \varepsilon_1$, $n \ge N_2$인 모든 n에 대해 $|b_n - b| < \varepsilon_2$을 만족한다. 여기서 $N = \max(N_1, N_2)$라 하고 $n \ge N$ 인 모든 n에 대하여

$$\begin{aligned} |a_n b_n - ab| &= |(a_n b_n - a_n b) + (a_n b - ab)| \\ &\le |a_n||b_n - b| + |b||a_n - a| \\ &\le M|b_n - b| + |b||a_n - a| \\ &\le M\varepsilon_2 + |b|\varepsilon_1 \\ &= \varepsilon\Big[\frac{M}{2(M+1)} + \frac{|b|}{2(|b|+1)}\Big] \\ &\le \varepsilon \end{aligned} \tag{3.7}$$

이 성립한다. 따라서 $\lim(a_n \cdot b_n) = \lim a_n \cdot \lim b_n$이다.

3) 위 식 2)에 의하여 $\lim \dfrac{1}{b_n} = \dfrac{1}{\lim b_n}$을 보이면 충분하다. 가정에서 $b = \lim b_n \neq 0$, $|b| > 0$이다. 그러므로 N_1이 존재하여 $n > N_1$인 모든 n에 대하여 $|b_n - b| < \dfrac{1}{2}|b|$을 만족한다. $n \ge N_1$인 모든 n에 대하여 역시 $|b_n| > \dfrac{|b|}{2}$을 만족하며 $n \ge N_1$에 대하여

$$\left| \frac{1}{b_n} - \frac{1}{b} \right| = \left| \frac{b_n - b}{b_n b} \right| \le \frac{|b_n - b|}{\frac{1}{2}|b|^2} = \frac{2}{|b|^2}|b_n - b| \tag{3.8}$$

을 만족한다. $\varepsilon > 0$을 임의의 양의 실수라 하고 $\varepsilon_1 = \dfrac{|b|^2\varepsilon}{2}$라 하자. 이때 N_2가 존재하며 $n > N_2$인 모든 n에 대하여 $|b_n - b| < \varepsilon_1$을 만족한다. 여기서 $N = \max(N_1, N_2)$라 하자. $n > N$인 모든 n에 대하여 식 (3.8)은

$$\left|\frac{1}{b_n} - \frac{1}{b}\right| \le \frac{2}{|b|^2}|b_n - b| < \frac{2}{|b|^2}\varepsilon_1 = \frac{2}{|b|^2} \cdot \frac{|b|^2\varepsilon}{2} = \varepsilon \tag{3.9}$$

를 만족하므로 $\lim \dfrac{1}{b_n} = \dfrac{1}{\lim b_n}$이 성립된다. ■

[따름 정리 3.1.1.]
모든 실수 c에 대하여 $\lim(c \cdot b_n) = c \cdot \lim b_n$이다.

(증명) 연습문제

[정 리 3.1.6.]
$\{a_n\}$, $\{b_n\}$이 수렴할때 다음이 성립한다.

1) $\lim|a_n| = |\lim a_n|$

2) 만약 $a_n \geq 0$이면, $\lim a_n \geq 0$이다.

(증명) $\lim a_n = a$ 라 하자.

1) $\varepsilon > 0$를 임의의 양의 실수라 하자. 이 때 자연수 N 이 존재하여 $n > N$인 모든 n에 대하여 $|a_n - a| < \varepsilon$을 만족하므로 $||a_n| - |a|| < |a_n - a| < \varepsilon$이 성립한다. 그러므로 $\lim|a_n| = |\lim a_n|$이다.

2) 만약 $a = \lim a_n < 0$라 하자. 그때 $\varepsilon = -\frac{a}{2} > 0$라 하면 이에 대응하는 $N \in \mathrm{N}$ 이 존재하여 $n > N$ 인 모든 n에 대하여 $|a_n - a| < -\frac{a}{2}$ 을 만족한다. 특히 그런 n에 대하여 $a_n - a < -\frac{a}{2}$ 를 만족하며 $a_n < \frac{1}{2} a < 0$이다. 이것은 모든 n에 대하여 $a_n \geq 0$인 가정에 모순이므로 $\lim a_n \geq 0$이 성립한다. ■

[따름 정리 3.1.2.]
수열 $\{a_n\}$, $\{b_n\}$이 수렴하며 $a_n \geq b_n$이면 $\lim a_n \geq \lim b_n$이다.

(증명) 연습문제

3.2. 함수의 극한

어떤 양수 h (>0)에 대하여 구간 $I : \{a - h < x < a + h\}$에서 함수 $f(x)$가 정의된다고 하자. (가능하면 점 a도 제외될 수 있다.) 다시 말하면, 함수 $f(x)$는 a의 제외근방(deleted neighborhood)에서 정의된다.

[정 의 3.2.1.]
실수 A를 x가 a에서 수렴할 때 $f(x)$의 극한이라 함은

임의의 양수 $\varepsilon(>0)$에 대하여 이에 대응하는 $\delta = \delta(\varepsilon) > 0$, $0 < \delta \leq h$가 존재하며 $0 < |x - a| < \delta$인 x에 대하여 $|f(x) - A| < \varepsilon$를 만족한다.

이것을 기호로 하면 $\lim_{x \to a} f(x) = A$, 또는 $x \to a$일 때 $f(x) \to A$로 나타낸다.

예 제 3.2.1.

$\lim_{x\to 2}(x^2+2) = 6$임을 보여라.

(풀이) $f(x) = x^2+2$는 $0<x<4$에서 정의된다.(즉, $h=2$로 한다.) $\varepsilon(>0)$를 임의의 양수라 하며 $\delta=\frac{\varepsilon}{6}$라 하자. $0<|x-2|<\frac{\varepsilon}{6}$인 x가

$$|f(x) - 6| = |x^2 - 4| = |x+2||x-2| < 6\cdot|x-2| < \varepsilon$$

를 만족한다. 그러므로 $\lim_{x\to 2}(x^2+2) = 6$이다.

[정 의 3.2.2.]

x가 a에 접근할 때 $f(x)$의 극한이 $+\infty$ 이라 함은

각 실수 M에 대하여 $\delta=\delta(M)$이 존재하며 $0<\|x-a\|<\delta$인 x가 $f(x)>M$을 만족한다.

이것을 기호로 쓰면 $\lim_{x\to a}f(x) = +\infty$, 또는 $x\to a$ 일때 $f(x)\to +\infty$로 표기한다. 비슷한 방법으로 $\lim_{x\to a}f(x) = -\infty$를 정의할 수 있다.

[정 리 3.2.1.]

$\lim_{x\to a}f(x)=A$라 하자. 모든 n에 대하여 $x_n\neq a$이며 $\lim_{n\to\infty}x_n=a$이라 가정하자. $y_n=f(x_n)$라 하면, $\lim_{n\to\infty}y_n = A$이다.

(증명) a와 A가 모두 유한인 경우에 대해 증명한다. $\varepsilon(>0)$을 임의의 양수라 하자. $\lim_{x\to a}f(x)$의 정의에 의하여 $\delta(>0)$가 존재하여 $0<|x-a|<\delta$인 x가 $|f(x)-A|<\varepsilon$를 만족한다. $x_n\to a$이므로 $N(\delta)$가 존재하여 $n>N$인 모든 n은 $|x_n - a|<\delta$를 만족한다. 모든 그런 n에 대하여 $0<|x_n-a|<\delta$를 만족하므로

$$|y_n - A| = |f(x_n) - A|<\varepsilon \tag{3.10}$$

이다. 그러므로 $\lim y_n = A$이다. ■

[정 의 3.2.3.]

x가 a로 접근할 때 A가 $f(x)$의 우극한(limit from the right)이라 함은

임의의 양수 $\varepsilon(>0)$에 대하여 이에 대응하는 $\delta=\delta(\varepsilon)$가 존재하며 $a<x<a+\delta$인 x가 $\|f(x) - A\|<\varepsilon$를 만족한다.

이것을 기호로 쓰면 $\lim_{x\to a^+}f(x) = A$로 표기한다. 같은 방법으로 x가 a로 접근할때 A가 $f(x)$의 좌극한(limit from the left)이라 함은

임의의 양수 $\varepsilon(>0)$에 대하여 $\delta=\delta(\varepsilon)>0$가 존재하며 $a-\delta< x <a$인 x가 $\|f(x)-A\|<\varepsilon$를 만족한다』

이것을 기호로 쓰면, $\lim_{x \to a^-} f(x) = A$로 표기한다. 더욱 간편한 표기로 $f(a+0) = \lim_{x \to a^+} f(x)$ 과 $f(a-0) = \lim_{x \to a^-} f(x)$로 쓴다.

[정 리 3.2.2.]

$\lim_{x \to a} f(x)$의 존재에 대한 필요, 충분 조건은 $\lim_{x \to a^+} f(x)$와 $\lim_{x \to a^-} f(x)$가 모두 존재하며 같아야한다.

(증명)

(충분조건) $L = \lim_{x \to a^+} f(x) = \lim_{x \to a^-} f(x)$ 임을 가정한다. $\varepsilon(>0)$을 임의의 양수라 하자. δ_1이 존재하여 $a < x < a + \delta_1$인 x에 대하여 $|f(x) - L| < \varepsilon$을 만족한다. 또한 δ_2가 존재하여 $a - \delta_2 < x < a$인 x에 대하여 $|f(x) - L| < \varepsilon$을 만족한다. 여기서 $\delta = \min(\delta_1, \delta_2)$라 하자. $a - \delta < x < a + \delta$인 x는 $|f(x) - L| < \varepsilon$이다. 그러므로 $\lim_{x \to a} f(x) = L$이다.

(필요조건) $\lim_{x \to a} f(x) = L$이라 하자. $\varepsilon(>0)$을 임의의 양수라 하자.

δ_1이 존재하며 $a - \delta_1 < x < a + \delta_1$인 x가 $|f(x) - L| < \varepsilon$를 만족한다. $a < x < a + \delta_1$인 x는 $|f(x) - L| < \varepsilon$를 만족하며 $a - \delta_1 < x < a$인 x도 $|f(x) - L| < \varepsilon$을 만족한다. 그러므로 $\lim_{x \to a^+} f(x) = \lim_{x \to a^-} f(x) = L$임을 보였다. ■

다음은 함수의 극한에 대한 성질을 언급하며 그것들의 증명은 수열의 극한의 증명과 거의 비슷하므로 여기서는 생략한다.

[정 리 3.2.3.]

$\lim_{x \to a} f(x) = A$라면 함수 $f(x)$가 유계되는 a의 제외근방 구간이 존재한다.

(증명) 연습문제

[정 리 3.2.4.]

$\lim_{x \to a} f(x)$와 $\lim_{x \to a} g(x)$가 존재한다.

① $\lim[f(x) \pm g(x)] = \lim f(x) \pm \lim g(x)$ ② $\lim[f(x) \cdot g(x)] = \lim f(x) \cdot \lim g(x)$

③ $\lim\left[\dfrac{f(x)}{g(x)}\right] = \dfrac{\lim f(x)}{\lim g(x)}$, $\lim g(x) \neq 0$인 경우에

④ $\lim|f(x)| = |\lim f(x)|$ ⑤ $f(x) \geq 0 \Rightarrow \lim f(x) \geq 0$

(증명) 연습문제

3.3. 단조 수열, 단조 함수

[정 의 3.3.1.]

주어진 구간 I에서 x_1, x_2에 대하여 $x_1 > x_2$에서 $f(x_1) \geq f(x_2)$ [또는 $f(x_1) > f(x_2)$] 를 만족하면 함수 $f(x)$를 단조증가함수(monotone-increasing) [또는 순증가함수(strictly increasing)] 라 한다. $x_1 > x_2$에서 $f(x_1) \leq f(x_2)$ [또는 $f(x_1) < f(x_2)$] 를 만족하면 함수 $f(x)$를 단조감소함수(monotone-decreasing) [또는 순감소함수(strictly decreasing)] 라 한다. 수열은 함수이므로 증가, 감소수열을 정의할 수 있다. 모든 $n \in N$에 대하여 $a_n \leq a_{n+1}$ (또는 $a_n > a_{n+1}$)를 만족하면 수열 $\{a_n\}$을 단조 증가 (또는 순증가)수열이라 하며 $a_n \geq a_{n+1}$ (또는 $a_n > a_{n+1}$)를 만족하면 수열 $\{a_n\}$은 단조 감소(또는 순감소)수열이라 한다.

[정 리 3.3.1.]

$\{a_n\}$이 위로 유계이며 비감소(nondecreasing) 수열이면, $\lim a_n$이 존재하며 $\lim a_n = \sup a_n$이다.

(증명) 수열 $\{a_n\}$이 위로 유계이므로 $\sup a_n$이 존재한다. $A = \sup a_n$이라 하자. $\varepsilon(>0)$를 임의의 양수라 하자. 그때 자연수 N이 존재하며 $A \geq a_N > A - \varepsilon$을 만족한다. $n > N$인 모든 n에 대하여, $A \geq a_n \geq a_N > A - \varepsilon$이다. 다시 말하여 $A - \varepsilon < a_n \leq A$이다. 그러므로 $n > N$인 모든 n에 대하여 $|a_n - A| < \varepsilon$이므로 $\lim a_n$이 존재하며 그 극한은 $\sup a_n$이다. ■

[따름 정리 3.3.1.]

$\{a_n\}$이 아래로 유계이며 비증가(nonincreasing)수열이면 $\lim a_n$이 존재하고 그 극한은 $\lim a_n = \inf a_n$이다.

(증명) 연습문제

예 제 3.3.1.

$a_n = 1 + 1 + \dfrac{1}{2!} + \cdots + \dfrac{1}{n!} = \sum_{k=0}^{n} \dfrac{1}{k!}$ 이다. 수열 $\{a_n\}$의 극한이 존재함을 보여라.

(풀이) $a_n = \sum_{k=0}^{n} \dfrac{1}{k!}$ 이므로 $a_{n+1} - a_n = \dfrac{1}{(n+1)!} > 0$ 이다. 다시 말해서 모든 n에 대하여 $a_{n+1} > a_n$ 으로 $\{a_n\}$은 증가 수열이다.또한

$$
\begin{aligned}
a_n &= \sum_{k=0}^{n} \frac{1}{k!} \\
&= 1+1+\frac{1}{2!}+\cdot\cdot\cdot+\frac{1}{n!} \\
&< 1+1+\frac{1}{2}+\frac{1}{2^2}+\cdot\cdot\cdot+\frac{1}{2^{n-1}} = 1+\frac{1-\left(\frac{1}{2}\right)^n}{1-\left(\frac{1}{2}\right)} \\
&< 1+\frac{1}{1-\frac{1}{2}} = 3
\end{aligned}
$$

이다. 그러므로 $\{a_n\}$은 위로 유계이며 증가수열로써 정의 3.3.1에 의하면 극한 $\lim a_n$은 존재한다.

[정 리 3.3.2.]

구간 $\{a \le x \le b\}$에서 $f(x)$가 단조 함수이면 극한 $f(b-0)$와 $f(a+0)$가 존재한다. 모든 내점(interior point) x에서 $f(x+0)$와 $f(x-0)$가 존재한다.

(증명) $f(x+0)$는 오른쪽 극한이며 $f(x-0)$는 왼쪽 극한임을 상기하자. 여기서 비감소 함수 $f(x)$의 왼쪽 극한이 존재함을 보이고자 한다. 다른 경우들은 거의 비슷한 방법으로 보일 수 있으므로 생략한다. x_0는 구간 $\{a \le x \le b\}$에서 a를 제외한 임의의 한 점이라 하자. 또한,

$$x_n = x_0 - \frac{1}{n} \text{와 } y_n = f(x_n) = f(x_0 - \frac{1}{n})$$

이라 한다. 이 때, $f(x)$가 비감소 함수이므로, $y_n \le y_{n+1} \le f(x_0)$이다. 그러므로 $\{y_n\}$은 유계이고 단조 수열이며 적당한 수 A가 존재하여 극한 $\lim y_n = A \le f(x_0)$를 만족한다. 임의의 양수 ε (>0)이 주어지면, 그에 대응한 $N(\varepsilon)$가 존재하여 $n \ge N(\varepsilon)$인 n 에 대하여 $0 \le A - f(x_n) < \varepsilon$를 만족한다. 여기서 $\delta(\varepsilon) = \frac{1}{N(\varepsilon)}$라 하자. $f(x)$가 단조 함수임을 이용하면 $x_n = x_0 - \delta < x < x_0$인 x에 대하여, $f(x_n) \le f(x) \le A$이다. 다시말해서 $0 \le A - f(x) \le A - f(x_n) < \varepsilon$이다. ■

[따름 정리 3.3.2.]

구간 $\{a \le x \le b\}$에서 $f(x)$가 비감소 함수이면 $f(a) \le f(a+0)$, $f(b-0) \le f(b)$과 $a < x < b$ 인 x에 대하여 $f(x-0) \le f(x) \le f(x+0)$이다.

(증명) 연습문제

3.4. 集 積 點(cluster point)

[정 의 3.4.1.]

한 수열 $\{a_n\}$에서 수렴하는 부분 수열이 존재하면 그 부분 수열의 극한을 수열 $\{a_n\}$의 집적점이라 한다. 유사하게, 한 점 a에서 함수 f의 집적점을 정의할 수 있다. 함수 $f(x)$는

a의 제외근방(nbhd)에서 정의 된다고 하자. 한 점 a에 수렴하는 수열 $\{a_n\}$이 존재하여 $f(a_n)$이 한 점 A에 수렴함을 만족하면 그 점 A를 점 a에서의 함수 $f(x)$의 집적점이라 한다. 역시 집합에서도 비슷하게 정의 될 수 있다. 점 a의 모든 ε−근방이 a와 다른 S의 적어도 한 점을 포함할 때, 점 a를 집합 S의 집적점이라고 한다.

[정 리 3.4.1.] **(Bolzano-Weierstrass 정리)**
유계이며 무한한 원소를 갖고 있는 집합은 적어도 한개의 집적점이 존재하며 유계인 수열은 적어도 한개의 집적점을 갖는다.

(증명) 우선 집합에 대하여 증명한다. S를 유계이며 무한 집합이라 한다. 이때 M이 존재하여 S의 모든 원소가 주어진 구간 $I_0=\{-M\le x\le M\}$에 속한다. 이 구간 I_0를 이등분하면 두개의 폐구간인 $\{-M\le x<0\}$과 $\{0\le x\le M\}$이 존재하며 이것 중의 최소한 하나는 S의 원소들중 무한개를 품고 있다. 그러한 구간을 I_1이라 하자. 역시 I_1를 다시 이등분하면 두개의 폐구간이 생기며 이것중 최소한 하나는 S의 무한히 많은 원소를 갖고 있다. 이것을 다시 I_2라 하자. 다시 I_2를 이등분하고 이 방법을 연속적으로 계속 시행하면 우리는 S의 무한히 많은 원소를 갖고 있는 구간들 $I_0, I_1, I_2, \cdots, I_n, \cdots$을 찾을 수 있다. 이때 I_n의 길이는 $\frac{M}{2^{n-1}}$이다. $I_n=[a_n, b_n]$이라 하자. 이때 $\{a_n\}$은 비감소 수열이며 위로 유계이고 $\{b_n\}$은 비증가이며 아래로 유계인 수열이다. 그러므로 이 두 수열은 모두 극한을 갖는다. 역시

$$\lim b_n - \lim a_n = \lim(b_n - a_n) = \lim\frac{M}{2^{n-1}} = 0 \tag{3.12}$$

이다. $A=\lim a_n=\lim b_n$이라 하면 모든 n에 대하여 $a_n\le A\le b_n$이거나 A는 I_n에 속한다. 임의의 양수 ε에 대하여 n이 충분히 크다면 ($n>N$이라 하자.) $\frac{M}{2^{n-1}}<\varepsilon$이다. 구간 $\{A-\varepsilon<x<A+\varepsilon\}$은 점 A의 ε−근방이다. $n>N$인 n에 대하여 $I_n\subset\{A-\varepsilon<x<A+\varepsilon\}$이다. 그러므로 이 구간은 S의 무한히 많은 원소를 갖고 있다.

다음은 수열의 경우를 보이고자 한다. 이때 우리는 A에 수렴하는 부분 수열이 존재함을 보임으로 증명을 마칠 수 있다. 구간 $\{|A-x|<1\}$이 포함하는 무한히 많은 x_n들이 있다. 그러므로 $\{|A-x_{n_1}|<1\}$인 n_1이 존재한다. 역시 구간 $\left\{|A-x|<\frac{1}{2}\right\}$이 포함하는 무한히 많은 x_n들이 있다. 그러므로 $n_2>n_1$일때 $|A-x_{n_2}|<\frac{1}{2}$이다. 비슷한 방법으로

$$\begin{array}{c} n_3>n_2 \text{ 일 때 } |A-x_{n_3}|<\frac{1}{3} \\ \vdots \\ n_k>n_{k-1} \text{ 일 때 } |A-x_{n_k}|<\frac{1}{k} \end{array} \tag{3.12}$$

그러므로 $\{x_{n_k}\}$는 $\{x_n\}$의 부분 수열이며 A에 수렴한다. ■

[정 리 3.4.2.] **(Principle of nested intervals)**

$\{I_n\}$은 $I_n \subset I_{n-1}$ 이고 비 공집합, 유계, 폐구간인 수열에서 $n \to \infty$일때 I_n 의 길이가 0에 수렴하면, 모든 구간에 포함되어지는 점 하나가 유일하게 존재한다.

(증명) 연습문제

[정 리 3.4.3.] **(Heine Borel 정리)**

유계인 폐구간 $I \subset R$가 개구간들의 집합으로 커버(cover)하면, 그 구간 I는 개구간들의 집합의 유한개의 원소로도 싸여질 수 있다. 즉, I는 컴팩트이다.

(증명) C는 I를 둘러싸는 개구간들의 무한 집합이다. I를 C의 유한개의 원소로 둘러쌀 수 없다고 가정하자. I는 유계이므로 M이 존재하여 $I \subset [-M, M]$이다. $[-M, 0]$과 $[0, M]$중 최소한 하나는 C의 유한개의 원소로 덮을 수 없는 I의 적당한 부분을 포함한다. 그것을 I_1이라 하자. 일반성의 손실없이 $I_1 = [0, M]$이라 하자. 같은 이유를 구간들 $[0, \frac{M}{2}]$와 $[\frac{M}{2}, M]$에 적용하여 같은 결과를 나타내는 구간을 I_2라 하자. 이러한 방법을 계속하면 정리 3.4.1를 만족하는 구간 I_n의 수열 $\{I_n\}$을 얻을 수 있다. 그러므로 모든 I_n에 속할 수 있는 유일한 원소 x_0가 존재한다. 역시 x_0는 I에 속한다. C가 I를 포함하므로 x_0를 품는 최소한 하나의 C의 원소인 개구간이 존재한다. 이때 I_n의 길이가 0에 수렴하므로 그 개구간에 완전히 속하는 구간 I_m이 존재한다. 그러나 I_m은 C의 유한개의 원소로 커버(cover)되며 이것은 I_m의 정의에 모순이다. ■

3.5. 코쉬(Cauchy) 수열

[정 리 3.5.1.] **(Cauchy 정리)**

수열 $\{a_n\}$이 수렴하기 위한 필요충분조건은 임의의 양수 $\varepsilon\,(>0)$에 대하여 $N = N(\varepsilon)$이 존재하여 $m > N$, $n > N$인 m, n에 대하여 $|a_m - a_n| < \varepsilon$을 만족한다.

(증명)

(필요 조건) $A = \lim a_n$가 존재한다고 가정하자. ε를 임의의 양수라 하자. 이에 대응하는 $N(\varepsilon)$이 존재하여 $n > N$인 n에 대하여 $|a_n - A| < \varepsilon/2$이다. $n > N$, $m > N$인 n, m에 대하여

$$|a_m - a_n| \le |a_m - A| + |a_n - A| < \varepsilon/2 + \varepsilon/2 = \varepsilon \tag{3.13}$$

이다.

(충분 조건) 우선 수열 $\{a_n\}$의 유계임을 보인다. 자연수 N이 존재하여 $n > N$, $m > N$인 n, m에 대하여 $|a_n - a_m| < 1$이다. 그러므로 $|a_n| - |a_m| \le ||a_n| - |a_m|| \le |a_n - a_m| < 1$이다. 또는 $|a_n| \le |a_m| + 1 \equiv M_1$이라 하자. m을 고정하자. 그러면 $n > N$인 모든 n에 대하여 a_n은 M_1에

대하여 유계이다. 모든 n에 대하여 $|a_n| \le \max\{|x_1|, \cdot\cdot\cdot, |x_N|, M_1\}$이다. 그러므로 $\{x_n\}$는 유계인 수열이다. 정리3.4.1인 Bolzano−Weierstrass 정리에 의하면 집적점인 A가 존재한다. 마지막으로 그 점 A가 극한임을 보인다. A가 집적점이므로 A에 수렴하는 부분 수열 $\{a_{n_k}\}$가 존재한다. 그러므로 $\varepsilon/2$에 대응하는 $N(\varepsilon/2)$가 존재하여 $n > N(\varepsilon/2)$과 $n_k \ge k > N(\varepsilon/2)$인 n에 대하여 $|x_n - x_{n_k}| < \varepsilon/2$를 만족한다. n을 고정시키고 $k \to \infty$로 하면 $n > N(\varepsilon/2)$인 n에 대하여 $|x_n - A| \le \varepsilon/2 < \varepsilon$이다. ■

예 제 3.5.1.

$0 < r < 1$이며 $|a_{n+1} - a_n| < c\,r^n$인 조건을 만족시키고 수열 $\{a_n\}$이 수렴함을 보여라.

(풀이) 먼저 $|a_m - a_n|$를 계산한다. $m > n$이라 가정하자. 그러면,

$$\begin{aligned}
|a_m - a_n| &= |(a_m - a_{m-1}) + (a_{m-1} - a_{m-2}) + \cdots + (a_{n+1} - a_n)| \\
&\le |a_m - a_{m-1}| + |a_{m-1} - a_{m-2}| + \cdots + |a_{n+1} - a_n| \\
&\le c\,r^{m-1} + c\,r^{m-2} + \cdots + c\,r^n \\
&= c\,r^n(1 + r + r^2 + \cdots + r^{m-n-1}) \\
&= c\,r^n \frac{1 - r^{m-n}}{1 - r} < \frac{c\,r^n}{1 - r} \qquad (3.14)
\end{aligned}$$

ε을 임의의 양수라 하자. $r^n \to 0$이므로 N이 존재하고 $n > N$인 n에 대하여 $r^n < \frac{(1-r)\varepsilon}{c}$인 관계를 만족한다. 그러므로 $n > N$인 모든 n에 대하여 $|a_m - a_n| < \frac{c\,r^n}{1-r} < \varepsilon$ 이다.

3.6. 上極限과 下極限

[정 의 3.6.1.]

$\{a_n\}$을 주어진 수열이라고 하자. 집합 E를 주어진 수열 $\{a_n\}$의 부분 수열 $\{a_{n_k}\}$이 수렴하는 극한들의 집합이라 하자. 즉 E는 수열 $\{a_n\}$의 집적점(cluster point)들의 집합이다. 이때 E가 $+\infty$, $-\infty$를 포함하는 것이 가능하다. 집합 E의 상한과 하한을 각각 Λ와 λ라 하자. 이 두 수 Λ와 λ를 각각 수열의 상극한(limit superior, upper limit)과 하극한(limit inferior, lower limit)이라 하며 이를 기호로 다음과 같이 나타낸다.

$\Lambda = \limsup a_n$ 또는 $\Lambda = \overline{\lim}\, a_n$ 과 $\lambda = \liminf a_n$ 또는 $\lambda = \underline{\lim}\, a_n$으로 표시한

다. 수열 $\{a_n\}$이 위로 유계가 아니면 $\limsup a_n = +\infty$이다. 마찬가지로 $\{a_n\}$이 아래로 유계가 아니면 $\liminf a_n = -\infty$이다.

[정 리 3.6.1.]

$\{a_n\}$은 위로 유계인 수열이며 $\lambda = \limsup a_n$이라 하자. 이때 임의의 양의 실수 $\varepsilon(>0)$에 대하여, 이에 대응하는 $N=N(\varepsilon)$이 존재하여 $n>N$인 모든 n에 대하여 $a_n<\lambda+\varepsilon$을 만족한다.

(증명) 위의 결과가 사실이 아니라고 하자. 즉 임의의 큰 N에 대하여 $n>N$인 모든 n에 대하여 $a_n \geq \lambda+\varepsilon_0$을 만족하는 ε_0가 존재한다. 이때 $\lambda+\varepsilon_0$의 오른쪽에 있는 부분수열 $\{a_{n_k}\}$이 존재한다. 그러나 이 부분 수열은 역시 위로 유계이다. 정리 3.4.1에 의하면 집적점(cluster point) β가 존재한다. 이때 명백히 $\beta \geq \Lambda+\varepsilon_0$이다. 그러므로 이것은 Λ이 $\{a_n\}$의 집적점들의 상한이라는 것에 모순이다. ■

[따름 정리 3.6.1.]

$\{a_n\}$은 아래로 유계인 수열이며 $\lambda = \liminf a_n$이라 하자. 이때 임의의 양의 실수 $\varepsilon(>)$에 대하여 적당한 $N=N(\varepsilon)$이 존재하여 $n>N$인 모든 n에 대하여 $a_n>\lambda-\varepsilon$을 만족한다.

(증명) 연습문제

[정 리 3.6.2.]

N이 적당히 고정된 값이다. $n>N$인 모든 n에 대하여 $a_n \leq b_n$이라면

$$\liminf a_n \leq \liminf b_n, \quad \limsup a_n \leq \limsup b_n$$

이다.

(증명) 연습문제

[정 리 3.6.3.]

수열 $\{a_n\}$의 극한이 존재하기 위한 필요, 충분 조건은 $\limsup a_n = \liminf a_n$ 이다.

(증명)

(필요조건) $\lim a_n = A$ 가 존재한다 하자. 이때 모든 수렴하는 부분 수열은 모두 극한 A를 갖는다. 그러므로 $E=\{A\}$이므로 $\Lambda=\lambda=A$ 이다.

(충분조건) $\Lambda=\lambda$라 하자. 정리 3.6.1와 따름 정리 3.6.1에 의하여 N_1과 N_2가 존재하여 $n>N_1$인 n에 대하여 $a_n<\Lambda+\varepsilon$이며 또한 $n>N_2$인 n에 대하여 $a_n>\lambda-\varepsilon$이다. 여기서 $N=\max(N_1, N_2)$라 하면 $n>N$인 모든 n에 대하여 $\lambda-\varepsilon< a_n<\Lambda+\varepsilon$를 만족한다. 또한 $\lambda=\Lambda$이므로 $n>N$인 모든 n에 대하여 $|a_n-\lambda|<\varepsilon$이다. 그러므로 λ는 수열 $\{a_n\}$의 극한값이다. ■

예 제 3.6.1.

$a_n = \dfrac{(-1)^n}{1+\frac{1}{n}}$이라 하자. 이 때 $\lambda = \liminf a_n = -1$, $\Lambda = \limsup a_n = 1$이다.

3.7. 급수의 수렴성

[정 의 3.7.1.]

a_n은 주어진 수열이다. 이때 각 항 a_n을 일반적인 합의 모양으로 나타낸식

$$a_0 + a_1 + a_2 + \cdots + a_n + \cdots \quad \text{또는} \quad \sum_{n=0}^{\infty} a_n$$

을 무한급수(infinite series)라 하고 $\{a_n\}$을 그 급수의 각 항(term)이라 하며 $S_n \equiv \sum_{k=0}^{n} a_k$을 부분합(partial sum)이라 한다. 그러므로 $\{S_n\}$을 급수의 부분합인 수열이라 부른다. 만약 $\lim S_n$이 존재하면 그 극한 S를 그 급수의 합(sum)이라 하며 그 급수는 수렴한다고 한다. 이것을 기호로 나타내면 $S = \sum_{n=0}^{\infty} a_n$ 또는 간단히 $S = \sum a_n$이라 표시한다. 또한 $\lim S_n$이 존재하지 않으면 그 급수는 발산한다고 한다.

예 제 3.7.1.

$|x| < 1$인 x에 대하여 $\sum_{n=0}^{\infty} x^n = \dfrac{1}{1-x}$ 임을 증명하라.

(풀이) 먼저 부분합의 수열을 생각하면

$$S_n = 1 + x + \cdots + x^n = \frac{1-x^{n+1}}{1-x} = \frac{1}{1-x} - \frac{x^{n+1}}{1-x}$$

이고 $|x| < 1$인 x는 $x^{n+1} \to 0$ 이다. 그러므로 $\lim S_n = \dfrac{1}{1-x}$이다.

예 제 3.7.2.

$\sum_{n=1}^{\infty} \dfrac{1}{n(n+1)}$이 수렴함을 보이고 그 합을 구하라.

(풀이) $\dfrac{1}{n(n+1)} = \dfrac{1}{n} - \dfrac{1}{n+1}$이므로

$$S_n = \sum_{k=1}^{n} \frac{1}{k(k+1)} = \sum_{k=1}^{n} \left(\frac{1}{k} - \frac{1}{k+1}\right) = 1 - \frac{1}{n+1}$$

이다. 명백히 $S = \lim S_n = 1$이다.

[정 리 3.7.1.]

$\sum a_n$ 이 수렴하면 $\lim a_n = 0$이다.

(증명) 만약 $\lim S_n = S$ 라 하면 역시 $\lim S_{n-1} = S$이다. 또한,

$$\lim a_n = \lim(S_n - S_{n-1}) = \lim S_n - \lim S_{n-1} = 0$$

이다. ■

[주 의 3.7.1.]

정리 3.7.1은 만약 $\lim a_n = 0$일때 $\sum a_n$이 수렴한다고는 말할 수 없지만, $\{a_n\}$이 0에 수렴하지 않으면 $\sum a_n$는 수렴하지 않는다 한다. 예를 들면 $\sum_{n=1}^{\infty} \frac{1}{n}$는 발산한다 (예제 3.8.1). 그러나 $\lim \frac{1}{n} = 0$이다.

예 제 3.7.3.

급수 $\sum_{n=1}^{\infty} \frac{n^n}{n!}$의 수렴성을 조사하라.

(풀이) $\frac{n^n}{n!} = \frac{n \cdot n \cdot \cdot \cdot n}{1 \cdot 2 \cdot \cdot \cdot n} = (\frac{n}{1})(\frac{n}{2}) \cdot \cdot \cdot (\frac{n}{n}) > 1$ 이다.

그러므로 $\lim_{n \to \infty} \frac{n^n}{n!} \neq 0$이며 이 급수는 발산한다.

[정 리 3.7.2.] (Cauchy criterior for series)

급수 $\sum a_n$이 수렴하기 위한 필요, 충분 조건은 임의의 양의 실수 $\varepsilon(>0)$에 대하여 $N = N(\varepsilon)$이 존재하여 $m > n > N$인 m, n에 대하여 $|a_{n+1} + \cdots + a_m| < \varepsilon$을 만족한다.

(증명) 급수의 수렴성은 그 급수의 부분합의 수렴성과 같다. 그러므로 부분합의 수열에 대한 정리 3.5.1인 코쉬 정리를 적용할 수 있다. ■

[주 의 3.7.2.]

정리 3.7.2의 ε−조건은 $n > N$ 과 $p \geq 1$인 모든 n에 대하여 $|a_{n+1} + \cdots + a_{n+p}| < \varepsilon$을 만족한다고 할 수 있다. 그러므로 $p = m - n$이다.

예 제 3.7.4.

급수 $\sum_{n=0}^{\infty} \frac{1}{n!}$ 의 수렴성을 조사하라.

(풀이) $\frac{1}{n!} = \frac{1}{1\cdot 2\cdot\cdot\cdot n} \le \frac{1}{1\cdot 2\cdot\cdot\cdot 2} = \frac{1}{2^{n-1}}$

$$\begin{aligned}\left|\sum_{n+1}^{n+p}\frac{1}{k!}\right| &= \sum_{n+1}^{n+p}\frac{1}{k!}\\ &\le \sum_{n+1}^{n+p}\frac{1}{2^{k-1}} = \frac{1}{2^n}\cdot\left(1+\frac{1}{2}+\cdots+\frac{1}{2^{p-1}}\right)\\ &= \frac{1}{2^n}\cdot\frac{1-\left(\frac{1}{2}\right)^p}{1-\frac{1}{2}}\\ &< \frac{1}{2^n}\cdot\frac{1}{1-\frac{1}{2}} = \frac{1}{2^{n-1}} = 2\cdot\left(\frac{1}{2}\right)^n\end{aligned} \tag{3.15}$$

이다. 이미 $(\frac{1}{2})^n\to 0$을 알고 있다. 그러므로 임의의 양수 $\varepsilon(>0)$에 대하여 N이 존재하여 $n>N$인 n에 대하여 $2\cdot(\frac{1}{2})^n<\varepsilon$이다. 그래서 $n>N$와 $p\ge 1$에 대하여 $|\sum_{n+1}^{n+p}\frac{1}{k!}|<\varepsilon$이므로 정리 3.5.1인 코쉬 정리에 의하여 $\sum_{n=0}^{\infty}\frac{1}{n!}$은 수렴한다.

[정 의 3.7.2.]

급수 $\sum a_n$이 수렴한다고 하자. $\sum|a_n|$이 발산하면 급수 $\sum a_n$은 조건부(conditionally)수렴이라 하고 $\sum|a_n|$이 수렴하면 이 급수는 절대적(absolutely)수렴이라 한다.

[정 리 3.7.3.]

급수 $\sum|a_n|$이 수렴하면, $\sum a_n$도 수렴한다.

(증명) $\sum|a_n|$이 수렴하므로 임의의 양수 $\varepsilon(>0)$에 대하여 이에 대응하는 $N=N(\varepsilon)$이 존재하여 $n>N$과 $p\ge 1$ 인 n과 p에 대하여

$$||a_{n+1}| + |a_{n+2}| + \cdots + |a_{n+p}||<\varepsilon$$

이다. $|a_{n+1}+\cdots+a_{n+p}|<||a_{n+1}|+\cdots+|a_{n+p}||$이므로 위와 같은 N에 대하여 $n>N$과 $p\ge 1$에 대하여 $|a_{n+1} + \cdots + a_{n+p}|<\varepsilon$이다. 그러므로 $\sum a_n$는 수렴한다. ■

예 제 3.7.5.

$\sum_{n=1}^{\infty}\frac{(-1)^n}{n(n+1)}$의 수렴성을 조사하라.

(풀이) 예제 3.7.2에 의해 $\sum_{n=1}^{\infty}\frac{1}{n(n+1)}$은 수렴한다. 또한 $|\frac{(-1)^n}{n(n+1)}| = \frac{1}{n(n+1)}$ 이므로 정리 3.7.3에 의해 $\sum\frac{(-1)^n}{n(n+1)}$ 은 수렴함을 알 수 있다.

3.8. 급수의 판정법

[정 리 3.8.1.]

급수 $\sum a_n$에 있어서 $a_n \geq 0$일 때, 그 급수가 수렴하기 위한 필요충분조건은 부분합의 수열 $\{S_n\}$이 유계이다.

(증명) 각 항이 모두 양수이므로 부분합의 수열은 비감소이다. 이 부분합의 수열이 극한값을 갖기 위한 필요충분조건은 그 수열이 유계이다. ■

예 제 3.8.1.

만약 $k>1$이면 $\sum_{n=1}^{\infty}\frac{1}{n^k}$은 수렴하고 $k\leq 1$이면 이 $k-$급수는 발산함을 보여라.

(풀이)

1) $k>1$이라 하자. m차인 부분합을 생각하자, 이때 $2^n-1>m$을 만족하는 정수 n을 선택할 수 있다.

$$\begin{aligned}
S_m < S_{2^n-1} &= 1+\left(\frac{1}{2^k}+\frac{1}{3^k}\right)+\left(\frac{1}{4^k}+\cdots+\frac{1}{7^k}\right)+\left(\frac{1}{8^k}+\cdots+\frac{1}{15^k}\right) \\
&\quad +\cdots+\left(\frac{1}{(2^{n-1})^k}+\cdots+\frac{1}{(2^n-1)^k}\right) \\
&\leq 1+\left(\frac{1}{2^k}+\frac{1}{2^k}\right)+\left(\frac{1}{4^k}+\cdots+\frac{1}{4^k}\right)+\cdots+\left(\frac{1}{(2^{n-1})^k}+\cdots+\frac{1}{(2^{n-1})^k}\right) \\
&= 1+\frac{1}{2^k}+\frac{1}{(2^{k-1})^2}+\frac{1}{(2^{k-1})^3}+\cdots+\frac{1}{(2^{k-1})^{n-1}} \\
&= \frac{1-\left(\frac{1}{2^{k-1}}\right)^n}{1-\left(\frac{1}{2^{k-1}}\right)} < \frac{1}{1-\frac{1}{2^{k-1}}} = \frac{2^{k-1}}{2^{k-1}-1} = \text{상수}
\end{aligned}$$

그러므로 모든 부분합의 수열은 유계이므로 이 급수는 수렴한다.

2) $k \leq 1$ 이라고 하자. 이때 $n^k \leq n$이 성립한다.

$$\begin{aligned}
S_{2^n} &= 1+\frac{1}{2^k}+\left(\frac{1}{3^k}+\frac{1}{4^k}\right)+\left(\frac{1}{5^k}+\cdots+\frac{1}{8^k}\right)+\cdots+\left(\frac{1}{(2^{n-1}+1)^k}+\cdots+\frac{1}{(2^n)^k}\right) \\
&\geq 1+\frac{1}{2}+\left(\frac{1}{3}+\frac{1}{4}\right)+\left(\frac{1}{5}+\cdots+\frac{1}{8}\right)+\cdots+\left(\frac{1}{2^{n-1}+1}+\cdots+\frac{1}{2^n}\right) \\
&\geq 1+\frac{1}{2}+\left(\frac{1}{4}+\frac{1}{4}\right)+\left(\frac{1}{8}+\cdots+\frac{1}{8}\right)+\cdots+\left(\frac{1}{2^n}+\cdots+\frac{1}{2^n}\right) \\
&= 1+\frac{1}{2}+\frac{1}{2}+\frac{1}{2}+\cdots+\frac{1}{2} = 1+\frac{n}{2}
\end{aligned}$$

그러므로 부분합의 수열이 유계하지 않으므로 이 급수는 발산한다. 특히 $k=1$인 경우 이 급수는 $1+\frac{1}{2}+\frac{1}{3}+\cdots+\frac{1}{n}+\cdots = \sum_{n=1}\frac{1}{n} = \infty$ 로 표시되며 이 급수를 조화(harmonic)급수라 한다.

[정 리 3.8.2.] **(비교판정법<Comparison test>)**

$\sum a_n$, $\sum b_n$을 각각의 항이 모두 비음수인 급수라 하자. 또한 적당한 N이 존재하며 $n > N$인 모든 n에 대하여 $a_n \le b_n$을 만족한다고 하자. 이 때

1) 만약 $\sum b_n$ 이 수렴하면, $\sum a_n$ 도 수렴하고,

2) 만약 $\sum a_n$ 이 발산하면, $\sum b_n$ 은 발산한다.

(증명) 조건에 의하여 $a_{N+1} + a_{N+2} + \cdots + a_{N+p} \le b_{N+1} + b_{N+2} + \cdots + b_{N+p}$가 성립되며 $S_{N+p} - S_N \le S'_{N+p} - S'_N$ 이 성립한다. 여기서 S_n 은 $\sum a_n$, S'_n 은 $\sum b_n$ 에서의 각각의 부분합이라 한다. 정리 3.7.2에 의하여 1)과 2) 를 보일 수 있다. ■

[따름정리 3.8.1.] **(비교판정법의 극한형** <Limit form of the comparison test>)

$\sum a_n$과 $\sum b_n$ 각각의 항이 모두 양수인 급수라 하자. 만약, $0 < \lim\limits_{n\to\infty} \frac{a_n}{b_n} < \infty$이면 두 급수가 같이 수렴하거나 발산한다.

(증명) $\lim \frac{a_n}{b_n} = A$라 하자. 이때 A가 양수이므로, 이에 대응하는 적당한 N이 존재하고 $n > N$인 모든 n에 대하여 $\left|\frac{a_n}{b_n} - A\right| < \frac{A}{2}$가 성립한다. 그러므로

$$\frac{1}{2}A < \frac{a_n}{b_n} < \frac{3}{2}A < 2A$$

를 만족하며 $n > N$인 모든 n에 대하여 $b_n < (\frac{2}{A})a_n$, $a_n < (2A)b_n$을 만족한다. 정리 3.8.2인 비교판정법(comparison test)를 이용하면 결과를 얻을 수 있다. ■

[정 리 3.8.3.]

$a_1 \ge a_2 \ge \cdots \ge 0$이다. 급수 $\sum\limits_{n=1}^{\infty} a_n$이 수렴하는 필요충분조건은 $\sum\limits_{k=0}^{\infty} 2^k \cdot a_{2^k}$이 수렴한다.

(증명) 정리 3.8.2인 비교판정법(Comparison test)을 이용하여 각각의 부분합이 유계임을 보이면 된다. $S_n = a_1 + a_2 + \cdots + a_n$ 와 $T_k = a_1 + 2a_2 + \cdots + 2^k a_{2^k}$ 를 각각의 부분합이라 하자.

$n < 2^k$ 이면

$$S_n \le a_1 + (a_2 + a_3) + \cdots + (a_{2^k} + \cdots + a_{2^{k+1}-1}) \le a_1 + 2a_2 + \cdots + 2^k a_{2^k} = T_k \quad (3.16)$$

반면에 $n > 2^k$ 이면

$$\begin{aligned} S_n &\ge a_1 + a_2 + (a_3 + a_4) + \cdots + (a_{2^{k-1}+1} + \cdots + a_{2^k}) \\ &\ge \frac{1}{2}a_1 + a_2 + 2a_4 + \cdots + 2^{k-1}a_{2^k} = \frac{1}{2}T_k \end{aligned} \quad (3.17)$$

이다. 위에서와 같이 $\{S_n\}$ 과 $\{T_k\}$ 은 모두 유계이거나 모두 유계가 아니다. ■

[따름 정리 3.8.2.]

$p>1$이면 $\sum \frac{1}{n^p}$는 수렴하고 $p\le 1$이면 $\sum \frac{1}{n^p}$는 발산한다.

(증명) 연습문제

다음과 같은 급수 $\sum_{n=0}^{\infty} \frac{1}{n!}$의 수렴성을 생각해 보자. 각 항이 모두 양수이므로 부분합이 유계임을 보이면 된다.

$$
\begin{aligned}
S_n &= 1+1+\frac{1}{2!}+\frac{1}{3!}+\cdots+\frac{1}{n!} \\
&= 1+1+\frac{1}{1\cdot 2}+\frac{1}{1\cdot 2\cdot 3}+\cdots+\frac{1}{1\cdots n} \\
&< 1+1+\frac{1}{2}+\frac{1}{2^2}+\cdots+\frac{1}{2^{n-1}} \\
&= 1+\frac{1-(\frac{1}{2})^n}{1-\frac{1}{2}} < 3 .
\end{aligned}
$$

이 때 $2<S_n$, $\forall n$임을 쉽게 보일 수 있다.

[정 의 3.8.1.]

$e=\sum_{n=0}^{\infty} \frac{1}{n!}$라 하자. 이 때, $2<e<3$이다.

[정 리 3.8.4.]

$\lim_{n\to\infty}(1+\frac{1}{n})^n = e.$

(증명) $S_n = \sum_{k=0}^{n} \frac{1}{k!}$, $T_n = (1+\frac{1}{n})^n$ 이라 하자. 이항정리에 의하여

$$
\begin{aligned}
T_n &= \sum_{k=0}^{n} \frac{n!}{k!\cdot(n-k)!}(\frac{1}{n})^k = \sum_{k=0}^{n} \frac{n(n-1)\cdots(n-k+1)}{k!}(\frac{1}{n})^k \\
&= 1+1+\frac{1}{2!}(1-\frac{1}{n})+\frac{1}{3!}(1-\frac{1}{n})(1-\frac{2}{n}) \\
&\quad +\cdots+\frac{1}{n!}(1-\frac{1}{n})(1-\frac{2}{n})\cdots(1-\frac{n-1}{n}).
\end{aligned} \tag{3.18}
$$

그러므로 $T_n \le S_n$ 이며 $\limsup_{n\to\infty} T_n \le e$을 만족한다. 만약 $n\le m$이면,

$$T_n \ge 1+1+\frac{1}{2!}(1-\frac{1}{n})+\cdots+\frac{1}{m!}(1-\frac{1}{n})(1-\frac{2}{n})\cdots(1-\frac{m-1}{n})$$

이고, m을 고정하고 $n\to\infty$하면,

$$\liminf_{n\to\infty} T_n \ge 1+1+\frac{1}{2!}+\cdots+\frac{1}{m!} \tag{3.19}$$

이므로 $S_m \leq \liminf_{n\to\infty} T_n$이다. 다시 $m\to\infty$, $e \leq \liminf_{n\to\infty} T_n$이다. 그러므로

$$e = \lim_{n\to\infty} T_n = \lim_{n\to\infty}(1+\frac{1}{n})^n$$

이다. $S_n = \sum_{k=0}^{n}\frac{1}{k!}$ 라 하면 ,

$$\begin{aligned} e - S_n &= \frac{1}{(n+1)!} + \frac{1}{(n+2)!} + \cdots + \cdots \\ &< \frac{1}{(n+1)!}[1 + \frac{1}{n+1} + \frac{1}{(n+1)^2} + \cdots] \\ &= \frac{1}{(n+1)!} \cdot \frac{1}{1-\frac{1}{n+1}} = \frac{1}{n \cdot n!} \end{aligned} \tag{3.20}$$

이므로 $0 < e - S_n < \frac{1}{n \cdot n!}$ 이다. 예를 들면 S_{10}은 10^{-7} 보다 작은 오차를 갖고 e 에 근사한다. ■

[정 리 3.8.5.]

e는 무리수(irrational)이다.

(증명) e가 유리수라 하자. 그때 $e = \frac{p}{q}$로 표현되며 p와 q는 양의 정수이다. 앞에서와 같이, $0 < q!(e-S_q) < \frac{1}{q}$를 만족한다. 이때 $q! \cdot e$는 정수이다.

$$q! \cdot S_q = q!(1 + 1 + \frac{1}{2!} + \cdots + \frac{1}{q!}) \tag{3.21}$$

이므로 이 역시 정수이므로 $q!(e-S_q)$ 역시 정수이다. 그러나 $q \geq 1$이므로 0과 $\frac{1}{q}$사이에는 정수가 존재하지 않으므로 모순이다. ■

[정 리 3.8.6.] **(제곱근 판정법<Root test>)**

$\sum a_n$ 를 $a_n \geq 0$인 급수라 하자.

1) $r < 1$과 N이 존재하여 $n > N$인 모든 n에 대하여 $\sqrt[n]{a_n} \leq r$ 을 만족하면 $\sum a_n$ 는 수렴한다.

2) $\sqrt[n]{a_n} \geq 1$ 를 만족하는 무한히 많은 n이 존재하면 $\sum a_n$ 은 발산한다.

(증명)

1) $n > N$인 모든 n에 대하여 $a_n \leq r^n$을 만족한다. 이때 $r<1$이므로 $\sum r^n$은 수렴하므로 비교판정법에 의해 $\sum a_n$은 수렴한다.

(2) $\sqrt[n]{a_n} \geq 1$ 을 만족하는 n이 무수히 많으므로 $a_n \geq 1$을 만족한다. 그러므로 $\lim a_n \neq 0$ 이다. 정리 3.7.1에 의하여 $\sum a_n$는 발산한다. ■

[정 리 3.8.7.]

$\sum a_n$ 의 모든 $a_n \geq 0$ 인 급수라 하고, $\rho = \limsup \sqrt[n]{a_n}$ 라 하자.

1) $\rho < 1$ 이면 $\sum a_n$은 수렴하고

2) $\rho > 1$ 이면 $\sum a_n$은 발산한다.

(증명)

1) $\rho < 1$이므로 적당한 N이 존재하여 $n > N$인 모든 n에 대하여 $\sqrt[n]{a_n} \leq \frac{\rho+1}{2} < 1$을 만족한다. 정리 3.8.6의 1)에 의하여 $\sum a_n$ 은 수렴한다.

2) $\rho > 1$ 이면 부분수열 $\{a_{n_k}\}$가 존재하며 $(a_{n_k})^{\frac{1}{n_k}} \to \rho$를 만족한다. 이때 k가 충분히 크면 $(a_{n_k})^{\frac{1}{n_k}} \geq 1$이고 정리 3.8.6의 2)에 의하여 $\sum a_n$은 발산한다. ■

예 제 3.8.2.

$\sum\left(\frac{n}{n+1}\right)^{n^2}$ 이 수렴함을 보여라.

(풀이) $\sqrt[n]{\left(\frac{n}{n+1}\right)^{n^2}} = \left(\frac{n}{n+1}\right)^n = \frac{1}{\left(1+\frac{1}{n}\right)^n} < \frac{1}{2}$ 이므로 수렴한다.

[주 의 3.8.1.]

$\sum\frac{1}{n}$ 과 $\sum\frac{1}{n^2}$ 은 모두 $\rho = 1$이다. 그러나 $\sum\frac{1}{n}$은 발산이고 $\sum\frac{1}{n^2}$은 수렴이다. 그러므로 $\rho = 1$인 경우는 수렴성에 대한 어떠한 정보도 제공되지 않는다.

[정 리 3.8.8.] **(비판 판정법<Ratio test>)**

$\sum a_n$ 은 모든 $a_n > 0$인 급수이며 $\lim_{n\to\infty}\frac{a_{n+1}}{a_n} = q$ 라 하자.

1) $q < 1$이면 $\sum a_n$ 은 수렴하며,

2) $q > 1$이면 $\sum a_n$ 은 발산한다.

(증명)

1) $q < r < 1$인 r을 선택한다. 이때 적당한 N이 존재하고 $n > N$인 모든 n에 대하여 $\frac{a_{n+1}}{a_n} \leq r$ 을 만족한다. $k > N$인 모든 k에 대하여

$$a_k = \frac{a_k}{a_{k-1}} \cdot \frac{a_{k-1}}{a_{k-2}} \cdots \frac{a_{N+1}}{a_N} \cdot a_N \leq r \cdots r \cdot a_N = r^{k-N} a_N \qquad (3.22)$$

을 만족한다. 이 때 $\sum_{k=N+1}^{\infty} r^{k-N}$이 수렴하므로 비교판정법에 의하여 $\sum a_n$은 수렴한다.

(2) $q > r > 1$을 만족하는 r을 선택한다. 이때 적당한 N이 존재하며 $n > N$인 모든 n에 대하여 $\frac{a_{n+1}}{a_n} \geq r$을 만족한다. $n > N$인 n에 대하여 $\{a_n\}$은 증가수열이며 $\lim a_n \neq 0$이다. 그러므로 $\sum a_n$은 발산한다. ■

예 제 3.8.3.

$\sum_{n=1}^{\infty} \frac{(-1)^n n}{2^n}$ 이 절대수렴임을 증명하라.

(풀이) $\sum_{n=1}^{\infty} \left| \frac{(-1)^n n}{2^n} \right| = \sum_{n=1}^{\infty} \frac{n}{2^n}$ 비판 판정법을 이용하면, $n \geq 2$ 이면

$$\frac{|a_{n+1}|}{|a_n|} = \frac{n+1}{2n} = \frac{1}{2}\left(1+\frac{1}{n}\right) \leq \frac{3}{4}$$

이다. 그러므로 $\sum_{n=1}^{\infty} \frac{(-1)^n n}{2^n}$ 은 절대수렴이다.

[정 리 3.8.9.]

$n \geq 1$에서 $b_1 \geq b_2 \geq \cdots > 0$이며 수열 $\{b_n\}$이 0에 수렴한다 하자. 이 때, $S = \sum_{n=0}^{\infty} (-1)^n b_n$은 수렴하며 $|S - S_n| \leq b_{n+1}$이다. 이러한 급수를 교대급수(alternating series)라 한다.

(증명) 먼저 홀수 부분합을 생각하자.

$$S_{2n-1} = (b_0 - b_1) + (b_2 - b_3) + \cdots + (b_{2n-2} - b_{2n-1})$$

이며

$$S_{2n+1} = S_{2n-1} + b_{2n} - b_{2n+1} \geq S_{2n-1}$$

이다. 그러므로 $\{S_{2n-1}\}$은 비감소 수열이다. 더구나,

$$S_{2n-1} = b_0 - (b_1 - b_2) - \cdots - (b_{2n-3} - b_{2n-2}) - b_{2n-1} \leq b_0 \tag{3.23}$$

이므로 $\{S_{2n-1}\}$은 유계수열이다. 그러므로 $\lim S_{2n-1} = S$가 존재한다. 또한 $S_{2n} = S_{2n-1} + b_{2n}$이므로 $\lim S_{2n} = \lim S_{2n-1} + \lim b_{2n} = S$이다. 짝수와 홀수 부분합인 수열들이 모두 같은 극한값을 가지므로, 그 급수는 같은 극한값에 수렴한다. 더구나

$$\begin{aligned} |S - S_n| &= |b_{n+1} - b_{n+2} + b_{n+3} - \cdots| \\ &= (b_{n+1} - b_{n+2}) + (b_{n+3} - b_{n+4}) + \cdots \end{aligned} \tag{3.24}$$

이며 식 (3.24)의 오른쪽 괄호안에 있는 각 값들은 모두 양수이므로

$$\begin{aligned} |S - S_n| &= b_{n+1} - b_{n+2} + b_{n+3} - \cdots \\ &= b_{n+1} - (b_{n+2} - b_{n+3}) - \cdots \leq b_{n+1} \end{aligned} \tag{3.25}$$

이다. ■

예 제 3.8.4.

$1-\frac{1}{2}+\frac{1}{3}-\frac{1}{4}+\frac{1}{5}-\cdots$ 은 수렴한다.

3.9. 재배열 급수와 급수의 곱

앞 절에서 $1-\frac{1}{2}+\frac{1}{3}-\frac{1}{4}+\frac{1}{5}\cdots$ 은 수렴한다고 하였다. 그 수렴값을 S라 한다. 이 때 이 급수를 다음과 같이 새로이 배치한다.

$$\sigma = 1 - \frac{1}{2} - \frac{1}{4} + \frac{1}{3} - \frac{1}{6} - \frac{1}{8} + \frac{1}{5} - \frac{1}{10} - \frac{1}{12} + \frac{1}{7} - - + - - \cdots$$

이 때 다음과 같은 문제가 야기된다.

1. 이 새로운 급수는 수렴하는가?
2. 수렴한다면, $S = \sigma$ 일까?

S_n과 σ_n을 각각 S 와 σ 의 부분합이라 하자.

$$\begin{aligned}
\sigma_{3n} &= \sum_{k=1}^{n}\left(\frac{1}{2k-1} - \frac{1}{4k-2} - \frac{1}{4k}\right) \\
&= \sum_{k=1}^{n}\left(\frac{1}{2k-1} - \frac{1}{2}\frac{1}{2k-1} - \frac{1}{4}\frac{1}{k}\right) \\
&= \sum_{k=1}^{n}\left(\frac{1}{2}\frac{1}{2k-1} - \frac{1}{4}\frac{1}{k}\right) \\
&= \frac{1}{2}\sum_{k=1}^{n}\left(\frac{1}{2k-1} - \frac{1}{2k}\right) = \frac{1}{2}\sum_{j=1}^{2n}\frac{(-1)^{j+1}}{j} \\
&= \frac{1}{2}\sum_{j=1}^{2n}\frac{(-1)^{j+1}}{j} = \frac{1}{2}S_{2n}
\end{aligned} \tag{3.26}$$

이 때 $n \to \infty$이면 $S_{2n} \to S$이므로 $\sigma_{3n} = \frac{1}{2}S$이다. 그러나 σ의 어떠한 부분합은 σ_{3n}에서 많아야 하나의 항 차이만 생길 수 있다. 그 하나의 항은 $n \to \infty$일 때, 0에 수렴하므로 $\sigma_n \to \frac{1}{2}S$이다. 즉

$$\frac{1}{2}S = 1 - \frac{1}{2} - \frac{1}{4} + \frac{1}{3} - \frac{1}{6} - \frac{1}{8} + \frac{1}{5}\cdots.$$

[정 의 3.9.1.]

$\sum a_k$ 를 임의의 급수라 하자.

$$p_k = \begin{cases} a_k & \text{만약 } a_k \geq 0 \\ 0 & \text{만약 } a_k < 0 \end{cases}, \quad n_k = \begin{cases} 0 & \text{만약 } a_k \geq 0 \\ -a_k & \text{만약 } a_k < 0 \end{cases}$$

이라고 하자. 이때 급수의 부분합 S_n 은 다음과 같다.

$$S_n = \sum_{k=1}^{n} a_k = \sum_{k=1}^{n} p_k - \sum_{k=1}^{n} n_k$$

[정 리 3.9.1.]

급수 $\sum a_k$가 조건부 수렴이면, $\sum p_k$와 $\sum n_k$는 모두 발산한다.

(증명) $\sum p_k$와 $\sum n_k$중 하나가 수렴한다고 가정한다. 편의상 $\sum p_k$가 수렴한다 하자. $\sum^n n_k = \sum^n p_k - \sum^n a_k$이며 오른쪽 두 항이 모두 수렴하므로 왼쪽인 $\sum^n n_k$는 당연히 수렴한다. $\sum^n |a_k| = \sum^n p_k + \sum^n n_k$ 이므로 $\sum |a_k|$ 은 수렴하며 이는 조건부수렴에 모순이다. ■

[정 리 3.9.2.]

$\sum a_k$를 조건부 수렴급수이며 A는 임의의 실수라 하자. 이때 A에 수렴하는 $\sum a_k$ 의 재배열치급수가 존재한다.

(증명) 연습문제

[정 리 3.9.3.]

$\sum a_k$ 가 절대수렴이면 $\sum p_k$ 와 $\sum n_k$ 모두 수렴한다.

(증명) $\sum p_k$ 와 $\sum n_k$ 중 하나가 발산한다고 가정하자. 편의상 $\sum p_k$ 가 발산한다 하자. 이때 $\sum^n n_k = -\sum^n a_k + \sum^n p_k$ 는 발산한다. 그러나 $\sum^n |a_k| = \sum^n p_k + \sum^n n_k$는 발산하며 이는 절대수렴에 모순이다. ■

[정 리 3.9.4.]

$\sum a_k$가 절대수렴이면 임의의 재배열급수도 절대수렴이며, 이 급수의 모든 재배열급수는 모두 같은 합을 갖는다.

(증명) $\sum_{k=1}^{\infty} b_k$를 $\sum_{k=1}^{\infty} a_k$의 항들을 재배치하여 얻어진 급수라 하자. 이때 $S_n = \sum_{k=1}^{n} a_k$, $S_n' = \sum_{k=1}^{n} b_k$이라 하자. 고정된 $\varepsilon > 0$에 대하여, 다음을 만족하는 양의 정수 N_1, N_2가 존재한다. 만약 $n > N_1$이면, $\left| \sum_{k=1}^{\infty} a_k - S_n \right| < \frac{\varepsilon}{2}$이고 만약 $n > N_2$이면, $\sum_{k=n+1}^{\infty} |a_k| < \left| \sum_{k=1}^{\infty} |a_k| - \sum_{k=1}^{n} |a_k| \right| < \frac{\varepsilon}{2}$을 만족한다. 이 때 $N = \max(N_1, N_2)$라 하자. 여기서 $a_1, \cdots, a_N$들이 재배치된 수열의 원소들

$b_1, \cdots, b_M$에 나타날 수 있도록 충분히 큰 $M \in Z^+$을 선택할 수 있다. 만약 $m > M$이고 이때 $S_m' - S_N$을 보자. 주어진 차는 $a_1, \cdots, a_N$들이 없는 a_i들의 합을 의미한다. 그러므로

$$|S_m' - S_N| \le \sum_{k=N+1}^{\infty} |a_k| \tag{3.27}$$

이고 $m > M$에서

$$\left|\sum_{k=1}^{\infty} a_k - S_m'\right| \le \left|\sum_{k=1}^{\infty} a_k - S_N\right| + |S_N - S_m'| < \frac{\varepsilon}{2} + \sum_{k=N+1}^{\infty} |a_k| < \varepsilon \tag{3.28}$$

이다. 그러나 S_m'은 $\sum_{k=1}^{\infty} b_k$의 부분합이므로 $\sum_{k=1}^{\infty} b_k$은 $\sum_{k=1}^{\infty} a_k$에 수렴한다 할 수 있다. 더구나 앞에서 서술된 증명은 $\sum_{k=1}^{\infty} p_k$와 $\sum_{k=1}^{\infty} n_k$에 적용할 수 있다. 그러므로 $\sum_{k=1}^{\infty} b_k$도 절대 수렴한다. ■

[정 의 3.9.2.]

$\sum_{n=0}^{\infty} a_n$, $\sum_{n=0}^{\infty} b_n$인 두 급수를 가정하자. 이 두 급수의 코쉬곱(Cauchy's product)은 $\sum_{n=0}^{\infty} C_n$인 급수이다. 여기서 $C_n = \sum_{k=0}^{n} a_k b_{n-k}$, $n = 0, 1, 2 \cdots$이다. 즉,

$$\sum_{n=0}^{\infty} C_n = a_0 b_0 + (a_0 b_1 + a_1 b_0) + (a_0 b_2 + a_1 b_1 + a_2 b_0) + \cdots$$

이다.

[정 리 3.9.5.]

$\sum_{n=0}^{\infty} C_n$은 $\sum_{n=0}^{\infty} a_n$와 $\sum_{n=0}^{\infty} b_n$의 코쉬곱이라 하자. 두 급수들은 수렴하고 각각의 합을 s와 t라 하자.

1) $\sum_{n=0}^{\infty} a_n$와 $\sum_{n=0}^{\infty} b_n$들 중 최소한 하나가 절대수렴이면, $\sum_{n=0}^{\infty} C_n$은 수렴하고 그 합은 st이다. (Mertens 정리)

2) 두 급수들 모두가 절대수렴이면, $\sum_{n=0}^{\infty} C_n$는 st에 절대수렴 한다.

(증명)

1) $\sum_{n=0}^{\infty} a_n$ 이 절대수렴이라 가정하자. s_n, t_n과 u_n을 $\sum_{i=0}^{n} a_i$, $\sum_{i=0}^{n} b_i$ 과 $\sum_{i=0}^{n} c$인 부분합을 나타낸다. $n \to \infty$일 때 $u_n \to st$ 임을 보이고자 한다.

$$\begin{aligned} u_n &= a_0 b_0 + (a_0 b_1 + a_1 b_0) + \cdots + (a_0 b_n + a_1 b_{n-1} + \cdots + a_n b_0) \\ &= a_0 t_n + a_1 t_{n-1} + \cdots + a_n t_0 \end{aligned} \tag{3.29}$$

이다. $n = 0, 1, 2, \cdots$,에 대하여 $\beta_n = t - t_n$이라 하자. 이때 식(3.29)에 β_n을 적당히 대입하면

$$\begin{aligned} u_n &= a_0(t-\beta_n)+a_1(t-\beta_{n-1})+\cdots+a_n(t-\beta_0) \\ &= ts_n-(a_0\beta_n+a_1\beta_{n-1}+\cdots+a_n\beta_0) \end{aligned} \tag{3.30}$$

을 얻을 수 있다. $n\to\infty$일 때 $s_n\to s$ 이므로 만약 식 (3.30)의 괄호안에 있는 합이 $n\to\infty$ 일 때 0으로 수렴함을 보일수 있다면 1의 증명은 완성된다. 임의의 $\varepsilon>0$ 이라 하자. $\beta_n\to 0$ 이므로 $n>N$에 대하여 $|\beta_n|<\varepsilon$ 인 N을 찾을 수 있다. 그러므로

$$\begin{aligned} |a_0\beta_n+a_1\beta_{n-1}+\cdots+a_n\beta_0| &\le |a_n\beta_0+a_{n-1}\beta_1+\cdots+a_{n-N}\beta_N| \\ &\quad + |a_{n-N-1}\beta_{N+1}+a_{n-N-2}\beta_{N+2}+\cdots+a_0\beta_n| \\ &< |a_n\beta_0+a_{n-1}\beta_1+\cdots+a_{n-N}\beta_N|+\varepsilon\sum_{i=0}^{n-N-1}|a_i| \\ &< B\sum_{i=n-N}^{n}|a_i|+\varepsilon s^* \end{aligned} \tag{3.31}$$

이고 여기서 $B=\max(|\beta_0|,\cdots,|\beta_N|)$이며 s^*는 급수 $\sum_{n=0}^{\infty}|a_n|$의 합을 나타낸다. $\sum_{n=0}^{\infty}a_n$ 이 절대수렴 이므로, $n-N>M+1$에 대하여 $\sum_{i=n-N}^{n}|a_i|<\varepsilon$인 M을 찾을 수 있다. 그러므로 $n>N+M+1$일 때 부등식 (3.31)에서

$$|a_0\beta_n+a_1\beta_{n-1}+\cdots a_n\beta_0|\le\varepsilon(B+s^*) \tag{3.32}$$

을 얻는다. ε는 임의의 작은 수이므로,

$$\lim_{n\to\infty}(a_0\beta_n+a_1\beta_{n-1}+\cdots+a_n\beta_0)=0$$

이다.

2) $\nu_n=\sum_{i=0}^{n}|C_i|$이라 하자. 이때

$$\begin{aligned} \nu_n &= |a_0b_0|+|a_0b_1+a_1b_0|+\cdots+|a_0b_n+a_1b_{n-1}+\cdots+a_nb_0| \\ &\le |a_0||b_0|+|a_0||b_1|+|a_1||b_0|+\cdots+\cdots+|a_0||b_n|+|a_1||b_{n-1}|+\cdots+|a_n||b_0| \\ &= |a_0|t_n^*+|a_1|t_{n-1}^*+\cdots+|a_n|t_0^* \end{aligned} \tag{3.33}$$

이고 여기서 $t_k^*=\sum_{i=0}^{k}|b_i|$, $k=0,1,\cdots,n$이다. 그러므로 모든 n에 대하여,

$$\begin{aligned} \nu_n &\le (|a_0|+|a_1|+\cdots+|a_n|)t_n^* \\ &\le s^*t^* \end{aligned} \tag{3.34}$$

이고 여기서 $t^*=\sum_{n=0}^{\infty}|b_n|$이다. 그러므로 $\{\nu_n\}_{n=0}^{\infty}$은 유계인 수열이다. $\nu_n\ge 0$이므로 이 수열은 수렴하고, 그러므로 $\sum_{n=0}^{\infty}C_n$은 절대수렴이다. 또한 1)에 의하여 이 급수의 합은 st이다. ■

3.10. Raabe's Test

[정 리 3.10.1.] (Kummer's Test)

$\forall n$, $a_n > 0$이다. $\{P_n\}$은 양의 상수들의 수열이며 $\{b_n\}$은 다음과 같이 정의되며 극한 L을 갖는 수열이다.

$$b_n = P_n\left(\frac{a_n}{a_{n+1}}\right) - P_{n+1}$$

1) $L > 0$이면, $\sum_{k=1}^{\infty} a_k$은 수렴한다.

2) $L \leq 0$이고 $\sum_{k=1}^{\infty} \frac{1}{P_k}$ 발산하면, $\sum_{k=1}^{\infty} a_k$은 발산한다.

(증명)

1) α는 구간 $(0, L)$에 있는 적당한 상수라 하자. $\lim_{n\to\infty} b_n = L$이므로 $n \geq N$에 대하여 $b_n > \alpha$을 만족하는 $N \in Z^+$이 존재한다. 만약 $m > 1$이면

$$P_N a_N - P_{N+1} a_{N+1} > \alpha a_{N+1}$$
$$P_{N+1} a_{N+1} - P_{N+2} a_{N+2} > \alpha a_{N+2}$$
$$\vdots$$
$$P_{N+m+1} a_{N+m+1} - P_{N+m} a_{N+m} > \alpha a_{N+m}$$

이다. 위에 주어진 부등식들을 더하면,

$$P_N a_N - P_{N+m} a_{N+m} > \alpha(a_{N+1} + \cdots + a_{N+m}) = \alpha(S_{N+m} - S_N) \tag{3.35}$$

이다. 여기서 $S_n = \sum_{k=1}^{n} a_k$이다. 식 (3.35)에서,

$$\alpha S_{N+m} < P_N a_N - P_{N+m} a_{N+m} + \alpha S_N \tag{3.36}$$

이며 $P_{N+m} a_{N+m} > 0$이므로

$$P_N a_N - P_{N+m} a_{N+m} + \alpha S_N < S_N + P_N a_N \tag{3.37}$$

이다. 그러므로

$$S_{N+m} < S_N + \frac{P_N a_N}{\alpha}$$

이다. 만약 $n > N$이면 S_n은 $S_N + \frac{P_N a_N}{\alpha}$에 의하여 위로 유계이다. 그러므로

$$M = \max\left\{S_1, \cdots, S_N, S_N + \frac{P_N a_N}{\alpha}\right\}$$

이라면 수열 $\{S_n\}$은 M에 의하여 유계이므로 $\sum_{k=1}^{\infty} a_k$은 수렴한다.

2) $L \le 0$이면 $n \ge N$에서

$$P_n\left(\frac{a_n}{a_{n+1}}\right) - P_{n+1} \le 0 \tag{3.38}$$

을 만족하는 N이 존재한다. 식 (3.38)에서 모든 $n \ge N$에 대하여

$$P_N a_N \le P_{N+1} a_{N+1} \le \cdots \le P_n a_n \le \cdots \tag{3.39}$$

이다. $n \ge N$에서 식 (3.39)을 P_n으로 나누면

$$a_n \ge \frac{P_N a_N}{P_n}$$

이다. 그러나 $P_N a_N$은 상수이므로 가정에 의하여 $\sum_{n=1}^{\infty} \frac{1}{P_n}$이 발산하므로 비교판정법에 의하여 $\sum_{k=1}^{\infty} a_k$는 발산한다. ■

예 제 3.10.1.

$\sum_{k=1}^{\infty} \frac{2 \cdot 4 \cdot 6 \cdots (2k)}{1 \cdot 3 \cdot 5 \cdots (2k+1)}$의 수렴성을 조사하라.

(풀이) $n \in Z^+$에 대하여

$$\frac{a_n}{a_{n+1}} = \frac{2 \cdot 4 \cdots (2n)}{1 \cdot 3 \cdots (2n+1)} \cdot \frac{1 \cdot 3 \cdots (2n+3)}{2 \cdot 4 \cdots (2n+2)} \tag{3.40}$$

이다. 이때 $\lim \frac{a_{n+1}}{a_n} = 1$이므로 비교판정법을 이용할 수 없다. 그러므로 $P_n = \frac{1}{2n+3}$이라하면,

$$b_n = P_n\left(\frac{a_n}{a_{n+1}}\right) - P_{n+1} = \frac{1}{2n+2} - \frac{1}{2n+5} = \frac{3}{(2n+2)(2n+5)} \tag{3.41}$$

이다. 이때 $L = \lim_{n\to\infty} b_n = 0$이고 $\sum_{n=1}^{\infty} \frac{1}{P_n} = \sum_{n=1}^{\infty} (2n+3)$은 당연히 발산하므로 정리3.10.1 (Kummer's Test)에 의하여 주어진 급수 $\sum_{k=1}^{\infty} \frac{2 \cdot 4 \cdots (2k)}{1 \cdot 3 \cdots (2k+1)}$는 발산한다.

[정 리 3.10.2.] **(Raabe's Test)**

$\forall n,\ a_n > 0$이며, $C_n = n\left(\frac{a_n}{a_{n+1}} - 1\right)$이라 두자. $\lim_{n\to\infty} C_n = L$이라 가정하자.

1) $L > 1$ 또는 $L = \infty$ 이면, $\sum_{k=1}^{\infty} a_k$은 수렴한다.

2) $L < 1$ 또는 $L = -\infty$ 이면, $\sum_{k=1}^{\infty} a_k$은 발산한다.

3) $L = 1$이면 본 판정법은 사용할 수 없다.

(증명) $P_n = n$이라 두고 정리 3.10.1인 Kummer's Test를 이용한다. 이때

$$b_n = n\left(\frac{a_n}{a_{n+1}}\right) - (n+1) = n\left(\frac{a_n}{a_{n+1}} - 1\right) - 1$$

이다. 그러므로 1)과 2)를 쉽게 보일 수 있다.

$a_1 = 1$이고 $a_{n+1} = \left(\frac{n\ln n}{(n+1)\ln n + C}\right)a_n$을 만족하는 급수 $\sum_{k=1}^{\infty} a_k$을 생각하자. 여기서 C는 고정된 양의 상수이다. 이 때

$$\frac{a_n}{a_{n+1}} = \frac{(n+1)\ln n + C}{n\ln n}$$

이며

$$C_n = n\left(\frac{a_n}{a_{n+1}} - 1\right) = 1 + \frac{C}{\ln n}$$

이다. 그러므로 $L = 1$ 이다.

만약 $C > 1$이면 $\sum_{k=1}^{\infty} a_k$는 수렴하는 반면, $C < 1$이면 $\sum_{k=1}^{\infty} a_k$는 발산한다. ■

예 제 3.10.2.

$\sum_{k=1}^{\infty} a_k = \sum_{k=1}^{\infty} \frac{1 \cdot 3 \cdots (2k-1)}{2 \cdot 4 \cdots (2k)}$의 수렴성을 조사하라.

(풀이) $\frac{a_{n+1}}{a_n} = \frac{2n+1}{2n+2}$이므로 $\lim_{n\to\infty} \frac{a_{n+1}}{a_n} = 1$이다. 그러므로 수렴성을 조사하기 위하여 비교판정법을 사용할 수 없다. 다시 정리 3.10.2인 Raabe's Test를 이용하면,

$$C_n = n\left(\frac{a_n}{a_{n+1}} - 1\right) = n\left(\frac{2n+2}{2n+1} - 1\right) = \frac{n}{2n+1}$$

그러므로 $L = \lim_{n\to\infty} C_n = \frac{1}{2}$ 이므로 $\sum_{n=1}^{\infty} a_n$는 발산한다.

예 제 3.10.3.

α, β, γ를 양의 정수라 하자. 이때 초기하급수(hypergeometric series)를 다음과 같이 정의한다.

$$1 + \frac{\alpha \cdot \beta}{1 \cdot \gamma} + \frac{\alpha(\alpha+1)\beta(\beta+1)}{1 \cdot 2 \cdot \gamma \cdot (\gamma+1)} + \cdots + \frac{\alpha(\alpha)\cdots(\alpha+n-1)\beta(\beta+1)\cdots(\beta+n-1)}{n!\gamma(\gamma+1)\cdots(\gamma+n-1)}.$$

$$\frac{a_{n+1}}{a_n} = \frac{n^2 + (\alpha+\beta)n + \alpha\beta}{n^2 + (\alpha+1)n + \gamma}$$

이며

$$\lim \frac{a_{n+1}}{a_n} = 1$$

이므로 비교판정법을 이용할 수 없다. 정리 3.10.2인 Raabe's test를 이용하면,

$$C_n = n\left(\frac{(n+1)(\gamma+n)}{(\alpha+n)(\beta+n)} - 1\right) = \frac{((\alpha+1) - (\alpha+\beta))n^2 + (\gamma - \alpha\beta)n}{n^2 + (\alpha+\beta)n + \alpha\beta}$$

이며

$$\lim_{n\to\infty} C_n = (\gamma+1) - (\alpha+\beta)$$

이다. 만약 $(\gamma+1) - (\alpha+\beta) > 1$ (즉, $\gamma - (\alpha+\beta) > 0$)이면 주어진 급수는 수렴하고, 반면에 $\gamma - (\alpha+\beta) < 0$이면 이 급수는 발산한다.

3.11. o, O의 표현

이 표현들은 x가 어떤 극한값으로 수렴할 때 함수 $f(x)$의 수렴성 형태를 설명할 수 있는 편리한 방법들이다. 함수 $f(x)$와 $g(x)$는 정의역 $D\subset R$에서 정의된 함수들이라 하자. $g(x)$는 양의 함수이고 1, x 또는 $\frac{1}{x}$과 같은 간단한 형태라 하자. 만약 $|f(x)| < Kg(x)$를 만족하는 양의 수 K가 존재한다고 하자. 여기서 $x\in E$이고 $E\subset D$ 이다. 이때 '$f(x)$는 $g(x)$의 차수를 넘지 않는 차수이다' 라고 한다. 이것을 E에 있는 모든 x에 대하여 $f(x)=O(g(x))$으로 나타낸다. 특히 $g(x)=1$ 이면 $f(x)$는 필연적으로 E에서 유계함수이다. 예를 들면,

모든 x에 대하여, $\cos x = O(1)$

큰값 x에 대하여, $x=O(x^2)$

큰값 x에 대하여, $x^2+2x=O(x^2)$이며

모든 x에 대하여 $|\frac{\sin x}{x}|\le 1$이 사실이므로 모든 x에 대하여 $\sin x = O(|x|)$이다.

다음으로 $\lim_{x\to a}\frac{f(x)}{g(x)}=0$인 관계를 갖는 두 함수 $f(x)$, $g(x)$가 있다고 하자. 이 때 'a의 근방에서 $f(x)$는 $g(x)$보다 작은 차수에 있다'고 한다. 이것은 $x\to a$일 때, $f(x)=o(g(x))$으로 표현한다. 또한 $x\to a$일 때 $f(x)$는 $g(x)$보다 빠르게 0으로 간다고 말할 수 있다. 만약 x가 ∞로 간다면, $x > A > 0$에 대하여 $f(x)=o(g(x))$로 표현한다. 예를 들면,

$x\to 0$일 때, $x^2=o(x)$

$x\to\infty$일 때, $\sqrt{x}=o(x)$ 로 표현한다.

3.12. 통계의 응용

X는 $n\ge 0$에서 확률 $p(n)$을 갖고 $x_0, x_1, x_2, \cdots$에서 정의되는 이산형 확률변수라 하자. 정의에 의하면, X의 k번째 중심적률(k-th central moment) μ_k는 $k=1,2,\cdots$에 대하여

$$\mu_k = E((X-\mu)^k) = \sum_{n=0}^{\infty}(x_n-\mu)^k p(n)$$

이고 여기서 $\mu=EX=\sum_{n=0}^{\infty}x_n p(n)$는 X의 평균이다. 이때 μ_2는 X의 분산 σ_2이다. X의 k번째 비중심 적률(noncentral moment) μ_k'는

$$\mu_k' = EX^k = \sum_{n=0}^{\infty}x_n^k p(n) \tag{3.42}$$

으로 주어진다. 이때 $\mu_1'=\mu$ 이다.

적당한 정수 N에 대하여 $n>N$에서 $|x_n|\geq 1$이라 하면, $j<k$이고 $n>N$에서

$$|x_n|^j p(n) \leq |x_n|^k p(n)$$

이다. 만약 식 (3.42)에 있는 급수가 절대수렴이면, 정리 3.8.2인 비교 판정법에 의하여 $j=1,\cdots,k-1$에서 μ_j'에 대한 급수도 절대 수렴한다. 가산(countable)개의 값을 갖는 이산형 확률변수의 예들은 포아송, 음이항(negative binomial)을 포함한다. 특히 후자인 음이항 확률변수는 각각의 시행에서 오직 두개의 결과, 즉 성공과 실패만이 나타나는 독립적인 시행을 행하여 r번째 성공 전까지의 실패의 수 n을 나타낸다. 여기서 각각의 시행에서 성공의 확률 p는 항상 일정한 상수이다. 이것의 확률질량함수는 다음의 형태이다.

$$p(n) = \binom{n+r-1}{n} p^r (1-p)^n \quad , \quad n=0,1,2,\cdots$$

이다. 또한, 포아송 확률변수는 다음과 같은 확률질량함수를 갖는다.

$$p(n) = \frac{e^{-\lambda}\lambda^n}{n!} \quad , \quad n=0,1,2,\cdots$$

이고 여기서 λ는 X의 평균이다.

$$\mu = E(X) = \sum_{n=0}^{\infty} n\frac{e^{-\lambda}\lambda^n}{n!} = \lambda e^{-\lambda}\sum_{n=1}^{\infty}\frac{\lambda^{n-1}}{(n-1)!} = \lambda e^{-\lambda}\sum_{n=0}^{\infty}\frac{\lambda^n}{n!}$$
$$= \lambda e^{-\lambda}e^{\lambda} = (e^{\lambda}\text{의 Maclaurin's expansion}) = \lambda.$$

포아송분포의 2차 비중심적률은

$$\begin{aligned}\mu_2' &= \sum_{n=0}^{\infty} n^2\frac{e^{-\lambda}\lambda^n}{n!} = e^{-\lambda}\lambda\sum_{n=1}^{\infty} n\frac{\lambda^{n-1}}{(n-1)!}\\ &= e^{-\lambda}\lambda\sum_{n=1}^{\infty}(n-1+1)\frac{\lambda^{n-1}}{(n-1)!} = e^{-\lambda}\lambda\left[\lambda\sum_{n=2}^{\infty}\frac{\lambda^{n-2}}{(n-2)!} + \sum_{n=1}^{\infty}\frac{\lambda^{n-1}}{(n-1)!}\right]\\ &= e^{-\lambda}\lambda[\lambda e^{\lambda}+e^{\lambda}] = \lambda^2+\lambda\end{aligned}$$

이다. 일반적으로 포아송분포의 k번째 비중심적률은

$$\mu_k' = \sum_{n=0}^{\infty} n^k\frac{e^{-\lambda}\lambda^n}{n!} \quad , \quad k=1,2,\cdots$$

로 주어진다. 이 때,

$$\lim_{n\to\infty}\frac{a_{n+1}}{a_n} = \lim_{n\to\infty}\left(\frac{n+1}{n}\right)^k\frac{\lambda}{n+1} = 0<1$$

이다. 여기서 비판 판정법을 이용하면, 포아송분포의 모든 비중심 적률은 존재한다.

비슷하게 음이항분포에서도 생각해보자.

$$\mu = \sum_{n=0}^{\infty} n\binom{n+r-1}{n}p^r(1-p)^n = \frac{r(1-p)}{p},$$

$$\mu_2' = \sum_{n=0}^{\infty} n^2\binom{n+r-1}{n}p^r(1-p)^n = \frac{r(1-p)(1+r-rp)}{p^2}$$

이다. 일반적으로 음이항 분포의 k번째 비중심적률은

$$\mu_k{}' = \sum_{n=0}^{\infty} n^k \binom{n+r-1}{n} p^r (1-p)^n, \quad k=1,2,\cdots$$

이다.

$$\lim_{n\to\infty}\frac{a_{n+1}}{a_n} = \lim_{n\to\infty}\frac{\left(\frac{n+1}{n}\right)^k\binom{n+r}{n+1}}{\binom{n+r-1}{n}}(1-p)$$

$$=(1-p)\lim_{n\to\infty}\left(\frac{n+1}{n}\right)^k\left(\frac{n+r}{n+1}\right)=1-p<1$$

이므로 정리 3.8.8인 비판판정법에 의하여 음이항분포의 모든 비중심적률이 존재한다.

임의의 확률변수 X에 대하여 평균 μ와 분산 σ^2에 대한 중요한 부등식은 체비쉐프 부등식(Chebyshev's inequality)이다. 즉,

$$P(|X-\mu| \ge r\sigma) \le \frac{1}{r^2} \quad \text{또는} \quad P(|X-\mu| < r\sigma) \ge 1-\frac{1}{r^2}$$

이고 여기서 r은 양수이다. 이 체비쉐프 부등식은 마코프 부등식이라 불리우는 더 일반적인 부등식의 특별한 형태이다. b가 영이 아닌 상수이고 $h(X)$가 비음함수이면,

$$P(h(X)\ge b^2)\le\frac{1}{b^2}E[h(X)]$$

이다. 물론 $Eh(X)$가 존재하여야 한다. 체비쉐프 부등식은 마코프 부등식에서 $h(X)=(X-\mu)^2$으로 선택하면 얻어진다. 분포의 적률에 관한 다른 중요한 결과는 스틸저스(Stieltjes) 적률문제로 알려진 다음 정리이다.

[정 리 3.12.1.]

확률변수 X의 비중심 적률 $\mu_k{}'$ $(k=1,2,\cdots)$ 가 존재하고 급수

$$\sum_{k=1}^{\infty}\frac{\mu_k{}'}{k!}\tau^k \tag{3.43}$$

가 적당한 $\tau>0$에서 절대수렴이라 가정하자. 이때 이 적률들은 유일하게 X의 누적분포함수 $F(X)$를 결정한다.

(증명) Fisz (1963, 정리 3.2.1)

적당한 상수 M에 대하여 $|\mu_k{}'|\le M^k$, $k=1,2,\cdots$ 라 가정하자. 이 때 $\sum_{k=1}^{\infty}\frac{M^k}{k!}\tau^k$는 정리 3.8.8인 비판판정법에 의하여 모든 τ의 값에 대하여 수렴한다.

다시 정리 3.8.2인 비교 판정법을 이용하면, $\tau>0$에 대하여 $\sum_{k=1}^{\infty}\frac{\mu_k{}'}{k!}\tau^k$는 절대수렴이다. 식 (3.43)에 있는 급수의 절대수렴성은 $F(X)$의 유일한 결정에 대한 충분조건이나 필요조건은 아니다.

예 제 3.12.1.

이산 확률변수 X는 $n \ge 1$에서 $x_n = \frac{2^n}{n^2}$ 인 값을 갖고 확률은 $P_r(X = x_n) = \frac{1}{2^n}$ 이다. 이때,

$$\mu = EX = \sum_{n=1}^{\infty} \frac{2^n}{n^2} \cdot \frac{1}{2^n} = \sum_{n=1}^{\infty} \frac{1}{n^2}$$

이고 이 급수가 수렴하므로 μ는 존재한다. 그러나 $\mu_2{}' = EX^2 = \sum_{n=1}^{\infty} \frac{2^n}{n^4}$ 이다. $\frac{2^n}{n^4} \to \infty$ 이므로 $\mu_k{}'$는 존재하지 않는다.

이산 확률변수 Y는 다음 확률분포를 갖는다.

$$Y = \begin{cases} 0 & w.p.\ \frac{1}{2} \\ \frac{2^{n+1}}{n^2} & w.p.\ g(n) = \frac{1}{2^{n+1}},\ n \ge 1 \end{cases}$$

그러면 $EY = \sum_{n=1}^{\infty} \frac{1}{n^2} = EX$이다. $\mu_2{}' = EY^2 = \sum_{n=1}^{\infty} \frac{2^{n+1}}{n^4}$이고 $\mu_2{}'$는 존재하지 않는다.

X, Y 모두의 $\mu_2{}'$이 존재하지 않으므로 비교판정법을 이용하면 2차보다 큰 모든 비중심적률들은 존재하지 않는다. 그러므로 X, Y 가 같은 1차 비중심적률은 갖고 있지만 1차 이상의 비중심적률을 갖고 있지 않다. 이 두 확률변수는 분명히 다른 분포를 갖고 있다.

연습문제 (3)

1. 다음 급수의 수렴성을 조사하라.

$$\sum_{n=1}^{\infty} \frac{\ln n}{2n^3 + 1}$$

2. 모든 자연수 n에 대하여, $a_n > 0$ 이고 $\lim_{n \to \infty} n^p a_n = A$라 하자.

   1) $p > 1$이고 A가 유한이면 급수 $\sum a_n$이 수렴함을 보여라.

   2) $p \le 1$이고 $A \ne 0$이면 $\sum a_n$이 발산함을 보여라.

   3) $\sum_{n=1}^{\infty} \frac{n}{4n^3 - 2}$ 인 급수의 수렴성을 조사하라.

3. 1) $\sum_{n=2}^{\infty} \frac{1}{n \log n (\log \log n)^m}$ 인 급수가 수렴하기 위한 m 의 값을 구하라.

   2) $\sum_{n=4}^{\infty} \frac{1}{n(\log n)}$ 의 수렴성을 조사하라.

4. $S_n = 1 + \frac{1}{2} + \frac{1}{3} + \cdots + \frac{1}{n}$ 이라 하자.

1) $S_{2n} - S_n > \frac{1}{2}$ 임을 보여라.

2) 1)를 이용하여 S_n 의 수렴성을 논하라.

5. $a_1 = \sqrt{n}$, $a_{n+1} = \sqrt{2 + \sqrt{a_n}}$인 수열 $\{a_n\}$ 을 생각하자.

1) $\{a_n\}$ 이 수렴함을 보여라.

2) $\{a_n\}$ 의 극한값을 구하라.

6. 정리 3.2.3을 증명하라.

7. 정리 3.2.4를 증명하라.

8. 따름 정리 3.3.1을 증명하라.

9. 따름 정리 3.3.2를 증명하라.

10. 정리 3.4.2를 증명하라.

11. 따름 정리 3.6.1을 증명하라.

12. 정리 3.6.2를 증명하라.

13. 정리 3.7.2를 증명하라.

14. 1) $|a_n| \to 0$ 일 필요충분조건은 $a_n \to 0$ 임을 보여라.

2) 만약 $|a_n| \to |a|$ 이면 a_n 이 수렴할 필요가 없음을 예로써 보여라.

15. $0 < a < 1$에서 $x_n = (1+a)(1+a^2)\cdots(1+a^n)$인 수열 $\{x_n\}$을 생각하자.

1) $1 + x \le e^x$임을 보여라.

2) $\{x_n\}$ 이 수렴함을 보여라.

16. 다음을 증명하라.

1) $\limsup\,(a_n + b_n) \le \limsup a_n + \limsup b_n$

2) $\liminf\,(a_n + b_n) \ge \liminf a_n + \liminf b_n$

17. $\sum_{n=1}^{\infty} a_n$은 각 항이 양수인 발산하는 급수이다. S_n을 부분집합이라 하자. 즉, $S_n = a_1 + a_2 + \cdots + a_n$이다.

1) $\sum_{k=1}^{\infty} \frac{S_{k+1} - S_k}{S_{k+1}}$ 이 발산함을 보여라.

2) 다음을 만족하는 수열 $\{e_n\}$ 이 존재함을 보여라.

$e_n \geq 0$ 이면 $e_n \to 0$, $\sum_{n=1}^{\infty} e_n \cdot a_n$는 역시 발산한다.

18. 1) 무한평균과 분산을 갖는 이산형 확률변수를 찾아라.

2) 유한평균과 무한분산을 갖는 이산형 확률변수를 찾아라.

19. 다음을 증명 또는 반례를 찾으시오.

1) $\sum_{k=0}^{\infty} a_k$ 이 수렴하면 $\sum_{k=0}^{\infty} a_k^2$ 은 수렴한다.

2) $\sum_{k=0}^{\infty} a_k$ 이 절대 수렴하면 $\sum p_k$ 은 수렴한다.

20. 수열 $\{a_n\}$이 0에 수렴하고 $\{b_n\}$은 유계인 수열이라 하자. 이때 $\{a_n b_n\}$이 0에 수렴함을 보여라.

21. $\{x_n\}$은 $|x_{n+1} - x_n| \leq c_n$을 만족하는 수열이고 $S_n = \sum_{k=1}^{n} c_k$은 수렴하는 수열이라 하자. 이때 $\{x_n\}$ 이 수렴함을 보여라.

22. x_0 과 x_1 는 주어진다. $n \geq 1$에서, $0 < r < 1$, $x_{n+1} = x_n + r^n x_{n-1}$을 만족하는 수열 $\{x_n\}$을 생각하자.

1) $1 + x \leq e^x$ 임을 보여라.

2) $|x_{n+1}| \leq a(1+r)(1+r^2)\cdots(1+r^n)$을 만족하는 $a > 0$가 존재함을 보여라.

3) $\{x_n\}$ 이 수렴함을 보여라.

23. 다음 수열들이 극한을 갖는 것을 조사하시오. 극한값 A 가 존재하는 경우는 $n > N$ 에 대하여 $|a_n - A| < e$ 을 만족하는 $N(e)$ 를 찾으시오.

1) $\frac{n-1}{n+1}$ 2) $\frac{3n^2+1}{n^2+1}$ 3) $\frac{n^3}{n+1}$

24. $x \to \infty$일 때 $f(x) \to A$, $h(x) \to A$라 하고 $f(x) \le g(x) \le h(x)$인 관계라 하자. 이 때 $x \to \infty$이면 $g(x) \to A$임을 보여라.

25. $p>0$이면, $\lim_{n\to\infty} \sqrt[n]{p} = 1$임을 보여라.

(힌트 : $\sqrt[n]{p} = 1 + h_n$ 라 두고 베르누이 부등식을 이용하라.)

26. 1) $\{a_n\}$과 $\{b_n\}$이 발산하는 수열이라도 $\{a_n + b_n\}$ 는 발산할 필요가 없음을 예로써 보여라.

2) $\{a_n - b_n\}$ 과 $\left\{\dfrac{a_n}{b_n}\right\}$ 도 같은 결과를 얻음을 예로써 보여라.

27. $\lim_{n\to\infty} \sqrt[n]{n} = 1$ 보이시오. (힌트: $\sqrt[n]{n} = 1 + h_n$)

28. 1) $\lim a_n = a$ 이고 $\sigma_n = \dfrac{1}{n} \sum_{k=1}^{n} a_k$ 이라 하자. 이때 $\lim \sigma_n = a$ 임을 보여라.

2) 1)의 역은 성립하지 않음을 예로써 보여라.

29. $x \ne 0$ 에서 $f(x) = e^{\frac{1}{x}}$ 이라 하자. 이때 $x = 0$ 에서 f 의 한쪽편의 극한값을 논하라.

30. $a_n > 0$ 이고 $\dfrac{a_{n+1}}{a_n} \to q < 1$ 이면 $a_n \to 0$ 임을 보여라.

31. 수열 $\{a_n\}$이 수렴하면, 각각의 $p \ge 1$에 대하여 $\lim_{n\to\infty}(a_{n+p} - a_n) = 0$임을 보여라.

32. 다음 수열의 집적점을 구하라.

1) $\left\{\dfrac{1-(-1)^n}{n} + \dfrac{2}{n}\right\}$

2) $\left\{\dfrac{1}{2^n} + (-1)^n \cos\dfrac{n\pi}{4} + \sin\dfrac{n\pi}{2}\right\}$

33. 다음들을 증명하라.

1) $\limsup x_n = \lim_{n\to\infty} [\sup_{k\ge n} x_k]$

2) $\liminf x_n = \lim_{n\to\infty} [\inf_{k\ge n} x_k]$

34. 다음 수열들의 lim sup 과 lim inf 를 구하라.

1) $\left\{1 + \sin\dfrac{n\pi}{2}\right\}$

2) $\{(-1)^{n+1} n^{(-1)n}\}$

3) $\left\{\left(1+\dfrac{1}{n}\right)\left(1+\sin\dfrac{n\pi}{8}\right)^{\frac{1}{n}}\right\}$

4) $\left\{\dfrac{n+(-1)^n(2n+1)}{n}\right\}$

35. 1) $O(f(x)+g(x)) = O(f(x))+O(g(x))$

2) $O(f(x)\cdot g(x)) = O(f(x))\cdot O(g(x))$

3) $o(f(x)\cdot g(x)) = o(f(x))\cdot o(g(x))$

36. 유계인 수열은 수렴하는 부분수열이 존재함을 보여라.

37. $a_n = 1-\frac{1}{3}+\frac{1}{5}-\cdots+\frac{(-1)^{n-1}}{2n-1}$, $n=1,2,\cdots$. $\{a_n\}$이 코쉬수열임을 보여라.

38. 음이항 분포에서 $\mu = \frac{r(1-p)}{p}$, $\mu_2{}' = \frac{r(1-p)(1+r-rp)}{p^2}$ 임을 보여라.

39. $a_n = \frac{(-1)^n}{\sqrt{n+1}}$, $n=0,1,2,\cdots$ 이라 하자. 여기서 $\sum_{n=0}^{\infty} a_n$ 의 그 자신과의 코쉬곱을 성각하자. 이 곱이 발산함을 보여라. (힌트 : 이 곱의 n 번째 항은 $n\to\infty$일 때 0에 수렴하지 않는다.)

40. $\{X_n\}_{n=1}^{\infty}$은 이항확률 변수들의 수열이다. 즉 $n=1,2,\cdots$ 에 대하여 X_n의 확률질량함수는

$$P_n(k) = \binom{n}{k} p^k(1-p)^{n-k} \;. \quad k=0,1,\cdots,n \text{ 이고 } 0<p<1$$

이다. 새로운 확률변수 Y_n은 $Y_n = \frac{X_n}{n} - p$ 라 정의하자.

1) $EX_n = np$, $Var(X_n) = np(1-p)$임을 보여라.

2) 체비쉐프 부등식을 이용하여, $\varepsilon>0$에 대하여 $P(|Y_n|\ge\varepsilon)\le\frac{p(1-p)}{n\varepsilon^2}$ 임을 보여라.

41. $X_1,\cdots,X_n$은 독립인 베르누이 확률변수들이다. 이때 각각의 성공확률은 P_n이다. $S_n = \sum_{i=1}^{n} X_i$ 이라 하자. $n\to\infty$ 일 때 $nP_n\to\mu>0$라 가정한다.

1) S_n의 적률생성함수 $\phi_n(t)$를 구하라.

2) $\lim_{n\to\infty}\phi_n(t) = \exp(\mu e^t-\mu)$임을 보여라.

42. $a_n>0$인 $\sum_{k=1}^{\infty} a_k$를 생각하자. $d_n = \ln n\left[n\left(\frac{a_n}{a_{n+1}}-1\right)-1\right]$, $\lim_{n\to\infty} d_n = L$이라 하자. 다음을 증명하라.

1) $1<L\le\infty$ 이면 $\sum_{k=1}^{\infty} a_k$은 수렴한다.

2) $-\infty\le L<1$ 이면 $\sum_{k=1}^{\infty} a_k$은 발산한다.

3) $L=1$ 이면 무엇을 말할 수 있는가?

(힌트 : $a_1=1$, $a_{n+1} = \left(\frac{n\ln n}{n+1)\ln n + C}\right)a_n$을 생각한다.)

43. $\sum_{k=1}^{\infty}\left[\frac{1\cdot 3\cdots(2k-1)}{2\cdot 4\cdots(2k)}\right]^2$의 수렴성을 조사하라.

44. $a_n>0$인 $\sum_{k=1}^{\infty}a_k$를 생각하자.

$\forall n\in Z^+$, $\frac{a_n}{a_{n+1}}=1+\frac{r}{n}+\frac{C}{n^2}$를 만족하는 상수 r과 C가 존재한다고 가정한다.

1) $r>1$ 이면 $\sum a_k$는 수렴한다.

2) $r\leq 1$ 이면 $\sum a_k$는 발산한다.

제 4 장

연 속 함 수

함수의 극한과 연속성은 미적분학의 핵심이다. 연속의 일반적인 개념은 수학에서 가장 오래된 것이다. 그것의 발단은 고대 그리이스로 거슬러 올라간다. 연속의 최초 정의는 아리스토텔레스(384－322 B.C)이나, 현재 우리가 사용하는 함수들의 연속은 코쉬(Cauchy, 1789－1857)로부터 주어졌다. 본 장에서는 실함수의 연속과 일양연속을 정의하고 그것들의 성질을 연구해 본다. 제4.1절은 연속과 일양연속을 정의하고 예를 들어 설명한다. 제4.2절은 연속함수의 연산을 유도한다. 제4.3절은 연속함수들의 특성을 증명한다. 제4.4절은 역함수를 정의하고 제4.5절은 컨벡스 함수를 정의하고 그 성질들을 유도한다. 마지막으로 제4.6절은 통계에서의 응용분야를 설명한다.

4.1. 연속과 일양연속(Uniform Continuity)

함수 f 가 주어진 정의역의 한 점 a에서 연속이다 하는 것은 간단히 말하면 점 a 근방에 있는 점들의 함수값들이 a의 함수값 가까이 있다는 것을 말한다. 좀 더 정확히 정의하면 다음과 같다.

[정 의 4.1.1.]

함수 f 가 점 a에서 연속이라 함은 $\lim_{x \to a} f(x) = f(a)$를 만족한다. 함수가 점 a 에서 연속이 아닌 것은 다음 세 가지 이유 중 하나이다. 그 세 가지 이유는

1) 함수 f 가 그 점에서 정의되지 않거나,
2) 극한값이 존재하지 않거나,
3) $f(a) \neq \lim_{x \to a} f(x)$인 경우이다.

[정 의 4.1.2.]

함수 f 가 점 a에서 좌연속(left-continuous) 또는 우연속(right-continuous)이라 함은

$$\lim_{x \to a^-} f(x) = f(a) \quad \text{또는} \quad \lim_{x \to a^+} f(x) = f(a)$$

를 각각 만족한다.

예 제 4.1.1.

함수 $f(x)$가 다음과 같이 정의된다.

$$f(x) = \begin{cases} \dfrac{|x|}{x}, & x \neq 0 \text{ 일때} \\ -1, & x = 0 \text{ 일때} \end{cases}.$$

이때 $f(x)$는 $x = 0$에서 좌연속이다.

[정 의 4.1.3.]

함수 f 는 구간 $\{x_0 - h < x < x_0 + h\}$에서 정의된다. 함수 f 가 x_0에서 연속이라 함은

임의의 $\varepsilon(>0)$에 대하여 $0 < \delta \leq h$인 δ가 존재하여 $\lvert x - x_0 \rvert < \delta$ 인 모든 x에 대하여 $\lvert f(x) - f(x_0) \rvert < \varepsilon$ 을 만족한다.

[주 의 4.1.1.]

δ는 일반적으로 ε에 의하여 결정되며 또한 x_0에도 의존된다. 그러므로 $\delta = \delta(x_0, \varepsilon)$으로 표기하기도 한다. 함수 f 가 x_0에서 연속이 아니면 그 점에서 불연속이라 한다. 함수 f 가 구간 I에서 연속이라 함은 구간 I에 있는 모든 각 점에 대하여 연속임을 말한다.

예 제 4.1.2.

$f(x) = x^2$이 x_0에서 연속임을 보여라.

(풀이) 정의 4.1.3에서의 h를 적당히 선택한다. 간단히 $h=1$ 이라 하자. 주어진 함수 $f(x)$를 구간 $I:\{x_0-1<x<x_0+1\}$에서 생각하자. 즉 $|x-x_0|<1$이다. I에 있는 x에 대하여

$$\begin{aligned}|f(x) - f(x_0)| &= |x^2 - x_0^2| = |x-x_0| \cdot |x+x_0| \\ &\le |x-x_0|\ (|x|+|x_0|) \\ &\le |x-x_0|(2|x_0|+1)\end{aligned}$$

이다. 만약 $|x - x_0|<\dfrac{\varepsilon}{2|x_0|+1}$를 만족한다면, $|f(x)-f(x_0)|=|x^2- x_0^2|<\varepsilon$이다. 그러므로 그러한 x를 선택하기 위해서는 $|x-x_0|<1$이고 $|x-x_0|<\dfrac{\varepsilon}{2|x_0|+1}$ 을 만족하여야 한다. 그래서 $\delta \equiv \min\left\{1\ , \dfrac{\varepsilon}{2|x_0|+1}\right\}$ 을 선택하면 정의 4.1.3를 만족하므로 $f(x)=x^2$ 은 x_0에서 연속이다.

예 제 4.1.3.

$f(x)=\dfrac{1}{x}$이 구간 $I:\left\{|x|\ge\dfrac{1}{2}\right\}$에서 연속임을 보여라.

(풀이) 구간 I에서 임의의 한점 x_0를 선택한다. 즉 $|x_0|\ge\dfrac{1}{2}$이다.

$$|f(x) - f(x_0)| = \left|\frac{1}{x} - \frac{1}{x_0}\right| = \frac{|x-x_0|}{|x||x_0|}$$

이다. x와 x_0는 구간 I에 있고 $\delta = \dfrac{|x_0|\varepsilon}{2}$를 선택하면

$$|f(x) - f(x_0)| \le \frac{2|x-x_0|}{|x_0|} < \frac{2\varepsilon|x_0|}{2|x_0|} = \varepsilon$$

이다.

앞의 예제에서 $|x_0|\ge\dfrac{1}{2}$인 $\delta=\dfrac{|x_0|\varepsilon}{2}$을 선택하였다. 만약 $\delta' =\dfrac{\varepsilon}{4}$이라 하면 이 δ'는 δ보다 크진 않다. 그러면서 $|x-x_0| < \delta' =\dfrac{\varepsilon}{4}$인 x에 대하여 $|f(x)-f(x_0)|<\varepsilon$ 을 만족한다. 이때 우리는 두 가지 선택 δ , δ'을 할 수 있다. 그러나 새로운 δ'은 구간 I에 있는 점 x_0에 영향을 받지 않는다. 이것은 오직 구간 I에 영향을 받는다. 이러한 δ를 일양(uniform)이라 하며 그러한 $f(x)$를 구간 I에서 일양연속(uniformly continuous)이라 한다.

[정 의 4.1.4.]

함수 f 가 구간 I에서 일양연속이라 함은

임의의 $\varepsilon(>0)$에 대하여 $\delta(>0)$가 존재하여 (ε과 I에만 영향을 받음) x와 x'이 I에 있고 $\|x-x'\|<\delta$ 하면 $\|f(x)-f(x')\|<\varepsilon$ 이다.

예 제 4.1.4.

$f(x)=\sin x$은 모든 x에 대하여 일양연속이다.

(풀이) $\sin x - \sin x' = 2\sin(\frac{x-x'}{2})\cos(\frac{x+x'}{2})$이므로

$$|\sin x - \sin x'| \le 2|\sin\frac{x-x'}{2}| \le 2\cdot\frac{|x-x'|}{2} = |x-x'|$$

이다. 만약 $\delta=\varepsilon$ 이라 하면 $|x-x'|<\varepsilon$인 모든 x, x'에 대하여 $|\sin x - \sin x'| < \varepsilon$이다. 그러므로 $f(x)=\sin x$는 일양연속이다.

예 제 4.1.5.

$f(x)=\sin\frac{1}{x}$ 는 구간 $\{0<x<1\}$에서 일양연속이 아님을 보여라.

(풀이) $x_n=\frac{1}{n\pi}$, $x_n{}'=\frac{1}{(n+\frac{1}{2})\pi}$을 생각하자. 이때

$f(x_n)=\sin n\pi=0$, $f(x_n{}')=\sin(n+\frac{1}{2})\pi=\pm1$이다. 그러므로 $|f(x_n) - f(x_n{}')|=1$인 반면 $|x_n-x_n{}'|=\frac{1}{n(2n+1)\pi}$이다. 이 때 n이 충분히 커지면 $|x_n - x_{n'}|$이 원하는 만큼 작아진다. 그러나 $|f(x_n)-f(x_n{}')| \not\to 0$ 이다.

4.2. 연속 함수의 연산

[정 리 4.2.1.]

함수 f 와 g 를 점 x_0근방에서 정의되며 x_0에서 연속이라 하자. 그때

1) $f\pm g$, $f\cdot g$ 는 점 x_0에서 연속;

2) $g(x_0)\neq0$이면 $\frac{f}{g}$는 x_0에서 연속;

3) $f\ge0$이면 $\sqrt{f}$ 는 x_0에서 연속;

4) $|f|$는 x_0에서 연속이다.

(증명) 정리 3.2.4의 증명과 같으므로 생략한다. ■

[정 리 4.2.2.]

f 와 g를 정의 4.2.1에서의 조건을 만족한다고 하자. f 와 g가 연속이면 합성 함수 $F = g \circ f$ 도 연속이다.

(증명) $x_0 \in D$라 하자. $y_0 = f(x_0) \in D'$이다. 함수 g가 연속이므로 구간 D'에서 임의의 $\varepsilon(>0)$에 대하여, $\delta_1(\varepsilon, y_0)$가 존재하여 $|y-y_0| < \delta_1$이면 $|g(y)-g(y_0)| < \varepsilon$를 만족하는 δ_1이 생성된다. 다시 함수 f가 연속이므로 앞에서 생성된 $\delta_1 > 0$에 대응하는 $\delta_2(\delta_1, x_0)$이 존재하여 $|x-x_0| < \delta_2$이면

$$|f(x) - y_0| = |f(x) - f(x_0)| < \delta_1$$

을 만족한다. 따라서 $|x-x_0| < \delta_2$이면

$$\begin{aligned} |F(x) - F(x_0)| &= |\, g(f(x)) - g(f(x_0)) \,| \\ &= |g(y) - g(y_0)| \\ &< \varepsilon. \end{aligned}$$

■

[정 리 4.2.3.]

$f(x_0) > 0$인 함수 $f(x)$가 x_0에서 연속이면, x_0의 근방이 존재하여 $f(x) > \frac{1}{2} f(x_0) > 0$이다.

(증명) f 가 x_0에서 연속이므로 $\varepsilon = \frac{1}{2} f(x_0) > 0$라 하면, 이에 대응하는 δ가 존재하고 $|x-x_0| < \delta$인 x에 대하여 $|f(x) - f(x_0)| < \frac{1}{2} f(x_0)$이다. 그러므로 $f(x) - f(x_0) > -\frac{1}{2} f(x_0)$이며 즉 $|x-x_0| < \delta$ 인 x에 대하여 $f(x) > \dfrac{1}{2\, f(x_0)} > 0$이다. ■

[따름 정리 4.2.1.]

$f(x_0) < 0$인 함수 $f(x)$가 x_0에서 연속이면 x_0의 근방이 존재하여 $f(x) < \frac{1}{2} f(x_0) < 0$을 만족한다.

(증명) 연습문제

[정 리 4.2.4.] (Intermediate Value Theorem)

$f(x)$가 폐구간 $I : \{a \le x \le b\}$에서 연속이면 $f(a) = A$, $f(b) = B$ 그리고 $A \neq B$라 하자. 이때 A와 B사이의 어떤 C에 대하여 $x_0 \in (a, b)$가 존재하여 $f(x_0) = C$ 이다.

(증명) 편의상 $A > B$라 하자. $f(a) - C$는 양수이다. 정리 4.2.3에 의하면 a의 오른쪽에서 $f(x) - C > 0$이다. 그러나 $f(x) - C$는 전구간에서는 양수가 아니며 이유는 b에서는 음수이기 때문이다. 그러므로 따름 정리 4.2.1에 의하면 b를 포함한 적당한 구간에서 $f(b) - C < 0$이다. 그러므로

$S=\{x\in I: f(x)-C>0\}$는 유계이다. 따라서 $x_0=\sup_s x$가 존재하며 $a< x_0 <b$이다. 이때 $f(x_0)=C$임을 보이려고 한다. $f(x_0)\neq C$가 아니라고 하면 (i) $f(x_0)>C$이거나 (ii) $f(x_0)<C$이다.

(i) $f(x_0)>C$이면 $f(x_0)-C>0$ 이다. 정리 4.2.3에 의하면 x_0에 대한 적당한 근방이 존재하여 $f(x)-C>0$ 이므로 $x_1>x_0$인 x_1이 존재하여 $f(x_1)-C>0$ 을 만족한다. $f(x_1)>C$이므로 $x_1\in S$이며 $x_1>x_0$이다. 이것은 x_0가 S에 대한 상한 유계란 사실에 모순이다.

(ii) $f(x_0)<C$이면 $f(x_0)-C<0$이며 따름 정리 4.2.1에 의하면 다시 x_0에 대한 근방 $\{|x-x_0|<\delta\}$이 존재하고 $f(x_0)-C<0$을 만족한다. 이때 $x_0-\frac{\delta}{2}$가 S에 대한 상계(upper bound)이며 $x_0-\frac{\delta}{2}<x_0$이므로 x_0가 S의 상한(최소 상계, lower upper bound)인 것에 모순이다. ■

[주 의 4.2.1.]

정리 4.2.4는 구간 $[a,b]$에서 불연속인 함수에는 그 결과들을 적용할 필요가 없다. 예를 들면,

$$f(x)=\begin{cases}1-x, & x\in[-1,0)\\ x+3, & x\in[0,2]\end{cases}$$

이라 하자. 함수 f는 $x=0$에서 불연속이므로 함수 f는 구간 $[-1,2]$에서 불연속함수이다. 이 때, $f(-1)=0$, $f(2)=5$이다. 만약 C가 구간 $(0,1)$에서 선택된다면 $f(x_0)=C$를 만족하는 C는 $[-1,2]$ 사이에 존재하지 않는다.

[정 리 4.2.5.]

함수 f가 정리 4.2.4의 조건들을 만족하는 단조 함수라고 하자. $f(x_0)=C$인 x_0가 유일하게 존재한다.

(증명) 편의상 f가 증가 함수라 하자. $x_0'<x_0$인 점 x_0와 x_0'가 존재한다고 하자. 그러면 $C=f(x_0)>f(x_0')=C$ 이므로 모순이다. ■

예 제 4.2.1.

구간 $\left[-\frac{\pi}{4},\frac{5\pi}{4}\right]$에서 $f(x)=2\sin 2x$로 정의한다. 이 때, 주어진 함수 f는 정리 4.2.4의 조건들을 만족한다. 또한 $f(a)=f\left(-\frac{\pi}{4}\right)=-2$, $f(b)=f\left(\frac{5\pi}{4}\right)=2$이다. 여기서 $(-2,2)$ 사이에 있는 적당한 C를 선택하면 $f(x_0)=C$를 만족하는 최소한 하나의 x_0가 구간 $\left[-\frac{\pi}{4},\frac{5\pi}{4}\right]$에 존재한다. 만약 $C=0$이면 x_0는 0 또는 $\frac{\pi}{2}$이고, 만약 $C=-1$이면 x_0는 $-\frac{\pi}{12}$, $\frac{7\pi}{12}$ 또는 $\frac{11\pi}{12}$ 중 하나이다.

4.3. 연속 함수의 특성

[정 의 4.3.1.]

함수 f 가 구간 E에서 유계라 함은

실수 $M(>0)$이 존재하여 E에 있는 모든 x에 대하여 $\lvert f(x)\rvert \le M$을 만족한다.

[정 리 4.3.1.]

함수 f 가 유계이며 폐구간인 $I:\{a\le x \le b\}$에서 연속이면, 그 구간에서 유계이다.

(증명) $S=\{c\in I: f$가 구간$\{a\le x\le c\}$에서 유계$\}$라 하자. 이때 $S\ne\emptyset$ 이다. 왜냐하면 f 가 $x=a$에서 연속이므로 $\varepsilon=1$로 하면 δ_1이 존재하여 $0\le x-a<\delta_1$인 x에 대하여 $\lvert f(x)-f(a)\rvert<1$을 만족한다. 그러므로 $0\le x< a+\delta_1$인 x에서 $\lvert f(x)\rvert<\lvert f(a)\rvert+1$을 만족하므로 그 구간에서 유계이다. 또한 S는 I의 부분 집합이므로 당연히 유계이다. 그러므로 실수의 완비성공리에 의하여 상한(supremum)이 존재하며 그 값을 C_0로 하자. 즉 $C_0=\sup_s c$ 이다. 여기서 우리는 $C_0=b$ 임을 보이고자 한다. $C_0\ne b$이라 하자. 이때 $a<C_0<b$이다. f 는 C_0에서 연속이므로 앞에서와 같이 $\varepsilon=1$이면 δ가 존재하여 $\lvert x-C_0\rvert<\delta$인 x에 대하여 $\lvert f(x)\rvert<\lvert f(C_0)\rvert+1\equiv M_1$을 만족한다. $C_0-\delta< C_0$이므로 f 는 구간 $\{a<x\le C_0-\delta\}$에서 실수 M_2에 의하여 유계이다. $M=\max(M_1, M_2)$라 하자. 그러므로 구간 $\{a\le x \le C_0+\delta\}$에서 $\lvert f(x)\rvert\le M$이다. $C_0+\delta > C_0$이므로 이것은 $C_0=\sup_s c$인 것에 모순이다. 그러므로 $C_0=b$ 이다. 아직 f 는 구간 I에서 유계임을 보여야 한다. $a\le c< b$인 임의의 c 에 대하여 f 는 구간 $\{a\le x \le c\}$에서 유계이다. f 는 b에서 연속이므로 $\eta>0$가 존재하여 $b-\eta< x \le b$인 x에 대하여 $\lvert f(x)\rvert\le\lvert f(b)\rvert+1=\mu_1$이다. 역시 $a\le x \le b-\frac{\eta}{2}$인 x에 대하여 $\lvert f(x)\rvert\le\mu_2$이다. 그러므로 구간 I에 있는 모든 x에 대하여 $\lvert f(x)\rvert\le\max\{\mu_1, \mu_2\}$ 이다. ■

[정 리 4.3.2.]

함수 f 가 유계이며 폐구간 $I: \{a\le x \le c\}$에서 연속이면 구간 I의 모든 x에 대하여 $f(x_0)\ge f(x)$ 를 만족하는 구간 I의 한점 x_0가 존재한다.

(증명) 정리 4.3.1에 의하여 함수 f 는 유계이다. $M=\sup_I f(x)$ 라 하자. $f(x)=M$ 을 만족하는 점이 구간 I에 존재하지 않는다고 하자. 이때 구간 I에서 $M-f(x)>0$이며 역시 연속이다. 또한 $\frac{1}{M-f(x)}$는 연속이므로 유계이다. 즉 구간 I에서 $\frac{1}{M-f(x)}\le B$라 하자. 그러면, 구간 I에서 $f(x)\le M-\frac{1}{B}< M$ 이므로 $M=\sup_I f(x)$에 모순이다. ■

[따름 정리 4.3.1.]

정리 4.3.2의 조건을 만족하는 함수 f 라 하자. 구간 I에서 $f(x_0) \le f(x)$를 만족하는 점 x_0가 구간 I에 존재한다.

(증명) 정리 4.3.1의 증명과 유사하게 할 수 있다. ■

[주 의 4.3.1.]

위 정리에서 폐구간은 필수적이다. 예를 들면, 구간 $I : \{0 < x < 1\}$에서 $f(x) = x^2$라 하자. 쉽게 $\sup_I f(x) = 1$ 와 $\inf_I f(x) = 0$ 임을 보일 수 있다. 0 또는 1을 함수값을 갖는 x는 구간 $\{0 < x < 1\}$에 존재하지 않는다.

[정 리 4.3.3.]

함수 f 가 유계이며 폐구간 $I : \{a \le x \le b\}$에서 연속이면 그 구간에서 일양연속이다. 또한 함수 f가 컴팩트 집합 $S \subset R^n$에서 연속이면, f는 S에서 일양연속이다.

(증명) 이 정리의 결과가 참이 아니라 하자. 즉, ε_0가 존재하며 모든 $\delta > 0$에 대하여 $|x - x'| < \delta$를 만족하는 x와 x'이 구간 I에 존재하여 $|f(x) - f(x')| \ge \varepsilon_0$를 만족한다. δ를 계속적으로 $1, \frac{1}{2}, \cdots$ 등으로 선택하면

$$|x_1 - x_1'| < 1 \text{ 인 } x_1,\ x_1' \text{에 대하여 } |f(x_1) - f(x_1')| \ge \varepsilon_0 \text{ 이며}$$

$$|x_2 - x_2'| < \frac{1}{2} \text{ 인 } x_2,\ x_2' \text{에 대하여 } |f(x_2) - f(x_2')| \ge \varepsilon_0,$$

$$\vdots$$

$$|x_n - x_n'| < \frac{1}{n} \text{ 인 } x_n,\ x_n' \text{ 에 대하여 } |f(x_n) - f(x_n')| \ge \varepsilon_0,$$

$$\vdots$$

이다. 그러므로 $|x_n - x_n'| < \frac{1}{n}$ 과 $|f(x_n) - f(x_n')| \ge \varepsilon_0$을 만족하는 구간 I에 있는 두개의 수열 $\{x_n\}$과 $\{x_n'\}$이 존재한다. 이때 수열 $\{x_n\}$은 유계이므로, 집적점(cluster point) β 가 존재한다. 즉 β 에 수렴하는 부분수열 $\{x_{n_k}\}$이 있다.

그러므로 $x_{n_k} \ge a$이므로 $\beta = \lim x_{n_k} \ge a$이며 $x_{n_k} \le b$이므로 $\beta = \lim x_{n_k} \le b$이다. 이것은 β가 구간 I에 있으므로 함수 f 는 β 에서 연속이다. 그러므로

$$|\beta - x_{n_k}'| \le |\beta - x_{n_k}| + |x_{n_k} - x_{n_k}'| < |\beta - x_{n_k}| + \frac{1}{n_k}$$

이다. $k \to \infty$이면 $n_k \to \infty$이고 $x_{n_k} \to \beta$ 이므로 $|\beta - x_{n_k}| \to 0$ 이다. 이것은 $x_{n_k}' \to \beta$ 이다. 그러므로 β에서 함수 f 의 연속성에 의하여

$$|f(x_{n_k}) - f(x_{n_k}')| \to |f(\beta) - f(\beta)| = 0$$

이다. 이는 $|f(x_{n_k}) - f(x_{n_k}')| \ge \varepsilon_0 > 0$ 에 모순이다. ■

[정 의 4.3.2.]

구간 D에 정의된 함수 $f(x)$가 D의 부분집합 E에서 립셔츠(Lipschitz)조건을 만족한다 함은

E에 있는 x_1, x_2가 $\|f(x_1)-f(x_2)\| \le K\|x_1-x_2\|^{\alpha}$을 만족하는 상수들 $K>0$와 $\alpha,\ 0<\alpha\le 1$ 가 존재한다.

함을 말한다. 이럴 때, $f(x)$는 Lipschitz 연속함수라 하고 Lip(K,α)로 표현한다.

예 제 4.3.1.

$x\ge 0$에서 $f(x)=\sqrt{x}$라 하자. 이때 $|\sqrt{x_1}-\sqrt{x_2}|\le\sqrt{x_1}+\sqrt{x_2}$이므로 $|\sqrt{x_1}-\sqrt{x_2}|^2\le|x_1-x_2|$를 만족하므로 $|\sqrt{x_1}-\sqrt{x_2}|\le|x_1-x_2|^{\frac{1}{2}}$임을 알 수 있다. 그러므로 $x\ge 0$에서 $f(x)=\sqrt{x}$는 Lipschitz 연속함수이며 Lip $(1, \frac{1}{2})$ 이다.

[정 리 4.3.4.]

Lipschitz 연속함수는 일양연속이다.

(증명) 연습문제

4.4. 역 함 수

$f: D\to R$ 이라하자.

[정 의 4.4.1.]

$f^{-1}: f(D)\to D$ 가 다음을 만족하면 이를 f 의 역함수라 한다. 모든 $x\in D$에 대하여 $f^{-1}[f(x)]=x$이고, 모든 $y\in f(D)$에 대하여 $f[f^{-1}(y)] = y$ 이다.

[정 리 4.4.1.]

함수 $f: D\to R$ 가 순 단조 증가함수이다. 이때, 구간 $f(D)$에서 순 단조 가함수인 역함수가 유일하게 존재한다.

(증명) $f(x_1)=f(x_2)=y$인 $x_1,\ x_2\in D$있다고 가정하자. 만약 $x_1\neq x_2$이면 $x_1>x_2$ 또는 $x_1<x_2$이다. f 가 순 단조 증가함수 이므로 $f(x_1)<f(x_2)$ 또는 $f(x_2)<f(x_1)$ 이다. 어떤 경우에도 $f(x_1)\neq f(x_2)$이므로 주어진 가정에 모순이다. 그러므로 $x_1=x_2$이다. 즉 f는 $1-f^{-1}$ 가 존재한다.

다음으로 f^{-1}가 $f(D)$에서 순 단조 증가함수임을 보이고자 한다. $f(x_1)<f(x_2)$이라 가정하자. 이때 $x_1<x_2$이다. 만약 이것이 아니라면, $x_1\ge x_2$이다. 이 경우는 $x_1=x_2$이면 $f(x_1)=f(x_2)$이고 $x_1>x_2$이면 $f(x_1)>f(x_2)$이어야 한다. 그러나 이는 가정에 모순이다. 그러므로 $x_1<x_2$이다. ■

[정 리 4.4.2.]

함수 $f:D\to R$는 구간 $[a, b]\subset D$에서 연속이고 순 단조 증가함수라 가정하자. 이 때 역함수 f^{-1} 는 R 에서 연속이고 순 단조 증가함수이다.

(증명) 정리 4.4.1에 의하여 함수 f^{-1} 는 순 단조 증가함수 이므로 여기서는 역함수 f^{-1} 가 연속임을 보이고자 한다. 함수 f 가 유계인 폐구간에서 연속이므로, 정리 4.3.3에 의하여 구간 $[a, b]$에 상한과 하한을 갖는다. 또한 함수 f 가 단조 증가함수이므로 그것의 상한과 하한은 오직 a, b 에서만 얻어진다. 그러므로

$$f([a, b]) = [f(a), f(b)]$$

$d\in [f(a), f(b)]$ 라 하자. 또는 $f(c)=d$ 인 유일한 c가 $a\le c\le b$에 존재한다. 임의의 $\varepsilon>0$ 에 대하여

$$\tau=\min[f(c)-f(c-\varepsilon), f(c+\varepsilon)-f(c)]$$

라 하자. 이 때

$$f(c)-f(c)+f(c-\varepsilon) < d-\delta < f(x) < d+\delta < f(c)+f(c+\varepsilon)-f(c)$$

즉,

$$f(c-\varepsilon) < f(x) < f(c+\varepsilon)$$

이다. 또한, f^{-1} 가 순단조 증가함수이므로 $c-\varepsilon < x < c+\varepsilon$이므로 $|x-c|<\varepsilon$이다. 그러므로 $x=f^{-1}(y)$ 는 $[f(a)\ ,\ f(b)]$ 에서 연속이다. ■

4.5. Convex 함수

[정 의 4.5.1]

부분집합 $D\subset R$가 컨벡스(convex)라 함은

x_1, x_2가 D의 원소이고 $0\le\lambda\le1$일 때 $\lambda x_1 + (1-\lambda)x_2 \in D$을 만족한다.

기하학적으로 컨벡스 집합은 임의의 두 점을 잇는 선분들을 포함한다. n차원인 R^n에 있는 컨벡스집합에 같은 정의로 확장 할 수 있다.

예 제 4.5.1.

다음 집합들은 컨벡스이다.

① 실수에 있는 구간

② R^3에 있는 球, 일반적으로 R^n 에서의 超球(hypersphere)이다. $n\ge4$

③ $\{(x, y) \in R^2 : |x| + |y| \le 1\}$

[정 의 4.5.2.]

함수 f: $D\to R$ 가 컨벡스함수라 함은

x_1, $x_2\in D$ 이고, $0\le\lambda\le1$일 때 $f(\lambda x_1+(1-\lambda)x_2) \le \lambda f(x_1)+(1-\lambda)f(x_2)$을 만족한다.

[정 의 4.5.3.]

$-f$ 가 컨벡스이면, $f: D \to R$ 함수는 컨케이브(concave)이다.

[정 리 4.5.1.]

함수 $f: [a, b] \to R$ 는 컨벡스이고 $f(a)$와 $f(b)$가 유한이라 가정하자. 이때 함수 f 는 유계이다.

(증명) $f \in [a, b]$이면 구간 $[a, b]$가 컨벡스이므로 적당한 $\lambda \in [0, 1]$에 대하여 $x = \lambda a + (1-\lambda)b$로 표현할 수 있다. 그러므로,

$$f(x) = f(\lambda a + (1-\lambda)b) \le \lambda f(a) + (1-\lambda)f(b) \le \lambda M + (1-\lambda)M = M$$

여기서 $M = \max(f(a), f(b))$이다. 따라서, 함수 f 는 구간 $[a, b]$에서 위로 유계이다. 다음은 함수 f 가 아래로 유계임을 보이고자 한다. 임의의 $x \in [a, b]$는 $x = \frac{a+b}{2} + t$로 표현할 수 있다. 여기서 $a - \frac{a+b}{2} \le t \le b - \frac{a+b}{2}$를 만족한다. 만약 $x = \frac{a+b}{2} + t \in [a, b]$이면, $\frac{a+b}{2} - t \in [a, b]$이다. 그러므로 $f(\frac{a+b}{2}) \le \frac{1}{2} f(\frac{a+b}{2} + t) + \frac{1}{2} f(\frac{a+b}{2} - t)$이다. 또한 $f(\frac{a+b}{2} - t) \le M$ 이므로 $f(\frac{a+b}{2} + t) \ge 2f(\frac{a+b}{2}) - M$이다. 즉 모든 $x \in [a, b]$에 대하여 $f(x) \ge m$ 이다. 여기서 $m = 2f(\frac{a+b}{2}) - M$이다. ■

[정 리 4.5.2.]

함수 $f: D \to R$ 이 컨벡스이고 여기서 D는 개구간이다. 이 때, 구간 D에 포함된 폐구간 $[a, b]$에서 함수 f는 립셔츠이다. 즉, 모든 $x_1, x_2 \in [a, b]$에 대하여 $|f(x_1) - f(x_2)| \le K|x_1 - x_2|$를 만족하는 K가 존재한다.

(증명) 적당한 $\varepsilon > 0$에 대하여 개구간 D에 포함할 수 있는 폐구간 $[a-\varepsilon, b+\varepsilon]$을 생각하자. 정리 4.5.1에 의하여 폐구간 $[a-\varepsilon, b+\varepsilon]$ 에서 f 의 상계와 하계를 각각 M' 과 m'이라 하자. 구간 $[a, b]$ 에서 다른 두 점들을 x_1, x_2 라 하자. 또한

$$z_1 = x_2 + \frac{\varepsilon(x_2 - x_1)}{|x_1 - x_2|}, \qquad \lambda = \frac{|x_1 - x_2|}{\varepsilon + |x_1 - x_2|}$$

로 z_1과 λ를 정의하자. 이 때 $\frac{(x_2 - x_1)}{|x_1 - x_2|}$ 은 1 또는 -1 이므로 $z_1 \in [a-\varepsilon, b+\varepsilon]$이다.

$x_2 \in [a, b]$ 이므로

$$a - \varepsilon \le x_2 - \varepsilon \le x_2 + \frac{\varepsilon(x_1 - x_2)}{|x_1 - x_2|} \le x_2 + \varepsilon \le b + \varepsilon$$

이다. 더구나, $x_2 = \lambda z_1 + (1-\lambda)x_1$임을 보일 수 있다. 그러므로,

$$f(x_2) \le \lambda f(z_1) + (1-\lambda)f(x_1) = \lambda[f(z_1) - f(x_1)] + f(x_1)$$

이다. 따라서

$$\begin{aligned} f(x_2)-f(x_2) &\le \lambda[f(z_1)-f(x_1)] \\ &\le \lambda[M'-m'] \le \frac{|x_1-x_2|}{\varepsilon}(M'-m') = K|x_1-x_2| \end{aligned}$$

여기서 $K=\dfrac{M'-m'}{\varepsilon}$ 이다. 그러므로, 구간 $[a, b]$ 에서 f 는 립셔츠이다. ■

[따름 정리 4.5.1.]

D는 개구간이라 하자. 함수 f: D→R는 컨벡스이다. 구간 $[a, b]$ 가 D에 포함되면, 이때 함수 f 는 구간 $[a, b]$ 에서 일양연속이고, 또한 D에서는 함수 f 는 연속이다.

(증명) 연습문제

[주 의 4.5.1.]

함수 f 가 (a, b) 에서 컨벡스라도 구간 양끝점들 a, b 에서 연속일 필요가 없다. 예를 들면, 함수 f: $[-1, 1]$ → R은 다음과 같이 정의하자.

$$f(x)=\begin{cases} x^2 & , \quad -1<x<1 \\ 2 & , \quad x=1, \ -1 \end{cases}$$

이때 함수 f 는 구간 $(-1, 1)$에서 컨벡스이나 $x = 1, -1$ 에서는 불연속이다.

4.6. 통계의 응용

만약 확률변수 X가 연속형이면, 그것의 누적분포함수 $F(x) = P(X\le x)$는 R에서 연속이다. 이 경우 $P(X=a) = \lim_{n\to\infty}[F(a+\frac{1}{n})-F(a-\frac{1}{n})]=0$ 이다. 즉, X의 분포함수는 모든 점에 확률값 0을 지정한다. 이는 연속 확률변수의 가장 기본인 성질이다.

[정 리 4.6.1]

X가 확률변수이면 그것의 누적분포함수 $F(x)$는 우연속함수이며 단조증가함수이다.

(증명) 연습문제

[정 리 4.6.2.]

$F(x)$가 순 단조 증가함수이면, $Y=F(x)$는 구간 $(0, 1)$에서 일양확률변수이다.

(증명) $P(Y\le y)=P(F(x)\le y)=P(X\le F^{-1}(y))=F(F^{-1}(y))=y$이다. $F(x)$가 순 단조 증가함수이면, 정리 4.6.2에 의하여 유일한 역함수 $F^{-1}(y)$가 존재한다. $X=F^{-1}(Y)$ 라 하자. 이때 $P(X\le x)=P(F^{-1}(Y)\le x)=P(Y\le F(x))=F(x)$이다. ■

예 제 4.6.1.

$x_1, \cdots x_n$ 들이 n개의 양수이면, $\left(\prod_{i=1}^{n} x_i\right)^{\frac{1}{n}} \leq \frac{1}{n}\sum_{i=1}^{n} x_i$이다 (산술평균은 기하평균보다 크거나 같다)

(풀이) X가 $x_1, \cdots x_n$ 에 각각 확률 $\frac{1}{n}$을 갖는 이산형 확률변수라 하자. 즉,

$$P(X=x)=\begin{cases} \frac{1}{n}, & x=x_1, \cdots, x_n \\ 0, & \text{이외에} \end{cases}$$

$f(x)=-\log x$는 컨벡스함수이므로 정리 4.6.3에 의하면 $E(-\log X) \geq -\log EX$이다. 그러나, $E(-\log X)=-\frac{1}{n}\sum_{i=1}^{n}\log x_i = -\frac{1}{n}\log\prod_{i=1}^{n} x_i$이고, $-\log(EX)=-\log(\frac{1}{n}\sum_{i=1}^{n} x_i)$이다.

그러므로 $\frac{1}{n}\log\prod_{i=1}^{n} x_i \leq \log(\frac{1}{n}\sum_{i=1}^{n} x_i)$ 또는 $\log(\prod_{i=1}^{n} x_i)^{\frac{1}{n}} \leq \log(\frac{1}{n}\sum_{i=1}^{n} x_i)$이다. 로그함수는 단조증가함수이므로, $(\prod_{i=1}^{n} x_i)^{\frac{1}{n}} \leq \frac{1}{n}\sum_{i=1}^{n} x_i$ 이다.

[정 의 4.6.1.]

확률변수 $X_1 \cdots X_n$ 들은 모수 θ를 갖는 모집단에서의 랜덤표본(random sample)이라 하자. $\omega(X_1, \cdots, X_n)$은 θ의 추정치이다. 위험함수(risk function) $R(\theta, \omega)$은 손실함수(loss function) $L(\theta, \omega)$ 의 평균값이다. 즉,

$$R(\theta, \omega) = EL[\theta, \omega(X_1, \cdots, X_n)]$$

이때 손실함수는 θ의 컨벡스함수를 택한다. 그 예들로서 제곱오차 손실함수(squared error loss)인

$$L[\theta, \omega(X_1, \cdots, X_n)] = (\theta - \omega(X_1, \cdots, X_n))^2$$

와 절대오차 손실함수(absolute error loss)인

$$L[\theta, \omega(X_1, \cdots, X_n)] = |\theta - \omega(X_1, \cdots, X_n)|$$

들이 있다. 제곱오차 손실함수는 순컨벡스이고, 절대오차 손실함수는 컨벡스이나, 순 컨벡스는 아니다. 추정치 $\omega^*(X_1, \cdots, X_n)$는 다음을 만족하면 허용(addmisable)이라 한다.

> 모든 θ에 대하여 $R(\theta, \omega) \leq R(\theta, \omega^*)$ 을 만족하는 $\omega(X_1, \cdots, X_n)$가 존재하지 않으며, 최소한 하나의 θ에 대하여 부등식이 성립한다.

또한, 추정치 $\omega_0(X_1, \cdots, X_n)$는 다음을 만족하면 미니맥스(minimax)라 한다.

> θ에 대한 모든 추정치 $\omega(X_1, \cdots, X_n)$에 대하여 $\sup_{\theta \in \Omega}[R(\theta, \omega_0)] \leq \sup_{\theta \in \Omega}[R(\theta, \omega)]$ 이다.

예 제 4.6.2.

$X_1, \cdots, X_{20}$은 정규분포 $N(\theta, 1)$에서의 랜덤표본이다. 여기서 $-\infty < \theta < \infty$ 이다.

$\omega_1(X_1, \cdots, X_{20}) = \overline{X_{20}}$ 는 표본평균이고, $\omega_2(X_1, \cdots, X_{20}) = 0$ 이라 하자.

이 때 제곱오차 손실함수아래서 위험함수들은 다음과 같다.

$$R(\theta, \omega_1) = E(\overline{X_{20}} - \theta)^2 = Var(\overline{X_{20}}) = \frac{1}{20}$$

$$R(\theta, \omega_2) = E(0 - \theta)^2 = \theta^2$$

이다. 이 경우, $\sup_{\theta}[R(\theta, \omega_1)] = \frac{1}{20}$ 이고 반면에, $\sup_{\theta}[R(\theta, \omega_1)] = \infty$이다. 그러므로 위험함수 측면에서 $\omega_1 = \overline{X_{20}}$ 는 $\omega_1 = 0$ 보다 좋다.

$\theta \geq 20^{-\frac{1}{2}}$ 또는 $\theta \leq -20^{-\frac{1}{2}}$ 에서 $[R(\theta, \omega_1)] \leq [R(\theta, \omega_2)]$ 이고

$-20^{-\frac{1}{2}} < \theta < 20^{-\frac{1}{2}}$ 에서 $[R(\theta, \omega_2)] < [R(\theta, \omega_1)]$ 이므로 $\overline{X_{20}}$는 허용이 아니다.

연습문제 (4)

1. 함수 $f: R \rightarrow R$ 는 $x=0$에서 연속이다. 모든 실수 a, b에 대하여 $f(a+b) = f(a) + f(b)$를 만족한다 하자.
   1) $f(0)$를 구하라.
   2) 함수 $f(x)$는 모든 구간에서 일양연속임을 보여라.

2. 1) E $= \{0, 1, \frac{1}{2}, \frac{1}{3}, \cdots\}$이고 함수 $f: E \rightarrow R$가 $f(x) = x$로 정의되었을 때 $x = 0$에서 f의 연속성을 조사하라.
   2) 함수 $f: (0,2) \rightarrow R$가 $f(x) = x^2$ 로 정의되면 $f(x)$가 $(0,2)$에서 일양연속임을 보여라.
   3) 함수 $f: [0, \infty) \rightarrow R$가 $f(x) = x^2$ 로 정의되면 이때 $f(x)$의 일양연속성을 조사하라.

3. $0 \leq x \leq 1$ 에서

$$f(x) = \begin{cases} x, & x \text{ 는 유리수} \\ 1-x, & x \text{ 는 무리수} \end{cases}$$

라 하자.

   1) $f(x)$는 $x = \frac{1}{2}$ 에서만 연속임을 보여라.
   2) $g(x) = f(x)f(1-x)$ 라 하면 이 $g(x)$ 는 어디에서 연속인가?

4. 구간 I = (0, 1)에서 $f(x) = x\sin\frac{1}{x}$ 의 일양연속성을 조사하라..

5. 주어진 구간 [0,1]에서

$$f(x) = \begin{cases} 0\ , & x \text{ 는 무리수} \\ 1\ , & x \text{ 는 유리수} \end{cases}$$

라 정의하자. 함수 $f(x)$의 연속인 점들을 찾아라.

6. 다음을 증명하라.

$f: A \to R$ 이고 $a \in A$라 하자. 이때 다음 두 조건은 동치이다.

1) f는 a에서 연속이다.

2) $\{x_n\}$을 $x_n \in A$이고 a 에 수렴하는 임의의 실수열이면 수열 $\{f(x_n)\}$은 $f(a)$ 에 수렴한다.

7. 함수 $f: R \to R$ 은 다음과 같이 정의된다.

$$f(x) = \begin{cases} x\ , & x \le 1 \\ 2x-1\ , & x > 1 \end{cases}$$

역함수를 찾아라.

8. 정리 4.2.1을 증명하라.

9. 따름 정리 4.2.1을 증명하라.

10. 함수 f가 구간 $S = [a, b]$에 순증가(또는 순감소)함수라 하자. 이때 f가 구간 S에서 연속일 필요충분조건은 $f(S) = [f(a), f(b)]$ (또는 $f(S) = [f(b), f(a)]$)임을 보여라.

11. $\cos x = x - 1$을 만족하는 근은 0과 $\frac{\pi}{2}$사이에 최소한 하나 존재함을 보여라.

12. 1) $f(x) = \dfrac{ax+b}{cx+d}$ 이 1-1함수일 필요충분조건은 $ad - bc = 0$임을 보여라.

2) f^{-1}를 찾아라.

13. 따름 정리 4.3.1을 증명하라.

14. 함수 f가 구간 I에서 정의되며 적당한 $M > 0$에서, $\forall x, y \in I$, $|f(x) - f(y)| \le M|x - y|$를 만족하며 함수 f는 I에서 일양연속임을 보여라.

15. f가 구간 I에서 일양연속이며 $\{a_n\}$이 코쉬수열이며 $\{f(a_n)\}$도 역시 코쉬임을 보여라.

16. 따름 정리 4.5.1을 증명하라.

17. 함수 $f: [a, b] \to R$은 컨벡스함수이다. 만약 $a_1 \cdots a_n$이 양수들이고 $x_1 \cdots x_n$이 구간 $[a, b]$에 있으면,

$$f\left(\frac{\sum_{i=1}^{n} a_i x_i}{A}\right) \le \frac{\sum_{i=1}^{n} a_i f(x_i)}{A}$$

임을 보이라. (여기서 $A = \sum_{i=1}^{n} a_i$ 이다.)

18. $\frac{1}{n}\sum_{i=1}^{n} x_i \ge \left(\frac{1}{n}\sum_{i=1}^{n}\frac{1}{x_i}\right)^{-1}$임을 보여라. 여기서 x_i들은 양수이다.

19. 다음 두 경우들에서 Jensen부등식을 보여라.
   1) X 는 정규확률분포이고 $f(x) = |x|$ 이다.
   2) X 는 지수확률분포이고 $f(x) = e^{-x}$ 이다.

20. $E(X^2) \ge (E|X|)^2$ 임을 보여라.
   또한 X가 평균 μ와 분산 σ^2을 갖는 확률분포이면, $E(|X-\mu|) \le \sigma$ 임을 보여라.

21. $X_1 \cdots X_n$ 의 누적확률분포함수는 다음과 같은 랜덤표본이라 하자.

$$F(x) = 1 - e^{-\frac{x}{\theta}} \quad , \; x > 0$$

$\omega_1(X_1, \cdots, X_n) = \overline{X_n}$, $\omega_2(X_1, \cdots, X_n) = \overline{X_n} + 1$, $\omega_3(X_1, \cdots, X_n) = X_n$ 이라 하자. 제곱오차손실함수 아래서 각각의 위험 함수값을 구하라. 또한 어떤 추정치가 가장 작은 위험 함수를 갖는가?

제 5 장

미 분

이 장에서는 구간에서 정의된 일변수 함수들의 미분론을 설명한다. 함수의 미분계수, 도함수의 기하학적 의미 및 그 응용등은 이미 초등 미적분학에서 많은 것을 배웠다. 특히 미분은 곡선의 접선을 그리는 문제, 함수들의 최대, 최소값을 구하는 문제등과 관계를 갖고 있다. 이미 배워왔던 많은 내용들을 앞장에서 설명하였던 극한의 개념들을 이용하여 이론적으로 설명한다. 제5.1절에서는 함수의 미분가능성과 도함수를 정의하고, 그들의 기본적인 성질들을 설명하였다. 제5.2절도 미분론에서 가장 중요하며, 널리 쓰여지는 평균값 정리를 증명하고, 그에 따른 여러 가지 성질을 유도하였다. 제5.3절에서는 함수의 극한값을 구하는데 흔히 쓰이는 L'Hospital의 법칙을 증명하고, 그에 따른 예들을 보였다. 또한 5.4절에서는 Taylor정리를 증명하고 그것에 따른 오차한계를 예를 통하여 보였다. 마지막으로 제5.5절에서는 미분론이 통계학에 이용되는 부분을 보이고, 예를 들어 설명하였다.

5.1. 도함수(Derivative)

[정 의 5.1.1.]

함수 f 를 x_0근방에서 정의하자.

$$\frac{\Delta f}{\Delta x} = \frac{f(x_0 + h) - f(x_0)}{h} = \frac{f(x) - f(x_0)}{x - x_0} \tag{5.1}$$

$$(\Delta x = x - x_0 = h \neq 0)$$

을 x_0에서 f 의 차상(difference quotient)이라 한다.

$$\lim_{h \to 0} \frac{f(x_0 + h) - f(x_0)}{h} = \lim_{x \to x_0} \frac{f(x) - f(x_0)}{x - x_0} \tag{5.2}$$

가 존재하며 그 값을 x_0에서 f의 미분계수(derivative of f at x_0)라 하고 $f'(x_0)$ 또는 $Df(x_0)$로 표기한다. 즉,

$$f'(x_0) = \lim_{x \to x_0} \frac{f(x) - f(x_0)}{x - x_0} \tag{5.3}$$

이다. 함수 f 가 x_0에서 미분계수를 가지면 그 함수는 $x = x_0$에서 미분가능이라 한다. 구간 I 의 모든 점에서 미분계수를 가지면 구간 I 에서 미분가능이라 한다. 또 한 구간 I 에서 f'이 연속이면 f 는 그곳에서 연속적 미분가능이라 한다. 함수 $f : [a, b] \to R$에 있어서 미분가능한 점들의 집합을 E라 하자. 물론 E는 $[a, b]$의 부분집합이다. 여기서, 함수 f 에 대한 새로운 함수 $g : E \to R$ 를 $g(x) = f'(x)$라 정의하면, 이 함수 g를 f의 도함수라 하고 f' 또는 $\frac{df}{dx}$로 표기한다.

예 제 5.1.1.

함수 $f : R \to R$가

$$f(x) = \begin{cases} x\sin\frac{1}{x} & , x \neq 0 \\ 0 & , x = 0 \end{cases}$$

으로 정의하자. f 가 $x = 0$ 에서 미분 불가능임을 보여라.

(풀이) $\lim_{x \to 0} \frac{f(x) - f(0)}{x - 0} = \lim_{x \to 0} \frac{x\sin\frac{1}{x}}{x} = \lim_{x \to 0} \sin\frac{1}{x}$ 이 존재하지 않으므로 함수 f 는 $x = 0$에서 미분 불가능이다.

[정 의 5.1.2.]

함수 $f:[a, b]\to R$에 있어서 점 $x_0\in[a, b]$에 대하여

$$\lim_{h\to 0^+}\frac{f(x_0+h)-f(x_0)}{h},\quad \lim_{h\to 0^-}\frac{f(x_0+h)-f(x_0)}{h}$$

가 존재할 때 각각의 극한값들을 $x=x_0$에서의 f 의 우미분계수, 좌미분계수라 하고 이들을 각각 $f'_+(x_0)$, $f'_-(x_0)$ 로 표기한다.

[정 리 5.1.1.]

함수 $f:[a,b]\to R$ 가 점 x_0 에서 미분 가능한 필요충분조건은 $f'_+(x_0)=f'_-(x_0)<\infty$이다.

(증명) 연습문제

예 제 5.1.2.

함수 $f: R\to R$ 가 $f(x)=|x|$로 정의하자. $x=0$ 에서의 f 의 미분 가능성을 조사하여라.

(풀이) 먼저 $f'_+(0)$ 와 $f'_-(0)$ 를 계산하자. 주어진 함수 f 는

$$f(x)=\begin{cases} x & , x\geq 0\\ -x & , x<0\end{cases}$$

라 할 수 있다.

$$f'_+(0)=\lim_{h\to 0^+}\frac{f(0+h)-f(0)}{h}=\lim_{h\to 0^+}\frac{h}{h}=1$$

이고

$$f'_-(0)=\lim_{h\to 0^-}\frac{f(0+h)-f(0)}{h}=\lim_{h\to 0^-}\frac{-h}{h}=-1$$

이다. 따라서 $f'_+(0)\neq f'_-(0)$ 이므로 $x=0$ 에서 f 는 미분가능하지 않다.

[정 리 5.1.2.]

함수 f 가 $x=x_0$ 에서 미분 가능하면 그 점에서 연속이다.

(증명) $\varepsilon=1$이라 하자. 이 때, 이에 대응하는 적당한 $\delta_1>0$이 존재하여 $0<|x-x_0|<\delta_1$인 모든 x 에 대하여 $\left|\frac{f(x)-f(x_0)}{x-x_0}-f'(x_0)\right|<1$을 만족한다. 다시 말해서 $0<|x-x_0|<\delta_1$인 x 에 대하여

$$|f(x) - f(x_0)| \le |x - x_0|(1 + |f'(x_0)|) \tag{5.4}$$

을 만족한다. 이 때 $\delta = \min\{\delta_1, \frac{1}{1 + |f'(x_0)|}\}$ 이라 하자. $|x - x_0| < \delta$인 모든 x 에 대하여

$$\begin{aligned}|f(x) - f(x_0)| &\le |x - x_0|(1 + |f'(x_0)|)\\ &< \frac{\delta}{(1 + |f'(x_0)|)} \le \varepsilon\end{aligned} \tag{5.5}$$

이다. 그러므로 $x = x_0$ 에서 f 는 연속이다. ■

[주 의 5.1.1.]

위의 정리의 역은 성립되지 않는다. 예를 들면 $f(x) = |x|$ 가 $x = 0$에서 연속이지만 예제 5.1.2에 의하면 그 점에서 미분 불가능이다.

[정 리 5.1.3.]

두 함수 $f, g : [a, b] \to R$가 점 $x_0 \in [a, b]$에서 미분가능하면 함수 $f+g$, $f \cdot g$ 및 $\frac{f}{g}$ 도 점 x_0에서 미분가능하고, 다음이 성립된다.

1) $(f + g)'(x_0) = f'(x_0) + g'(x_0)$

2) $(f \cdot g)'(x_0) = f'(x_0) \cdot g(x_0) + f(x_0) \cdot g'(x_0)$

3) $(\frac{f}{g})'(x) = \frac{g(x_0) \cdot f'(x_0) - g'(x_0) \cdot f(x_0)}{g^2(x_0)}$, $(g(x_0) \neq 0)$

(증명) 1)과 2)는 정의 5.1.1에 의해 쉽게 증명되어진다. $h = f \cdot g$로 놓으면

$$h(t) - h(g) = f(t) \cdot [g(t) - g(x_0)] + g(x_0) \cdot [f(t) - f(x_0)]$$

이다. 이 때 양변을 $t - x_0$ 로 나누고 $t \to x_0$ 로 보내면 $f(t) \to f(x_0)$이고

$$(f \cdot g)'(x_0) = f(x_0) \cdot g'(x_0) + g(x_0) \cdot f'(x_0)$$

를 얻는다. 다시 $h = \frac{f}{g}$ 라 하면

$$\frac{h(t) - h(x_0)}{t - x_0} = \frac{1}{g(t) \cdot g(x_0)}[g(x_0)\frac{f(t) - f(x_0)}{t - x_0} - f(x_0)\frac{g(t) - g(x_0)}{t - x_0}]$$

이다. 이때 $t \to x_0$ 로 하면 $t \to x_0$ 를 얻을 수 있다. ■

예 제 5.1.3.

상수함수의 도함수는 0이다. $f(x) = x$ 라 하면 $f'(x) = 1$ 이다. 이때 정리 5.1.3의 2)와 3)을 반복하여 사용하면 x^n 은 미분 가능하다. 그러므로 모든 다항함수(polynomial)는 미분 가능하고 모든 유리함수 (rational function)는 분모가 0이 되는 점을 제외하고는 역시 미분 가능하다.

[정 리 5.1.4.] **(연쇄법칙**, Chain rule)

함수 $f: [a, b] \to R$가 연속이며 한 점 $x_0 \in [a, b]$에서 미분 가능하다. 함수 g가 f의 치역을 포함하는 구간 I에서 정의되며 점 $y_0 = f(x_0)$에서 미분가능하다. $h(t) = g(f(t))$라 하면 h는 x_0 에서 미분 가능하고 $h'(x_0) = g'(f(x_0))f'(x_0)$ 이다.

(증명) $y = f(x)$ 라 하자. $y \to y_0$ 일때 $\eta \to 0$ 이라면

$$\begin{aligned} h(x) - h(x_0) &= g(f(x)) - g(f(x_0)) \\ &= g(y) - g(y_0) = g'(y_0)(y - y_0) + \eta(y - y_0) \end{aligned}$$

이다. 그러므로

$$\begin{aligned} \frac{h(x) - h(x_0)}{x - x_0} &= g'(y_0)\frac{y - y_0}{x - x_0} + \eta\frac{y - y_0}{x - x_0} \\ &= g'(y_0)\frac{f(x) - f(x_0)}{x - x_0} + \eta\frac{f(x) - f(x_0)}{x - x_0} \end{aligned} \tag{5.6}$$

이다. $x \to x_0$ 라면

$$h'(x_0) = \lim_{x \to x_0} \frac{h(x) - h(x_0)}{x - x_0} = g'(y_0)f'(x_0) \tag{5.7}$$

이다. ■

5.2. 평균값 정리(Mean Value Theorem)

[정 의 5.2.1.]

함수 $f: E \to R$에 있어서 점 $x_0 \in E$에서 극대값(local maximum value), 극소값(Local minimum value)을 갖는다 함은

적당한 x_0의 근방 $N_\delta(x_0)$이 존재하여 $x \in N_\delta(x_0) \cap E$인 모든 x에 대하여 $f(x) \le f(x_0)[f(x_0) \le f(x)]$을 만족한다.

함수 $f: E \to R$에 있어서 점 $x_0 \in E$에서 최대값(최소값)을 갖는다는 것은

$x \in E$인 모든 x에 대하여 $f(x) \le f(x_0)[f(x_0) \le f(x)]$를 만족한다.

[정 리 5.2.1.] **(Fermat의 정리)**

함수 $f: [a\ ,\ b] \to R$가 $x_0 \in (a\ ,\ b)$에서 극대값 또는 극소값을 갖고 $f'(x_0)$가 존재하면, $f'(x_0) = 0$이다.

(증명) f가 점 $x_0 \in (a\ ,\ b)$에서 극대값을 갖는다 하자. 이때 정의 5.2.1에 의하여 적당한 $\delta > 0$가 존재하여 $x \in (x_0 - \delta, x_0 + \delta)$인 모든 x에 대하여 $f(x) - f(x_0) \leq 0$ 을 만족한다. 따라서 $x \in (x_0 - \delta\ ,\ x_0) \cap [a\ ,\ b]$이면

$$\frac{f(x) - f(x_0)}{x - x_0} \geq 0 \text{ 이고 } f'(x_0) = f'_-(x_0) \geq 0 \tag{5.8}$$

이다. 또한 $x \in (x_0\ ,\ x_0 + \delta) \cap [a\ ,\ b]$이면

$$\frac{f(x) - f(x_0)}{x - x_0} \leq 0 \text{ 이고 } f'(x_0) = f'_+(x_0) \leq 0 \tag{5.9}$$

이다. 따라서 $f'(x_0) = 0$ 이다. 같은 방법으로 극소값인 경우도 증명할 수 있다. ■

[주 의 5.2.1.]

1) 정리 5.2.1의 역은 성립되지 않는다. 예를 들면 $f(x) = x^3$이라 하면 $f'(0) = 0$ 이다. 그러나 $x = 0$ 인 점에서 극대 또는 극소값이 아니다.
2) 정리 5.2.1의 가정에서 $x_0 \in (a\ ,\ b)$이어야 한다. 만약 $x_0 = a$ 또는 b 인 경계점이면 성립치 않는다. 예를 들어 $f: [0\ ,\ 1] \to R$이 $f(x) = x^3$라 하면 $x_0 = 1$ 인 점에서 극대값은 갖지만 $f'(1) = 3 \neq 0$ 이다.

[정 리 5.2.2.] **(Rolle 정리)**

함수 $f: I = [a\ ,\ b] \to R$가 구간 I에서 연속이며 구간 $J = (a\ ,\ b)$에서 미분가능하며 또한 $f(a) = f(b)$이면, $f'(x_0) = 0$인 $x_0 \in (a\ ,\ b)$에 존재한다.

(증명) 함수 f가 유계, 폐구간 $[a, b]$에서 연속이므로 정리 4.3.3에 의하여 구간 $[a, b]$에서 최대값과 최소값을 갖는다. 즉, $M = \max_I f(x)$, $m = \min_I f(x)$라 하자. $M = m$이면 f는 상수함수이고 $x \in (a\ ,\ b)$에 있는 모든 x에 대하여 $f'(x) = 0$ 이다. $M \neq m$이면 그들 중의 하나는 $f(a)$와 다른 값이다. 그 값이 M이라 가정하자. 그때 $M > f(a)$이다. 즉 최대값은 $x = a$ 또는 b에서 일어나지 않는다. 그러므로, f는 최대값을 가지므로 구간 $(a\ ,\ b)$안에 있는 점 x_0에서 최대값을 갖는다. 정리 5.2.1에 의하여 $f'(x_0) = 0$이다. ■

예 제 5.2.1.

$f(x) = \sin x$를 $[-N\pi, N\pi]$에서 정의한다. 여기서 $N \in Z^+$이다. 이 때 f는 구간 $[-N\pi, N\pi]$에서 Rolle 정리의 조건들을 만족한다. 그러므로 $f'(x_0) = \cos(x_0) = 0$는 구간 $(-N\pi, N\pi)$에서 최소한 하나의 근을 갖는다. 사실 x_0는 $\dfrac{\pm(2k+1)\pi}{2}$ 형태들이다. 여기서 $k = 0, 1, \cdots, N-1$이다.

[주 의 5.2.2.]

정리 5.2.2에서 f 가 $x \in (a\ ,\ b)$인 모든 x에 대하여 미분 가능하여야 한다. 예를 들면 $f: [0\ ,\ 2] \to R$가

$$f(x) = \begin{cases} x & , 0 \le x < 1 \\ 2 - x & , 1 \le x \le 2 \end{cases}$$

라 하자. 이때 f 란 함수는 $x = 1$ 인 점에서 미분 가능하지 않다. 그러므로 정리 5.2.2의 결론을 얻을 수 없다.

[정 리 5.2.3.] **(평균값 정리, Mean Value Theorem)**

함수 $f: I = [a\ ,\ b] \to R$ 에서 연속, 구간 $J = (a\ ,\ b)$에서 미분가능하면

$$f'(x_0) = \frac{f(b) - f(a)}{b - a}$$

을 만족하는 $x_0 \in (a\ ,\ b)$가 존재한다.

(증명) 점－기울기 공식에 의하면,

$$\frac{y - f(a)}{x - a} = \frac{f(b) - f(a)}{b - a} \tag{5.10}$$

이다. y 에 대하여 풀면,

$$y = \frac{f(b) - f(a)}{b - a}(x - a) + f(a) \tag{5.11}$$

이다. F란 함수를

$$F(x) \equiv f(x) - \frac{f(b) - f(a)}{b - a}(x - a) - f(a) \tag{5.12}$$

라 하자. 이때 F 는 구간 I 에서 연속, J 에서 미분 가능이다. 역시 $F(b) = F(a) = 0$이므로 정리 5.2.2를 이용하면, $F'(x_0) = 0$인 $x_0 \in J = (a, b)$가 존재한다. 즉

$$F'(x_0) = f'(x_0) - \frac{f(b) - f(a)}{b - a} = 0 \tag{5.13}$$

이므로

$$f'(x_0) = \frac{f(b) - f(a)}{b - a} \tag{5.14}$$

이다. ■

[주 의 5.2.3.]

실제적으로 정리 5.2.3.인 평균값 정리를 다시쓰면 x 와 $x + h$사이에 있는 어떤 점 x_0 에 대하여 $f(x + h) = f(x) + h \cdot f'(x_0)$ 이다.

[따름 정리 5.2.1.]

두 함수 f , g : $I \to R$가 미분 가능하고 구간 I에서 $f'(x) = g'(x)$ 이면, 적당한 상수 C 에 대하여 $f(x) = g(x) + C$ 를 만족한다.

(증명) $\phi(x) = f(x) - g(x)$ 라 하자. 이때 $\phi'(x) = 0$ 이다. 구간 I 에서 적당한 x_1 을 선택한다. x_1 과 다른 모든 x 에 대하여

$$\frac{\phi(x) - \phi(x_1)}{x - x_1} = \phi'(x_0) = 0 \tag{5.15}$$

을 만족하는 x 와 x_1 사이에 x_0 가 존재한다. 즉 $\phi(x) = \phi(x_1) = C$ 이다. ■

[따름 정리 5.2.2.]

함수 f가 구간 $[a, b]$에서 연속이며 모든 $x \in (a, b)$에서 $f'(x) = 0$이라 하자. 이 때, 함수 f는 상수함수이다.

(증명) 연습문제

[정리 5.2.4.]

함수 f는 구간 I에서 미분가능하며, $|f'(x)| \leq M$이라 하자. 이 때, f는 일양연속이다.

(증명) $x, y \in I$이고 $x < y$라 하자. 함수 f는 정리 5.2.3의 조건들을 만족하므로 $f(x) - f(y) = f'(x_0)(x - y)$인 $x_0 \in (x, y)$에 존재한다. 가정에서 $|f'(x_0)| \leq M$ 이므로

$$|f(x) - f(y)| = |f'(x_0)|\,|x - y| \leq M|x - y|$$

이다. 그러므로 f는 일양연속이다. ■

예 제 5.2.2.

1) $3 < \sqrt[3]{28} < 3 + \frac{1}{27}$ 임을 보여라.

2) $x > 0$ 에서 $\frac{x}{1 + x^2} < \arctan x < x$ 임을 보여라.

(풀이)

1) 함수 f 를 $f(x) = \sqrt[3]{x}$라 하자. $x = 27$, $h = 1$이라 하고 앞의 주의 5.2.3을 이용하면 $27 < x_0 < 28$에서

$$\begin{aligned} \sqrt[3]{28} &= 3 + \frac{1}{3}(x_0)^{-\frac{2}{3}} \\ &= 3 + \frac{1}{3(x_0)^{\frac{2}{3}}} < 3 + \frac{1}{3(27)^{\frac{2}{3}}} = 3 + \frac{1}{3 \cdot 9} \\ &= 3 + \frac{1}{27} \end{aligned}$$

그러므로 , $3 < \sqrt[3]{28} < 3 + \frac{1}{27}$ 이다.

2) 같은 방법으로 $f(x) = \arctan x$를 $x=0$에서 살펴보자. 정리 5.2.3을 이용하면, x_0가 x와 0사이에서

$$\arctan x = \arctan 0 + x\frac{1}{1+x_0^2} = \frac{x}{1+x_0^2}$$

이다. $x > 0$ 이면 즉 $0 < x_0 < x$, $\frac{x}{1+x^2} < \arctan x < x$이다.

[정 리 5.2.5.]

함수 $f: I \to R$ 가 비감소이면, f 가 미분 가능한 점 x_0 에서 $f'(x_0) \geq 0$ 을 만족한다.

(증명) f 가 비감소 함수이므로 $f(x_0+h) - f(x_0)$와 h는 같은 부호를 갖는다. 그러므로

$$f'(x_0) = \lim_{h \to 0}\frac{f(x_0+h) - f(x_0)}{h} \geq 0$$

이다. ■

[주 의 5.2.4.]

정리 5.2.5에서 함수 f 가 순증가함수이면 $f'(x_0) > 0$이 되는 것은 거짓이다. 예를 들면 $f(x) = x^3$은 증가함수이나 $f'(0) = 0$이다.

[정 리 5.2.6.]

함수 $f: I \to R$ 는 순증가, 연속이며 I에 있는 한 점 x_0에서 $f'(x_0) > 0$이면, 점 $y_0 = f(x_0)$에서 역함수 ϕ는 미분 가능하며 $\phi'(y_0) = \frac{1}{f'(x_0)}$ 이다.

(증명) x 를 x_0 근처의 점이며 $y = f(x)$ 라 하자. 그때 $x = \phi(y)$이다. 그러므로

$$\frac{\phi(y) - \phi(y_0)}{y - y_0} = \frac{x - x_0}{f(x) - f(x_0)} = \frac{1}{\frac{f(x) - f(x_0)}{(x - x_0)}} \tag{5.16}$$

이다. ■

[정 리 5.2.7.]

함수 $f: [a, b] \to R$가 미분 가능하고 $f'(x) \geq 0$이면 f 는 비감소이고, $f'(x) > 0$ 이면 f 는 순증가함수이다.

(증명) 두 점 $x_1, x_2 \in [a, b]$이고, $x_1 > x_2$라 하자. 이 때 정리 5.2.3에 의하면

$$\frac{f(x_1) - f(x_2)}{x_1 - x_2} = f'(x_0)$$

를 만족하는 $x_0 \in (a, b)$가 존재한다. 그러므로 $f(x_1) - f(x_2) = f'(x_0)(x_1 - x_2)$이므로 결론을 얻을 수 있다. ■

[정 리 5.2.8.] **(Cauchy의 평균값 정리)**

함수 f , g : $[a , b] \to R$ 가 연속이며 구간 (a , b)에서 미분 가능하면,

$$[f(b) - f(a)]g'(\beta) = [g(b) - g(a)]f'(\beta) \tag{5.17}$$

를 만족하는 $\beta \in (a , b)$ 가 존재한다. 더욱이, $g(b) \neq g(a)$ 이며 $f'(x)$ 와 $g'(x)$ 가 구간 (a , b)에서 동시에 0이 아니면,

$$\frac{f(b) - f(a)}{g(b) - g(a)} = \frac{f'(\beta)}{g'(\beta)}$$

이다.

(증명) 함수 $F : [a , b] \to R$ 를

$$F(x) = g(x)[f(b) - f(a)] - f(x)[g(b) - g(a)] \tag{5.18}$$

라 하자. 명백히 F는 구간 $[a, b]$에서 연속이고, 구간 (a, b)에서 미분가능하다. 또한 $F(b) = F(a)$이다. 따라서 Rolle의 정리(정리 5.2.2)를 이용하면 $F'(\beta) = 0$을 만족하는 $\beta \in (a, b)$가 존재한다. 즉

$$[f(b) - f(a)]g'(\beta) = [g(b) - g(a)]f'(\beta) \tag{5.19}$$

를 만족하는 $\beta \in (a, b)$가 존재한다. $g(b) - g(a) \neq 0$이고 $f'(\beta)$와 $g'(\beta)$가 같이 0이 아니라면 $g'(\beta)$는 0이 아니다. 왜냐하면, 만약 $g'(\beta) = 0$이면 $f'(\beta) = 0$이어야 한다. 그러므로 $g'(\beta)$과 $g(b) - g(a)$로 나눈다면 두번째 결과를 얻을 수 있다. ■

5.3. L'Hospital 의 법칙

$\lim_{x \to a} \frac{f(x)}{g(x)}$ 를 계산하는데 있어서 우리가 갖고 있는 방식은 오직

$$\lim_{x \to a} \frac{f(x)}{g(x)} = \frac{\lim_{x \to a} f(x)}{\lim_{x \to a} g(x)}$$

이다. 그러나 위 식이 성립되기 위해서는 위 식의 오른편의 분모와 분자의 극한값이 항상 존재하고 $\lim_{x \to a} g(x) \neq 0$ 이어야 한다. 그러나 많은 경우에 있어서는 이러한 조건들 중 어느 하나 또는 다른 것이 만족되지 않으므로 위 식을 이용할 수 없다. 간단한 예로 $\lim_{x \to 0} \frac{\sin x}{x} = 1$ 이라 알고 있지만 앞의 식을 이용하지 아니하였다. 그러므로 이러한 경우에 사용될 수 있는 법칙을 소개하고자 한다.

[정 리 5.3.1.]

함수 $f, g: J = (a, b) \to R$가 미분 가능하며 여기서 $-\infty \le a < b \le +\infty$이고 다음의 네가지 조건을 만족한다.(즉 J 는 $\{x > x_0\}$ 또는 $\{x < x_0\}$ 라 할 수 있다.)

1) $g(x)$ 와 $g'(x)$ 는 구간 J 에서 0 이 아니며

2) $\lim_{x \to a} \frac{f'(x)}{g'(x)} = A$ 이고

3) $\lim_{x \to a} f(x) = \lim_{x \to a} g(x) = 0$ 또는

4) $\lim_{x \to a} g(x) = \pm\infty$ 이면,

$\lim_{x \to a} \frac{f(x)}{g(x)} = A$ 이다.

(증명) 이 정리를 두가지 경우로 생각해 보자. 첫번째 경우는 a 가 유한점이고 조건 3) 을 만족한다고 하자. 여기서 $f(a) = g(a) = 0$ 이라 정의하면 f 와 g 는 $x = a$ 에서 연속이다. 그때, 정리 5.2.7인 Cauchy의 평균값 정리를 적용하면 구간 J 에 있는 모든 x 에 대하여

$$\frac{f(x)}{g(x)} = \frac{f(x) - f(a)}{g(x) - g(a)} = \frac{f'(\beta)}{g'(\beta)} \tag{5.20}$$

을 만족하는 β가 점 a와 x로 된 구간 안에 존재한다. $x \to a$면 $\beta \to a$이고 따라서

$$\lim_{x \to a} \frac{f(x)}{g(x)} = \lim_{\beta \to a} \frac{f'(\beta)}{g'(\beta)} = A \tag{5.21}$$

이다. 두번째는 $a = +\infty$, $A = +\infty$와 $g(x) \to \pm\infty$인 경우이다. 여기서 $J = \{x > X_0\}$ 라 하자. 함수 f, g가 구간 J에서 주어진 성질들을 만족한다고 하자. $M > 1$이 주어지면 이때 $X_1 \ge X_0$이 존재하여 $x > X_1$인 모든 x에 대하여

$$\frac{f'(x)}{g'(x)} \ge 2M + 2$$

는 만족한다. 임의의 $x > X_1$ 을 선택하면 $x > b > X_1$이 존재한다. 다시 Cauchy의 평균값정리를 이용하면

$$\frac{f(x) - f(b)}{g(x) - g(b)} = \frac{f'(\beta)}{g'(\beta)} \ge 2M + 2 \tag{5.22}$$

를 만족하는 b 와 x 의 구간 안에 있는 β 가 존재한다. 그러므로

$$\frac{\frac{f(x)}{g(x)} - \frac{f(b)}{g(x)}}{1 - \frac{g(b)}{g(x)}} \ge 2M + 2 \tag{5.23}$$

이다. b 를 고정시키면, $|g(x)| \to +\infty$ 이므로 X_2 가 존재하여 $x > X_2$인 모든 x 에 대하여

$$\left|\frac{f(b)}{g(x)}\right| \le 1 \quad 과 \quad \left|\frac{g(b)}{g(x)}\right| \le \frac{1}{2}$$

을 만족한다. $X = \max(X_1, X_2)$ 라 하면 $x > X$ 인 모든 x 에 대하여

$$\frac{\frac{f(x)}{g(x)} + 1}{1 - \frac{1}{2}} \geq 2M + 2 \tag{5.24}$$

를 만족하므로 $\frac{f(x)}{g(x)} \geq M$이다. $M > 1$인 모든 M에 대하여 참이므로 $\frac{f(x)}{g(x)} \to \infty$이다. ■

[주 의 5.3.1.]

$\lim_{x\to a}\frac{f(x)}{g(x)} = \lim_{x\to a}\frac{f'(x)}{g'(x)}$ 이면 $x \to a$일때 $\frac{f(x)}{g(x)} \sim \frac{f'(x)}{g'(x)}$ 라 표기할 수 있다.

예 제 5.3.1.

$a > 0$, $b > 0$ 일 때 $\lim_{x\to 0}\frac{(a^x - b^x)}{x}$ 를 계산하라.

(풀이) $\frac{a^x - b^x}{x} \sim \frac{a^x \log a - b^x \log b}{1} \to \log a - \log b = \log\frac{a}{b}$ 이므로 $\lim_{x\to 0}\frac{a^x - b^x}{x} = \log\frac{a}{b}$ 이다.

예 제 5.3.2.

$\lim_{x\to 0}\frac{1 - \cos x}{x^2}$ 를 계산하라.

(풀이)

$$\frac{1 - \cos x}{x^2} = \frac{1 - \cos^2 x}{(1 + \cos x)\cdot x^2}$$

$$= \frac{\sin^2 x}{x^2}\frac{1}{1 + \cos x} \sim \frac{1}{1 + \cos x} \to \frac{1}{2}$$

이므로 $\lim_{x\to 0}\frac{1 - \cos x}{x^2} = \frac{1}{2}$ 이다.

L'Hospital 정리를 이용하여도 같은 결과를 얻을 수 있다. 즉

$$\frac{1 - \cos x}{x^2} \sim \frac{\sin x}{2x} \to \frac{1}{2}$$

이다.

예 제 5.3.3.

$\lim_{x\to 0}\frac{\sin x - x}{x^3} = -\frac{1}{6}$ 임을 보여라.

(풀이) $\dfrac{\sin x - x}{x^3} \sim \dfrac{\cos x - 1}{3x^2} \sim \dfrac{-\sin x}{6x} \to -\dfrac{1}{6}$ 이다.

예 제 5.3.4.

$\lim_{x \to \infty}(1 + \dfrac{1}{x})^x$ 을 계산하라.

(풀이)

$$\begin{aligned}\log(1 + \frac{1}{x})^x &= x\log(1 + \frac{1}{x}) \\ &= \frac{\log(1 + \frac{1}{x})}{\frac{1}{x}} \sim \frac{\frac{x}{x+1}(-\frac{1}{x^2})}{-\frac{1}{x^2}} = \frac{x}{1 + x} \to 1\end{aligned}$$

로그함수는 연속이므로,

$$\log \lim_{x \to \infty}(1 + \frac{1}{x})^x = \lim_{x \to \infty} \log(1 + \frac{1}{x})^x = 1$$

으로 쓸 수 있다. 그러므로 $\lim_{x \to \infty}(1 + \dfrac{1}{x})^x = e$이다.

5.4. Taylor 정리

[정의 5.4.1]

함수 $f: I \to R$가 구간 I에서 미분가능하면 f의 도함수 $f': I \to R$가 존재한다. 이 때 이 도함수 f'을 f의 일차 도함수(first derivative of f)라 한다. 다시 f'이 구간 I에서 미분가능이면 f'의 도함수가 존재하는데 이 도함수를 f의 이차도함수(second derivative of f)라 하고 f''으로 표현한다. 이렇게 계속하여 f의 $(n-1)$차 도함수 $f^{(n-1)}: I \to R$가 구간 I에서 미분가능이면 $f^{(n-1)}$의 도함수가 존재하는데 이 도함수를 f의 n차 도함수(nth derivative of f)라 하며 $f^{(n)}$으로 표현한다. 함수 $f: I \to R$의 n차 도함수 $f^{(n)}$이 존재하고 또한 $f^{(n)}$이 구간 I에서 연속이면 f를 C^n급 함수(function of class C^n)라 하며, 이러한 함수들 전체의 집합을 $C^n(I)$로 나타낸다. 또한, 모든 $n \in N$에 대하여 $f^{(n)}$이 미분가능하고, 연속이면, 이러한 함수들 전체의 집합을 $C^\infty(I)$로 나타낸다.

$x = 0$ 일때 e^x 는 함수값 1을 갖는다. 즉 $e^0 = 1$ 이다. 그러므로 x 가 적은 수 일때 e^x 는 1에 얼마나 가까운 값인가에 대한 의문이 생긴다. 이런 경우 평균값 정리를 이용

하면 0 과 x 사이에 적당한 β가 존재하여 $\frac{e^x - e^0}{x - 0} = \frac{e^x - 1}{x} = e^\beta$를 만족함을 알 수 있다. 그러므로 x가 적은 수이므로 당연히 β도 상당히 적은 수이며 e^β 는 1에 근사하며 $e^x - 1$ 또한 x에 근사적으로 같다. 사실, L'Hospital정리를 이용하면 $x \to 0$이면 $\frac{e^x - 1}{x} \sim e^x \to 1$ 이다. 다시말하면 $e^x \sim x + 1$ 이다. 여기서 " ~"부호는 근사적으로 같다 라는 표현이다. 또한 L'Hospital 정리를 이용하면

$$\frac{e^x - (x + 1)}{x^2} \sim \frac{e^x - 1}{2x} \to \frac{1}{2}$$

이다. 그러므로 $e^x \sim \frac{1}{2}x^2 + x + 1$ 이다. 다시

$$\frac{e^x - (\frac{1}{2}x^2 + x + 1)}{x^3} \sim \frac{e^x - (x + 1)}{3x^2}$$

$$\to \frac{1}{3} \cdot \frac{1}{2} = \frac{1}{3!} \text{이므로 } e^x \sim \frac{1}{3!}x^3 + \frac{1}{2!}x^2 + x + 1$$

이다. 명백히 이 과정을 계속할 수 있다. 일반적으로 어느 한 점 a 에서 미분가능함수 $f(x)$에 대하여 이러한 계산을 계속 할 수 있다. 즉, 중간치 정리는 $f(x) - f(a)$와 $x - a$을 비교할 수 있다.

$x \to a$ 일때 $\frac{f(x) - f(a)}{x - a} \to f'(a)$이다. 그러므로 $f(x) \sim [f(a) + f'(a)(x - a)]$이며

$$\frac{f(x) - [f(a) + f'(a)(x - a)]}{(x - a)^2} \to \frac{1}{2}f''(a) \sim \frac{f'(x) - f'(a)}{2(x - a)}$$

이다. 즉 , $f(x) \sim f(a) + f'(a)(x - a) + \frac{1}{2}f''(a)(x - a)^2$이다. 앞에서 설명한 바와 같이 $f(x)$와 $f(a) + f'(a)(x - a) + \frac{1}{2!}f''(a)(x - a)^2 + \cdots + \frac{1}{n!}f^{(n)}(a)(x - a)^n$을 비교하게 된다. 이는 다시 말해서 유한번을 반복하고 그곳에서 정지한다면 주어진 함수 $f(x)$는

$$f(x) = f(a) + f'(a)(x - a) + \frac{1}{2!}f''(a)(x - a)^2$$
$$+ \cdots + \frac{1}{n!}f^{(n)}(a)(x - a)^n + R_{n+1}$$

을 성립할 수 있는 적당한 나머지항 R_{n+1}이 존재한다. 이때 이 표현은 나머지항(Remainder)를 갖은 Taylor's 공식이라 한다. 때때로 이 결과를 평균값 정리의 일반화형태(Generalized form of the mean value theorem)라 한다.

[정 리 5.4.1.]

함수 $f : [a, b] \to R$가 n 번 미분가능하고 연속이며, 즉, $f \in C^n[a,b]$, $f^{(n+1)}$번째 미분이 (a, b) 에서 존재하면, 모든 $x \in [a, b]$에 대하여

$$R_{n+1} = \frac{f^{(n+1)}(\beta)}{(n+1)!}(x-a)^{n+1} \tag{5.25}$$

를 만족하는 $\beta \in (a, b)$가 존재한다.

(증명) 임의의 점 $x \in [a, b]$ 를 고정하자. 함수 $F : [a, x] \to R$ 을

$$F(t) = f(x) - f(t) - (x-t)f'(t) - \frac{(x-t)^2}{2!}f''(t) - \cdots - \frac{(x-t)^n}{n!}f^{(n)}(t) - \frac{(x-t)^{n+1}}{(n+1)!}A \tag{5.26}$$

라 정의하면, F는 구간 $[a,b]$에서 연속이고, (a,b)에서 미분하며, $F(a) = F(x)$이다. 명백히 $F(x) = 0$이다. 그러므로 $F(a) = 0$인 A를 선택할 수 있으므로

$$A = \left\{ f(x) - f(a) - f'(a)(x-a) - \cdots - \frac{f^{(n)}(a)}{n!}(x-a)^n \right\} \frac{(n+1)!}{(x-a)^{n+1}} \tag{5.27}$$

이다. 또한 함수 F에 정리 5.2.2인 Rolle의 정리를 적용하면, $F'(\beta)=0$을 만족하는 $\beta \in (a, x)$가 존재한다. 즉

$$F'(\beta) = \frac{f^{(n+1)}(\beta)(x-\beta)^n}{n!} + \frac{(x-\beta)^n}{n!}A = 0 \tag{5.28}$$

이다. $x \neq \beta$ 이므로 $A = -f^{(n+1)}(\beta)$이며 $R_{n+1} = \dfrac{f^{(n+1)}(\beta)}{(n+1)!}(x-a)^{n+1}$이다. ■

예 제 5.4.1.

함수 $f : R \to R$ 가 $f(x) = e^x$로 정의되었을 때, f 를 0에서의 n차 다항함수로 근사시키고, 그 오차의 한계를 구하여라.

(풀이)

$$e^x = 1 + x + \frac{x^2}{2!} + \cdots + \frac{x^n}{n!} + \frac{x^{n+1}}{(n+1)!}e^\beta$$

여기서 β 는 0 과 x 사이이다. 즉

$$P_n(x) = 1 + x + \frac{x^2}{2!} + \cdots + \frac{x^n}{n!}$$

이라 하면

$$| e^x - P_n(x) | = \frac{|x|^{n+1}}{(n+1)!}e^\beta$$

이다. 특히 $x < 0$ 이면 $\beta < 0$이고 $e^{\beta} < 1$ 이다. 그때

$$|e^x - P_n(x)| \leq \frac{|x|^{n+1}}{(n+1)!}$$

이고 $x \geq 0$ 이면 $\beta < x$ 이며, $e^{\beta} < e^x$ 이다. 그러므로

$$|e^x - P_n(x)| \leq \frac{|x|^{n+1}}{(n+1)!} e^x$$

이다.

5.5. 통계의 응용

[정 의 5.5.1.]

연속형 확률변수 Y는 누적확률분포함수 $F(y) = P(Y \leq y)$를 갖는다 하자. 이때 모든 y 에 대하여 $F(y)$가 미분가능하면, 그것의 도함수 $F'(y)$를 Y의 확률밀도함수라 하고 $f(y)$로 표현한다. $f(y)$가 존재하는 연속형 확률변수는 절대연속(absolutely continuous)이라 한다.

[정 리 5.5.1.]

Y는 절대연속 확률변수이고 W는 Y의 함수형태로 나타나는 확률변수라 하자. 즉 $W = \psi(Y)$ 이다. 또한 함수 ψ가 순단조이며 미분가능하면, W의 확률밀도함수는 다음과 같다.

$$g(w) = f[\psi^{-1}(\omega)] \left| \frac{d\psi^{-1}(\omega)}{d\omega} \right| \tag{5.29}$$

(증명) 함수 ψ가 순단조함수이므로 정리 4.4.1에 의하여 ψ의 유일한 역함수 ψ^{-1}는 미분가능하다. $G(\omega)$를 ω의 누적분포함수라 하자. 만약 ψ가 순단조 증가함수이면,

$$G(\omega) = P(W \leq \omega) = P(Y \leq \psi^{-1}(\omega)) = F[\psi^{-1}(\omega)] \tag{5.30}$$

이고, 또한 ψ가 순 단조감소함수 이면,

$$G(\omega) = P(W \leq \omega) = P(Y \geq \psi^{-1}(\omega)) = 1 - F(\psi^{-1}(\omega)) \tag{5.31}$$

이다. 정리 5.1.4의 연쇄법칙을 이용하여 $G(\omega)$를 미분하면, W의 확률밀도 함수 $g(\omega)$를 다음과 같이 구한다. 만약 ψ가 순 단조증가함수 이면

$$g(\omega) = \frac{dF[\psi^{-1}(\omega)]}{d\psi^{-1}(\omega)} \quad \frac{d\psi^{-1}(\omega)}{d\omega} = f[\psi^{-1}(\omega)] \cdot \frac{d\psi^{-1}(\omega)}{d\omega} \tag{5.32}$$

이고, ψ 가 순 단조감소함수 이면,

$$g(\omega) = -f[\psi^{-1}(\omega)] \frac{d\psi^{-1}(\omega)}{d\omega}$$

그러므로 위 두 식 (5.31)과 (5.32)를 합치면,

$$g(\omega) = f[\psi^{-1}(\omega)] \left| \frac{d\psi^{-1}(\omega)}{d\omega} \right| \tag{5.33}$$

이다. ■

예 제 5.5.1.

Y가 구간 (0,1)에서의 균등 확률분포라 하자. 즉,

$$f(y)=\begin{cases}1, & 0<y<1 \\ 0, & \text{이외에}\end{cases}$$

$W=-\log Y$ 라 하면 W의 밀도함수는

$$g(w)=\begin{cases}e^{-w}, & 0<w<\infty \\ 0, & \text{이외에}\end{cases}$$

이다.

[정 리 5.5.2.]

확률변수 Y는 $E(Y)=\mu$, $Var(Y)=\sigma^2$ 를 갖는다. $W=\psi(Y)$라 하자. 여기서 ψ는 연속적으로 미분가능한 함수이다. 만약 $o(y-\mu)$이 충분히 작으면, 이때

$$E(W)\simeq\psi(\mu), \quad Var(W)\simeq\sigma^2[\psi'(\mu)]^2 \tag{5.34}$$

이다.

(증명) 테일러 확장에 의하여,

$$\psi(y)=\psi(\mu)+(y-\mu)\psi'(\mu)+o(y-\mu) \tag{5.35}$$

로 표현된다. $E(Y-\mu)=0$이므로, $E(W)\simeq\psi(\mu)$ 이다. 또한 $E(y-\mu)^2=\sigma^2$ 이므로

$$Var(W)\cong[\psi'(\mu)]^2E[y-\mu]^2=\sigma^2[\psi'(\mu)]^2 \tag{5.36}$$

이다. ■

[따름 정리 5.5.1.]

정리 5.5.2 와 같은 조건이면서 $o((y-\mu)^2)$이 충분히 작으면,

$$E(W)\simeq\psi(\mu)+\frac{1}{2}\sigma^2\psi''(\mu),$$

$$Var(W)\simeq\sigma^2[\psi'(\mu)]^2+\frac{1}{4}[\psi''(\mu)]^2\;Var[(y-\mu)^2]+\psi'(\mu)\psi''(\mu)E[(y-\mu)^3]$$

이다.

(증명) 연습문제

[주 의 5.5.1.]

정리 5.5.2에 의하면, $W=\psi(Y)$일 때, $Var(W)=[\psi'(\mu)]^2\sigma^2$ 이다.

Y의 분산 σ^2은 μ 의 함수라 하자. 즉 $\sigma^2=h(\mu)$. 그러면 다음을 만족하는 함수 ψ를 찾고자 한다.

$$h(\mu)\,[\psi'(\mu)]^2=c \tag{5.37}$$

여기서 c 는 상수이다. 일반성을 잃지 않으면서 $c=1$이라 하자. 식 (5.37)을 만족하는 해는

$$\psi(\mu) = \int \frac{d\mu}{\sqrt{h(\mu)}}$$

이다. 따라서 $W = \psi(Y)$이면 W의 분산은 근사적으로 1이다. 예를 들어서, $h(\mu) = \mu$라 하자. 이것은 포아송인 경우이다. 그러므로,

$$\psi(\mu) = \int \frac{d\mu}{\sqrt{\mu}} = 2\sqrt{\mu}$$

따라서 $W = 2\sqrt{Y}$는 근사적으로 분산 1을 갖는다.

연습문제 (5)

1. c > 0 에 대하여 $|f(x) - f(y)| \le c(x-y)^2$ 을 만족하는 함수를 $f(x)$라 하자. 이때 $f(x)$는 상수 함수임을 보여라.

2. $f(x) = x^3 + x^2 + 6x + 1$인 함수가 하나의 실근을 갖는다면, 이는 유일함을 보여라.

3. $f(x) = \begin{cases} x^3 & , x \le 1 \\ 3x-2 & , x > 1 \end{cases}$ 라 하자. 함수 f의 연속적 미분 가능성을 조사하라.

4. $f(x) = \begin{cases} \dfrac{x}{1+e^{1/x}} & , x \ne 0 \\ 0 & , x = 0 \end{cases}$ 라 하자. 이때 $x=0$인 점에서 $f(x)$의 한방향 미분값들을 구하라.

5. $f(x) = \begin{cases} e^{-\frac{1}{x}} & , x > 0 \\ 0 & , x \le 0 \end{cases}$ 라 하자. 모든 x에서 $f'(x)$와 $f''(x)$를 구하라.

6. $f(x) = \begin{cases} x^2 \sin \dfrac{1}{x} & , x \ne 0 \\ 0 & , x = 0 \end{cases}$ 이라 하자.

   1) $f'(0) = 0$임을 보여라.

   2) $f'(x) = 2x\sin\dfrac{1}{x} - \cos\dfrac{1}{x}$, $x \ne 0$임을 보이고 $f'(0)$가 존재함을 보여라.

   3) $f'(x)$는 $x = 0$에서 연속인가?

7. 함수 f가 $x = a$에서 미분가능 하다면, $\lim_{h \to 0} \dfrac{f(a+\alpha h) - f(a+\beta h)}{h}$ 를 계산하라.

8. 구간 I에서 함수 $f(x)$가 미분가능하고, $a \in I$이라 하자. $x_n \to a$이며 $f'(x_n) \to f'(a)$를 만족하는 수열 $\{x_n\}$이 존재함을 보여라.

9. 다음의 극한값을 구하라.

1) $\lim_{x\to 0} \frac{\tan 4x}{\sin 5x}$　　2) $\lim_{x\to 0} \frac{e^{xa^x}-1}{xa^x}$, $a > 0$

3) $\lim_{t\to 0} \frac{1-\cos 2t - 2t^2}{t^4}$　　4) $\lim_{x\to\infty} x\log\left(\frac{x+a}{x-a}\right)$, $a \neq 0$

10. 함수 f는 a의 근방에서 정의되고, 그 근방에서 f' 은 연속이고 $f''(a)$이 존재한다고 하자.
이때 $\lim_{h\to 0} \frac{f(a+2h)-2f(a+h)+f(a)}{h^2} = f''(a)$임을 보여라.

11. 다음 함수들을 주어진 점에서 6번째 항까지 Taylor's formula를 나타내고 각 경우들의 나머지 값들을 추정하라.

1) $\log(1+x)$, 0　　2) $\cos x$, 0

3) e^x , 0　　4) $\log x$, $a(\geq 1)$

12. 구간 $(0, \infty)$에서 함수 $f(x)$가 미분가능하고 x가 ∞로 갈 때 $f'(x) \to 0$ 이라 하자.
$g(x) = f(x+1) - f(x)$ 라 두자. 이때 x가 ∞로 갈 때, $g(x) \to 0$임을 보여라.

13. $g: R \to R$는 모든 x에 대하여 $|g'(x)| < M$를 만족한다 하자. 적당한 양수 c에 대하여 $f(x) = x + cg(x)$라 정의하자. 이때 f 가 $1-1$ 함수가 되도록 충분히 작은 c를 선택할 수 있음을 보여라.

14. 구간 $[a, b]$ 에서 $f(x)$는 미분가능하고, $f'(a) < f'(b)$ 이고 $f'(a) < \gamma < f'(b)$인 γ 가 존재한다면, $f'(\xi) = \gamma$ 인 $\xi \in (a, b)$가 존재함을 보여라.

15. 함수 f, g는 구간 $[a, b]$에서 미분가능이며, $f(a) = g(a)$, $f(b) = g(b)$이라 하자.
이 때 $f'(c) = g'(c)$를 만족하는 $c \in (a, b)$에 존재함을 보여라.

16. 함수 f가 구간 $I = [a, b]$에서 정의되며, f'이 구간 I에서 연속이라 하자. 이 때 f가 구간 I에서 일양연속임을 보여라.

17. 함수 f : $[a,b] \to R$ 가 미분 가능하고 $f'(a) \neq f'(b)$이면 $f'(a)$ 와 $f'(b)$ 사이의 임의의 값 k에 대하여 $f'(x_0) = k$ 를 만족시키는 점 $x_0 \in (a, b)$가 존재함을 보여라.
(힌트 : $g(x) = f(x) - kx$를 생각하자.)

18. 연속확률변수 Y는 순 단조함수인 누적분포함수 $F(y)$를 갖는다. 또한 $G(y)$는 다른 순 단조연속 누적분포함수이다. 확률변수 $G(y)^{-1}[F(Y)]$의 누적분포함수가 $G(y)$임을 보여라.

19. Y의 누적분포함수는 아래와 같다.

$$F(y)=\begin{cases}1-e^{-y} & , \ y\geq 0 \\ 0 & , \ y<0\end{cases}$$

$W=\sqrt{Y}$의 확률밀도 함수를 찾아라.

20. Z 는 평균 D, 분산 1인 정규 확률변수이다. $Y=Z^2$의 확률밀도 함수를 찾아라.

21. 확률변수 X는 부품이 고장될 당시의 나이를 나타낸다. 이 고장률은 부품의 나이 x가 주어진 상황 아래서 길이 h 만큼의 구간에서 고장의 확률로써 정의되어진다. 즉 이 고장률은 아래와 같다.

$$P(\ x \leq X \leq x+h \mid X\geq x)$$

극한 $\lim_{h\to 0}\frac{1}{h}P(x\leq X\leq x+h|X\geq x)$이 존재하면, 그것을 위험률(hazard rate) 또는 순간 고장률 (instantaneous failure rate) 이라 한다.

1) 순간 고장률을 $F(x)$의 식으로 표현하라.

2) X 가 지수확률변수라 하자. 그것의 누적분포함수는 $F(x)=1-e^{-\frac{x}{\sigma}}$, $x\geq 0$으로 표현된다. 여기서 σ는 양수이다. 이때 X의 위험율이 상수임을 보여라.

3) 상수 위험률을 갖는 확률변수는 지수누적분포함수를 갖는 것을 보여라.

제 6 장

적 분

본장에서는 일변수함수의 적분론을 설명한다. 여기서 다루는 적분은 리만(Riemann) 적분으로써, 독일 수학자 리만(Riemann(1826-1866))에 의하여 계산적 방법으로 소개된 적분방법이다. 이 적분법의 정의에서 가장 중요한 점은 실직선의 순서구조에 그 기반을 두고 있다. 제6.1절은 리만 적분을 정의하기 전에 필요한 기본 정리들을 먼저 정의한다. 이 때 이들은 유계인 폐구간 위에서 정의된 유계함수를 이용하여 정의되어진다. 제6.2절은 리만적분가능한 함수를 정의하고, 그 예를 보여 설명한다. 제6.3절과 제6.4 절에서는 적분들의 중요한 성질들을 증명하고, 미적분학에서 가장 중요한 기본 정리를 증명한다. 제6.5절은 불연속함수의 적분가능성을 논하기 위하여 르벡(Lebesgue)정리를 설명한다. 제6.6절에서는 특이적분을 정의하고, 그에 따른 예들을 보인다. 또한 6.7절에서는 리만 적분의 일반화된 적분의 개념으로 리만-스틸져스(Riemann-Stieltjes) 적분을 정의한다. 6.8절은 리만 적분에 대해 잘 알려진 부등식을 소개한다. 마지막으로 6.9절에서 통계학에 대한 응용분야를 소개하고 예들을 보여 설명한다.

6.1. 기본 보조 정리

이 절에서는 유계인 폐구간 $[a, b]$ 위에서 주어진 함수 f가 유계라고 가정한다. 구간 $[a, b]$의 분할(partition) P는 유한개의 실수들의 수열 $x_1, x_2, \cdots, x_n$을 의미하며, $a = x_0 < x_1 < \cdots < x_n = b$ 이다. 분할 P의 k번째 소구간 $[x_{k-1}, x_k]$ 을 I_k라 하고 I_k의 길이를 $\Delta_k x = x_k - x_{k-1}$로 정의한다. 또한 각 소구간 I_k에서의 함수의 상한과 하한을 $M_k = \sup_{I_k} f(x)$, $m_k = \inf_{I_k} f(x)$ 라고 정의한다. 분할 P의 크기(Norm)는 $\|P\|$로 나타내며 $\|P\| \equiv \max_P \Delta_k x$로 정의된다.

[주 의 6.6.1.]

1) 함수 f가 유계이므로 m_k와 M_k는 유한이다.
2) 함수 f가 연속이면 f는 역시 유계이며 정의 4.3.2에 의하여 $\sup f(x)$와 $\inf f(x)$는 각각 $\max f(x)$ 와 $\min f(x)$ 로 대신할 수 있다.

[정 의 6.1.1.]

함수 $f: [a, b] \to R$가 유계라 하자. 구간 $[a, b]$에서의 임의의 분할 $P = \{x_0, \cdots, x_n\}$에 대하여,

$$\underline{S}_p(f) \equiv \sum_p m_k \cdot \Delta_k x, \quad \overline{S}_p(f) \equiv \sum_p M_k \cdot \Delta_k x$$

를 각각 분할 P에 대한 f의 Riemann 하합(lower Riemann sum), Riemann 상합(upper Riemann sum)이라고 정의한다. 이때 $\underline{S}_p(f)$를 $\underline{S}_p$ 또는 $\underline{S}$로 나타내며 마찬가지로 $\overline{S}_p(f)$를 $\overline{S}_p$ 또는 $\overline{S}$로 나타낸다.

[보조 정리 6.1.1.]

함수 $f: [a, b] \to R$가 유계라고 하면, 임의의 분할 P에 대하여 $\overline{S}_p(f) \geq \underline{S}_p(f)$이다.

(증명) 각각의 k에 대하여 $M_k \geq m_k$가 명백하므로 결과가 얻어진다. ■

[정 의 6.1.2.]

주어진 구간 $[a, b]$ 에서의 임의의 분할들 P_1, P_2에 대하여 $P_1 \subset P_2$일때 P_2를 P_1의 細분할(refinement)이라 한다.

[보조 정리 6.1.2.]

함수 $f: [a, b] \to R$ 가 유계라고 하자. 구간 $[a, b]$ 에서의 임의의 분할들 P_1과 P_2에

대하여 P_2가 P_1의 세분할이면,

$$\overline{S}_{p_2}(f) \le \overline{S}_{p_1}(f)\ ,\quad \underline{S}_{p_1}(f) \le \underline{S}_{p_2}(f)$$

이다.

(증명) P_1과 P_2를 각각

$$P_1 = \{x_0, x_1, \cdots, x_n\},\quad P_2 = \{x_0', x_1', \cdots, x_m'\}$$

라고 하자. 이때 $n < m$이다. P_2가 P_1의 세분할이므로 P_1의 어느 한 소구간이 최소한 한 개 이상의 P_2의 원소를 갖고 있다. 이 현상이 P_1의 I_k에 일어났다면 다음과 같이 놓을 수 있다. $x_p' = x_k$, x_{p-1}'과 $x_{p-2}' = x_{k-1}$이다.

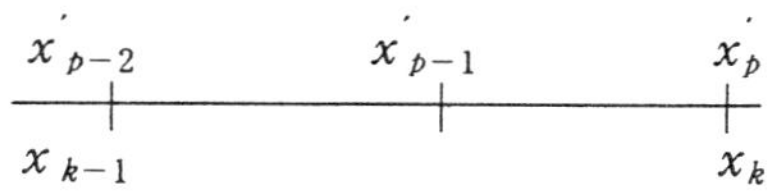

이 구간에서의 $\overline{S}_{P_1}$의 몫은 $M_k \cdot \Delta_k x = M_k(x_k - x_{k-1})$ 이다. 또한 같은 구간에서의 $\overline{S}_{P_2}$의 몫은

$$M_{p-1}'(x_{p-1}' - x_{p-2}') + M_p'(x_p' - x_{p-1}')$$

이며 여기서 $M_{p-1}' = \sup_{[x_{p-2}', x_{p-1}']} f(x)$과 $M_p' = \sup_{[x_{p-1}', x_p']} f(x)$이다.

그러나 $M_p', M_{p-1} \le M_k$이다. 그러므로

$$\begin{aligned} M_{p-1}'(x_{p-1}' - x_{p-2}') &+ M_p'(x_p' - x_{p-1}') \\ &\le M_k(x_{p-1}' - x_{p-2}') + M_k(x_p' - x_{p-1}') \\ &= M_k(x_p' - x_{p-2}') \\ &= M_k(x_k - x_{k-1}) \end{aligned}$$

이다. 따라서 구간 I_k에서의 $\overline{S}_{P_2}$ 의 몫은 $\overline{S}_{P_1}$의 몫보다 적거나 같다. 각각의 I_k에서 이러한 현상이 모두 참이므로 P_1의 구간에서의 합을 이루면 $\overline{S}_{p_2}(f) \le \overline{S}_{p_1}(f)$이다.

같은 방법으로 $\underline{S}_{p_1}(f) \le \underline{S}_{p_2}(f)$임을 보일 수 있다. ■

[보조 정리 6.1.3.]

함수 $f: [a, b] \to R$가 유계라 하면, 구간 $[a, b]$의 임의의 두 분할들 P 와 P'에 대하여 $\overline{S}_p(f) \ge \underline{S}_{P'}(f)$이다.

(증명) P''를 P와 P'의 세분할이라고 하자. 이때

$$\overline{S}_P \ge \overline{S}_{P''} \ge \underline{S}_{p''} \ge \underline{S}_{P'}$$

이 성립된다. 그러므로 이 부등식의 첫번째와 마지막을 다시 쓰면

$$\overline{S}_P(f) \ge \underline{S}_{P'}(f)$$

라고 할 수 있다. ■

위의 보조정리들로써 다음 사실을 말할 수 있다. 임의의 유계함수에 있어서 상합들로 이루어진 집합은 하계로서 어떤 하합을 갖고 역으로 하합들의 집합은 상계로서 어떤 상합을 갖는다. 그러므로 어떤 분할 P'에 대하여 $\inf \overline{S}_P \geq \underline{S}_{P'}$이 성립된다. 만약 $\underline{S}_P$가 하합들에 대한 상계이면 $\inf \overline{S}_P \geq \sup \underline{S}_{P'}$이 성립된다. 이때 $\inf \overline{S}_P(f)$를 구간 $I: \{a \leq x \leq b\}$ 위에서 함수 f의 상한 Riemann-Darboux적분이라고 하며, 또한 $\sup \underline{S}_{P'}(f)$를 구간 I위에서 함수 f의 하한 Riemann-Darboux적분이라고 한다. 이것들을

$$\inf \overline{S}_P(f) \equiv \overline{\int_a^b} f(x)\,dx \quad , \quad \sup \underline{S}_p(f) \equiv \underline{\int_a^b} f(x)\,dx$$

라고 쓰며 간단히 상한 적분, 하한 적분이라고 한다.

[보조 정리 6.1.4.]

함수 f가 구간 I에서 유계이면, $\overline{\int_a^b} f(x)dx \geq \underline{\int_a^b} f(x)dx$ 이다.

(증명) 연습문제

[보조 정리 6.1.5.]

함수 f가 구간 $I=[a, b]$ 에서 유계이고, M과 m을 구간 I에서 함수f에 대한 각각의 상한, 하한이라고 하면,

$$m(b-a) \leq \underline{\int_a^b} f(x)\,dx \leq \overline{\int_a^b} f(x)\,dx \leq M(b-a)$$

이다.

(증명) 연습문제

[보조 정리 6.1.6.]

함수 f가 구간 $I=[a, b]$ 에서 유계이면, 임의의 상수 c에 대하여

$$\overline{\int_a^b}[f(x) + c]\,dx = \overline{\int_a^b} f(x)\,dx + c(b-a)$$
$$\underline{\int_a^b}[f(x) + c]\,dx = \underline{\int_a^b} f(x)\,dx + c(b-a)$$

이다.

(증명) 임의의 분할 P에 대하여 $m_k = \sup_{I_k}[f(x) + c]$, $M_k = \sup_{I_k} f(x)$ 라고 하자. 이때 $m_k = M_k + c$이다. 윗 식 양변에 $\Delta_k x$를 곱하고 모든 k에 대하여 합하면,

$$\overline{S}_p(f + c) = \overline{S}_p(f) + c(b-a)$$

을 얻는다. 다시 양변에 infima를 취하면 첫번째 결과를 얻을 수 있다. 비슷한 방법으로 두번째 결과도 얻을 수 있다. ■

[보조 정리 6.1.7.]

함수 f가 구간 $I=[a, b]$ 에서 유계이고 c를 구간 I위의 한점이라고 하면,

$$\overline{\int_a^b} f(x)\,dx = \overline{\int_a^c} f(x)\,dx + \overline{\int_c^b} f(x)\,dx$$

과

$$\underline{\int_a^b} f(x)\,dx = \underline{\int_a^c} f(x)\,dx + \underline{\int_c^b} f(x)\,dx$$

이다.

(증명) 상한 적분에 대하여만 증명하고자 한다. 하한 적분의 증명은 유사하다. 먼저 $\overline{S}_a^b$와 $\overline{S}_a^c$는 각각 구간 $[a, b]$, $[a, c]$의 상합을 나타낸다고 하자. P를 구간 $[a, b]$에 대한 임의의 분할이라고 하자. 이때 P는 점 c에서 분할점이 될 수도 있고 그렇치 않을 수도 있다. 만약 c가 분할점이라면 별 문제가 없다. 그러나 그렇치 않으면 점 c가 분할점이 되도록 분할 P를 세분할 수 있다. 즉 P'을 새로운 분할이라고 하면 그것은 구간 $[a, c]$, $[c, b]$ 의 분할이라고 볼 수 있다. 그러므로

$$\begin{aligned}\overline{S}_{a\,P}^{\,b} \geq \overline{S}_{a\,P'}^{\,b} &= \overline{S}_{a\,P'}^{\,c} + \overline{S}_{c\,P'}^{\,b} \\ &\geq \overline{\int_a^c} f(x)\,dx + \overline{\int_c^b} f(x)\,dx\end{aligned}$$

이며

$$\overline{\int_a^b} f(x)\,dx \geq \overline{\int_a^c} f(x)\,dx + \overline{\int_c^b} f(x)\,dx \tag{6.1}$$

이다. 임의의 $\varepsilon > 0$에 대하여

$$\overline{S}_{a\,P_1}^{\,c} \leq \overline{\int_a^c} f(x)\,dx + \frac{\varepsilon}{2}$$

이고

$$\overline{S}_{c\,P_2}^{\,b} \leq \overline{\int_c^b} f(x)\,dx + \frac{\varepsilon}{2}$$

를 만족하는 구간 $[a, c]$, $[c, b]$의 분할들 p_1과 p_2가 존재한다. 이 두 분할은 역시 구간 $[a, b]$ 의 하나의 분할이므로, $P = P_1 \cup P_2$이라하면,

$$\begin{aligned}\overline{S}_{aP}^{\,b} &= \overline{S}_{aP}^{\,c} + \overline{S}_{cP}^{\,b} \\ &\leq \overline{\int_a^c} f(x)\,dx + \overline{\int_c^b} f(x)\,dx + \varepsilon\end{aligned}$$

을 만족한다. 역시

$$\overline{\int_a^b} f(x)\,dx \leq \overline{\int_a^c} f(x)\,dx + \overline{\int_c^b} f(x)\,dx + \varepsilon \tag{6.2}$$

부등식(6.2)는 모든 양수 $\varepsilon > 0$에 대하여 성립됨으로

$$\overline{\int_a^b} f(x)\,dx \leq \overline{\int_a^c} f(x)\,dx + \overline{\int_c^b} f(x)\,dx \tag{6.3}$$

이다. 부등식(6.1)과 (6.3)에 의하여 첫번째 결과를 얻을 수 있다. ■

[보조 정리 6.1.8.]

함수 f가 구간 $I=[a, b]$에서 유계이다. 함수 F와 G를 구간 I에서 다음과 같이 정의하자. $a<x<b$에 대하여

$$F(x) \equiv \overline{\int_a^x} f(t)\, dt\ ,\quad G(x) \equiv \underline{\int_a^x} f(t)\, dt$$

이고 $F(a)=G(a)=0$이라 하자. 이 때 함수 f가 연속인 점 x_0에 대하여 $F'(x_0)=G'(x_0)=f(x_0)$을 만족한다.

(증명) 함수 f가 연속인 점 x_0에 대하여

$$\frac{\Delta F}{\Delta x} = \frac{F(x_0+h)-F(x_0)}{h} = \begin{cases} \dfrac{1}{h}\overline{\displaystyle\int_{x_0}^{x_0+h}} f(t)\, dt\ , & h>0 \\ -\dfrac{1}{h}\overline{\displaystyle\int_{x_0+h}^{x_0}} f(t)\, dt\ , & h<0 \end{cases}$$

이다. h를 양수라고 하자.(다른 경우도 유사하다.) 보조정리 6.1.5에 의하면

$$\frac{\Delta F}{\Delta x} - f(x_0) = \frac{1}{h}\overline{\int_{x_0}^{x_0+h}}[\, f(t) - f(x_0)\,]\, dt$$

이다. 이때 보조정리 6.1.4에 의하면

$$\frac{1}{h}\, h \inf_{|t-x_0|\le h}[f(t)-f(x_0)] \le \frac{\Delta F}{\Delta x} - f(x_0) \le \frac{1}{h}\, h \sup_{|t-x_0|\le h}[f(t)-f(x_0)] \qquad (6.4)$$

이다. 함수 f가 x_0에서 연속이므로 부등식(6.4)의 양변에 $h\to 0$로 하면, $F'(x_0) = f(x_0)$이다. 비슷하게 $G'(x_0) = f(x_0)$ 임을 보일 수 있다. ■

6.2. 리만 적분 (Riemann Integral)

[정 의 6.2.1.]

함수 f가 구간 $I=[a, b]$에서 유계이고

$$\overline{\int_a^b} f(x)\, dx = \underline{\int_a^b} f(x)\, dx$$

이면 함수 f는 구간 I에서 리만적분 가능(R-적분가능)이라 하고 상한, 하한 적분의 공통인 값을 함수 f의 리만적분이라 한다. 또는 간단히 구간 I에서 함수 f의 적분이라고 하며, 또는 부정적분(indefinite integral) 과 구별하기 위해 이것을 구간 I에서 함수 f의 정적분(definite integral)이라 한다. 즉, 적분가능한 함수 f에 대하여

$$\overline{\int_a^b} f(x)\, dx = \underline{\int_a^b} f(x)\, dx = \int_a^b f(x)\, dx$$

라고 한다.

[정 리 6.2.1.]

함수 f가 구간 $I=[a, b]$ 에서 단조 함수이면, 구간 I에서 R−적분가능하다.

(증명) 함수 f를 비감소 함수라고 하자. 이때 임의의 분할 P에 대하여,

$$0 \le \overline{\int_a^b} f(x)\,dx - \underline{\int_a^b} f(x)\,dx \le \overline{S_P} - \underline{S_P}$$

$$= \sum_P (M_k - m_k)\Delta_k x \le \|P\| \sum_P (M_k - m_k)$$

이다. 함수 f가 비감소 함수이므로 각각의 소구간 I_k에서 $M_k = f(x_k)$ 와 $m_k = f(x_{k-1})$이며

$$\sum_P (M_k - m_k) = \sum_P [\, f(x_k) - f(x_{k-1})\,] = f(b) - f(a) \tag{6.5}$$

이다. 만약 $f(b) = f(a)$이라면, 함수 f는 상수 함수이며 적분가능하다. 만약 $f(b) \neq f(a)$이면, 임의의 양수 $\varepsilon>0$에 대하여 $\delta = \dfrac{\varepsilon}{f(b) - f(a)}$ 라고 하자. 이 때 $\|P\|<\delta$이면

$$0 \le \overline{\int_a^b} f(x)\,dx - \underline{\int_a^b} f(x)\,dx < \varepsilon \tag{6.6}$$

이다. 임의의 $\varepsilon>0$에 대하여 식(6.6)이 성립되므로 $\overline{\int_a^b} f(x)\,dx = \underline{\int_a^b} f(x)\,dx$이다. 그러므로 f는 R−적분가능하다. ■

[정 리 6.2.2.]

함수 f가 구간 $I=[a, b]$ 에서 연속이면, f는 R−적분가능하다.

(증명) 보조정리 6.1.8에서와 같이 함수 F와 G를 정의한다. 즉,

$$F(x) = \overline{\int_a^x} f(t)\,dt,\quad G(x) = \underline{\int_a^x} f(t)\,dt \text{와 } F(a) = G(a) = 0$$

이라 하자. 역시 보조정리 6.1.8에 의하여 구간 I에 있는 모든 x에 대하여 $F'(x) = G'(x)$이다. 이 때 따름정리 5.2.1에 의하면 구간 I에서 $F(x) = G(x) + c$이다. 그러나 $F(a) = G(a)$이므로 $c = 0$이다. 그러므로 구간 I에서의 모든 x에 대한 $F(x) = G(x)$이며 특히 $F(b) = G(b)$이므로

$$\overline{\int_a^b} f(t)\,dt = F(b) = G(b) = \underline{\int_a^b} f(t)\,dt$$

이다. ■

[주 의 6.2.1.]

연속인 조건은 리만 적분성의 충분조건이나 필요조건은 아니다. 즉 함수 $f(x)$는 구간 $[a, b]$에서 불연속이나 그 구간에서 적분가능일 수 있다.

예 제 6.2.1.

① $f(x) = \begin{cases} -1 & -1 \le x < 0 \\ 1 & 0 \le x < 1 \end{cases}$ 이라 하자. 이때 f는 $x=0$에서 불연속이다.

그러나 f는 구간 $[-1,1]$에서 적분가능하다.

② 함수 $f: [a, b] \to R$ 가

$$f(x) = \begin{cases} 0, & x \text{ 가 유리수} \\ 1, & x \text{ 가 무리수} \end{cases}$$

일 때 구간 [0,1]에서의 f의 R−적분가능성을 조사하여라.

(풀이) 구간 $I = [a, b]$ 에서 임의의 분할 P에 대하여

$$\overline{S}_P = \sum_P M_k \cdot \Delta_k x = \sum_P 1 \cdot \Delta_k x = b - a$$

이다. 그러므로 $\overline{\int_a^b} f(x)\, dx = b - a$이다. 또한

$$\underline{S}_P = \sum_P m_k \cdot \Delta_k x = \sum_P 0 \cdot \Delta_k x = 0$$

이므로 $\underline{\int_a^b} f(x)\, dx = 0$이다. 만약 $b > a$이면 함수 f는 R−적분가능하지 않다.

[정 리 6.2.3.]

함수 f가 구간 $I = [a, b]$에서 R−적분가능할 필요 충분조건은 임의의 양수 $\varepsilon > 0$에 대하여 $\overline{S}_P(f) - \underline{S}_P(f) < \varepsilon$ 를 만족하는 분할 P가 존재한다.

(증명) (충분조건) ε−조건을 만족한다고 하자. 이때

$$0 \le \overline{\int_a^b} f(x)\, dx - \underline{\int_a^b} f(x)\, dx \le \overline{S}_P - \underline{S}_P = \varepsilon$$

이므로 함수 f는 R−적분가능하다.

(필요조건) 만약 f가 R−적분가능하면, $\overline{S}_P < \int_a^b f(x)\, dx + \frac{\varepsilon}{2}$를 만족하는 분할 P를 선택할 수 있다. 같은 이유로, $\underline{S}_{P'} > \int_a^b f(x)\, dx - \frac{\varepsilon}{2}$를 만족하는 분할 P'이 존재한다. 이때 P''을 분할 P와 P'의 세분할 이라고 하면 $\overline{S}_{P''} - \underline{S}_{P''} < \varepsilon$ 을 만족한다. ■

[보조 정리 6.2.1.]

함수 f가 구간 $[a, b]$ 에서 유계이면, 임의의 $\varepsilon > 0$에 대하여 다음을 만족하는 $\delta(\varepsilon)$가 존재한다.

『$\|P\| < \delta$인 분할 P에 대하여

$$\overline{S}_P(f) < \overline{\int_a^b} f(x)\, dx + \varepsilon \quad \text{와} \quad \underline{S}_P(f) > \underline{\int_a^b} f(x)\, dx - \varepsilon$$

이다.』

(증명) 연습문제

[정 의 6.2.2.]

구간 $I=[a,b]$에서 하나의 분할 P가 주어진다. 이때 각각의 부분구간 $I_k=[x_{k-1},x_k]$에서 한 점 ξ_k를 선택하고 $S_0(f,\xi)=\sum f(\xi_k)\triangle_k x$이라 정의하며 이 합을 리만합 또는 근사합이라 한다. 임의의 $\varepsilon>0$에 대하여 적당한 $\delta>0$가 존재하여 $\|P\|<\delta$인 분할 P가 $|S_P(f;\xi)-J|<\varepsilon$을 성립하면 J를 $\|P\|\to 0$일때의 리만합의 극한(limit of Riemann sum)이라 하고 $J=\lim_{\|P\|\to 0} S_P(f:\xi)$라고 표기한다.

[정 리 6.2.4.]

함수 f가 구간 $[a,b]$ 에서 유계이면, 구간 I에서 f가 R−적분가능하고 그 적분값이 J일 필요충분조건은 $\lim_{\|P\|\to 0} S_P(f:\xi)=J$ 이다.

(증명)

(필요조건) 함수 f가 R−적분가능하고 적분값이 J라고 하자. 이때 보조정리 6.2.1에 의하여, 적당한 δ가 존재하여 $\|P\|<\delta$이면 $-\varepsilon+\overline{S}_P<J<\underline{S}_P+\varepsilon$을 만족한다. 모든 그런 분할 P와 그런 ξ_k의 선택에 대하여 $J-\varepsilon<\underline{S}_P\le S_P(f:\xi)\le\overline{S}_P<J+\varepsilon$을 만족한다. 그러나 이는 $\|P\|<\delta$이면 $|S_P(f:\xi)-J|<\varepsilon$임을 말한다.

(충분조건) 극한이 존재하여 극한값이 J라고 하자. 그러면 임의의 양수 $\varepsilon>0$에 대하여 적당한 $\delta>0$가 존재하고 $\|P\|<\delta$ 이면 ξ의 임의의 선택에 대하여 $J-\varepsilon<S_P(f:\xi)<J+\varepsilon$ 을 만족한다. 이때 분할 P의 각각의 구간 I_k에서 $f(\xi_k)>M_k-\dfrac{\varepsilon}{b-a}$인 ξ_k를 선택할 수 있다. 그러면,

$$S_P(f:\xi)=\sum_P f(\xi_k)\cdot\Delta_k x>\sum_P M_k\cdot\Delta_k x-\varepsilon$$

이다. 역시

$$J+\varepsilon>S_P(f:\xi)>\overline{S}_P-\varepsilon>\overline{\int_a^b} f(x)\,dx-\varepsilon$$

또한

$$J>\overline{\int_a^b} f(x)\,dx-2\varepsilon \tag{6.7}$$

이다. 모든 $\varepsilon>0$에 대하여 윗 부등식이 만족되므로

$$J\ge\overline{\int_a^b} f(x)\,dx \tag{6.8}$$

이다. 비슷한 방법으로,

$$J\le\underline{\int_a^b} f(x)\,dx \tag{6.9}$$

임을 보일 수 있다. 그러므로 부등식(6.8)과 (6.9)를 합하면,

$$\underline{\int_a^b} f(x)\,dx\ge J\ge\overline{\int_a^b} f(x)\,dx$$

이다. ■

예 제 6.2.2.

$\int_0^a x\ dx$를 계산하시오.

(풀이) $f(x) = x$ 는 단조이고 연속 함수이므로 정리 6.2.1 또는 정리 6.2.2에 의하여 R−적분가능하다. 그러므로 정리 6.2.4에 의하여 그 적분값은 리만합의 극한값과 같다. 먼저 간단한 분할 P_n을 다음과 같이 정의한다. $P_n: \{0, \frac{a}{n}, \frac{2a}{n}, \cdots, \frac{na}{n}\}$ 라고 하자. 이때 리만합은

$$S_n = \sum_{k=1}^{n}\left(\frac{ka}{n}\right)\cdot\left(\frac{a}{n}\right) = \frac{a^2}{n^2}\cdot\sum_{k=1}^{n} k = \frac{a^2}{n^2}\cdot\frac{n}{2}(n+1)$$

이므로 $\|P_n\| \to 0$이면 $S_n \to \frac{a^2}{2}$이다. 그러므로 $\int_0^a x\ dx = \frac{a^2}{2}$ 이다.

6.3. 정적분의 성질

적분의 상극한이 하극한보다 작거나 같을때 정적분(definite integral)을 정의하지 않았다. 따라서 $\int_a^a f(x)\ dx = 0$, $\int_b^a f(x)\ dx = -\int_a^b f(x)\ dx$라고 정의하자.

[정 리 6.3.1.]

함수 f가 구간 $I = [a, b]$ 에서 R−적분가능하면 함수 f는 부분구간 $[c, d] \subset [a, b]$에서 R−적분가능하다. 즉 함수 f는 모든 부분구간에서 R−적분가능하다.

(증명) $0 \le \overline{\int_c^d} f(x)\ dx - \underline{\int_c^d} f(x)\ dx \le \overline{\int_a^b} f(x)\ dx - \underline{\int_a^b} f(x)\ dx = 0$. ■

[정 리 6.3.2.]

함수 f가 구간 $I = [a, b]$ 에서 R−적분가능하고 c를 구간 I위의 한 점이라고 하면, 이때 $\int_a^b f(x)\ dx = \int_a^c f(x)\ dx + \int_c^b f(x)\ dx$이다.

(증명) 보조정리 6.1.7에 의하면 바로 증명될 수 있다. ■

[정 리 6.3.3.]

함수 f가 구간 $I = [a, b]$ 에서 R−적분가능하고 c를 상수라고하면 이때 함수 cf는 R−적분가능하고 $\int_a^b cf(x)\ dx = c\int_a^b f(x)\ dx$이다.

(증명) 연습문제

[정 리 6.3.4.]

함수 f와 g가 구간 $I=[a, b]$ 에서 R−적분가능하고 $f(x) \geq g(x)$이면,

$$\int_a^b f(x)\,dx \geq \int_a^b g(x)\,dx$$

이다.

(증명) 연습문제

[정 리 6.3.5.]

함수 f와 g가 구간 $I=[a, b]$ 에서 R−적분가능하면 이때 $f \pm g$도 역시 R−적분가능하고 $\int_a^b [f(x) \pm g(x)]\,dx = \int_a^b f(x)\,dx \pm \int_a^b g(x)\,dx$이다.

(증명) 연습문제

일반적으로 주어진 함수 $f(x)$에 대하여 함수 f^+ 와 f^-를 다음과 같이 정의한다.

$$f^+(x) \equiv \begin{cases} f(x) & , f(x) \geq 0 \\ 0 & , f(x) < 0 \end{cases}.$$

그리고

$$f^-(x) \equiv \begin{cases} 0 & , f(x) \geq 0 \\ f(x) & , f(x) < 0 \end{cases}$$

라고 하자. 이때 $f(x) = f^+(x) - f^-(x)$ 그리고 $|f(x)| = f^+(x) + f^-(x)$이다.

[정 리 6.3.6.]

함수 f가 구간 $I=[a, b]$ 에서 R−적분가능하면 함수 f^+와 f^-도 구간 I에서 R−적분가능하다.

(증명) f^+ 에 대한 증명만 하고자 한다.(f^-에 대한 증명은 유사하므로 생략한다.)

P를 구간 $I=[a, b]$에서의 분할이라고 하자. 이때 각 부분구간 I_k에 대하여

$$M_k \equiv \sup_{I_k} f(x) \ , \ M_k^+ \equiv \sup_{I_k} f^+(x)$$
$$m_k \equiv \inf_{I_k} f(x) \ , \ m_k^+ \equiv \inf_{I_k} f^+(x)$$

라고 하자. $M_k - m_k \geq M_k^+ - m_k^+$임을 보이기 위해 다음 세가지 경우를 생각해 보자.

(1) $M_k \geq 0$, $m_k \geq 0$인 경우:

이 때 $M_k = M_k^+$, $m_k = m_k^+$이므로 $M_k - m_k = M_k^+ - m_k^+$이다.

(2) $M_k \geq 0$, $m_k \leq 0$인 경우:

이 때 $M_k = M_k^+$, $m_k \leq m_k^+$이므로 $M_k - m_k \geq M_k^+ - m_k^+$이다.

(3) $M_k \leq 0$, $m_k \leq 0$인 경우:

이 때 $M_k^+ = m_k^+ = 0$이므로 $M_k - m_k \geq M_k^+ - m_k^+ = 0$이다.

그러므로 $M_k - m_k \geq M_k^+ - m_k^+$이다. 윗 식의 양변에 $\Delta_k x$ 를 곱한 후 분할 P에 대하여 합하면, 모든 분할 P에 대하여

$$\overline{S}_P(f) - \underline{S}_P(f) \geq \overline{S}_P(f^+) - \underline{S}_P(f^+) \tag{6.10}$$

이다. 식 (6.10)에 정리 6.2.3을 적용하면 f^+는 R-적분가능하다. ■

[정 리 6.3.7.]

함수 f가 구간 $I = [a, b]$ 에서 R-적분가능하면, $|f|$도 역시 R-적분가능하고,

$$\left| \int_a^b f(x)\, dx \right| \leq \int_a^b |f(x)|\, dx$$

이다.

(증명) $|f(x)| = f^+(x) + f^-(x)$이다. 정리 6.3.6.에 의하여 f^+와 f^-가 각각 R-적분가능하며, 다시 정리 6.3.5.에 의하면 $|f|$도 R-적분가능하다. 역시

$$\int_a^b |f(x)|\, dx = \int_a^b f^+(x)\, dx + \int_a^b f^-(x)\, dx \tag{6.11}$$

이다. $\int_a^b f^-(x)\, dx \geq 0$ 이므로, 식(6.11)에서 $\int_a^b f^-(x)\, dx$ 를 두번 빼면

$$\begin{aligned}\int_a^b |f(x)|\, dx &\geq \int_a^b f^+(x)\, dx - \int_a^b f^-(x)\, dx \\ &= \int_a^b f(x)\, dx\end{aligned} \tag{6.12}$$

를 얻을 수 있다. 비슷한 방법으로, $2\int_a^b f^+(x)\, dx$ 를 빼면

$$\int_a^b |f(x)|\, dx \geq -\int_a^b f(x)\, dx \tag{6.13}$$

를 얻는다. 그러므로 식 (6.12)와 (6.13)을 합하면,

$$\left| \int_a^b f(x)\, dx \right| \leq \int_a^b |f(x)|\, dx$$

을 얻는다. ■

[정 리 6.3.8.]

함수 f가 구간 $I = [a, b]$에서 R-적분가능하다. 다음과 같이 정의된 함수 F, $F(x) = \int_a^x f(x)\, dx$ 는 구간 I에서 연속이다.

(증명) 연습문제

[정 리 6.3.9.]

함수 f와 g가 구간 $I=[a, b]$에서 R−적분가능하면 곱함수 $f \cdot g$도 그 구간에서 R−적분가능하다.

(증명) 먼저 f와 g가 모두 양의 함수라고 하자. 또한 P를 임의의 분할이라고 하자. 이때, 각각의 부분구간 I_k에 대하여

$$M_{fg} \equiv \sup_{I_k} f(x) \cdot g(x), \quad M_f \equiv \sup_{I_k} f(x), \quad M_g \equiv \sup_{I_k} g(x)$$

$$m_{fg} \equiv \inf_{I_k} f(x) \cdot g(x), \quad m_f \equiv \inf_{I_k} f(x), \quad m_g \equiv \inf_{I_k} g(x)$$

이며 $B_f = \sup_I f(x)$, $B_g = \sup_I g(x)$라고 하자. 그때, 각각의 I_k에 대하여

$$M_{fg} \le M_f \cdot M_g, \quad m_{fg} \ge m_f \cdot m_g \tag{6.13}$$

이다. 그러므로,

$$\begin{aligned} M_{fg} - m_{fg} &\le M_f \cdot M_g - m_f \cdot m_g \\ &= M_f \cdot M_g - M_f \cdot m_g + M_f \cdot m_g - m_f \cdot m_g \\ &= M_f \cdot [M_g - m_g] + [M_f - m_f] \cdot m_g \\ &\le B_f \cdot [M_g - m_g] + B_g \cdot [M_f - m_g] \end{aligned} \tag{6.14}$$

이다. 이때 식 (6.14)를 $\Delta_k x$ 로 양변을 곱하고, 더하면,

$$\overline{S}_P(f \cdot g) - \underline{S}_P(f \cdot g) \le B_f[\overline{S}_P(g) - \underline{S}_P(g)] + B_g[\overline{S}_P(f) - \underline{S}_P(f)]$$

이므로 $f \cdot g$는 R−적분가능하다. 또한, f와 g가 모두 양의 함수일 필요가 없으므로,

$$\begin{aligned} f \cdot g &= (f^+ - f^-)(g^+ - g^-) \\ &= f^+g^+ - f^-g^+ - f^+g^- + f^-g^- \end{aligned} \tag{6.15}$$

로 쓸 수 있으므로 식 (6.15)의 각각은 모두 R−적분가능하므로 정리 6.3.5에 의하여 $f \cdot g$는 R−적분가능하다. ■

6.4. 미적분의 기본정리(Fundamental Theorem of Calculus)

함수 f가 구간 $I=[a, b]$에서 R−적분가능하면 보조 정리 6.1.8에 의하여 함수 f가 연속인 점 x에 대하여

$$\frac{d}{dx}\int_a^x f(t)\, dt = f(x)$$

임을 보일 수 있다. 함수 F가 구간 I의 모든 x에 대하여 $F'(x) = f(x)$를 만족할 때 이

함수 F를 함수 f의 원시 함수(primitive function) 또는 함수 f의 부정적분(indefinite integral)이라고 한다. 그러므로 함수 f가 연속이면, $F(x)=\int_a^x f(t)dt$ 는 함수 f의 원시 함수이다. 역시 임의의 상수 C 에 대하여, $F(x)+C$ 도 역시 원시 함수이다.

[정 리 6.4.1.]

함수 f가 구간 I에서 연속이고 G가 함수 f의 원시 함수라고 하면, 이때

$$\int_a^b f(x)\,dx = G(b) - G(a) \tag{6.16}$$

이다.

(증명) 함수 F를 $F(x)=\int_a^x f(t)dt$라고 하자. 이때 따름정리 5.2.1에 의하여 $F(x)=G(x)+C$ 이다. $F(a)=0$ 이므로 $C=-G(a)$이고 $F(x)=G(x)-G(a)$이다. 특히,

$$F(b) = \int_a^b f(x)\,dx = G(b) - G(a)$$

이다. ■

[정 리 6.4.2.]

함수 f가 구간 $I=[a, b]$에서 미분가능하고 f'이 R－적분가능하면, 이때

$$\int_a^b f'(x)\,dx = f(b) - f(a)$$

이다.

(증명) 구간 I의 임의의 분할 P에 대하여, 각각의 부분구간에 정리 5.2.3인 평균값 정리를 이용하면

$$f(b) - f(a) = \sum_P [f(x_k) - f(x_{k-1})] = \sum_P f'(\xi_k)\Delta_k x \tag{6.17}$$

이다. $M_k' \equiv \sup_{I_k} f'(x)$, $m_k' \equiv \inf_{I_k} f'(x)$ 라고 하면

$$\underline{S}_P(f') = \sum_P m_k'\Delta_k x \le f(b) - f(a) \le \sum_P M_k'\Delta_k x = \overline{S}_P(f') \tag{6.18}$$

이며, 식(6.18)은 모든 분할 P에 대하여 성립한다. 그러므로 상합(upper sum)에 하한을 하합(lower sum)에 상한을 취하면,

$$\underline{\int_a^b} f'(x)\,dx \le f(b) - f(a) \le \overline{\int_a^b} f'(x)\,dx \tag{6.19}$$

를 얻을 수 있다. 가정에서 f'이 R－적분가능하므로 부등식(6.19)의 양 끝값이 같으므로

$$\int_a^b f'(x)\,dx = f(b) - f(a)$$

이다. ■

[정 리 6.4.3.]　(Integration by substitution)

함수 $f(y)$가 구간 $I=[c, d]$에서 연속이고 $v(x)$가 구간 $J=[a, b]$에서 연속적으로 미분가능하며 J에 있는 모든 x에 대하여 $y=v(x)$가 구간 I에 있다고 가정하자. 만약 $c=v(a)$, $d=v(b)$라면, 이때

$$\int_c^d f(y)\ dy = \int_a^b f\{v(x)\}\cdot v'(x)\ dx$$

이다.

(증명) $g(y) = \int_a^y f(t)\ dt$ 라고 하자. 정리 5.1.4인 연쇄법칙에 의하면

$$[g\{v(x)\}]' = g'\{v(x)\}\cdot v'(x)$$

이므로 $g(v(x))$는 $g'[v(x)]\cdot v'(x) = f[v(x)]\cdot v'(x)$ 의 원시 함수이다. 정리 6.4.1에 의하면,

$$\begin{aligned}\int_c^d f[v(x)]\cdot v'(x)\ dx &= g[v(x)]\mid_c^d = g[v(d)]-g[v(c)] = g(b)-g(a)\\ &= \int_a^b f(y)dy\end{aligned}$$

이다. ■

[정 리 6.4.4.]　(Integration by parts)

함수 f와 g가 구간 $I=[a, b]$ 에서 미분가능하고 f'과 g'이 R-적분가능이면,

$$\int_a^b f(x)\cdot g'(x)\ dx = f(x)\cdot g(x)\Big]_a^b - \int_a^b g(x)\cdot f'(x)\ dx$$

이다.

(증명) 연습문제

함수 f가 구간 $I=[a, b]$ 에서 R-적분가능하면, 보조 정리 6.1.5에 의하여

$$m \le \frac{1}{b-a}\int_a^b f(x)\ dx \le M$$

이다. 여기서 M과 m은 함수 f의 상한과 하한이다. 이때 $\frac{1}{b-a}\int_a^b f(x)\ dx$ 를 함수 f의 구간 $I=[a, b]$에서의 중간값(mean 또는 average)이라고 한다.

[정 리 6.4.5.]　**(제1차 평균값 정리(First MVT))**

함수 f가 구간 $I=[a, b]$ 에서 R-적분가능하면,

$$m \le \frac{1}{b-a}\int_a^b f(x)\ dx = \mu \le M$$

이며 더욱이 f가 연속이면, 적당한 $\xi\in(a, b)$가 존재하여 $f(\xi) = \mu$를 만족한다.

(증명) 첫번째 부분은 앞에서 증명하였다. $F(x) = \int_a^x f(t)\, dt$ 라고 하고 미분의 중간값 정리를 적용하면 두번째 부분을 보일 수 있다. ■

[정 의 6.4.1.]
$g(x) \geq 0$이면,

$$\mu = \frac{\int_a^b f(x)g(x)\, dx}{\int_a^b g(x)\, dx}$$

를 가중 함수 g에 대한 함수 f의 가중 중간값(weighted mean)이라고 한다.

[정 리 6.4.6.]
함수 f가 구간 $I = [a, b]$에서 연속이고 함수 g가 $g(x) \geq 0$인 구간에서 R-적분가능하고 $\int_a^b g(x)\, dx > 0$이면, 이때 위에서 정의된 μ에 대하여 적당한 $\xi \in [a, b]$가 존재하고 $\mu = f(\xi)$ 를 만족한다. 즉, $\int f(x)g(x)dx = f(\xi) \int_a^b g(x)dx$ 이다.

(증명) 당연히 $f \cdot g$는 R-적분가능하다. m과 M을 함수 f의 구간 I에서의 하한과 상한이라고 하면

$$mg(x) \leq f(x)g(x) \leq Mg(x)$$

를 만족하고

$$m \int_a^b g(x)\, dx \leq \int_a^b f(x)g(x)\, dx \leq M \int_a^b g(x)\, dx$$

이다. 윗식의 양변을 $\int_a^b g(x)\, dx$로 나누면, $m \leq \mu \leq M$이다. 이 때, f가 연속함수이므로 정리 4.2.4를 적용하면 $\mu = f(\xi)$를 만족하는 $\xi \in [a, b]$가 존재한다. ■

[정 리 6.4.7.] **(제2차 평균값 정리(Second MVT, Bonnet 정리))**
함수 f가 구간 $I = [a, b]$ 에서 단조 함수이며 R-적분가능하고 함수 g는 I에서 연속이며, 이때 적당한 $\xi \in [a, b]$ 가 존재하여

$$\int_a^b f(x)g(x)\, dx = f(a) \int_a^\xi g(x)\, dx + f(b) \int_\xi^b g(x)\, dx$$

를 만족한다.

(증명) 함수 $G(x) = \int_a^x g(t)\, dt$ 라고 하자. 이때,

$$\begin{aligned} \int_a^b f(x)g(x)\, dx &= \int_a^b f(x)G'(x)\, dx \\ &= f(x)G(x)\Big]_a^b - \int_a^b G(x)f'(x)\, dx \\ &= f(b)G(b) - \int_a^b G(x)f'(x)\, dx \end{aligned} \quad (6.20)$$

여기서 식(6.20)에 정리 6.4.6을 이용하면

$$\int_a^b f(x)g(x)\,dx = f(b)G(b) - G(\xi)\int_a^b f'(x)\,dx = f(b)G(b) - G(\xi)[f(b) - f(a)]$$
$$= f(a)G(\xi) + f(b)[G(b) - G(\xi)] = f(a)\int_a^{\xi} g(x)\,dx + f(b)\int_{\xi}^{b} g(x)\,dx$$

이다. ■

6.5. 르벡(Lebesgue) 정리

앞 절에서 $f: [a, b] \to R$ 가 연속이거나 단조함수이면 $\int_a^b f(x)\,dx$ 가 존재함을 보였다. 더구나 구간 $[0,1]$에서 정의된 함수 f가 다음과 같다고 하자.

$$f(x) = \begin{cases} 0, & x \in R - Q \\ \dfrac{1}{q}, & x \in Q, \quad x = \dfrac{p}{q}, \quad p, q \text{ 는 서로 소이다.} \end{cases}$$

이 때 함수 f는 구간 $[0,1]$에서 적분가능하다. (제6장 연습문제 32). 그러나 함수 f는 단조거나 연속이지 않다. 그러므로 주어진 구간 $[a, b]$에서 함수의 단조성과 연속성을 더 이상 주어진 구간에서의 함수의 적분가능성을 나타내기에 충분하지 않다. 본 절에서는 이러한 특성을 나타낼 수 있도록 확장해보고자 한다.

[보조 정리 6.5.1.]

함수 f가 구간 $I = [a, b]$ 에서 유계(즉, $|f(x)| \leq M$)이고 한 점 c를 제외한 모든 구간에서 연속이면, 함수 f는 구간 I에서 R－적분가능하다.

(증명) 한 점 c가 구간 I에서의 내점(interior point)라고 가정하자. 임의의 양수 $\varepsilon > 0$이 주어진다. 이때 구간 I에서 $\alpha < c < \beta$이고 $\beta - \alpha < \dfrac{\varepsilon}{6M}$ 을 만족하는 내점들인 α, β를 찾을 수 있다. 가정에 의하면 함수 f는 구간 $I_1 = [a, \alpha]$ 와 구간 $I_2 = [\beta, b]$에서 연속이므로 구간 I_1과 I_2에서 R－적분가능하다. 정리 6.2.3에 의하면 구간 I_1과 I_2 각각에 대한 분할들 P_1과 P_2가 존재하여

$$\overline{S}_{P_1}(f) - \underline{S}_{P_1}(f) < \frac{\varepsilon}{3} \text{ 과 } \overline{S}_{P_2}(f) - \underline{S}_{P_2}(f) < \frac{\varepsilon}{3} \tag{6.21}$$

을 각각 만족한다.

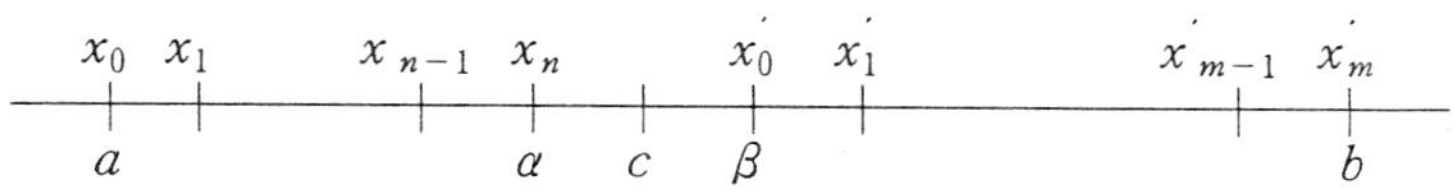

이 때

$$\overline{S}_P(f) - \underline{S}_P(f) = [\overline{S}_{P_1}(f) - \underline{S}_{P_1}(f)] + [\overline{S}_{P_2}(f) - \underline{S}_{P_2}(f)] + [\sup_{[\alpha,\beta]} f(x) - \inf_{[\alpha,\beta]} f(x)](\beta - \alpha)$$
$$< \frac{\varepsilon}{3} + \frac{\varepsilon}{3} + 2M \cdot \frac{\varepsilon}{6M} = \varepsilon \tag{6.22}$$

이다. ■

[정 리 6.5.1.]

함수 f가 구간 $I=[a,b]$ 에서 유계이고, 유한개의 점의 집합을 제외한 모든 구간에서 연속이면, 함수 f는 구간 I에서 R−적분가능하다.

(증명) 보조 정리 6.5.1에 의하여 쉽게 보일 수 있다. ■

[정 의 6.5.1.]

집합 $S \subset R$는 비공(nonempty)집합이다. 집합 S는 다음을 만족하면 (르베그) 척도 영(measure zero)을 갖는다 한다. 임의의 $\varepsilon > 0$에 대하여

$$S \subseteq \bigcup_{n=1}^{\infty} (a_n, b_n) \tag{MZ 1}$$

와

$$\sum_{n=1}^{\infty} (b_n - a_n) < \varepsilon \tag{MZ 2}$$

를 만족하는 개구간 $\{(a_n, b_n)\}$의 수열이 존재한다.

[정 리 6.5.2.]

1) 만약 S가 척도 영인 집합이고 $S_1 \subset S$이면 S_1도 척도 영을 갖는다.

2) R의 모든 유한집합은 척도 영을 갖는다.

3) R의 모든 가산집합은 척도 영을 갖는다.

4) $\{S_n\}$은 척도 영인 R의 부분집합들의 수열이면, $S = \bigcup_{n=1}^{\infty} S_n$도 척도 영을 갖는다.

(증명) 여기서 2)와 4)만을 보인다. 1)과 3)은 쉽게 보일수 있다.

2) $S=\{x_1, \cdots, x_m\} \subset R$이라 하자. $\varepsilon > 0$을 고정하자. 수열 $\{(a_n, b_n)\}$을 다음과 같이 정의한다.

$$(a_n, b_n) = \begin{cases} \left(x_n - \dfrac{\varepsilon}{2^{n+2}}, x_n + \dfrac{\varepsilon}{2^{n+2}}\right), & n = 1, \cdots, m \\ \left(-\dfrac{\varepsilon}{2^{n+2}}, \dfrac{\varepsilon}{2^{n+2}}\right), & n \geq m+1 \end{cases} \tag{6.23}$$

이다. 이 때 주어진 수열 $\{(a_n, b_n)\}$은 (MZ 1)을 만족함은 쉽게 보일 수 있다. 또한

$$\sum_{n=1}^{\infty} (b_n - a_n) = \sum_{n=1}^{\infty} \frac{\varepsilon}{2^{n+1}} = \frac{\varepsilon}{2} < \varepsilon \tag{6.24}$$

이므로 (MZ 2)을 만족한다. 그러므로 S는 척도 영을 갖는다.

4) $\varepsilon > 0$을 고정하자. 수열 $\{S_n\}$의 각 원소 S_m은 척도 영을 갖고 있으므로

$$S_m \subset \bigcup_{n=1}^{\infty} (a_{mn}, b_{mn})$$

와

$$\sum_{n=1}^{\infty} (b_{mn} - a_{mn}) < \frac{\varepsilon}{2^{m+1}}$$

을 만족하는 개구간 $\{(a_{mn}, b_{mn})\}$ 의 수열이 존재한다.

집합 $S' = \{(a_{mn}, b_{mn}) : m, n = 1, 2, 3, \cdots\}$은 (MZ 2)을 만족하는 $\sum_{n=1}^{\infty}(d_n - c_n) < \varepsilon$ 인 수열 $\{(c_n, d_n)\}$ 의 형태로서 재배치할수 있음을 보이고자 한다.

다음과 같은 사각배치(rectangular array)에서 S' 의 원소들의 재배치를 생각하자.(그림 6.1)

$$\begin{array}{cccccc}
D_1 & \to & (a_{11}, b_{11}) & (a_{12}, b_{12}) & (a_{13}, b_{13}) & (a_{14}, b_{14}) \cdots \\
 & & \nearrow & \nearrow & \nearrow & \\
D_2 & \to & (a_{21}, b_{21}) & (a_{22}, b_{22}) & (a_{23}, b_{23}) & (a_{24}, b_{24}) \cdots \\
 & & \nearrow & \nearrow & \nearrow & \\
D_3 & \to & (a_{31}, b_{31}) & (a_{32}, b_{32}) & (a_{33}, b_{33}) & (a_{34}, b_{34}) \cdots \\
 & & \nearrow & \nearrow & \nearrow & \\
D_4 & \to & (a_{41}, b_{41}) & (a_{42}, b_{42}) & (a_{43}, b_{43}) & (a_{44}, b_{44}) \cdots \\
\vdots & & \vdots & \vdots & \vdots & \vdots \quad \cdots
\end{array}$$

<그림 6.1>

$D_1, D_2, \cdots, D_n, \cdots$ 을 〈그림 6.1〉을 보듯이 다음과 같이 정의하자.

$$D_1 = \{(a_{11}, b_{11})\}$$
$$D_2 = \{(a_{21}, b_{21}), (a_{12}, b_{12})\}$$
$$D_3 = \{(a_{31}, b_{31}), (a_{22}, b_{22}), (a_{13}, b_{13})\}$$
$$\vdots$$
$$D_n = \{(a_{n1}, b_{n1}), (a_{n-1,2}, b_{n-1,2}), \cdots, (a_{2,n-1}, b_{2,n-1}), (a_{1n}, b_{1n})\}$$
$$\vdots$$

각각의 D_n 에 대한 δ_n 을 D_n 의 모든 원소들의 거리의 합이라 하자. 즉,

$$\delta_1 = b_{11} - a_{11}$$
$$\delta_2 = (b_{21} - a_{21}) + (b_{12} - a_{12})$$
$$\delta_3 = (b_{31} - a_{31}) + (b_{22} - a_{22}) + (b_{13} - a_{13})$$
$$\vdots$$
$$\delta_n = (b_{n1} - a_{n1}) + (b_{n-1,2} - a_{n-1,2}) + \cdots + (b_{2,n-1} - a_{2,n-1}) + (b_{1n} - a_{1n})$$
$$\vdots$$

이다. 이 때 $\{\delta_n\}$은 비음수들의 수열이다. 다음과 같이 비음수들의 수열 $\{s_n\}$을 정의한다.

$$s_1 = b_{11} - a_{11} = \delta_1$$
$$s_2 = (b_{11} - a_{11}) + (b_{21} - a_{21})$$
$$s_3 = (b_{11} - a_{11}) + (b_{21} - a_{21}) + (b_{12} - a_{12}) = \delta_1 + \delta_2$$
$$s_4 = (b_{11} - a_{11}) + (b_{21} - a_{21}) + (b_{12} - a_{12}) + (b_{31} - a_{31})$$
$$\vdots$$

그러므로 $\{s_n\}$은 수열 $\{(c_n, d_n)\}$의 첫 n번째 원소들의 거리들의 부분합들인 수열이다. 이 때 $\{s_n\}$은 증가수열이며, 수열 $\left\{\sum_{k=1}^{n}\delta_k\right\}$은 $\{s_n\}$의 부분수열이다. Pascal Triangle Identity(제1장, 연습문제 #21)를 이용하면 $n=1, 2, \ldots$ 에 대하여

$$\frac{s_{n(n+1)}}{2} = \sum_{k=1}^{n}\delta_k$$

임을 보일 수 있다. 더구나

$$\frac{s_{n(n+1)}}{2} \le \sum_{k=1}^{n}\left(\sum_{i=1}^{n}(b_{ki}-a_{ki})\right) < \sum_{k=1}^{n}\frac{\varepsilon}{2^{k+1}} < \frac{\varepsilon}{2} < \varepsilon \tag{6.25}$$

이다. 그러므로 부분수열 $\left\{\frac{s_{n(n+1)}}{2}\right\}$의 원소는 $\frac{\varepsilon}{2}$보다 작다. 따라서 $\{s_n\}$는 그들의 부분수열과 같은 극한값에 수렴한다. 그 극한은 ε보다 작다. $\sum_{n=1}^{\infty}(d_n-c_n)<\varepsilon$이며 수열 $\{(c_n, d_n)\}$은 (MZ 1)뿐만 아니라 (MZ 2)을 만족한다. 그러므로 S는 척도 영을 갖는다. ■

[정 의 6.5.2.]

함수 f를 구간 $[a, b]$에서 정의하자. 구간 $[a, b]$중에서 함수 f가 불연속인 점들의 부분집합 S가 척도 영을 갖는다면 함수 f는 거의 모든(almost everywhere, a.e.) 구간 $[a, b]$에서 연속이라 한다.

예 제 6.5.1.

구간 $[0, 1]$에서 함수 f를 다음과 같이 정의한다.

$$f(x) = \begin{cases} 1-2x, & x\in\left[0, \frac{1}{2}\right) \\ \frac{1}{2}, & x=\frac{1}{2} \\ 2x-3, & x\in\left(\frac{1}{2}, 1\right] \end{cases}$$

이다. 이 때 함수 f는 $x=\frac{1}{2}$ 에서 불연속이다. 또한 $\left\{\frac{1}{2}\right\}$은 척도 영을 갖는다. 그러므로 함수 f는 거의 모든 구간 $[0, 1]$ 에서 연속이다.

[정 리 6.5.3.] **(Lebesgue 정리)**

함수 f를 구간 $[a, b]$에서 정의한다. 함수 f가 R-적분가능한 필요충분조건은 함수 f가 거의 모든 구간 $[a, b]$ 에서 연속이다.

(증명)

(충분조건) $S = \{x\in[a, b] : f$가 x에서 불연속이다$\}$이라 하자. 이 때 S는 척도 영을 갖는다. 그러므로 $\varepsilon>0$에 대하여

$$S \subset \bigcup_{n=1}^{\infty}(a_n, b_n) \tag{6.26}$$

와

$$\sum_{n=1}^{\infty}(b_n - a_n) < \frac{\varepsilon}{3(M-m)} \tag{6.27}$$

을 만족하는 개구간 $\{(a_n, b_n)\}$ 의 수열이 존재한다. 여기서 m, M은 구간 $[a, b]$에서 함수 f의 하한, 상한이다. $S^* = \bigcup_{n=1}^{\infty}(a_n, b_n)$이라 하자. 임의의 $c \in [a, b]$를 선택한다. 이 때 $c \in S^*$이거나 $c \notin S^*$이다. 만약 $c \notin S^*$이면, f는 점 c에서 연속이다. 식 (6.26)에서 $R - S^* \subset R - S$이다. $[a, b] \cap (R - S^*)$은 폐구간이고 유계이므로 정리 4.3.3에 의하여 함수 f는 구간 $[a, b] \cap (R - S^*)$에서 일양연속이다. 그러므로 $\varepsilon > 0$에 대하여 $|x - c| < \delta$이고 $x \in [a, b] \cap (R - S^*)$에서 $|f(x) - f(c)| < \frac{\varepsilon}{12(b-a)}$ 를 만족하는 $\delta > 0$가 존재한다. 다음과 같은 개구간들의 집합을 생각하자. $c \in (R - S^*)$에 대하여

$$Q = \{(a_n, b_n)\} \cup \left\{\left(c - \frac{\delta}{2}, c + \frac{\delta}{2}\right)\right\}$$

이라 하자. 그러므로 Q는 구간 $[a, b]$의 개커버(open cover)이다. 정리 3.4.3(Heine Borel 정리)를 이용하면 Q의 원소들 중 다음과 같은 유한개의 원소들 이 구간 $[a, b]$를 커버할 수 있다.

$$\left\{(a_{n_1}, b_{n_1}), \cdots, (a_{n_k}, b_{n_k}), \left(c_1 - \frac{\delta}{2}, c_1 + \frac{\delta}{2}\right), \cdots, \left(c_p - \frac{\delta}{2}, c_p + \frac{\delta}{2}\right)\right\}$$

이다. 즉 이러한 유한개의 부분 커버(subcover)들은 $k + p$개의 개구간들로 이루어져 있다. 이러한 구간들의 종점들의 유한집합에서 (a, b)에 놓여 있는 점들을 선택하고 그들을 다시 큰 순으로 재배열하자. 이 때 $m-1$개의 종점들, $x_1, \ldots, x_{m-1}$이 있다고 가정하자.

즉, $\{x_1, \ldots, x_{m-1}\} \subset (a, b)$ 이고 $x_1 < x_2 < \cdots < x_{m-1}$이다. 다시 $x_0 = a$, $x_m = b$라 두자. 집합 $\{x_0, x_1, x_2, \ldots, x_{m-1}, x_m\}$을 생각하자. 각각의 $i = 1, \ldots, m$에 대하여 다음과 같은 두 개의 가능성이 있다. 적당한 $j = 1, \ldots, k$에 대하여 $(x_{i-1}, x_i) \subset (a_{n_j}, b_{n_j})$ 이거나 모든 $j = 1, \ldots, k$에 대하여 $[x_{i-1}, x_i] \cap (a_{n_j}, b_{n_j}) = \phi$이다.

만약 $[x_{i-1}, x_i] \cap (a_{n_j}, b_{n_j}) = \phi$이면 위의 부분 커버성질에 의하여 적당한 $q \in \{1, \ldots, p\}$에서

$$(x_{i-1}, x_i) \subset \left(c_q - \frac{\delta}{2}, c_q + \frac{\delta}{2}\right)$$

이다. $(x_{i-1}, x_i) \subset \left(c_q - \frac{\delta}{2}, c_q + \frac{\delta}{2}\right)$이므로 $[x_{i-1}, x_i] \subset (c_q - \delta, c_q + \delta)$이다.

N_1, N_2는 $\{1, 2, \ldots, m\}$의 부분집합들로서 다음과 같이 정의한다.

$$N_1 = \{i : (x_{i-1}, x_i) \subset (a_{n_j}, b_{n_j}),\ \text{적당한 } j = 1, \ldots, k\}$$

와

$$N_2 = \{1, 2, \ldots, m\} - N_1$$

이다. $i \in N_1$이라 가정하자. 적당한 j에 대하여 $(x_{i-1}, x_i) \subset (a_{n_j}, b_{n_j})$이고 만약 $i \in N_2$이면, 적당한 q에 대하여 $[x_{i-1}, x_i] \subset (c_q - \delta, c_q + \delta)$이다. 이 때

$$\overline{S_p}(f) - \underline{S_p}(f) = \sum_{i=1}^{m} (M_i - m_i)(x_i - x_{i-1})$$

이며 여기서 M_i 와 m_i는 구간 $[x_{i-1}, x_i]$ 에 함수 f의 상한, 하한이다. 그러므로

$$\sum_{i=1}^{m}(M_i - m_i)(x_i - x_{i-1}) = \sum_{i\in N_1}(M_i - m_i)(x_i - x_{i-1}) + \sum_{i\in N_2}(M_i - m_i)(x_i - x_{i-1}) \quad (6.28)$$

이다. 그러나,

$$\begin{aligned}\sum_{i\in N_1}(M_i - m_i)(x_i - x_{i-1}) &\le (M-m)\sum_{i\in N_1}(x_i - x_{i-1}) \\ &\le (M-m)\sum_{j=1}^{k}(b_{n_j} - a_{n_j}) \\ &\le (M-m)\sum_{n=1}^{\infty}(b_n - a_n) \\ &\le (M-m)\frac{\varepsilon}{3(M-m)} = \frac{\varepsilon}{3}\end{aligned}$$

이다.

다음은 $\sum_{i\in N_2}(M_i - m_i)(x_i - x_{i-1})$ 의 크기를 추정하고자 한다. $i \in N_2$ 이고 ξ_i' 와 ξ_i''을 구간 $[x_{i-1}, x_i]$ 에서의 두 점이라 하면, 적당한 $q = 1, \ldots, p$에서 $\xi_i', \xi_i'' \in (c_q - \delta, c_q + \delta)$ 이다. 그러므로 $\xi_i', \xi_i'' \in (c_q - \delta, c_q + \delta) \cap ((a, b) \cap (R - S^*))$이고, 일양연속성에 의하면 $f(\xi_i'), f(\xi_i'') \in \left(f(c_q) - \frac{\varepsilon}{12(b-a)}, f(c_q) + \frac{\varepsilon}{12(b-a)}\right)$이다. 따라서

$$\begin{aligned}|f(\xi_i') - f(\xi_i'')| &\le |f(\xi_i') - f(c_q)| + |f(c_q) - f(\xi_i'')| \\ &< \frac{\varepsilon}{6(b-a)}\end{aligned} \quad (6.29)$$

이다. 또한

$$M_i - \frac{\varepsilon}{12(b-a)} < f(\xi_i'), \quad m_i + \frac{\varepsilon}{12(b-a)} > f(\xi_i'')$$

을 만족하는 ξ_i' 와 $\xi_i'' \in [x_{i-1}, x_i]$을 찾을 수 있다. 그러므로

$$M_i - m_i < f(\xi_i') - f(\xi_i'') + \frac{\varepsilon}{6(b-a)}$$

이다.

$$\begin{aligned}\sum_{i\in N_2}(M_i - m_i)(x_i - x_{i-1}) &< \sum_{i\in N_2}\left[f(\xi_i') - f(\xi_i'') + \frac{\varepsilon}{6(b-a)}\right](x_i - x_{i-1}) \\ &= \sum_{i\in N_2}(f(\xi_i') - f(\xi_i''))(x_i - x_{i-1}) + \frac{\varepsilon}{6(b-a)}\sum_{i\in N_2}(x_i - x_{i-1}) \\ &= \frac{\varepsilon}{3(b-a)}\sum_{i\in N_2}(x_i - x_{i-1}) \\ &\le \frac{\varepsilon}{3(b-a)}\sum_{i=1}^{m}(x_i - x_{i-1}) = \frac{\varepsilon}{3}\end{aligned} \quad (6.30)$$

이다. 식 (6.28)에 의하면 $\overline{S_p}(f) - \underline{S_p}(f) < \frac{2\varepsilon}{3}$ 이다. 따라서 정리 6.2.3에 의하여 f 는 구간 $[a, b]$에서 R −적분가능이다.

(필요조건) 만약 f가 점 $c \in [a, b]$에서 불연속이라면, $\forall \delta > 0$ 에 대하여 $|f(x) - f(c)| > \frac{1}{n}$ 을

만족하는 한 점 $x \in (c-\delta, c+\delta) \cap [a, b]$를 존재하게 하는 적당한 $n \in Z^+$ 이 존재한다.

$$S_n = \{c \in [a, b] \ : \text{모든 구간 } (c-\delta, c+\delta) \cap [a, b] \text{ 에 있는 최소한 하나의 } x\text{에 대하여 } |f(c)-f(x)| \geq \frac{1}{n}\}$$

이라 하자.

예를 들면, 예제 6.5.1에서 모든 $n \in Z^+$ 에 대하여 $S_n = \left\{\frac{1}{2}\right\}$이다. 반면에 구간 $[0, 1]$ 에서 $f(x) = \begin{cases} x, & x\text{는 유리수} \\ 0, & x\text{는 무리수} \end{cases}$ 이면 $S_n = \left[\frac{1}{n}, 1\right]$ 이다. 만약 S가 구간 $[a, b]$에서 f가 불연속인 점들의 집합이라 정의하면, 최소한 한 점 $x \in (c-\delta, c+\delta) \cap [a, b]$에 대하여 $|f(x)-f(c)| \geq \frac{1}{n}$ 인 하나의 n이 최소한 하나 존재하여야 한다. 그러므로 $c \in S_n$일 적당한 n이 존재하여야 한다. 즉, $c \in \bigcup_{n=1}^{\infty} S_n$ 이다. 역으로 $c \in \bigcup_{n=1}^{\infty} S_n$ 이면 적당한 n에 대하여 $c \in S_n$ 이며, 따라서 최소한 하나의 $x \in (c-\delta, c+\delta) \cap [a, b]$에 대하여 $|f(x)-f(c)| \geq \frac{1}{n}$ 인 최소한 하나의 n이 존재한다. 그러나 이는 함수 f가 한 점 c에서 불연속임을 나타내며, 즉 $c \in S$ 이다.

$P = \{x_0, x_1, \ldots, x_n\}$를 구간 $[a, b]$에서의 임의의 분할이라 하자. 양의 정수 m에 대하여 P의 부분구간 $[x_{i-1}, x_i]$는 다음과 같이 구분된다. 즉, $(x_{i-1}, x_i) \cap S_m \neq \phi$ 이거나 $(x_{i-1}, x_i) \cap S_m = \phi$ 이다. 이 때

$$Z_1 = \{i : (x_{i-1}, x_i) \cap S_m \neq \phi\},$$

이고

$$Z_2 = \{i : (x_{i-1}, x_i) \cap S_m = \phi\}$$

이라 하자. 여기서 i는 $\{1, 2, \ldots, n\}$에 있다. 주어진 Z_1과 Z_2의 정의에 의하여 $Z_1 \cap Z_2 = \phi$ 이고 $Z_1 \cup Z_2 = \{1, 2, \ldots, n\}$임을 쉽게 보일 수 있다. 여기서 f가 구간 $[a, b]$에서 $R-$적분가능이면, 위에서 정의된 집합 S가 척도 영을 가짐을 보이고자 한다.

앞에서 $S = \bigcup_{n=1}^{\infty} S_n$ 임을 보였다. 그러므로 S_n이 척도 영을 가짐을 보이는 것으로 충분하다. 구간 $[a, b]$에서 함수 f가 $R-$적분가능하므로 $\forall \varepsilon > 0$에 대하여 고정된 $m \in Z^+$ 에 대한 $\overline{S}_{P_\varepsilon}(f) - \underline{S}_{P_\varepsilon}(f) < \frac{\varepsilon}{2m}$ 을 만족하는 분할 P_ε가 존재한다. 이 때 $P_\varepsilon = \{x_0, x_1, \ldots, x_n\}$ 이라 두고 M_i와 m_i는 앞에서 사용된 주어진 부분구간에서 함수 f의 상한, 하한이다. 그러면,

$$\overline{S}_{P_\varepsilon}(f) - \underline{S}_{P_\varepsilon}(f) = \sum_{i \in Z_1} (M_i - m_i)(x_i - x_{i-1}) + \sum_{i \in Z_2} (M_i - m_i)(x_i - x_{i-1}) \qquad (6.31)$$

이다. 만약, $i \in Z_1$ 이면, $c_i' \in (x_{i-1}, x_i)$ 인 $c_i' \in S_m$가 존재한다. 이 때 $c_i' \in S_m$ 이므로 $|f(c_i') - f(c_i'')| \geq \frac{1}{m}$ 인 $c_i'' \in (x_{i-1}, x_i)$가 존재한다. 그러나 모든 $i = 1, 1, \ldots, n$ 에서 $M_i - m_i \geq |f(c_i') - f(c_i'')|$ 이다. 그러므로

$$\sum_{i \in Z_1} (M_i - m_i)(x_i - x_{i-1}) \geq |f(c_i') - f(c_i'')| (x_i - x_{i-1}) \geq \sum_{i \in Z_1} \frac{1}{m}(x_i - x_{i-1}) \quad (6.32)$$

이다. 더구나 $\sum_{i \in Z_2} (M_i - m_i)(x_i - x_{i-1}) \geq 0$ 이다. 따라서

$$\frac{1}{m} \sum_{i \in Z_1} (x_i - x_{i-1}) \leq \overline{S_{P_\varepsilon}}(f) - \underline{S_{P_\varepsilon}}(f) < \frac{\varepsilon}{2m} \quad (6.33)$$

이다. 즉, $\sum_{i \in Z_1} (x_i - x_{i-1}) < \frac{\varepsilon}{2}$ 이다.

또한 $S_m = (S_m \cap (\bigcup_{i \in Z_1} (x_{i-1}, x_i))) \cup (S_m \cap P_\varepsilon)$ 이다. ε 의 모든 선택에 대하여 $\sum_{i \in Z_1} (x_i - x_{i-1}) < \frac{\varepsilon}{2}$ 이므로 $\bigcup_{i \in Z_1} (x_{i-1}, x_i)$는 척도 영을 갖는다.

그러므로 $S_m \cap (\bigcup_{i \in Z_1} (x_{i-1}, x_i))$도 척도 영을 갖는다. 역시 $S_m \cap P_\varepsilon$ 도 유한개의 원소를 가지므로 척도 영을 갖는다. 따라서 S_m 은 척도 영을 가짐을 알 수 있다. ■

6.6. 특이 적분(Improper Integral)

앞 절들에서 리만 적분들은 오직 유한구간 $[a, b]$ 에서 함수가 유계인 것들만 생각하였다. 지금부터는 우리는 리만 적분의 측면을 적분구간안에서 한 점 또는 그이상의 점들에서 비유계인 경우로 확장하고자 한다. 그러한 상황아래서의 리만 적분을 특이 적분이라 한다. 여기에는 두 가지 형태가 있다.

$a < b$ 에 대하여 구간 $[a, b]$ 에서 $f(x)$가 R－적분가능하면, 이때 $\int_a^\infty f(x)dx$ 를 제1종 특이적분(improper integral of the first kind)이라 한다. 그러나 만약 적분 구간안에서 유한개의 점들에서 $f(x)$가 비유계이면, $\int_a^b f(x)dx$를 제2종 특이적분(improper integral of the second kind) 이라 한다. 먼저 제1종 특이적분을 정의한다.

[정 의 6.6.1.]

$F(z) = \int_a^z f(x)dx$ 라 하자. a 보다 큰 모든 z에 대하여 $F(z)$가 존재한다고 가정한다. 만약 $z \to \infty$일 때 $F(z)$가 극한 L에 수렴하면, 이때 특이적분 $\int_a^\infty f(x)dx$는 L에 수렴한다고 한다. 이 경우 L은 구간 $[a, \infty]$위에서 $f(x)$의 리만 적분값을 나타내므로 $L = \int_a^\infty f(x)dx$라 표기한다. 반면에 $L = \pm\infty$ 이면 특이적분 $\int_a^\infty f(x)dx$는 발산한다고 한다. 같은 방법으로 $\int_{-\infty}^a f(x)dx$ 를 정의할 수 있으며,

$$\int_{-\infty}^{\infty} f(x)dx = \lim_{u\to\infty}\int_{-u}^{a} f(x)dx + \lim_{z\to\infty}\int_{a}^{z} f(x)dx$$

로 정의되어 진다. 이때 우변의 두극한이 존재하는 경우이다.

[정 리 6.6.1.]

특이적분 $\int_a^{\infty} f(x)dx$ 가 수렴할 필요충분조건은 임의의 $\varepsilon>0$ 에 대하여 z_1, z_2 가 z_0 보다 클때면 언제나 $\left|\int_{z_1}^{z_2} f(x)dx\right| < \varepsilon$ 일 z_0이 존재한다.

(증명) $z\to\infty$일 때 $F(z)=\int_a^z f(x)dx$ 가 극한 L에 수렴한다 가정하자. 그러면, 임의의 $\varepsilon>0$ 에 대하여 $z > z_0$ 에 대하여 $|F(z)-L| < \frac{\varepsilon}{2}$ 인 z_0가 존재한다. 만약 z_1 , $z_2 > z_0$ 이면,

$$\begin{aligned}\left|\int_{z_1}^{z_2} f(x)dx\right| &= |F(z_2)-F(z_1)| \\ &\leq |F(z_2)-L| + |F(z_1)-L| < \varepsilon\end{aligned}$$

이다. 역으로 임의의 $\varepsilon>0$ 에 대하여 z_1 , $z_2 > z_0$ 에 대하여

$$\left|\int_{z_1}^{z_2} f(x)dx\right| < \varepsilon$$

인 z_0 가 존재한다 가정하자. 이때 $z\to\infty$ 일 때 $F(z)$가 극한값을 가짐을 보이고자 한다. 수열 $\{g(x)\}_{n=1}^{\infty}$ 을 다음과 같이 정의하자.

$$g_n = \int_a^{a+n} f(x)dx \quad , \quad n=1,\ 2,\ \cdots$$

만약 m, n 이 충분히 큰 값이라면, 임의 $\varepsilon>0$,

$$|g_n - g_m| = \left|\int_{a+m}^{a+n} f(x)dx\right| < \varepsilon$$

이다. 따라서 $\{g(x)\}_{n=1}^{\infty}$ 이 코쉬수열이다. 그러므로 정리 3.5.1에 의하여 수열 $\{g_n\}$은 수렴한다. 이때 $\lim_{n\to\infty} g_n = g$ 라 하자. 여기서 우리는 $\lim_{z\to\infty} F(z) = g$ 임을 보이고자 한다.

$$|F(z)-g| = |F(z)-g_n+g_n-g| \leq |F(z)-g_n| + |g_n-g| \tag{6.34}$$

임의의 $\varepsilon>0$ 이 주어졌다 가정하자. 그러면 $n>N_1$ 이면 $|g_n-g| < \frac{\varepsilon}{2}$ 인 N_1이 존재한다. 또한 $z > a+n > N_2$ 이면

$$|F(z)-g_n| = \left|\int_{a+n}^{z} f(x)dx\right| < \frac{\varepsilon}{2} \tag{6.35}$$

을 만족하는 N_2가 존재한다. $N=\max(N_1,\ N_2-a)$ 이라 하면 $z > a+n$, $n>N$ 인 z를 선택하면 부등식 (6.34)과 (6.35)에서 $|F(z)-g| < \varepsilon$ 이다. ■

[정 의 6.6.2.]

만약 특이적분 $\int_a^\infty |f(x)|dx$ 가 수렴하면, 적분 $\int_a^\infty f(x)dx$는 절대수렴이라 한다. 그러나 $\int_a^\infty f(x)dx$ 가 수렴이나 절대수렴이 아닌 경우는 조건수렴이라 한다.

[정 리 6.6.2.]

특이적분 $\int_a^\infty |f(x)|dx$ 가 절대수렴이면, $\int_a^\infty f(x)dx$ 는 수렴한다.

(증명) $b>a$에서 $\left|\int_a^b f\right| \le \int_a^b |f|$ 임을 알 수 있다. $\lim_{b\to\infty}\int_a^b |f|$ 이 존재하며 유한이므로, $\left|\int_a^\infty f\right|$ 은 존재하고 유한이다. 그러므로 $\int_a^\infty f$는 수렴한다. ■

예 제 6.6.1.

구간 $[0,\infty)$에서 다음과 같이 함수 f를 정의한다.

$$f(x)=\begin{cases}\dfrac{\sin\frac{1}{x}}{1+x^2} & ,\ x>0\\ 0 & ,\ x=0\end{cases}$$

이 때 $\int_0^\infty f(x)dx$의 수렴성을 조사하라.

(풀이) $g(x)=\dfrac{1}{1+x^2}$ 이라 두면, 구간 $[0,\infty)$에서 $|f(x)|\le g(x)$이다. 그리고 $\int_0^\infty |f| \le \frac{\pi}{2}$ 임을 알 수 있으므로 $\int_0^\infty f$는 절대수렴이다. 정리 6.6.2.에 의하면 $\int_0^\infty f$는 수렴한다.

[정 리 6.6.3.]

$f(x)\ge 0$은 구간 $[a,b]$ 에서 R−적분가능이고, $x\ge a$ 에서 $f(x)\le g(x)$인 $g(x)$가 존재한다. 만약 $\int_a^\infty g(x)dx$가 수렴하면 $\int_a^\infty f(x)dx$ 도 수렴하고,

$$\int_a^\infty f(x)dx \le \int_a^\infty g(x)dx$$

이다.

(증명) $b>a$ 에서 $\int_a^b f\le \int_a^b g$이다. 이 때 $F(b)=\int_a^b f$, $G(b)=\int_a^b g$라 두면, 모든 b에 대하여 $F(b)\le G(b)$ 이다. 모든 $x\in[a,\infty)$에서 $f(x)$와 $g(x)$는 양의 함수들이므로 F와 G는 b의 증가함수들이다. 이 때 $\int_a^\infty g$가 수렴하므로 함수 F는 $\int_a^\infty g$에 의하여 유계되어지므로 $\lim_{b\to\infty}F(b)$는 존재한다. 그러므로 $\int_a^\infty f$ 는 수렴한다. ■

예 제 6.6.2.

$\int_0^\infty \frac{e^{-x}}{1+x^2}\,dx$ 의 수렴성을 조사하라.

(풀이) 구간 $[0,\infty)$에서 함수 f, g를 다음과 같이 정의한다. $f(x)=\frac{e^{-x}}{1+x^2}$, $g(x)=\frac{1}{1+x^2}$ 이다. 이때 $0 \le f(x) \le g(x)$ 이고 $b>0$ 인 구간 $[0,b]$ 에서 f와 g는 적분 가능하다. $\int_0^\infty g = \lim_{b\to\infty}\int_0^b g = \lim_{b\to\infty}(\arctan b) = \frac{\pi}{2}$ 이므로 $\int_0^\infty g$ 는 수렴한다. 그러므로 정리 6.6.3에 의하여 $\int_0^\infty f = \int_0^\infty \frac{e^{-x}}{1+x^2}\,dx$ 는 수렴한다.

[정 리 6.6.4.]

$f(x), g(x) \ge 0$이고, 구간 $[a,b]$에서 R−적분 가능하다. 만약 $\lim_{x\to\infty}\frac{f(x)}{g(x)} = k>0$, 이 때 $\int_a^\infty f(x)dx$와 $\int_a^\infty g(x)dx$는 동시에 수렴하거나, 발산한다. 또한 $\lim_{x\to\infty}\frac{f(x)}{g(x)} = 0(\infty)$일 때 $\int_a^\infty g(x)dx$가 수렴(발산), $\int_a^\infty f(x)dx$는 수렴(발산)한다.

(증명) $\lim_{x\to\infty}\frac{f(x)}{g(x)} = k>0$ 이므로 충분히 큰 값 $c(\ge a)$ 에 대하여 $x>c$ 에서 $\frac{k}{2} < \frac{f(x)}{g(x)} < \frac{3k}{2}$ 를 만족한다. 그러므로 그러한 x 에 대하여 $f(x) < \frac{3k}{2}g(x)$, $g(x) < \frac{2}{k}f(x)$ 이다. 따라서 적분과 극한의 단조성에 의하면

$$\int_c^\infty f < \frac{3k}{2}\int_c^\infty g \tag{6.36}$$

와

$$\int_c^\infty g < \frac{2}{k}\int_c^\infty f \tag{6.37}$$

를 만족한다. 정리 6.6.3을 식 (6.36)에 적용하면 $\int_c^\infty g$ 가 수렴할 때 $\int_c^\infty f$ 도 수렴한다. 또한 정리 6.6.3을 식 (6.37)에 적용하면 $\int_c^\infty g$ 가 발산할 때 $\int_c^\infty f$ 도 발산한다. 만약 $c=a$ 이면 우리의 원하는 결과는 바로 구할 수 있다. 만약 $c>a$ 이면

$$\int_a^\infty f = \int_a^c f + \int_c^\infty f$$

이고

$$\int_a^\infty g = \int_a^c g + \int_c^\infty g$$

로 표현되므로 또한 같은 결과를 구할 수 있다. ■

예 제 6.6.3.

① $\int_1^\infty e^{-x}x^2dx$ 는 수렴한다.

(풀이) $e^x = 1 + \sum_{n=1}^{\infty} \frac{x^n}{n!}$ 이다. 그러므로 $x > 1$에서 $e^x > \frac{x^p}{p!}$ 이며 여기서 p는 양의정수이다. $p-2 \geq 2$ 인 p를 선택하면

$$e^{-x}x^2 \leq \frac{p!}{x^{p-2}} \leq \frac{p!}{x^2}$$

그러나 $\int_1^\infty \frac{1}{x^2}dx = \left[\frac{-1}{x}\right]_1^\infty = 1$이므로 정리 6.6.5에 의하여 $\int_1^\infty e^{-x}x^2dx$ 는 수렴한다.

② $\int_0^\infty \sin x \frac{dx}{(x+1)^2}$ 는 절대수렴이다.

(풀이) $\frac{|\sin x|}{(x+1)^2} \leq \frac{1}{(x+1)^2}$ 이며 $\int_0^\infty \frac{1}{(x+1)^2}dx = \left[-\frac{1}{x+1}\right]_1^\infty = 1$

[정 리 6.6.5.] (Abel's test for convergence)

f, $g: [a, \infty) \to R$는 미분가능하고, 연속인 감소함수들이라 하자. 또한 $\lim_{x\to\infty} g(x) = 0$, $F(x) = \int_a^x f$ 도 구간 $[a, \infty)$ 에서 유계이면, 이 때 $\int_a^\infty fg$는 수렴한다.

(증명) 두 점 $u, v \in [a, \infty)$ 가 $u < v$ 되게 선택한다. 이때 $\int_u^v fg$ 는 존재한다. 가정에 의하면 구간 $[a, \infty)$ 에서 $g \geq 0$ 이고, $\int_u^v fg = g(u)\int_u^c f$를 만족하는 $c \in [u, v]$가 존재한다. (제6장 연습문제 24) 그러므로 정리 6.4.1에 의하면 $\left|\int_u^v fg\right| = g(u) \mid F(c) - F(c) \mid$ 이다. 모든 $x \in [a, \infty)$에서 $\mid F(x) \mid \leq M$이면, $\left|\int_u^v fg\right| \leq 2Mg(u)$ 이다. 그러므로 정리 6.6.1에 의하면 $\int_a^\infty fg$ 는 수렴한다. ■

[따름 정리 6.6.5]

함수 g는 정리 6.6.5의 조건을 만족한다. 이때 $\int_a^\infty g(x)\sin x dx$, $\int_a^\infty g(x)\cos x dx$는 수렴한다. 더구나 $\int_a^\infty g(x)\sin x dx$, $\int_a^\infty g(x)\cos x dx$ 가 절대수렴(조건수렴)일 필요충분조건은 $\int_a^\infty g(x)$ 이 수렴(발산)한다.

(증명) 수렴성은 정리 6.6.5에 의하여 바로 얻을 수 있다. $\int_a^\infty \mid g \mid = \int_a^\infty g$ 가 발산할 필요충분조건은 $\int_a^\infty g(x)|\sin x|dx$, $\int_a^\infty g(x)|\cos x|dx$ 이 발산함을 보이고자 한다. $n\pi > m\pi \geq a$ 를 만족하는 m, $n \in Z^+$ 을 선택한다. 이 때

$$\begin{aligned}\int_a^{n\pi} g(x)|\sin x|dx &\geq \int_{m\pi}^{(m+1)\pi} g(x)|\sin x|dx + \cdots + \int_{(n-1)\pi}^{n\pi} g(x)|\sin x|dx \\ &\geq g((m+1)\pi)\int_{m\pi}^{(m+1)\pi}|\sin x|dx + \cdots + g(n\pi)\int_{(n-1)\pi}^{n\pi}|\sin x|dx \quad (6.38)\end{aligned}$$

이다. 그러나

$$\begin{aligned}g((m+1)\pi)\int_{m\pi}^{(m+1)\pi}|\sin x|dx + \cdots + g(n\pi)\int_{(n-1)\pi}^{n\pi}|\sin x|dx &= 2[g((m+1)\pi) + \cdots g(n\pi)] \\ &\geq \int_{(m+1)\pi}^{(n+1)\pi} g(x)dx \quad (6.39)\end{aligned}$$

이다. 그러므로 $\int_a^{n\pi} g(x)|\sin x|dx \geq \frac{2}{\pi}\int_{(m+1)\pi}^{(n+1)\pi} g(x)dx$이다. 따라서 $\int_a^{\infty} g$가 발산하면 $\int_a^{\infty} g(x)|\sin x|dx$도 발산한다. 반면에 $\int_a^b g(x)|\sin x|dx \leq \int_a^b g$이다. 그러므로 $\int_a^{\infty} g(x)|\sin x|dx$가 발산하면 $\int_a^{\infty} g$도 발산한다. cosine에 대한 증명도 비슷한 방법으로 할 수 있다. ■

예 제 6.6.4.

$\int_1^{\infty} \frac{\sin x}{x^p}dx$ 의 수렴성을 논하라.

(풀이) $p>1$ 이면 $\int_1^{\infty}\frac{\sin x}{x^p}dx$는 절대수렴이다. 왜냐하면 $\left|\frac{\sin x}{x^p}\right| \leq \frac{1}{x^p}$이고 $\int_1^{\infty}\frac{dx}{x^p}$는 수렴하기 때문이다. 반면에 $0<p\leq 1$ 이면 $\int_1^{\infty}\frac{\sin x}{x^p}dx$이 조건 수렴임을 보일 수 있다. 구간 $[1,\infty)$에서 $g(x)=\frac{1}{x^p}$라 정의하면 $\int_1^{\infty} g = \int_1^{\infty}\frac{1}{x^p}dx$는 발산한다. 그러므로 따름 정리 6.6.5에 의하면 $\int_1^{\infty}\frac{\sin x}{x^p}dx$는 조건수렴이다.

[정 리 6.6.6.]　　(Integral test)

구간 $[1,\infty)$에서 함수 f가 연속, 비감소인 양의 함수라 하자. $k\in Z^+$에서 $f(k)=a_k>0$이라 하면 $\sum_{k=1}^{\infty} a_k$이 수렴할 필요충분 조건은 $\int_1^{\infty} f(x)dx$이 수렴한다.

(증명) $k\in Z^+$에 대한 구간 $[k, k+1]$에서의 함수 $f(x)$의 형태를 보자. $\forall x=[k,k+1]$에서 $f(k+1)<f(x)<f(k)$임을 알 수 있다. 그러므로 $a_{k+1}<\int_k^{k+1} f<a_k$이다. (왜?) 만약 Z^+에 있는 N을 고정하고 k값들을 연속적으로 $1,2,\cdots,N$이라 하면,

$$\sum_{k=2}^{N+1} a_k < \int_1^{N+1} f < \sum_{k=1}^{N} a_k \quad (6.21)$$

를 구할 수 있다. (그림 6.2를 참고)

만약 $\int_1^\infty f$가 수렴한다고 하자. 이 때 식 (6.21)의 좌측 부등식에서

$$S_{N+1} < a_1 + \int_1^{N+1} f \le a_1 + \int_1^\infty f$$

을 얻을 수 있다. 그러므로 부분합의 수열 $\{S_n\}$이 유계이므로 무한급수 $\sum_{k=1}^\infty a_k$에서 수렴한다. 역으로, $\int_1^\infty f$가 발산한다고 하자. 구간 $[1, \infty)$에 $f > 0$이므로 이것이 가능할 유일한 방법은 $\lim_{N\to\infty} \int_1^{N+1} f = \infty$이다. 식(6.21)의 우측 부등식에서 $\lim_{n\to\infty} S_n = \infty$이다. 그러므로 수열 $\{S_n\}$은 비유계이다. 정리 3.8.1에 의하여 $\sum_{k=1}^\infty a_k$은 발산한다. ■

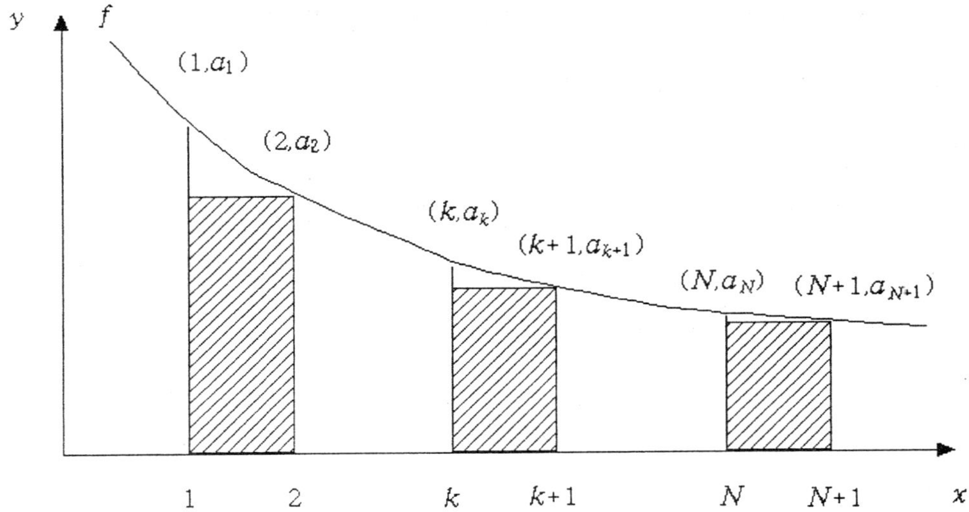

<그림 6.2>

예 제 6.6.5.

k-급수인 $\sum_{n=1}^\infty \frac{1}{n^k}$ 의 수렴성을 Integral test를 이용하여 보여라.

(풀이) 먼저, $k > 1$인 경우를 생각하자. $f(x) = \frac{1}{n^k}$이며 구간 $[1, \infty)$에서 정의한다. 이때 함수 f는 정리 6.4.8의 모든 가정들을 만족한다. 또한 $\int_1^\infty f(x)dx$가 수렴함을 쉽게 보일 수 있다. 그러므로 $\sum_{n=1}^\infty \frac{1}{n^k}$는 $k > 1$일 때 수렴함을 알 수 있다. $k \in (0, 1)$이라 하자. $f(x) = \frac{1}{n^k}$는 정리 6.4.8의 모든 가정들을 만족하며 $\int_1^\infty f$는 발산한다. 그러므로 $k \in (0, 1)$에서 $\sum_{n=1}^\infty \frac{1}{n^k}$는 발산한다.

구간 $[a, b]$ 안에서 유한개의 점에서 $f(x)$가 무한 값을 갖는다고 하자. 이 때 행하여지는 적분은 제2종 특이적분(improper integral of second kind)이라 한다.

예 제 6.6.5.

$\int_0^2 \frac{dx}{x^{2/3}}$ 의 수렴성을 조사하라.

(풀이) 이 때 $f(x)=x^{-\frac{2}{3}}$ 는 $x=0$ 에서 정의되지 않는다. 그러나 구간 (0,2]에서는 정의되어진다. $c\in(0,2]$ 이라 하고, $F(c)=\int_c^2 f$ 라 하자. 이 때 $F(c)=3(2^{\frac{1}{3}}-c^{\frac{1}{3}})$ 이므로 $c\to 0^+$ 이면 $F(c)\to 3(2^{\frac{1}{3}})$ 이다. 그러므로 $\int_0^2 f$는 수렴하며 그 수렴 값은 $3(2^{\frac{1}{3}})$ 이라고 말할 수 있다.

[정 의 6.6.3.]

$x\to a^+$일 때 $f(x)\to\infty$이라 가정하자. 이때 $\lim_{\varepsilon\to 0^+}\int_{a+\varepsilon}^b f(x)dx$가 존재하고, 유한이면, $\int_a^b f(x)dx$는 수렴한다고 한다. 비슷하게 $x\to b^-$일 때 $f(x)\to\infty$이라 하자. $\lim_{\varepsilon\to 0^+}\int_a^{b-\varepsilon} f(x)dx$ 가 존재하면 $\int_a^b f(x)dx$는 수렴한다고 한다. 마지막으로 $a<c<b$에서 $x\to c$일 때 $f(x)\to\infty$이라 하자. 만약 $\int_a^c f(x)dx$ 와 $\int_c^b f(x)dx$ 가 모두 존재하면, $\int_a^b f(x)dx = \int_a^c f(x)dx + \int_c^b f(x)dx$로 정의한다. 이때 점 c는 함수 $f(x)$의 특이점(singular point, singularity)이라 한다.

다음 정리들은 이종 특이적분의 수렴성을 확인하는데 매우 유용하다. 그들의 증명은 각각 정리 6.6.1, 정리 6.6.3과 정리 6.6.4와 유사하므로 연습문제로 남겨둔다.

[정 리 6.6.7.]

$x\to a^+$일 때 $f(x)\to\infty$이라 하자. $\int_a^b f(x)dx$가 수렴할 필요충분조건은 임의의 $\varepsilon>0$ 에 대하여 $a<z_1<z_2<z_0<b$인 두 점 z_1, z_2에서 $\left|\int_{z_1}^{z_2} f(x)\,dx\right|<\varepsilon$를 만족하는 z_0가 존재한다.

(증명) 연습문제

[정 리 6.6.8.]

$f(x)\geq 0$는 구간 $(a, b]$ 에 있는 모든 c에 대하여 $\int_c^b f(x)\,dx$가 존재하는 함수이다. 모든 $x\in(a, b]$ 에 대하여 $f(x)\leq g(x)$ 인 함수 $g(x)$가 존재하고, $c\to a^+$ 일 때 $\int_c^b g(x)dx$가 수렴하면 $\int_c^b f(x)dx$ 도 수렴하고 $\int_a^b f(x)dx \leq \int_a^b g(x)dx$ 이다.

(증명) 연습문제

예 제 6.6.6.

$\int_0^1 \frac{\arcsin x}{\sqrt{1-x^2}}\,dx$ 의 수렴성을 조사하라.

(풀이) 여기서 구간 $[0,1)$에서 $f(x)=\frac{\arcsin x}{\sqrt{1-x^2}}$ 는 유계이다. 더구나 구간 $[0,1)$에서 $0 \le f(x) \le g(x)$ 이며, 여기서 $g(x)=\frac{\pi}{2}\frac{1}{\sqrt{1-x^2}}$ 이다. 또한

$$\int_0^1 g = \lim_{b\to 1^-}\int_0^b g = \lim_{b\to 1^-}\frac{\pi}{2}(\arcsin b) = \frac{\pi^2}{4}$$

이다. 그러므로 정리 6.6.8에 의하면 $\int_0^1 f = \int_0^1 \frac{\arcsin x}{\sqrt{1-x^2}}\,dx$ 은 수렴한다. 또한 같은 함수 g를 이용하면 $\int_0^1 \frac{e^{x-1}}{\sqrt{1-x^2}}\,dx$ 의 수렴을 보일 수 있다.

[정 리 6.6.9.]

$f(x)$, $g(x) \ge 0$는 모든 $c \in (a,\ b]$ 에 대하여 구간 $[c\ ,b]$에서 $R-$적분가능하다. 만약 $\lim_{x\to a^+}\frac{f(x)}{g(x)} = k > 0$ 이면, $\int_a^b f(x)dx$ 와 $\int_a^b g(x)dx$ 는 모두 수렴하든지 또는 모두 발산한다.

(증명) 연습문제

[정 의 6.6.4.]

$\int_a^b f(x)dx$ 가 제2종 특이적분이라 하자. 만약 $\int_a^b |f(x)|dx$이 수렴이면, $\int_a^b f(x)dx$는 절대수렴이라 한다. 그러나 $\int_a^b f(x)dx$는 수렴하나, 절대수렴이 아닌 경우는 조건수렴(conditionally convergent)이라 한다.

[정 리 6.6.10.]

만약 $\int_a^b |f(x)|dx$이 수렴이면, $\int_a^b f(x)dx$도 수렴한다.

(증명) 연습문제

예 제 6.6.8.

$n>0$, $\int_0^1 e^{-x}x^{(n-1)}dx$ 는 수렴한다.

(풀이) 만약 $0<n<1$이면 $x\to 0^+$ 일 때 $x^{(n-1)}\to\infty$ 이다. 그러므로 이 적분은 이종특이적분이다. 또한 $x=0$ 는 특이점이다.

$$\lim_{x\to 0^+}\frac{e^{-x}\,x^{(n-1)}}{x^{(n-1)}}=1$$

이므로 이 적분의 수렴성은 $\int_0^1 x^{n-1}dx$ 와 같다. 그러나, $\int_0^1 x^{n-1}dx=\left[\frac{1}{n}x^n\right]_0^1=\frac{1}{n}$ 이므로 본 적분은 수렴한다.

예 제 6.6.9

$\int_0^\infty \frac{dx}{\sqrt{x}\sqrt{1+4x^2}}$ 의 수렴성을 조사하라.

(풀이)

$$\int_0^\infty \frac{dx}{\sqrt{x}\sqrt{1+4x^2}}=\int_0^1 \frac{dx}{\sqrt{x}\sqrt{1+4x^2}}+\int_1^\infty \frac{dx}{\sqrt{x}\sqrt{1+4x^2}} \tag{6.41}$$

으로 표현할 수 있다. 이 때 식(6.41)은 제1종과 제2종의 특이적분의 합으로 나타나 있다. 편의상 $f(x)=\frac{1}{\sqrt{x}\sqrt{1+4x^2}}$ 이라 하자. 이 때 구간 (0,1]에서 $\frac{1}{\sqrt{1+4x^2}}\le 1$ 이므로 $f(x)\le\frac{1}{\sqrt{x}}$ 이다. 따라서 $\int_0^1 f\le\int_0^1\frac{dx}{\sqrt{x}}$ 이다. $\int_0^1\frac{dx}{\sqrt{x}}$ 는 제2종 특이 적분으로 수렴하며 비교 판정법에 의하여 $\int_0^1 f$ 는 수렴한다. 또한 구간 $[1,\infty)$ 에서 $f(x)\le\frac{1}{\sqrt{x}\sqrt{4x^2}}=\frac{1}{2x^{3/2}}$ 으로 $\int_1^\infty\frac{dx}{2x^{3/2}}$ 은 수렴한다. 그러므로 $\int_1^\infty f$ 가 수렴한다. 따라서 $\int_0^\infty f$ 는 수렴한다.

6.7. 리만-스틸져스 적분 (Riemann-Stieltjes Integral)

정의 6.1.1에서 함수 f의 구간 $[a,b]$ 위에서의 리만적분을 정의하면서, 분할 $P=\{x_0,\ldots,x_n\}$ 에 대한 f의 리만 하합과 상합을 다음과 같이 정의하였다.

$$\underline{S}_p(f)\equiv\sum_p m_k\cdot\Delta_k x,\quad \overline{S}_p(f)\equiv\sum_p M_k\cdot\Delta_k x.$$

이다. 함수 $\alpha:[a,b]\to R$ 를 단조증가 함수라고 하자. 이때, 분할 P의 각 부분구간 I_k의 길이 $\Delta x_k = x_k - x_{k-1}$ 를 $\Delta\alpha_k=\alpha(x_k)-\alpha(x_{k-1})$ 로 변환시킨 다음 Δx_k를 $\Delta\alpha_k$로 대치하여 리만적분과 같은 방법으로 전개하는 것을 소개하고자 한다.

[정 의 6.7.1.]

함수 $f:[a,b]\to R$ 가 유계이고, $\alpha:[a,b]\to R$ 가 단조 증가 함수라고 하자. 구간 $I=[a,b]$ 에 대한 임의의 분할 $P=\{x_0,\ldots,x_n\}$ 에 대하여

$$U(P, f, \alpha) = \sum_{i=1}^{n} M_i \Delta\alpha_i, \quad L(P, f, \alpha) = \sum_{i=1}^{n} m_i \Delta\alpha_i$$

라 하고 여기서 M_i와 m_i는 정의 6.1.1에서와 같다.

$$\overline{\int_a^b} f\, d\alpha = \inf_P U(P, f, \alpha), \quad \underline{\int_a^b} f\, d\alpha = \sup_P L(P, f, \alpha)$$

라고 정의하면 각각의 α 에 대한 f의 리만-스틸져스 상적분, 하적분이라고 한다. 만약 $\overline{\int_a^b} f\, d\alpha = \underline{\int_a^b} f\, d\alpha$ 이면, f는 구간 I위에서 α 에 관한 리만-스틸져스 적분가능 (RS-적분가능 또는 $f \in R(\alpha)$)이라고 하고 이때 공통값을

$$\int_a^b f\, d\alpha = \int_a^b f(x)\, d\alpha(x)$$

라고 표기한다.

다음 세 개의 정리들은 리만적분의 증명들과 유사하므로 연습문제로 남겨둔다.

[정 리 6.7.1.]

만약 P^*이 P의 세분할이면, $L(P, f, \alpha) \le L(P^*, f, \alpha)$이며 $U(P^*, f, \alpha) \le U(P, f, \alpha)$이다.

(증명) 연습문제

[정 리 6.7.2.]

$\underline{\int_a^b} f\, d\alpha \le \overline{\int_a^b} f\, d\alpha$이다.

(증명) 연습문제

[정 리 6.7.3.]

구간 $[a, b]$ 위에서 $f \in R(\alpha)$일 필요충분조건은 임의의 양수 $\varepsilon > 0$에 대하여 적당한 분할 P가 존재하여 $U(P, f, \alpha) - L(P, f, \alpha) < \varepsilon$을 만족한다.

(증명) 연습문제

[정 리 6.7.4.]

함수 $f : [a, b] \to R$ 가 연속이면, $f \in R(\alpha)$이다.

(증명) 임의의 양수 $\varepsilon > 0$이 주어지면, $[\alpha(b) - \alpha(a)]\eta < \varepsilon$ 인 $\eta > 0$를 선택할 수 있다. $[a, b]$ 가 폐구간이므로 이 구간위에서 함수 f는 일양연속이다. 그러므로 적당한 $\delta > 0$가 존재하여 $x \in [a, b]$, $t \in [a, b]$ 와 $|x - t| < \delta$ 인 x, t에 대하여 $|f(x) - f(t)| < \eta$ 를 만족한다. 모든 i에 대하여 $\Delta x_i < \delta$를 만족하는 분할 P라고 하면, $M_i - m_i < \eta$이고

$$\begin{aligned} U(P, f, \alpha) - L(P, f, \alpha) &= \sum_{i=1}^{n} (M_i - m_i) \Delta\alpha_i \\ &\le \eta \sum_{i=1}^{n} \Delta\alpha_i \\ &= \eta [\, \alpha(b) - \alpha(a) \,] < \varepsilon \end{aligned} \tag{6.42}$$

을 만족한다. 그러므로 $f \in R(\alpha)$이다. ■

[정 리 6.7.5.]

α 는 단조 증가 함수이고, α'은 R−적분가능하다 . f는 구간 $[a, b]$ 에서 실수값을 갖는 유계인 함수이다. 이때, $f \in R(\alpha)$일 필요충분조건은 $f \cdot \alpha'$이 R−적분가능함수이다. 또한 $\int_a^b f\,d\alpha = \int_a^b f(x)\alpha'(x)\,dx$ 이다.

(증명) 연습문제

예 제 6.7.1.

X는 확률밀도함수 $f(x)$와 누적분포함수 $F(x)$를 갖는 연속형 확률변수라 하자. 즉, $f(x) = \dfrac{d}{dx}F(x)$ 이다. 이때 $a < b$에서

$$\Pr(a < X < b) = \int_a^b dF(x) = \int_a^b f(x)\,dx$$

임을 알 수 있다.

[보조 정리 6.7.1.]

만약 $\alpha(\lambda) = \begin{cases} \lambda, & a \le x < b \\ \lambda' & , x = b \end{cases}$ 이고 $f(x)$가 $x = b$에서 연속이면,

$$\int_a^b f(x)\,d\alpha(x) = (\lambda' - \lambda) f(b)$$

이다.

(증명) 쉽게 보일 수 있으므로 생략한다. ■

[정 리 6.7.6.]

$\alpha(x)$는 구간 $[a, b]$ 에서 정의된 계단함수(step function)이며, $x = c_1, \cdots, c_n$에서 점프 불연속이고, $a < c_1 < c_2 < \cdots < c_n = b$에 대하여

$$\alpha(x) = \begin{cases} \lambda_1 & a \le x < c_1 \\ \lambda_2 & c_1 \le x < c_2 \\ \vdots & \\ \lambda_n & c_{n-1} \le x < c_n \\ \lambda_{n+1} & x = c_n \end{cases}$$

이다. 함수 $f(x)$는 구간 $[a, b]$ 에서 유계이고 $x = c_1, \cdots, c_n$ 에서 연속이면,

$$\int_a^b f(x)d\alpha(x) = \sum_{i=1}^{n}(\lambda_{i+1}-\lambda_i)f(c_i)$$

이다.

(증명) $\int_a^b f(x)d\alpha(x) = \int_a^{c_1} f(x)d\alpha(x) + \int_{c_1}^{c_2} f(x)d\alpha(x) + \cdots + \int_{c_{n-1}}^{c_n} f(x)d\alpha(x)$이다. 보조정리 6.7.1에 의하여

$$\int_a^{c_1} f(x)d\alpha(x) = (\lambda_2-\lambda_1)f(c_1)$$

$$\vdots$$

$$\int_{c_{n-1}}^{c_n} f(x)d\alpha(x) = (\lambda_{n+1}-\lambda_n)f(c_n)$$

이므로 위의 결과를 얻을 수 있다. ■

[정 리 6.7.7.]

구간 $[a, b]$ 에서 $f\in R(\alpha)$이고, α는 연속인 도함수 $\alpha'(x)$를 갖는다면 이 때

$$\int_a^b f d\alpha(x) = \int_a^b f(x)\alpha'(x)dx$$

이다.

(증명) 연습문제

6.8. 기본 부등식

이 절에서 우리는 리만 적분에 대한 잘 알려진 부등식 등을 연구하고자 한다.

[정 리 6.8.1.] (Cauchy-Schwarz Inequality)

함수 $f(x)$와 $g(x)$들은 $f^2(x)$와 $g^2(x)$가 구간 $[a, b]$에서 $R-$적분가능한 함수들이다. 이 때,

$$\left[\int_a^b f(x)g(x)dx\right]^2 \le \left[\int_a^b f^2(x)dx\right]\left[\int_a^b g^2(x)dx\right] \tag{6.43}$$

이다.

(증명) c_1과 c_2는 동시에 0이 아닌 상수들이라 하자. 일반성을 잃지 않고 $c_2 \neq 0$ 이라 하자. 이 때 $\int_a^b [c_1 f(x) + c_2 g(x)]^2 dx \ge 0$ 이다. 그러므로 모든 c_1과 c_2에 대하여

$$c_1^2\int_a^b f^2(x)dx + 2c_1c_2\int_a^b f(x)g(x)dx + c_2^2\int_a^b g^2(x)dx \ge 0 \tag{6.44}$$

이다. 판별식을 이용하면

$$c_2^2\left[\int_a^b f(x)g(x)dx\right]^2 - c_2^2\left[\int_a^b f^2(x)dx\right]\left[\int_a^b g^2(x)dx\right] \le 0 \tag{6.45}$$

이므로

$$[\int_a^b f(x)g(x)dx]^2 \le [\int_a^b f^2(x)dx][\int_a^b g^2(x)dx] \tag{6.46}$$

이다. ■

[보조 정리 6.8.1.]

$a_1, \cdots, a_n$과 $\lambda_1, \cdots, \lambda_n$들은 비음수이고 $\sum_{i=1}^{n}\lambda_i = 1$이다. 이 때 $\prod_{i=1}^{n} a_i^{\lambda_i} \le \sum_{i=1}^{n}\lambda_i a_i$을 만족한다.

(증명) 이 보조정리는 컨벡스 성질을 이용한 예제 4.6.1의 확장이다. ■

[보조 정리 6.8.2.]

$f_1(x), \cdots, f_n(x)$ 는 구간 $[a, b]$ 에서 비음수이고, $R-$적분가능하다. 만약 $\lambda_1, \cdots, \lambda_n$ 이 비음수이고, $\sum_{i=1}^{n}\lambda_i = 1$ 이면, 이 때

$$\int_a^b [\prod_{i=1}^{n} f_i^{\lambda_i}(x)]dx \le \prod_{i=1}^{n}[\int_a^b f_i(x)dx_i]^{\lambda_i} \tag{6.47}$$

이다.

(증명) 일반성을 잃지 않고 $i = 1, \cdots, n$ 에 대하여 $\int_a^b f_i(x)dx > 0$ 이라하자. 만약 최소한 하나의 $f_i(x)$가 0이면 위의 부등식은 만족된다. 보조정리 6.8.1에 의하면,

$$\frac{\int_a^b [\prod_{i=1}^{n} f_i^{\lambda_i}(x)]dx}{\prod_{i=1}^{n}[\int_a^b f_i(x)dx]^{\lambda_i}} = \int_a^b [\frac{f_1(x)}{\int_a^b f_1(x)dx}]^{\lambda_1}[\frac{f_2(x)}{\int_a^b f_2(x)dx}]^{\lambda_2} \cdots [\frac{f_n(x)}{\int_a^b f_n(x)dx}]^{\lambda_n}dx$$

$$\le \int_a^b \sum_{i=1}^{n}\frac{\lambda_i f_i(x)}{\int_a^b f_i(x)dx}dx = \sum_{i=1}^{n}\lambda_i = 1$$

그러므로 부등식 (6.47)을 얻는다. ■

[정 리 6.8.2.]　(Holder's inequality)

p와 q는 양수이며 $\frac{1}{p}+\frac{1}{q}=1$ 을 만족한다. 만약 $|f(x)|^p$ 와 $|g(x)|^q$ 는 구간 $[a, b]$에서 $R-$적분 가능하면, 이 때

$$\left|\int_a^b f(x)g(x)dx\right| \le [\int_a^b |f(x)|^p dx]^{\frac{1}{p}}[\int_a^b |g(x)|^q dx]^{\frac{1}{q}} \tag{6.48}$$

이다.

(증명) $u(x)$와 $v(x)$를 다음과 같이 정의한다. $u(x) = |f(x)|^p$, $v(x) = |g(x)|^q$이다. 이 때 보조정리 6.8.2를 이용하면

$$\int_a^b u(x)^{\frac{1}{p}} v(x)^{\frac{1}{q}} dx \le [\int_a^b u(x)dx]^{\frac{1}{p}}[\int_a^b v(x)dx]^{\frac{1}{q}},$$

즉,

$$\int_a^b |f(x)||g(x)|dx \le [\int_a^b |f(x)|^p dx]^{\frac{1}{p}} [\int_a^b |g(x)|^q dx]^{\frac{1}{q}}$$

이다.

$$\left| \int_a^b f(x)g(x)dx \right| \le \int_a^b |f(x)||g(x)|dx$$

이므로 부등식 (6.48)을 얻는다. ■

[정 리 6.8.3.] (Minkowski's Inequality)

구간 $[a, b]$ 에서 $|f(x)|^p$ 와 $|g(x)|^p$들이 $R-$적분가능한 함수이고, 여기서 $1 \le p < \infty$ 이다. 이 때,

$$[\int_a^b |f(x)+g(x)|^p dx]^{\frac{1}{p}} \le [\int_a^b |f(x)|^p dx]^{\frac{1}{p}} + [\int_a^b |g(x)|^p dx]^{\frac{1}{p}} \tag{6.49}$$

이다.

(증명) $p=1$ 이면 삼각부등식에 의해 위 정리는 사실이다. 그러므로 $p>1$이라 가정하자. q가 양의 정수로 $\frac{1}{p}+\frac{1}{q}=1$ 을 만족한다 하자. 그러므로 $p=p(\frac{1}{p}+\frac{1}{q})=1+\frac{p}{q}$ 이다.

$$\begin{aligned} |f(x)+g(x)|^p &= |f(x)+g(x)||f(x)+g(x)|^{\frac{p}{q}} \\ &\le |f(x)||f(x)+g(x)|^{\frac{p}{q}} + |g(x)||f(x)+g(x)|^{\frac{p}{q}} \end{aligned} \tag{6.50}$$

이다. 식 (6.50)의 우변에 있는 두 항들에 정리 6.8.2를 적용하면,

$$\int_a^b |f(x)||f(x)+g(x)|^{\frac{p}{q}} dx \le [\int_a^b |f(x)|^p dx]^{\frac{1}{p}} [\int_a^b |f(x)+g(x)|^p dx]^{\frac{1}{q}}$$

이고

$$\int_a^b |g(x)||f(x)+g(x)|^{\frac{p}{q}} dx \le [\int_a^b |g(x)|^p dx]^{\frac{1}{p}} [\int_a^b |f(x)+g(x)|^p dx]^{\frac{1}{q}}$$

이다. 그러므로

$$\int_a^b |f(x)+g(x)|^p dx \le [\int_a^b |f(x)+g(x)|^p dx]^{\frac{1}{q}} * [\int_a^b |f(x)|^p dx]^{\frac{1}{p}} + [\int_a^b |g(x)|^p dx]^{\frac{1}{p}}$$

이다. 또한 $1-\frac{1}{q}=\frac{1}{p}$ 이므로 정리의 결과를 얻는다. ■

[따름 정리 6.8.1.]

모든 $i=1, \cdots, n$ 에 대하여 구간 $[a, b]$ 에서 $|f_i(x)|^p$는 $R-$적분가능하다. 이 때

$$[\int_a^b \left| \sum_{i=1}^n f_i(x) \right|^p dx]^{\frac{1}{p}} \le \sum_{i=1}^n [\int_a^b |f_i(x)|^p dx]^{\frac{1}{p}}$$

이다.

(증명) 연습문제

[정 리 6.8.4.]　(Jensen's Inequality)

X는 유한 평균 $\mu=EX$을 갖는 확률변수라 하자. 만약 $g(X)$가 두 번 미분가능하고 컨벡스 함수이면,

$$E[g(x)] \geq g[E(x)] \tag{6.51}$$

이다.

(증명) $g(x)$가 컨벡스이고 $g''(x)$가 존재하므로 $g''(x)\geq 0$이다. 정리 5.2.3의 평균값 정리를 μ근처에서 적용하면, $g(X)=g(\mu)+(X-\mu)g'(c)$를 얻고 여기서 c는 μ와 X사이에 존재한다. 만약 $X-\mu>0$이면 $\mu<c$이고 $g''(x)>0$이므로 $g'(c)\geq g'(\mu)$이다. 그러므로

$$g(X)-g(\mu)=(X-\mu)g'(c) \geq (X-\mu)g'(\mu) \tag{6.52}$$

이다. 반면에 $X-\mu<0$이면 $c<\mu$이고 $g'(c)\leq g'(\mu)$이다. 따라서

$$g(X)-g(\mu)=(X-\mu)g'(c)\geq(X-\mu)g'(\mu) \tag{6.53}$$

위 두 개의 부등식 (6.52)과 (6.53)에서

$$E[g(X)-g(\mu)] \geq g'(\mu)E(X-\mu)=0$$

이며 $Eg(\mu) = g(\mu)$ 이므로,

$$E(g(X)) \geq Eg(\mu) = g(\mu)$$

이다. ■

6.9. 통계의 응용

리만적분은 통계 분포이론에서 가장 중요한 역할을 한다. 아마도 리만적분이 가장 널리 쓰이는 분야는 연속확률변수의 분포 연구일 것이다. 5.5장에서 연속확률변수 X는 그것의 누적분포함수 $F(x) = P(X\leq x)$가 미분가능하면 절대연속이라 하였다. 이 경우 $F'(x) = f(x)$를 만족하는 $f(x)$가 존재하고 이를 X의 밀도함수라 한다. 즉

$$F(x) = \int_{-\infty}^{x} f(t)dt \tag{6.54}$$

이다. 일반적으로 X가 연속형이라도 그것이 절대연속일 필요는 없다. 그러나 연속인 대부분의 분포함수들은 절대 연속이다. 식 (6.54)에서

$$P(a<X<b) = F(b)-F(a) = \int_{a}^{b} f(x)dx \tag{6.55}$$

이다. 연속인 확률변수 X의 평균과 분산은 다음과 같이 주어진다.

$$\mu = EX = \int_{-\infty}^{\infty} xf(x)dx,$$

과

$$\sigma^2 = Var(X) = \int_{-\infty}^{\infty}(x-\mu)^2 f(x)dx$$

이다. 일반적으로 X의 k번째 중심적률(central moment)은 μ_k로 표시하며, 다음과 같이 정의한다.

$$\mu_k = E(X-\mu)^k = \int_{-\infty}^{\infty}(x-\mu)^k f(x)dx \tag{6.56}$$

이다. 이 때 $\sigma^2 = \mu_2$이다. 비슷하게 X의 k번째 비중심적률(noncentral moment)은 다음과 같이 정의한다. $\mu_k' = EX^k$이다. 여기서 $\mu_1 = 0$이고 반면에 $\mu_1' = \mu$이다. 만약 밀도 함수 $f(x)$의 정의역이 무한이면 이 때 μ_k와 μ_k'들은 일종 특이적분이다. 그러므로 그들은 존재할 수도 있고 안 할 수도 있다. 만약 $\int_{-\infty}^{\infty}|x|^k f(x)dx$가 존재하면, μ_k'는 물론 존재한다. 이 때 적분 $\int_{-\infty}^{\infty}|x|^k f(x)dx$를 k번째 절대 적률(absolute moment)이라 하고, ν_k 로 표현한다.

$j \leq k$ 라 하자. 만약 $|x| \geq 1$ 이면 $|x|^j \leq |x|^k$ 이고 $|x| < 1$ 이면 $|x|^j < 1$ 이다. 따라서 모든 $j \leq k$ 에서 $|x|^j \leq |x|^k + 1$ 이다. 따라서 $\nu_j \leq \nu_k + 1$ 이므로 ν_k 가 존재하면 모든 $j \leq k$ 에서 ν_j도 물론 존재한다. 또한, μ_j' 도 존재함을 뜻한다. 중심적률 μ_j 는 비중심적률 μ_j' 또는 μ_l' , $l < j$의 항들로 표현될 수 있으므로 ν_j의 존재는 μ_j의 존재를 의미한다.

예 제 6.9.1.

X는 다음과 같은 밀도 함수를 갖는다.

$$f(x) = \frac{1}{\pi(1+x^2)}, \qquad -\infty < x < \infty$$

이런 확률변수는 코쉬 분포함수를 갖는다라고 한다. 이것의 평균 μ는 존재하지 않는다. μ 가 존재하기 위해서는 다음 식에 있는 두 개의 극한이 존재하여야 한다.

$$\mu = \frac{1}{\pi}\lim_{a\to\infty}\int_{-a}^{0}\frac{x}{1+x^2}dx + \frac{1}{\pi}\lim_{b\to\infty}\int_{0}^{b}\frac{x}{1+x^2}dx$$

그러나 $a \to \infty$ 일 때

$$\int_{-a}^{0}\frac{x}{1+x^2}dx = -\frac{1}{2}\log(1+a^2) \to -\infty$$

이고 $b \to \infty$ 일 때

$$\int_{0}^{b}\frac{x}{1+x^2}dx = \frac{1}{2}\log(1+b^2) \to \infty$$

이다.

그러므로 $\int_{-\infty}^{\infty}\frac{x}{1+x^2}dx$는 발산하고 μ 는 존재하지 않는다.

6.9.1 음적률의 존재

연속 확률변수 X가 확률밀도함수 $f(x)$ 를 갖는다고 하자. 정의에 의하면 X의 첫 번째 음적률은 $E(X^{-1})$이다. 그러한 적률의 존재성이 다음부터 설명되어진다. 우선 첫 번째 음적률 계산의 필요성에 대한 실제적인 예들을 들어보자.

예 제 6.9.2.

평균 μ와 분산 σ^2을 갖는 모집단을 P 라 하자. 변동계수(coefficiant of variance)는 단위 평균당 모집단에서 변동의 측도 이며, $\frac{\sigma}{|\mu|}$ 로 표현된다. 단 여기서 $\mu \neq 0$을 가정한다. s와 $\overline{y}$를 모집단 P에서 추출된 표본의 표본편차와 표본평균이라 하자. 이 때 이 변동계수의 추정량은 $\frac{s}{|\overline{y}|}$ 이다. 만약 모집단이 정규분포를 따르면, $\overline{y}$도 정규분포를 따르고 s에 독립이므로, $E\left(\frac{s}{|\overline{y}|}\right) = E(s)E\left(\frac{1}{|\overline{y}|}\right)$이다. 이 때, $E(\frac{1}{|\overline{y}|})$이 존재하는가에 대한 질문이 생긴다.

예 제 6.9.3.

단순선형회귀 모형 $E(y) = \beta_0 + \beta_1 x$를 생각하자. 대부분의 회귀형태에서, 주어진 x값에 대한 반응변수 y를 예측하는 것이 관심사이다. 이러한 목적으로 우리는 예측방정식 $\widehat{y} = \widehat{\beta_0} + \widehat{\beta_1}x$ 를 사용한다. 여기서 $\widehat{\beta_0}$, $\widehat{\beta_1}$ 는 각각 β_0 , β_1 에 대한 최소제곱 추정량이다. 그러나, 여기서는 다른 상황들이 있다. 즉, 관측된 y의 값, y_0에 대응되는 x의 값, x_0을 예측하는 것이 관심사일 수 있다. 이것이 calibration 문제라고 알려진 역회귀문제이다. 일반적으로 $E(y_0) = \beta_0 + \beta_1 x_0$이다. 만약 $\beta_1 \neq 0$ 이면

$$x_0 = \frac{E(y_0) - \beta_0}{\beta_1}$$

이다. $\widehat{\beta_0} = \overline{y} - \widehat{\beta_1}\overline{x}$이므로 x_0를 추정하기 위하여

$$\widehat{x_0} = \frac{y_0 - \widehat{\beta_0}}{\widehat{\beta_1}} = \overline{x} + \frac{y_0 - \overline{y}}{\widehat{\beta_1}}$$

를 이용한다. 만약 반응변수 y가 분산 σ^2을 갖는 정규분포함수를 갖는다면, $\overline{y}$와 $\widehat{\beta_1}$은 통계적으로 독립이므로, 이 때 $\widehat{x_0}$의 기대값은

$$E(\widehat{x_0}) = \overline{x} + E\left(\frac{y_0 - \overline{y}}{\widehat{\beta_1}}\right) \quad = \overline{x} + E(y_0 - \overline{y})E\left(\frac{1}{\widehat{\beta_1}}\right)$$

이다. 여기서 다시 $E(\frac{1}{\widehat{\beta_1}})$의 존재에 관심이 있다. 지금부터 구간 $(0\ ,\infty)$ 에서 정의된 연속확률변수 X가 밀도함수 $f(x)$를 갖는다 하자. 또한 $f(x)$가 연속함수라 가정하자. 이 때 x^{-1}의 기대값은

$$E(X^{-1}) = \int_0^{\infty} \frac{f(x)}{x}\,dx$$

이다. 이것은 $x=0$에서 특이점을 갖는 특이적분이다. 특히 $f(0) > 0$이면

$$\lim_{x \to 0^+} \frac{\frac{f(x)}{x}}{\frac{1}{x}} = f(0) > 0$$

이므로 $E(X^{-1})$ 역시 존재하지 않는다.

만약 $f(x)$가 $(-\infty, \infty)$ 에서 정의되고 $f(0)>0$ 이면 $E(X^{-1})$ 역시 존재하지 않는다. 이 경우

$$\int_{-\infty}^{\infty} \frac{f(x)}{x}\,dx = \int_{-\infty}^{0} \frac{f(x)}{x}\,dx + \int_0^{\infty} \frac{f(x)}{x}\,dx = -\int_{-\infty}^{0} \frac{f(x)}{|x|}\,dx + \int_0^{\infty} \frac{f(x)}{x}\,dx \quad (6.58)$$

이고 식(6.58)의 우변에 있는 두 적분들은 발산한다.

다음은 음적률 $E(X^{-1})$의 존재성에 대한 충분조건을 보여준다.(Poegorsch와 Casella, 1985).

[정 리 6.9.1.]

확률변수 X가 구간 $(0, \infty)$에서 정의되며, 연속인 밀도함수 $f(x)$를 갖는다. 만약 적당한 $\alpha>0$에 대하여 $\lim_{x \to 0^+} \frac{f(x)}{x^{\alpha}} < \infty$ 이면, $E(X^{-1})$ 는 존재한다.

(증명) $x \to 0^+$ 일 때 $\frac{f(x)}{x^{\alpha}}$의 극한이 존재한다. 즉, $0<x<\delta$에서 $\frac{f(x)}{x^{\alpha}} < M$인 M 과 $\delta>0$ 가 존재한다. 이 때 $\int_0^{\delta} \frac{f(x)}{x}\,dx < M\int_0^{\delta} x^{\alpha-1}dx = \frac{M\delta^{\alpha}}{\alpha}$ 이다. 그러므로

$$\begin{aligned} E(X^{-1}) &= \int_0^{\infty} \frac{f(x)}{x}\,dx = \int_0^{\delta} \frac{f(x)}{x}\,dx + \int_{\delta}^{\infty} \frac{f(x)}{x}\,dx \\ &< \frac{M\delta^{\alpha}}{\alpha} + \frac{1}{\delta}\int_{\delta}^{\infty} f(x)dx \le \frac{M\delta^{\alpha}}{\alpha} + \frac{1}{\delta} < \infty \end{aligned} \quad (6.59)$$

이다. ■

[따름 정리 6.9.1.]

구간 $(0, \infty)$ 에 정의된 확률변수 X는 $f(0)=0$ 을 만족하는 연속인 밀도함수 $f(x)$를 갖는다. 만약 $f'(0)$이 존재하면, $E(X^{-1})$ 이 존재한다.

(증명) $f'(0) = \lim_{x \to 0^+} \frac{f(x)-f(0)}{x} = \lim_{x \to 0^+} \frac{f(x)}{x}$ 이므로 정리 6.9.1이 $\alpha=1$ 인 경우이므로 $E(X^{-1})$ 는 존재한다. ■

예 제 6.9.4.

X는 평균 μ, 분산 σ^2을 갖는 정규확률변수이다. 즉,

$$f(x) = \frac{1}{\sqrt{2\pi\sigma^2}} \exp\left[-\frac{1}{2\sigma^2}(x-\mu)^2\right], \quad -\infty<x<\infty \quad (6.60)$$

이다. 이 때 $f(0)>0$ 이므로 $E(X^{-1})$ 는 존재하지 않는다. 예제 6.9.2 에서 모집단이 정규분포를 따른다고 하자. 이 때 점 O에서 $|\overline{y}|$의 밀도함수가 양수이므로, 예제 6.9.2.에서 $E(\frac{1}{|\overline{y}|})$는 존재하지 않는다. 또한 예제 6.9.3에서 반응변수 y가 정규성을 만족한다면 $\widehat{\beta}_1$이 정규분포를 따르므로, $E(\frac{1}{\widehat{\beta}_1})$이 존재하지 않는다.

6.9.2 연속확률변수들의 변환

연속확률변수 Y가 밀도함수 $f(y)$를 갖고 있다. $W=g(Y)$이고 여기서 $g(y)$는 집합 A에서 미분가능하고 연속인 함수라 하자, 또는 모든 $y\in A$에서 $h'(y)\neq 0$이라 하자. 즉 $h(y)$는 순 단조함수 이다. 5.5절에서 W의 밀도함수 $g(w)$는

$$g(w) = f[h^{-1}(w)]\left|\frac{dh^{-1}(w)}{dw}\right|, \qquad w\in B=h^{-1}(A) \tag{6.61}$$

이다. 이 결과는 정리 6.4.3에 의하여 다음과 같이 보일 수 있다. $w_1\leq w_2$인 임의의 w_1, w_2에 대하여

$$P(w_1\leq W\leq w_2) = \int_{w_1}^{w_2} g(w)dw \tag{6.62}$$

이다. 만약 $h'(y)>0$이면, $h(y)$는 순 단조증가함수이다. 그러므로

$$P(w_1\leq W\leq w_2) = P(y_1\leq Y\leq y_2) \tag{6.63}$$

여기서 $w_1=h(y_1)$ 과 $w_2=h(y_2)$ 이다. 그러나

$$P(y_1\leq Y\leq y_2) = \int_{y_1}^{y_2} g(y)dy$$

이다. $y=h^{-1}(w)$ 이므로 정리 6.4.3에 의하면,

$$\int_{y_1}^{y_2} f(y)dy = \int_{w_1}^{w_2} f[h^{-1}(w)]\,\frac{dh^{-1}(w)}{dw}\,dw \tag{6.64}$$

이다. 식 (6.63)과 (6.64)에서

$$P(w_1\leq W\leq w_2) = \int_{w_1}^{w_2} f[h^{-1}(w)]\frac{dh^{-1}(w)}{dw}\,dw \tag{6.65}$$

를 얻는다. 반면에, 만약 $h'(y)<0$이면 같은 방법으로

$$P(w_1\leq W\leq w_2) = -\int_{w_1}^{w_2} f(h^{-1}(w))\frac{dh^{-1}(w)}{dw}\,dw \tag{6.66}$$

식 (6.65)과 (6.66)에서

$$P(w_1 \le W \le w_2) = \int_{w_1}^{w_2} f(h^{-1}(w))|\frac{dh^{-1}(w)}{dw}|dw \tag{6.67}$$

이다. 그러므로 공식(6.61)은 식(6.62)와 식(6.67)을 비교하여 얻을 수 있다.

특히 공식(6.61)은 $w=h(y)$가 유일한 역함수를 갖는 경우를 생각하였다. 지금부터 함수 $h(y)$는 연속적으로 미분 가능하나 정의역 안의 유한개의 점에서 미분값이 0인 경우를 생각하자. 이 때 $h(y)$의 정의역을 유한개의 부정의역 (subdomain)으로 분할하며, 그것들을 $I_1, I_2, \cdots, I_n$ 으로 표시하고 각각의 부정의역에서 $h(y)$가 단조함수가 되도록 한다. 그러면 각각의 부정의역에서 $h(y)$는 유일한 역함수를 갖는다. h_i를 구간 I_i에 제한된 함수 h라 하자. 즉, $h_i(y)$는 오직 구간 I_i 에서 정의되고 $y \in I_i$에 대하여 $h_i(y)=h(y)$ 이다. 가정에 의하면 $h_i(y)$는 역함수인 $y=h_i^{-1}(w)$ 를 갖는다. $I_1, I_2, \cdots, I_n$ 은 모두 공통원소를 갖고 있지 않으므로, $w_1 \le w_2$인 w_1, w_2에 대하여

$$P(w_1 \le W \le w_2) = \sum_{i=1}^{n} P[Y \in h_i^{-1}(w_1, w_2)] \tag{6.68}$$

이고, 여기서 $h_i^{-1}(w_1, w_2)$는 $[w_1, w_2] \subset I_i$의 역상(inverse image)이다. 부정의역 I_i에서

$$\begin{aligned} P[Y \in h_i^{-1}(w_1, w_2)] & \int_{h_i^{-1}(w_1, w_2)} f(y)dy \\ &= \int_{T_i} f[h_i^{-1}(w)]\left|\frac{dh_i^{-1}(w)}{dw}\right|dw \end{aligned} \tag{6.69}$$

여기서 T_i는 함수 h_i 아래서 $h_i^{-1}(w_1, w_2)$ 의 상이다. 공식 (6.69)는 공식 (6.67)을 함수 $h_i^{-1}(y)$ 에 적용하므로서 얻어진다. $i=1,\cdots,n$에서

$$T_i = h_i[h_i^{-1}(w_1, w_2)] = [w_1, w_2] \cap h_i(I_i)$$

이다. 그러므로 (6.69)에 있는 적분은 다음과 같이 쓸 수 있다.

$$\int_{T_i} f(h_i^{-1}(w))\left|\frac{dh_i^{-1}(w)}{dw}\right|dw = \int_{w_1}^{w_2} \delta_i(w) f[h_i^{-1}(w)]\left|\frac{dh_i^{-1}(w)}{dw}\right|dw \tag{6.70}$$

여기서 $\delta_i(w) = \begin{cases} 1, & w \in h_i^{-1}(I_i) \\ 0, & \text{이외에} \end{cases}$ 이다. 식(6.68)에 식(6.69)과 식(6.70)을 이용하면

$$\begin{aligned} P(w_1 \le W \le w_2) &= \sum_{i=1}^{n} \int_{w_1}^{w_2} \delta_i(w) f(h_i^{-1}(w))\left|\frac{dh_i^{-1}(w)}{dw}\right|dw \\ &= \int_{w_1}^{w_2} \sum_{i=1}^{n} \delta_i(w) f[h_i^{-1}(w)]\left|\frac{dh_i^{-1}(w)}{dw}\right|dw \end{aligned}$$

이다. 그러므로 W의 밀도함수 $g(w)$는

$$g(w) = \sum_{i=1}^{n} \delta_i(w) f[h_i^{-1}(w)]\left|\frac{dh_i^{-1}(w)}{dw}\right| \tag{6.71}$$

이다.

예 제 6.9.5.

확률변수 Y는 다음과 같은 표준정규분포를 갖는다.

$$f(y)=\frac{1}{\sqrt{2\pi}}\exp\left(-\frac{y^2}{2}\right) \qquad -\infty < y < \infty$$

$W=Y^2$ 이라 하면 함수 $w=y^2$는 구간 $(-\infty,\infty)$ 에서 두 개의 역함수를 갖는다. 즉,

$$y = \begin{cases} -\sqrt{w}, & y\le 0 \\ \sqrt{w}, & y>0 \end{cases}$$

이다. 그러므로 $I_1=(-\infty, 0]$, $I_2=(0, \infty)$, $h_1(I_1)=[0, \infty)$. 그리고 $h_2(I_2)=(0, \infty)$ 이라 하자. 그러면 $w\in(0, \infty)$이면, $\delta_1(w)=1$, $\delta_2(w)=1$ 이다. 이 때, 식(6.71)을 적용하면,

$$g(w)=\frac{1}{\sqrt{2\pi}}e^{-\frac{w}{2}}\left|-\frac{1}{2\sqrt{w}}\right|+\frac{1}{\sqrt{2\pi}}e^{-\frac{w}{2}}\left|\frac{1}{2\sqrt{w}}\right|=\frac{1}{\sqrt{2\pi}}\frac{e^{-\frac{w}{2}}}{\sqrt{w}}, \qquad w>0$$

이다.

6.9.3 기대값의 리만-스틸져스 적분

확률변수 X는 누적분포함수 $F(x)$를 갖는다고 하자. $h(x)$가 구간 $(-\infty, \infty)$ 에서 $F(x)$에 대하여 리만－스틸져스 적분가능하다 가정하자. 이 때 $h(x)$의 기대값은

$$E[h(x)] = \int_{-\infty}^{\infty} h(x)dF(x) \tag{6.72}$$

이다. 식 (6.72)는 이산형, 연속형 모두에 대한 기대값의 통일된 표현이다. 만약 밀도함수 $f(x)$를 갖는 연속확률변수 X이면

$$E[h(x)] = \int_{-\infty}^{\infty} h(x)f(x)dx$$

이고 만약 X가 $c_1, \cdots, c_n$ 인 값들을 갖고 $p(x)$를 확률질량함수로 갖는 이산확률변 수이면, 정리 6.7.7을 이용하면

$$E[h(x)] = \sum_{i=1}^{n} h(c_i)p(c_i)$$

이다.

여기서 $F(x)$는 다음을 만족하는 점 $c_1, \cdots, c_n$에서 점프 불연속(jump discontinuity)인 계단함수이다.

$$F(x)=\begin{cases} 0 & -\infty < x < c_1 \\ p(c_1) & c_1 \le x < c_2 \\ p(c_1)+p(c_2) & c_2 \le x < c_3 \\ \vdots & \\ \sum_{i=1}^{n-1} p(c_i) & c_{n-1} \le x < c_n \\ \sum_{i=1}^{n} p(c_i) & c_n \le x < \infty \end{cases} \tag{6.73}$$

이다. 그러므로 $\int_{-\infty}^{\infty} h(x)dF(x) = \sum_{i=1}^{n} p(c_i)h(c_i)$ 이다.

예 제 6.9.6.

확률변수 X는 점 $c_1, \cdots, c_n$에서 $p(x)=\frac{1}{n}$인 이산균등분포함수를 갖는다. 이 때 이것의 누적분포함수 $F(x)$는

$$F(X)=P(X\le x)=\frac{1}{n}\sum_{i=1}^{n} I(x-c_i)$$

이고

여기서 $I(x-c_i)=\begin{cases} 0, & x<c_i \\ 1, & x\ge c_i \end{cases}$이다. 그러므로 $Eh(x)=\frac{1}{n}\sum_{i=1}^{n} h(c_i)$ 이다.

예 제 6.9.7.

누적분포함수 $F(x)$를 갖는 확률변수 X의 적률생성함수(moment generating function) $\Phi(t)$는 $h_t(X)=e^{tx}$ 의 기대값으로 정의된다. 즉,

$$\Phi(t) = Ee^{tx} = \int_{-\infty}^{\infty} e^{tx}dF(x) = \begin{cases} \sum_{i=1}^{\infty} p(c_i)e^{tc_i} & X\text{가이산형일때} \\ \int_{-\infty}^{\infty} e^{tx}f(x)dx & X\text{가연속형일때} \end{cases}$$

이다. 연속확률변수 X에 대한 적률생성함수 $\Phi(t)$의 존재는 적분 수렴성을 의미하며 이 수렴성은 t값의 선택에 좌우된다. 예를 들면, 확률변수 X가 다음과 같은 감마분포 $G(\alpha, \beta)$ 를 갖는다.

$$f(x) = \frac{x^{\alpha-1}e^{-\frac{x}{\beta}}}{\Gamma(\alpha)\beta^{\alpha}} \qquad \alpha>0, \ \beta>0, \ 0<x<\infty$$

이 때 그것의 적률생성함수는

$$\Phi(t) = \int_0^{\infty} \frac{e^{tx}x^{\alpha-1}e^{\frac{-x}{\beta}}}{\Gamma(\alpha)\beta^{\alpha}}dx = \int_0^{\infty} \frac{x^{\alpha-1}e^{-\frac{x(1-\beta t)}{\beta}}}{\Gamma(\alpha)\beta^{\alpha}}dx$$

이다. $y=\dfrac{x(1-\beta t)}{\beta}$ 라 하면,

$$\Phi(t) = \int_0^\infty \frac{\beta}{(1-\beta t)\Gamma(\alpha)\beta^\alpha}\left(\frac{\beta y}{1-\beta t}\right)^{\alpha-1} e^{-y}dy \tag{6.74}$$

이다. 따라서 $\int_0^\infty e^{-y}y^{\alpha-1}dy = \Gamma(\alpha)$ 이므로 $\Phi(t)=(1-\beta t)^{-\alpha}$이다.

만약 $1-\beta t > 0$, 즉 $\dfrac{1}{\beta} > t$ 이면 $\Phi(t)$는 α의 모든 값에 대하여 존재한다.

[정 리 6.9.2.]

확률변수 X는 평균 μ, 분산 σ^2를 갖는다. 이 때 양의 상수 r에 대하여,

$$P(|X-\mu| \geq r\sigma) \leq \frac{1}{r^2}$$

이다.

(증명) 정의에 의하면 σ^2은 $h(X)=(X-\mu)^2$의 기대값이다. 그러므로

$$\sigma^2 = \int_{-\infty}^\infty (x-\mu)^2 dF(x)$$

여기서 $F(x)$는 X의 누적분포함수이다. 구간 $(-\infty, \infty)$은 세 개의 서로 배반인 구간 $(-\infty, \mu-r\sigma]$, $(\mu-r\sigma, \mu+r\sigma)$, $[\mu+r\sigma, \infty)$의 분할로 나타내어진다.
그러면

$$\begin{aligned}\sigma^2 &= \int_{-\infty}^{\mu-r\sigma}(x-\mu)^2dF(x) + \int_{\mu-r\sigma}^{\mu+r\sigma}(x-\mu)^2dF(x) + \int_{\mu+r\sigma}^{\infty}(x-\mu)^2dF(x)\\ &\geq \int_{-\infty}^{\mu-r\sigma}(x-\mu)^2dF(x) + \int_{\mu+r\sigma}^{\infty}(x-\mu)^2dF(x)\end{aligned} \tag{6.75}$$

이다. (6.75)에 있는 첫 번째 적분에서, $x \leq \mu - r\sigma$ 이므로 $(x-\mu)^2 \geq r^2\sigma^2$ 이다. 또한 두 번째 적분에서, $x-\mu \geq r\sigma$ 이므로 $(x-\mu)^2 \geq r^2\sigma^2$ 이다. 결론적으로

$$\int_{-\infty}^{\mu-r\sigma}(x-\mu)^2dF(x) \geq r^2\sigma^2\int_{-\infty}^{\mu-r\sigma}dF(x) = r^2\sigma^2P(X \leq \mu-r\sigma)$$

이고

$$\int_{\mu+r\sigma}^{\infty}(x-\mu)^2dF(x) \geq r^2\sigma^2\int_{\mu+r\sigma}^{\infty}dF(x) = r^2\sigma^2P(X \geq \mu+r\sigma)$$

이다. 그러므로

$$\sigma^2 \geq r^2\sigma^2[P(X-\mu \leq -r\sigma) + P(X-\mu \geq r\sigma)] = r^2\sigma^2P(|X-\mu| \geq r\sigma)$$

이고 이는

$$P(|X-\mu| \geq r\sigma) \leq \frac{1}{r^2}$$

이다. ■

연습문제 (6)

1. 보조 정리 6.1.4, 6.1.5와 6.1.6을 증명하라.

2. 보조 정리 6.2.1을 증명하라.

3. 정리 6.3.2, 6.3.3과 6.3.4를 증명하라.

4. 정리 6.3.7을 증명하라.

5. 구간 $[0, 1]$ 에서 $f \geq 0$이고 연속인 함수 $f(x)$가 모든 적분가능한 함수 $\phi(x)$에 대하여

$$\int_0^1 f(x)\,\phi(x)\,dx = 0$$

을 만족한다고 하자. 이때 $f(x) = 0$ 임을 보여라.

6. 함수 $f(x)$가 구간 $I=[a, b]$에서 적분가능하고 모든 $x \in I$에서 $F(x) = \int_a^x f(t)\,dt$라 하자. 이때 $F(x)$가 구간 I 에서 연속임을 보여라.

7. 함수 $f(x)$가 구간 $I=[a, b]$에서 연속이고 모든 $x \in I$에서 $\int_a^x f(t)\,dt = x$을 만족한다고 하자.
   1) a 값을 구하라.
   2) $f(x)$를 찾아라.

8. 구간 $I = [a, b]$ 에서 함수 $f(x) \geq 0$는 연속이고 $\int_a^b f(x)\,dx = 0$ 이라 하자. 이때 구간 I 에서 $f(x) = 0$ 임을 보여라. (힌트: 한점 $x_0 \in (a, b)$에서 $f(x_0) = 2c > 0$ 라 가정하자.)

9. $f(x)$, $g(x)$가 $[a, b]$ 에서 적분가능하다고 하자.
   1) 구간 $[a, b]$ 에서 $f(x) \geq 0$이면 $\int_a^b f(x)\,dx \geq 0$ 임을 보여라.
   2) 구간 $[a, b]$ 에서 $f(x) \geq g(x)$이면, $\int_a^b f(x)\,dx \geq \int_a^b g(x)\,dx$ 임을 보여라.

10. 구간 $[a, b]$ 에서 $\alpha(x)$는 증가함수이고 $x_0 \in (a, b)$에서 연속이라 하자. 또한

$$f(x) = \begin{cases} 1 & , \ x = x_0 \\ 0 & , \ x \neq x_0 \end{cases}$$

라 하자. 이때 $f \in R(\alpha)$이고 $\int f\,d\alpha = 0$ 임을 보여라.

11. 주어진 함수 $f(x)$는 적분가능하다 하자.

1) $f(x)$가 우함수(even)이면, $\int_{-a}^{a} f(x)\,dx = 2\int_{0}^{a} f(x)\,dx$ 임을 보여라.

2) $f(x)$가 기함수(odd)이면, $\int_{-a}^{a} f(x)\,dx = 0$ 임을 보여라.

12. 1) $\int_{-\pi}^{\pi} \sin(nx)\sin(mx)\,dx = \begin{cases} 0, & m \neq n \\ \pi, & m = n,\ n \neq 0 \end{cases}$

2) $\int_{-\pi}^{\pi} \cos(nx)\cos(mx)\,dx = \begin{cases} 0, & m \neq n \\ \pi, & m = n,\ n \neq 0 \\ 2\pi, & m = n = 0 \end{cases}$

3) $\int_{-\pi}^{\pi} \sin nx \cos mx\,dx = 0$

13. $0 < \int_{0}^{\frac{\pi}{2}} \sin^{(n+1)}x\,dx < \int_{0}^{\frac{\pi}{2}} \sin^{(n)}x\,dx$ 임을 보여라.

14. 정리 6.6.8을 증명하라.

15. 함수 $f(x)$는 구간 $[a,\ \infty)$ 에서 양이고, 단조감소함수 이며 $x \to \infty$일 때 $f(x) \to 0$이다. 만약 $f(x)$가 구간 $[a,\ b]$ 에서 $R-$적분 가능하면, 적분 $\int_{a}^{\infty} f(x)dx$가 수렴함을 보여라.

16. $f_n(x) = \dfrac{nx}{1+nx^2}$, $x \geq 0$이라 하자. $n \to \infty$ 일 때 $\int_{1}^{2} f_n(x)dx$ 의 극한을 구하여라.

17. $b > a > 0$에 대하여 $\left|\int_{a}^{b} \dfrac{\sin x}{x}\,dx\right| \leq \dfrac{4}{a}$ 임을 보여라.

18. 특이적분 $\int_{0}^{1} x^{m-1}(1-x)^{n-1}dx$ 를 생각하자.

1) 만약 $m > 0$, $n > 0$이면 이 적분이 수렴함을 보여라,

이 때 $B(m, n) = \int_{0}^{1} x^{m-1}(1-x)^{n-1}dx$ 를 베타(beta)함수라 한다.

2) $B(m, n) = 2\int_{0}^{\frac{\pi}{2}} \sin^{2m-1}\theta \cos^{2n-1}\theta d\theta$ 임을 보여라.

3) $B(m, n) = \int_{0}^{\infty} \dfrac{x^{m-1}}{(1+x)^{m+n}}\,dx = \int_{0}^{\infty} \dfrac{x^{n-1}}{(1+x)^{m+n}}\,dx$ 임을 보여라.

4) $B(m, n) = \int_{0}^{1} \dfrac{x^{m-1}+x^{n-1}}{(1+x)^{m+n}}\,dx$ 임을 보여라.

19. 정리 6.7.5를 증명하여라.

20. 정리 6.7.6을 증명하여라.

21. 보조 정리 6.7.1을 증명하여라.

22. 정리 6.7.8을 증명하여라.

23. 보조 정리 6.8.1을 증명하여라.

24. 만약 구간 $[a, b]$ 에서 $g' > 0$ 이고 감소 함수이고, 구간 $[a, b]$ 에서 함수 f 가 연속이면

$$\int_a^b fg = g(a)\int_a^c f$$

를 만족하는 $c \in [a, b]$ 가 존재한다. [Hint: 정리 6.4.7 이용]

25. 다음을 증명하라.

1) $p>1$ 이면 $\int_2^\infty \frac{dx}{x(\ln x)^p}$ 은 수렴한다.

2) $p>1$ 이면 $\int_3^\infty \frac{dx}{x(\ln x)(\ln \ln x)^p}$ 는 수렴한다.

26. $f: [a, \infty) \to R$ 구간 $[a, b]$ 에서 적분 가능하다 하자. 이 때 구간 $[a, \infty)$ 에서 $x^k f(x)$가 유계인 실수 $k>1$ 가 존재한다면, $\int_a^\infty f$ 이 수렴함을 보여라.

27. 1) $f: [a, \infty) \to R$ 는 연속 함수이고 $\lim_{x\to\infty} x^p f(x) = L \in R$ 이라 하자. 여기서 $p>1$ 이다. 이 때 $\int_a^\infty f$ 가 수렴함을 보여라.

2) $f: [a, \infty) \to R$ 는 연속 함수이고 $\lim_{x\to\infty} x f(x)$ 이 영이 아니거나 $\pm\infty$ 이면, $\int_a^\infty f$가 발산함을 보여라.

3) $\int_0^\infty e^{-x^2} dx$ 이 수렴함을 보여라.

28. $f: [a, \infty) \to R$는 연속함수이고, $g \in C'[a, \infty)$이다. 다음 세 가지를 가정하자. (Dirichlet test)

a) $\lim_{x\to\infty} g(x) = 0$ b) $\int_a^\infty |g'|$ 수렴한다. c) $F(x) = \int_a^x f$ 은 구간 $[a, \infty)$ 에서 유계이다.

1) $\int_a^\infty fg$ 가 수렴함을 보여라.

2) 1)을 이용하여 $\int_0^\infty \cos(x^2) dx$ 가 수렴함을 보여라.

29. 함수 f 는 구간 $[1,\infty)$ 에서 다음과 같이 정의한다.

$$f(x)=\begin{cases} \dfrac{1}{x^2} &, \text{ 유리수 } x \\ -\dfrac{1}{x^2} &, \text{ 무리수 } x\ . \end{cases}$$

이 때 $\int_1^\infty f$ 절대수렴이나, 구간 $[1,\infty)$ 에서 적분가능하지 않음을 보여라.

30. $\int_0^1 \frac{e^{x-1}}{\sqrt{1-x^2}}$ 의 수렴성을 조사하라.

31. 1) $\int_0^{\frac{\pi}{2}} \frac{\sin x}{x^p}\,dx$ 가 수렴하기 위한 p 값을 찾아라.

2) $p\in(1,2)$ 에서 $\int_0^\infty \frac{\sin x}{x^p}\,dx$ 가 절대 수렴임을 보여라.

3) $p\geq 2$ 에서 $\int_0^\infty \frac{\sin x}{x^p}\,dx$ 가 발산함을 보여라.

32. 함수 f 는 구간 $[0,1]$에서 다음과 같이 정의한다.

$$f(x)=\begin{cases} 0 &, \qquad x\in R-Q \\ \dfrac{1}{q} &, \ x\in Q,\ x=\dfrac{p}{q},\ p,q\text{는 서로소이다.} \end{cases}$$

이 때 함수 f 가 적분 가능함을 보여라. 또한 $\int_0^1 f = 0$ 이다.

33. 확률변수 X가 코쉬분포함수를 갖는다고 한다. 이 때 $k\geq 1$에서 $\mu_k' = \frac{1}{\pi}\int_{-\infty}^\infty \frac{x^k}{1+x^2}\,dx$ 가 발산함을 보여라.

34. 확률변수 X가 다음과 같은 밀도함수인 로지스틱 분포함수를 갖는다.

$$f(x) = \frac{e^x}{(1+e^x)^2} \qquad -\infty < x < \infty \quad \text{이다.}$$

$EX=0$ 이고 $Var(X)=\frac{\pi^3}{3}$ 임을 보여라.

35. 구간 $(0,\ \infty)$에서 연속 밀도함수 $f(x)$를 갖는 확률변수 X라 하자.

만약 $f(x)$가 0근처에서 유계이면, $\alpha\in(0,1)$에서 $E(X^{-\alpha})$가 존재함을 보여라.

36. 다음과 같은 밀도함수는 자유도 n을 갖는 카이제곱 분포함수를 갖는다.

$$f(x) = \frac{1}{\Gamma(\frac{n}{2})\,2^{\frac{n}{2}}}\,x^{\frac{n}{2}-1}e^{-\frac{x}{2}}, \quad 0<x<\infty$$

여기서 n은 양의정수이다. 자유도가 2보다 크면 $E(X^{-1})$ 가 존재함을 보여라.

37. 확률변수 X는 평균 μ와 분산 σ^2을 갖는다.

1) $r>0$에 대하여 $P(|X-\mu|\geq r) \leq \frac{\sigma^2}{r^2}$ 임을 보여라.

2) $\{X_n\}_{n=1}^{\infty}$ 은 랜덤표본(random sample)이라 하자. 만약 X_i들은 같은 평균 μ와 분산 σ^2을 갖는다면, $P(|\overline{X_n}-\mu|\geq r) \leq \frac{\sigma^2}{nr^2}$ 임을 보여라. 여기서 $\overline{X_n}=\frac{1}{n}\sum_{i=1}^{n}X_i$ 이다.

38. 확률변수 X 는 누적분포함수 $F(X)$를 갖는다. X의 k번째 절대적률 ν_k는 다음과 같이 정의된다. $\nu_k = E[|X|^k] = \int_{-\infty}^{\infty}|x|^k dF(x)$ 이다. $k=1,\cdots,n$에 대하여 ν_k가 존재한다 가정하자.

1) $k=1,\cdots,n-1$에 대하여 $\nu_k^2 \leq \nu_{k-1}\nu_{k+1}$임을 보여라. (힌트: 임의의 u, v 에 대하여

$$o \leq \int_{-\infty}^{\infty}[u|x|^{\frac{k-1}{2}} + v|x|^{\frac{k+1}{2}}]^2 dF(x) = u^2\nu_{k-1} + uv\nu_k + v^2\nu_{k+1}\ )$$

2) $\nu_1 \leq \nu_2^{\frac{1}{2}} \leq \nu_3^{\frac{1}{3}} \leq \cdots \leq \nu_n^{\frac{1}{n}}$ 임을 보여라.

39. 확률밀도함수들의 집합 $\{f_n(x)\}_{n=1}^{\infty}$ 을 다음과 같이 정의한다.

$$f_n(x) = \frac{|\log^n x|^{-1}}{\int_0^{\lambda}|\log^n t|^{-1}}dt \quad , \qquad 0<x<\lambda, \quad \lambda\in(0,1)$$

1) $n=1$, $f_n(x)$ 는 정의 6.9.1의 조건을 만족하지 않음을 보여라.

2) $n=1$ 일 때 $E(X^{-1})$이 존재하지 않음을 보여라. 여기서 X는 확률밀도함수 $f(x)$를 갖는다.

3) X_n이 확률밀도함수 $f_n(x)$를 갖는다면 $n>1$에서 $E(X^{-1})$가 존재함을 보여라.

40. $i=1,\cdots,n$ 와 $1\leq p<\infty$ 에 대하여 $|f_i(x)|^p$ 가 $R-$적분가능한 $f_1(x),\cdots f_n(x)$함수들이면,

$$\left[\int_a^b\left|\sum_{i=1}^{n}f_i(x)\right|^p dx\right]^{\frac{1}{p}} \leq \sum_{i=1}^{n}\left[\int_a^b|f_i(x)|^p dx\right]^{\frac{1}{p}}$$ 임을 보여라.

41. $f:[0,\infty)\rightarrow R$ 는 유계인 함수이다. 함수 F 가 다음과 같은 특이 적분으로 정의되어진다.

$$F(s)=\int_0^{\infty}f(t)e^{-st}dt$$

이 때 F가 존재한다면, 이 F를 f의 라플라스변환(Laplace transform)이라 정의하며, L(f)라 표현한다. 다음의 것들을 계산하라.

1) L(e^{at}), 여기서 a 는 상수이다.

2) L(1)

3) L(t)

4) L$(\sin kt)$, 여기서 k 는 상수이다.

5) L$(\cos kt)$

6) L(t^n), 여기서 $n\in Z^+$ 이다.

제 7 장

함수들의 수열과 급수

제 3장에서 실수들의 수열의 수렴성과 그 극한에 관하여 논하였다. 본 장에서는 함수열의 수렴성과 그 극한함수에 대하여 논하고, 또한 함수급수의 수렴성을 논한다. 먼저, 제 7.1절에서는 점별수렴성을 정의하고 그들에 대한 문제점등을 예제로써 설명한다. 제 7.2절에서는 함수 수열 및 급수의 일양수렴성을 정의한다. 또한 수렴성을 조사하고 방법을 제시한다. 제7.3절에서는 일양수렴성을 만족하는 함수 수열들의 성질을 소개한다. 제7.4절에서는 급수의 수렴성을 조사하는 판정법들을 소개하고, 그 예를 제시하며 설명한다. 제7.5절은 멱급수를 정의하고 그것들의 성질을 유도하고 제7.6절에서는 테일러급수를 정의한다. 제7.7절은 실해석함수를 정의하고, 제7.8절에서는 행렬의 수렴과 급수를 소개한다. 마지막으로 제 7.9절에서는 앞에서 제시된 방법들이 통계학에 응용되는 분야를 소개하고, 그 예를 들어 설명한다.

7.1. 점별수렴 (點別收斂, Pointwise Convergence)

$A \subset R$, $n \in Z^+$ 라 하자. S_n은 A를 포함한 정의역을 갖는 함수라 한다. 이 때 각각의 고정된 $x \in A$에 대하여, $\{S_n(x)\}$로 주어진 상수들의 수열을 생각해보자. 당연히 각각의 x에 대하여 $\{S_n(x)\}$는 수렴하거나 발산한다. 만약 고정된 $x \in A$에 대하여 $\{S_n(x)\}$가 유일한 극한에 수렴한다면 우리는 이 극한들을 적당한 함수 S에 대한 함수값 $S(x)$이라 간주할 수 있다. 즉, 이러한 값들의 집합은 함수 S의 치역으로 볼 수 있다. 이상과 같은 현상을 갖는다면 함수 S는 수열 $\{S_n\}$의 점별극한(pointwise limit)이라 정의한다.

[정 의 7.1.1.]

집합 A에 정의된 함수들의 수열 $\{S_n\}$이 함수 S에 점별수렴한다 함은

$$\forall x \in A \text{ 에 대하여, } \lim_{n\to\infty} S_n(x) = S(x) \text{ 을 만족한다.}$$

또한 표현은 $S_n \to S$(점별적)이라 한다.

예 제 7.1.1.

구간 $[0,1]$에서 $S_n(x) = x^n + 1$이라 하자. 모든 $x \in [0,1)$에서 $\{S_n(x)\}$는 1에 수렴한다. 그러므로 극한함수 S는 구간 $[0,1]$에서 다음과 같이 정의된다.

$$S(x) = \begin{cases} 1, & x \neq 1 \\ 2, & x = 1. \end{cases}$$

이 때 $S_n(x)$는 구간 $[0,1]$에서 연속함수이나 극한함수 $S(x)$는 $x = 1$에서 불연속이다.

예 제 7.1.2.

구간 $[0,1]$에서 $S_n(x) = \dfrac{x^n}{n}$이라 하자. 이 때 모든 $x \in [0,1]$에서 $0 \le S_n(x) \le \dfrac{1}{n}$ 이다. 그러므로 정리 3.1.1에 의하여 $\lim_{n\to\infty} S_n(x) = 0$이다. 즉, 극한함수 S는 구간 $[0,1]$에서 $S(x) = 0$으로 정의된다. 이 때 S는 $[0,1]$에서 미분가능하고 $S'(x) = 0$이다. 또한, 여기서 $\{S_n'\} = \{1, x, x^2, \ldots\}$를 생각해보자. 만약 $x \in [0,1)$이면 $\lim_{n\to\infty} S_n'(x) = 0$인 반면 $\lim_{n\to\infty} S_n'(1) = 1$이다. 그러나 위에서 살펴본 바와 같이 $S'(1) = 0$이다. 그러므로 $\lim_{n\to\infty} S_n'(1)$과 $S'(1)$는 각각 존재하나 그들의 값은 같지 않다.

예 제 7.1.3.

구간 $[0,1]$에서 S_n이 다음과 같이 정의된다. $n \in Z^+$ 에 대하여

$$S_n(x) = \begin{cases} 6n^2x, & x \in \left[0, \frac{1}{3n}\right] \\ 3n - 3n^2x, & x \in \left(\frac{1}{3n}, \frac{1}{n}\right] \\ 0, & x \in \left(\frac{1}{n}, 1\right] \end{cases}$$

이다. 이 때, S_n은 그림 7.1과 같다.

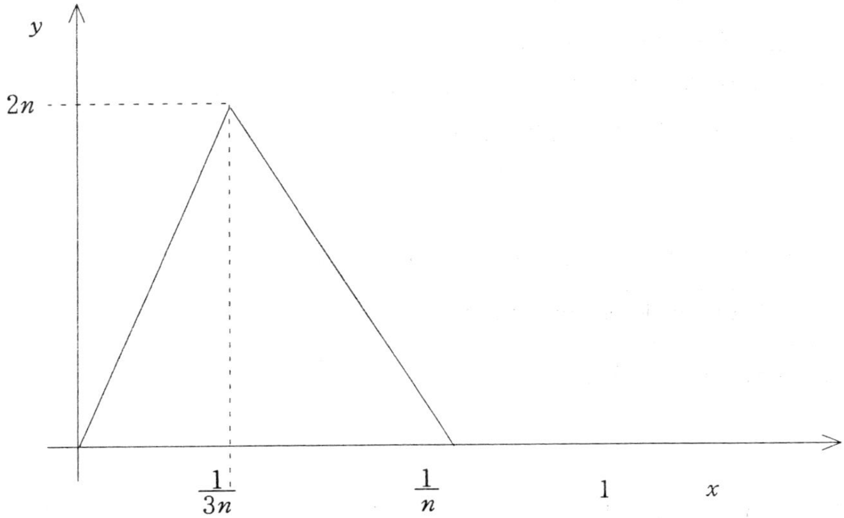

<그림 7.1>

각각의 n에 대하여 $\int_0^1 S_n$은 위의 그림에서와 같이 삼각형의 넓이이다. 그러므로 $\int_0^1 S_n = 1$이다. 더욱이, $S_n \to S$(점별적). 여기서 $S(x) = 0$이다. 그러므로 $\int_0^1 S = 0$이다. 그러나 $\lim_{n\to\infty} \int_0^1 S_n(x)\,dx = 1 \neq \int_0^1 S(x)\,dx$이다.

예 제 7.1.4.

구간 $[0,1]$에서 $S_n(x) = nxe^{-nx^2}$이라 하자. 각각의 n에 대하여 $S_n(x)$은 $x = \frac{1}{\sqrt{2n}}$에서 최대값 $\sqrt{\frac{n}{2e}}$을 갖는다. 이 때 $S_n'(x) = n(1-2nx^2)e^{-nx^2}$이고 $S_n'(0) = n$이다. 그러므로 $\{S_n'(0)\}$는 발산한다. 반면에 $S_n \to S$(점별적)이며 여기서 $S(x) = 0$이다. 따라서 $S'(0) = 0$이다. 이것은 $\lim_{n\to\infty} S_n'(0) \neq S'(0)$임을 보인다. 역시 $\int_0^1 S(x) \neq \lim_{n\to\infty} \int_0^1 S_n(x) = \frac{1}{2}$이다.

위에서 제시된 예제들은 함수 수열의 점별 수렴성을 가지고는 연속성, 미분성과 적분성을 유지할 수 없음을 보이고 있다. 이러한 중요한 해석적 성질들을 극한함수들로 유지할 수 있는 수렴성을 논하고자 한다. 이러한 수렴성은 일양수렴(uniform convergence)이며 다음 절에서 자세히 논한다.

7.2. 일양수렴(Uniform Convergence)

7.1절에서 함수들의 수열과 그것의 극한함수 사이의 연속, 미분, 적분의 유지를 위한 점별 수렴의 부적절함을 보였다. 여기서 우리는 이러한 성질들을 유지하기 위한 보다 강한 형태의 수렴을 요구한다. 즉 일양수렴성에 대하여 정의하여 논하고자 한다.

예제 7.1.1에서와 같이 구간 $[0,1]$에서 $S_n(x) = x^n + 1$이라 하자. 이 때 극한함수 $S(x)$는

$$S(x) = \begin{cases} 1, & x \neq 1 \\ 2, & x = 1 \end{cases}$$

이다. 이 때 $S_n(x)$는 $S(x)$에 점별 수렴한다. 즉, 각각의 $x \in [0,1]$와 $\forall \varepsilon > 0$에 대하여 $n \geq N$이면 $|S_n(x) - S(x)| < \varepsilon$을 만족하는 적당한 $N \in Z^+$이 존재한다. 이 때 N은 ε의 값 뿐만이 아니라 x값에 따라서도 변한다. $x \in [0,1)$, $\varepsilon \in (0,1)$이라면,

$$|S_n(x) - S(x)| < \varepsilon \Leftrightarrow x^n < \varepsilon \Leftrightarrow n \ln x < \ln \varepsilon$$

이다. 만약 $N > \dfrac{\ln \varepsilon}{\ln x}$이면 점별하게 $S_n(x) \to S(x)$한다.

[정 의 7.2.1.]

$S_n : I = [a, b] \to R$은 함수라 하자. 이 때, 정의 7.1.1에 의하여, 수열 $\{S_n(x)\}$ 구간 I 위에서 극한 함수 S에 수렴한다 함은

> $\forall x \in I$에서 임의의 양수 $\varepsilon > 0$에 대하여 적당한 $N(\varepsilon, x)$가 존재하여 $n > N$인 모든 n에 대하여 $|S_n(x) - S(x)| < \varepsilon$을 만족한다.

$\{S_n(x)\}$이 함수 S에 일양수렴한다 함은

> 『$\forall \varepsilon > 0$, N에 대하여 적당한 $N(\varepsilon, I)$(여기서는 구간 I에 있는 특별한 x에 독립적임)이 존재하여 $n > N$인 모든 n에 대하여 구간 I에 있는 모든 x에서 $|S_n(x) - S(x)| < \varepsilon$』를 만족한다.

일양수렴은 $S_n \rightrightarrows S$로 표기한다.

[정 리 7.3.1.]

$M_n \equiv sup_I |S_n(x) - S(x)|$라 하자. $\{S_n(x)\}$이 S에 일양수렴하기 위한 필요충분조건은 $M_n \to 0$이다.

(증명)

(충분조건) $M_n \to 0$이라 하자. 이 때 임의의 양수 $\varepsilon > 0$에 대하여 적당한 $N(\varepsilon)$이 존재하여 $n > N$인 모든 n에 대하여 $0 < M_n < \varepsilon$을 만족한다. 그러나 모든 $x \in I$에 대하여 $|S_n(x) - S(x)| < M_n$이므로 $n > N$인 모든 N에 대하여 $0 < |S_n(x) - S(x)| < \varepsilon$이다. 그러므로 $S_n \rightrightarrows S$이다.

(필요조건) $S_n \rightrightarrows S$라 하자. 임의의 양수 $\varepsilon>0$에 대하여 x에 독립인 적당한 $N(\varepsilon)$이 존재하여 $n>N$인 모든 n에 대하여 $|S_n(x)-S(x)|<\varepsilon$이다. 이때 ε은 $|S_n(x)-S(x)|$의 상계이므로 상한, 즉 M_n은 ε보다 작거나 같다. 즉 $n>N$인 모든 n에 대하여 $0\le M_n\le\varepsilon$이므로 $M_n\to 0$이다. ■

예 제 7.2.1.

① 구간 $I=[0,\pi]$에서 $S_n(x)=\dfrac{\sin nx}{\sqrt{n}}$라 하자.

이 때 $|S_n(x)|=|S_n(x)-0|\le M_n=\dfrac{1}{\sqrt{n}}$이므로 $M_n\to 0$이고 $S_n(x)\rightrightarrows 0$이다.

② 구간 $I=[0,1]$에서 $S_n(x)=\dfrac{nx^2}{1+nx}$라 하자. 각 $x\in I$에 대하여 $S_n(x)\to x$이다. 이것은 일양수렴인가?

$$|S_n(x)-x|=\left|\frac{x^2}{x+1/n}-x\right|=\frac{\frac{x}{n}}{x+\frac{1}{n}}$$

$$=\frac{1}{n}\left(\frac{nx}{1+nx}\right)\le\frac{1}{n}$$

이다. 그러므로 $n\to\infty$일 때 $M_n\le\dfrac{1}{n}\to 0$이다. 따라서 $S_n(x)\rightrightarrows x$이다. $I=[0,1)$에서 $S_n(x)=x^n$이라 하자. $x\in[0,1)$에 대하여 $S_n(x)\to 0$이다. 그러나, $M_n=\sup_{[0,1)}x^n=1$은 0에 수렴하지 않으므로 일양수렴이 아니다.

예 제 7.2.2.

$\displaystyle\sum_{k=1}^{\infty}\left[kxe^{-kx^2}-(k-1)xe^{-(k-1)x^2}\right]$의 수렴성을 논하라.

(풀이) 급수의 수렴성은 부분합 수열 $\{S_n\}$의 수렴성으로 설명할 수 있다. 그러므로 부분합 S_n은 $S_n(x)=nxe^{-nx^2}$이다. 예제 7.1.4에서 점별적으로 $S_n(x)\to S(x)=0$ 한다. 그러나 일양 수렴하지 않는다. 만약 일양수렴한다면 모든 x에서 충분히 큰 n에 대하여 $|S_n(x)-S(x)|<\varepsilon$이다. 특히 충분히 큰 n에 대하여 $\left|S_n\left(\dfrac{1}{\sqrt{2n}}\right)\right|<\varepsilon$이어야 한다.

그러나 $\left|S_n\left(\dfrac{1}{\sqrt{2n}}\right)\right|=\left|\dfrac{n}{\sqrt{2n}}e^{-n(1/\sqrt{2n})^2}\right|\ge\sqrt{\dfrac{n}{2e}}$이므로 충분히 큰 n에 대하여 $\sqrt{\dfrac{n}{2e}}<\varepsilon$을 만족시킬 수 없다.

[정 리 7.2.2.] **(코쉬 정리)**

$\{S_n(x)\}$를 구간 $I=[a,b]$에서 정의되어진 함수들의 수열이라 하자. 주어진 구간에서 일양수렴할 필요충분조건은 $\forall\varepsilon>0$에 대하여 적당한 $N(\varepsilon)$($x\in I$에 독립임)이 존재하여 $n>N$, $m>N$인 모든 n, m에 대하여 $|S_n(x)-S_m(x)|<\varepsilon$을 만족한다.

(증명) 정리 3.5.1인 수열의 코쉬 정리로 쉽게 보일 수 있다. ■

예 제 7.2.3.

실수 R에서 $S_n(x) = \dfrac{\sin nx}{n}$ 라 하자. 이 때 $\{S_n\}$ 이 일양수렴함을 보여라.

(풀이) $\forall n, m \in Z^+$, $\forall x \in R$ 에서 만약 $n = \min(n, m)$ 이면

$$|S_n(x) - S_m(x)| = \left|\frac{\sin nx}{n} - \frac{\sin mx}{m}\right| \leq \left|\frac{\sin nx}{n}\right| + \left|\frac{\sin mx}{m}\right| \leq \frac{1}{n} + \frac{1}{m} < \frac{1}{2n}$$

이다. $\forall \varepsilon > 0$ 에서 N을 $\dfrac{1}{2\varepsilon} - 1$보다 크거나 같은 첫 번째 양수라 하면 이 때 $n, m > N$, $m \geq n$에서 $\dfrac{1}{n} + \dfrac{1}{m} < \dfrac{1}{2n} < \varepsilon$ 임을 보일 수 있다. 즉 이는 $|S_n(x) - S(x)| < \varepsilon$ 임을 알 수 있다. 그러므로 정리 7.2.2에 의하여 주어진 $S_n(x)$ 는 일양수렴이다.

[정 리 7.2.3.] (Weierstrass M-test)

$\{U_n\}$을 구간 $I = [a, b]$에서 정의된 함수들의 수열이라 하자. 모든 n과 모든 $x \in I$에 대하여 $|U_n(x)| \leq M_n$을 만족시키는 양의 상수들의 집합 $\{M_n\}$이 존재한다고 가정하자. 만약 $\sum M_n$이 수렴하면 급수 $\sum U_n$은 구간 I위에서 일양수렴한다.

(증명) $\sum M_n$이 수렴하므로, 임의의 양수 $\varepsilon > 0$에 대하여 적당한 $N(\varepsilon)$이 존재하여 $n > N$인 모든 n에 대하여 $\sum_{k=n+1}^{m} M_k < \varepsilon$을 만족한다. 이때 만약 $S_n(x) = \sum_{k=1}^{n} U_k(x)$이라 하면 모든 $x \in I$에 대하여

$$|S_m(x) - S_n(x)| = \left|\sum_{k=n+1}^{m} U_k(x)\right| \leq \sum_{k=n+1}^{m} M_k < \varepsilon \tag{7.1}$$

을 만족한다. 그러므로 주어진 구간 I에서 이 급수는 일양수렴한다. ■

예 제 7.2.4.

$p > 1$ 에서 $\displaystyle\sum_{k=1}^{\infty} \frac{\sin kx}{k^p}$ 이 실수 R에서 일양수렴임을 보여라.

(풀이) $U_n(x) = \dfrac{\sin nx}{n^p}$ 라 하자. 이 때 $|U_n(x)| = \left|\dfrac{\sin nx}{n^p}\right| \leq \dfrac{1}{n^p}$ 이다. $M_n = \dfrac{1}{n^p}$ 이라 하면 $p > 1$ 에서 $\displaystyle\sum_{k=1}^{\infty} M_k$ 는 수렴한다. 그러므로 정리 7.2.3에 의하여 $\displaystyle\sum_{k=1}^{\infty} \frac{\sin kx}{k^p}$ 는 일양수렴한다.

7.3. 일양수렴의 결론

예 제 7.3.1.

주어진 구간 $I=[0,1]$에서 $S_n(x)=x^n$이라 하자. $x=1$일 때, $S_n(1)=1$ 이다. 그러므로 $S_n(1)\to 1$ 이다. 앞 절에 의하면 모든 $x\in[0,1)$에서 $S_n(x)\to 0$이다. 그러므로 극한함수 S는

$$S(x)=\begin{cases} 0, & 0\le x<1\text{일 때} \\ 1, & x=1\text{일 때}\end{cases}$$

이라 주어진다. 당연히 $S(x)$는 $x=1$에서 불연속이다.($\lim_{x\to 1}S(x)=0$, $S(1)=1$) 더욱이 $\lim_{n\to\infty}\lim_{x\to 1}S_n(x)=1$이고, $\lim_{x\to 1}\lim_{n\to\infty}S_n(x)=0$이다. 따라서 두개의 극한은 서로 교환할 수 없다.

[정 리 7.3.1]

$\{S_n\}$은 주어진 구간 I에서 정의되진 연속함수들의 수열이다. 만약 $\{S_n\}$이 구간 I에서 함수 S에 일양수렴하면, S도 연속함수이다.

(증명) $x_0\in I$를 임의의 한 점이라 하자. 모든 n에 대하여

$$\begin{aligned}|S(x)-S(x_0)| &=|S(x)-S_n(x)+S_n(x)-S_n(x_0)+S_n(x_0)-S(x_0)| \\ &\le|S(x)-S_n(x)|+|S_n(x)-S_n(x_0)|+|S_n(x_0)-S(x_0)|\end{aligned} \tag{7.2}$$

이다. 일양수렴성에 의하여 적당한 $N(\varepsilon)$(x에 독립임)이 존재하여 모든 $x\in I$와 $n>N$인 모든 n에 대하여 $|S_n(x)-S(x)|<\frac{\varepsilon}{3}$을 만족한다. 또한 $S_n(x)$가 연속이므로, 적당한 $\delta(\varepsilon)$인 존재하여 $|x-x_0|<\delta$을 만족하는 x에 대하여 $|S_n(x)-S_n(x_0)|<\frac{\varepsilon}{3}$을 만족한다. 그러므로 $|x-x_0|<\delta$인 x에 대하여,

$$\begin{aligned}|S(x)-S(x_0)| &\le|S(x)-S_n(x)|+|S_n(x)-S_n(x_0)|+|S_n(x_0)-S(x_0)| \\ &<\frac{\varepsilon}{3}+\frac{\varepsilon}{3}+\frac{\varepsilon}{3}=\varepsilon\end{aligned} \tag{7.3}$$

이다. 그러므로 $S(x)$는 연속이다. ■

[따름 정리 7.3.1.]

$\{U_n\}$은 주어진 구간 I위에서 연속인 함수들의 수열이라 하자. 만약 $\sum_{n=1}^{\infty}U_n$이 일양수렴하면, 그 합은 연속함수이다.

(증명) 연습문제

구간 $I=[0,1]$에서 $S_n(x)=2nxe^{-nx^2}$이라 하자. 이 때 $S_n(x)$는 연속이고

$S_n(x) \to S(x) = 0$이다. 그러므로

$$\int_0^1 \lim S_n(x)\,dx = \int_0^1 0\,dx = 0$$

이다. 그러나

$$\int_0^1 S_n(x)\,dx = \int_0^1 e^{-nx^2} \cdot 2nx\,dx = 1 - e^{-n} \to 1$$

이므로

$$\lim_{n\to\infty} \int S_n(x)\,dx = 1 \neq \int \lim S_n(x)\,dx = 0$$

이다.

예 제 7.3.2.

구간 [0,1]에서의 유리수들의 집합을 생각해보자. 이 때 그들의 집합은 가산집합이므로 다음과 같이 표현할 수 있다.

$$\{a_n\} = \left\{0, 1, \frac{1}{2}, 1, \frac{1}{3}, \frac{2}{3}, 1, \frac{1}{4}, \frac{2}{4}, \frac{3}{4}, 1, \frac{1}{5}, \dots\right\}$$

이다. 구간 [0,1]에서 다음과 같이 함수 f_n을 정의한다.

$$f_n(x) = \begin{cases} 1, & x = a_1, a_2, \dots, \text{ 또는 } a_n \\ 0, & \text{그 밖에} \end{cases}$$

이라 하자. f_n의 그림들은 다음과 같다. (그림 7.2)

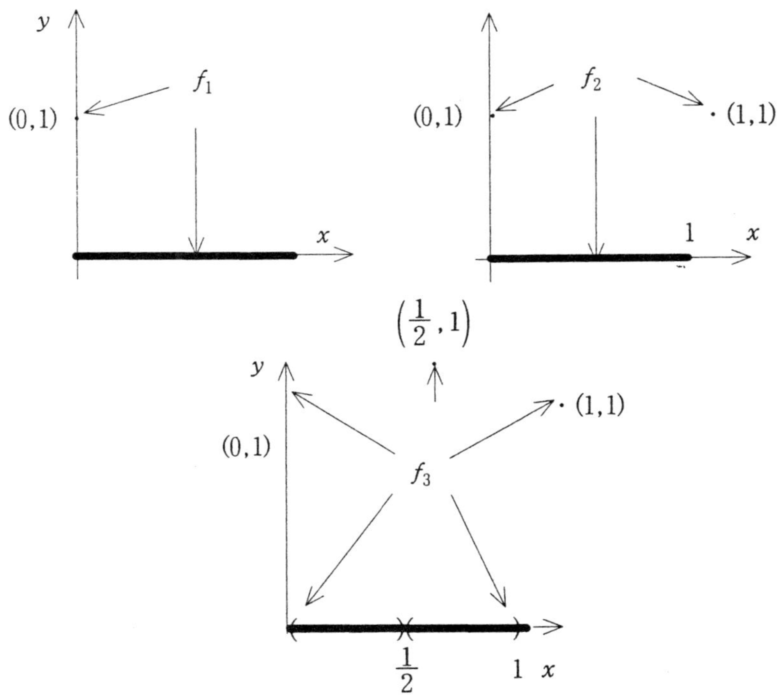

<그림 7.2>

모든 $n \in Z^+$ 에서 $f_n(x) \le f_{n+1}(x)$이다. $\{f_n\}$ 은 증가수열이다. 정리 6.5.3(Lebesgue 정리)에 의하면 f_n 이 유계이고 거의 모든 구간 $[0,1]$ 에서 연속이므로 f_n 은 R −적분가능하다. 또한 점별적으로 $f_n(x) \to f(x)$ 이다. 여기서

$$f(x) = \begin{cases} 0, & x\text{는 무리수} \\ 1, & x\text{는 유리수.} \end{cases}$$

그러나 f는 R −적분가능하지 않다. (예제 6.2.1) 또한 $f(x)$ 를 $f_n(x)$ 의 일양극한으로 볼 수 없다. 만약 $\varepsilon \in \left(0, \frac{1}{2}\right)$ 를 선택하면 f를 중심으로 한 두께 $2e$ 인 구역을 좌표상에 표시한다면, 그것은 아래 그림과 같이 나타난다. (그림 7.3)

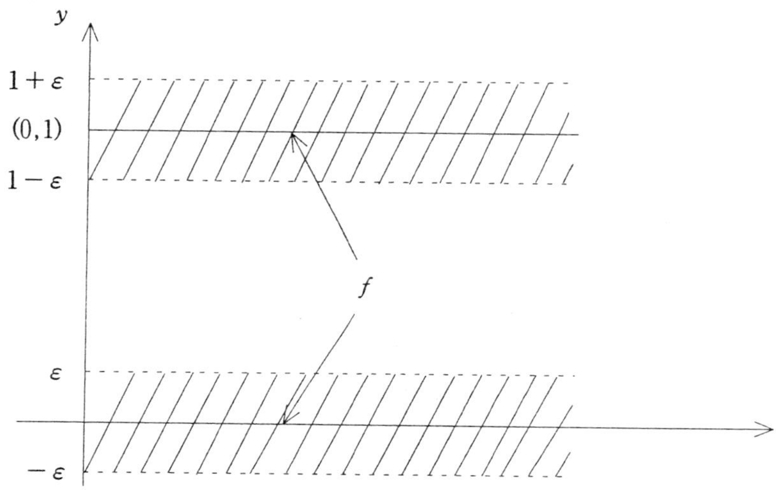

<그림 7.3>

만약 f가 구간 $[0,1]$에서 $\{f_n\}$ 의 일양극한이면, x 의 값이 유리수이거나 무리수와 상관없이 충분히 커다란 n 에 대하여 f_n들 모두는 두 개의 밴드 중 하나에 속하여야 하나 이는 불가능하다. 그러므로 f는 $\{f_n\}$의 일양극한이 아니다.

[정 리 7.3.2]

$\{f_n(x)\}$은 구간 $I=[a,b]$에서 R−적분 가능한 함수들의 수열이다. 만약 $\{f_n\}$이 함수 f에 일양수렴하면, 이때 f는 R−적분가능하고

$$\lim \int_a^b f_n(x)\,dx = \int_a^b f(x)\,dx$$

이다.

(증명) 먼저 f가 R−적분 가능함을 보인다. 주어진 임의의 양수 $\varepsilon > 0$에 대하여 모든 $x \in I$가 $|f_n(x) - f(x)| < \dfrac{\varepsilon}{5(b-a)}$ 를 만족하는 n을 선택할 수 있다. 선택된 n을 고정시키고 구간 $[a,b]$

에 대한 분할 $P=\{x_0, x_1, \cdots, x_n\}$가 $\|P\|$을 가능하면 작게 하면서 $\overline{S}_p(f_n)-\underline{S}_p(f_n)<\frac{\varepsilon}{5}$를 만족시키도록 선택한다.

$$M_k=\sup_{I_k}f(x), \quad m_k=\inf_{I_k}f(x)$$
$$\overline{M}_k=\sup_{I_k}f_n(x), \quad \overline{m}_k=\inf_{I_k}f_n(x)$$

라고 하자. 각각의 부분구간 I_k에 대하여 $M_k-f(\xi_k)<\frac{\varepsilon}{5(b-a)}$와 $f(\eta_k)-m_k<\frac{\varepsilon}{5(b-a)}$를 만족하는 ξ와 η를 찾는다. 이때

$$\begin{aligned}\overline{S}_p(f)-\underline{S}_p(f) &\le \sum_p(M_k-m_k)\Delta_k x \\ &\le \sum_p(M_k-f(\xi_k))\Delta_k x+\sum_p|f(\xi_k)-f_n(\xi_k)|\Delta_k x \\ &\quad +\sum_p|f_n(\xi_k)-f_n(\eta_k)|\Delta_k x+\sum_p|f_n(\eta_k)-f(\eta_k)|\Delta_k x \\ &\quad +\sum_p|f(\eta_k)-m_k|\Delta_k x \qquad (7.4)\end{aligned}$$

이다. 또한,

$$\sum_p|f_n(\xi_k)-f_n(\eta_k)|\Delta_k x \le \sum_p(\overline{M}_k-\overline{m}_k)\Delta_k x=\overline{S}_p(f_n)-\underline{S}_p(f_n)<\frac{\varepsilon}{5} \qquad (7.5)$$

이므로, 식 (7.5)를 이용하여 식(7.4)를 다시 표현할 수 있다. 즉,

$$\begin{aligned}\overline{S}_p(f)-\underline{S}_p(f) &< \frac{\varepsilon}{5(b-a)}\sum_p\Delta_k x+\frac{\varepsilon}{5(b-a)}\sum_p\Delta_k x+\frac{\varepsilon}{5}+\frac{\varepsilon}{5(b-a)}\sum_p\Delta_k x+\frac{\varepsilon}{5(b-a)}\sum_p\Delta_k x \\ &=\frac{\varepsilon}{5}+\frac{\varepsilon}{5}+\frac{\varepsilon}{5}+\frac{\varepsilon}{5}+\frac{\varepsilon}{5}=\varepsilon \qquad (7.6)\end{aligned}$$

이다. 그러므로 f는 R－적분 가능하다. 다시, 임의의 양수 $\varepsilon>0$ 이 주어지면 적당한 $N(\varepsilon)$이 존재하여 $n>N$인 모든 n에 대하여 $|f_n(x)-f(x)|<\frac{\varepsilon}{b-a}$를 만족한다. $n>N$인 모든 n에 대하여

$$\begin{aligned}\left|\int_a^b f_n(x)\,dx-\int_a^b f(x)dx\right|=\left|\int_a^b[f_n(x)-f(x)]dx\right| &\le \int_a^b|f_n(x)-f(x)|dx \\ &\le \int_a^b\frac{\varepsilon}{b-a}\,dx=\varepsilon \qquad (7.7)\end{aligned}$$

이다. ■

[따름 정리 7.3.2]

$\{f_n\}$은 주어진 구간 I에서 정의된 함수들의 수열이다.

1) f_n이 구간 I에서 연속인 함수이고 f에 일양수렴하면 이 때,

$$\lim\int_a^b f_n(x)\,dx=\int_a^b f(x)dx.$$

2) f_n이 구간 I에서 비 감소 함수이고 f에 일양수렴하면, 이 때

$$\lim\int_a^b f_n(x)\,dx=\int_a^b f(x)dx.$$

(증명) 정리 7.3.2로 바로 보일 수 있다. ■

[따름 정리 7.3.3]

$\{U_n\}$은 구간 $I=[a,b]$에서 R−적분 가능한 함수들의 수열이다. $\sum_{n=0}^{\infty} U_n(x)$이 일양수렴하면 $\int_a^b \sum_0^{\infty} U_n(x)\,dx = \sum_0^{\infty} \int_a^b U_n(x)\,dx$ 이다.

(증명) $f_n = \sum_{k=0}^{n} U_k(x)$라 두고 정리 7.3.2를 이용하면 쉽게 보일 수 있다. ■

예 제 7.3.3.

$|x| \le r < 1$이라 하자. $\dfrac{1}{1+x^2} = 1 - x^2 + x^4 - x^6 \cdots \pm x^{2n} \mp \dfrac{x^{2n+2}}{1+x^2}$ 이다. 이때

$$\left| \frac{1}{1+x^2} - 1 + x^2 - x^4 \cdots \mp x^{2n} \right| \le \frac{|x|^{2n+2}}{1+x^2} \le r^{2n+2}$$

이다.

$n\to\infty$일때 $r^{2n+2}\to 0$이고 $|x|\le r$인 x에 대하여 $\sum_0^{\infty}(-1)^n x^{2n} = \dfrac{1}{1+x^2}$ 이다. $r<1$인 경우, 이 수렴은 일양수렴이다. $|y|\le r$일 때,

$$\arctan y = \int_0^y \frac{dx}{1+x^2} = \int_0^{\infty} \sum (-1)^n x^{2n} dx = \sum_0^{\infty} (-1)^n \int_0^y x^{2n} dx$$

이며, 따라서 $\arctan y = \sum_0^{\infty} (-1)^n \dfrac{y^{2n+1}}{2n+1}$ 이다. $r<1$이므로 $|y|<1$인 경우도 역시 $\arctan y = \sum_0^{\infty} \dfrac{(-1)^n y^{2n+1}}{2n+1}$ 이다.

마지막으로 위 식은 $y=\pm 1$일 때 성립되는가 하는 문제이다. 등식이 성립되느냐 하는 문제는 $\dfrac{\pi}{4} = \sum_0^{\infty} \dfrac{(-1)^n}{2n+1}$ 을 보이는 문제와 같다. 이의 설명은 다음 절로 연기한다. (예제 7.4.3)

예 제 7.3.4.

구간 $I=[-1,1]$에서 $S_n(x) = xe^{-nx^2}$ 이라 하자. 이때 $S_n(x) \rightrightarrows 0$임을 쉽게 보일 수 있다. 또한 모든 $x\in[-1,1]$에 대하여 $S'(x)=0$이다. 그러나, $S_n'(x) = e^{-nx^2}(1-2nx^2)$이므로 모든 n에 대하여 $S_n'(0)=1$이다. 그러므로 $S_n'(0)\to 1$이고 $S'(0)=0$이다. 따라서 일양수렴성이 $\dfrac{d}{dx}\lim S_n(x) = \lim \dfrac{d}{dx} S_n(x)$을 보장할 수 없다.

[정 리 7.3.3.]

$\{S_n\}$은 구간 $I=[a, b]$ 위에서 미분 가능한 함수들의 수열이다. 또한 $S_n'(x)$는 모두 R−적분 가능하다. 더욱이 한 점 $x_0 \in I$ 에서 $\{S_n(x_0)\}$이 수렴하고 $\{S_n'\}$이 극한연속함수 σ에 일양수렴하면 $\{S_n\}$은 미분 가능한 함수 S에 일양수렴하고 $S' \equiv \sigma$이다.

(증명) 구간 I_0에 있는 $x > x_0$에 대하여 $S_n(x) = \int_{x_0}^{x} S_n'(t)\,dt + S_n(x_0)$라 할 수 있다. 그러면,

$$S_n(x) - S_m(x) = \int_{x_0}^{x} [S_n'(t) - S_m'(t)]dt + [S_n(x_0) - S_m(x_0)] \tag{7.8}$$

이고

$$|S_n(x) - S_m(x)| \le \int_{x_0}^{x} |S_n'(t) - S_m'(t)|dt + |S_n(x_0) - S_m(x_0)| \tag{7.9}$$

이다. 실수 수열수렴에 대한 코쉬 정리와 함수수열수렴에 대한 코쉬 정리에 의하면, 임의의 양수 $\varepsilon > 0$에 대하여 적당한 $N(\varepsilon)$이 존재하여 $m, n > N$ 인 모든 m, n에 대하여 $|S_n'(t) - S_m'(t)| < \varepsilon$ 이고 $|S_n(x_0) - S_m(x_0)| < \varepsilon$을 만족한다. 그러므로

$$|S_n(x) - S_m(x)| \le \varepsilon(x - x_0) + \varepsilon \le \varepsilon(b - a + 1) \tag{7.10}$$

이다. 정리 7.2.2인 코쉬 정리의 충분조건에 의하여 $\{S_n\}$은 구간 I에서 일양수렴한다. 역시 $x < x_0$에 대하여도 같은 결론을 얻을 수 있다. 극한 함수를 S라 하고 S_n'의 극한을 σ라 정의하자. 이때 $S' = \sigma$임을 보이고자 한다.

$$S_n(x) - S_n(x_0) = \int_{x_0}^{x} S_n'(t)\,dt \tag{7.11}$$

이다. 양변에 극한을 취하면 $S(x) - S(x_0) = \int_{x_0}^{x} \sigma(t)\,dt$이다. σ는 연속함수이므로 미적분학의 기본정리에 의하여 $S'(x) = \sigma(x)$이다. ■

[따름 정리 7.3.3]

$\sum_{k=1}^{\infty} f_k(x)$가 구간 $[a, b]$에서 f에 점별적으로 수렴하고, 각각의 f_k'는 연속이다. 또한 $\sum_{k=1}^{\infty} f_k'(x)$가 일양수렴하면, 이 때 $\sum_{k=1}^{\infty} f_k'(x)$는 f'에 일양수렴한다. 즉, $\sum_{k=1}^{\infty} f_k'(x) = f'(x)$ 이다.

(증명) 정리 7.3.3을 이용하여 쉽게 보일 수 있다. ■

7.4. Abel과 Hardy-Dirichlet판정법

[보조 정리 7.4.1.] (Abel's Identity)

$\{u_n\}$과 $\{v_n\}$은 수열이고, $\{U_n\}$은 $U_n - U_{n-1} = u_n$의 성질을 갖는 수열이라 하자.

이 때 $\sum_{n+1}^{m} u_k v_k = U_m v_m - U_n v_{n+1} - \sum_{k=n+1}^{m-1} U_k(v_{k+1} - v_k)$이다.

(증명)

$$\begin{aligned}\sum_{n+1}^{m} u_k v_k &= \sum_{n+1}^{m} v_k(U_k - U_{k-1}) \\ &= v_{n+1}(U_{n+1} - U_n) + v_{n+2}(U_{n+2} - U_{n+1}) + \cdots + v_m(U_m - U_{m-1}) \\ &= -U_n v_{n+1} - U_{n+1}(v_{n+2} - v_{n+1}) - U_{n+2}(v_{n+3} - v_{n+2}) - \\ &\qquad \cdots - U_{m-1}(v_m - v_{m-1}) + U_m v_m \end{aligned} \tag{7.12}$$

이다. ■

[정 리 7.4.1.] (Hardy-Dirichlet test)

$\{u_n\}$, $\{v_n\}$은 구간 I에서 정의된 함수들의 두 수열이다.

1) $\sum_0^{\infty} u_n(x)$이 구간 I 에서 일양수렴하고

2) $\sum_0^{\infty} |v_n(x) - v_{n-1}(x)| \le K$

3) $|v_0(x)| \le K$

이라면, 이때 $\sum_0^{\infty} u_n(x) v_n(x)$은 구간 I에서 일양수렴한다.

(증명) $U(x) = \sum_0^{\infty} u_n(x)$이고, $U_n(x) = \sum_0^{n} u_k(x) - U(x) = -\sum_{k=n+1}^{\infty} u_k(x)$라 하자. 이 때,

$$v_n(x) = \sum_1^{n} [v_k(x) - v_{k-1}(x)] + v_0(x) \tag{7.13}$$

이고

$$\begin{aligned}|v_n(x)| &\le \sum_1^{n} |v_k(x) - v_{k-1}(x)| + |v_0(x)| \\ &\le 2K\end{aligned} \tag{7.14}$$

이다. $\sum u_n(x)$의 일양수렴성에 의하여 구간 I에서 $U_n \rightrightarrows 0$이다. 그러므로 임의의 양수 $\varepsilon > 0$ 에 대하여 x에 독립인 적당한 $N(\varepsilon)$이 존재하여 $n > N$인 모든 N에 대하여 $|U_n(x)| < \varepsilon$을 만족한다. 보조정리 7.4.1인 아벨의 항등식을 이용하면, $m, n > N$인 모든 m, n에 대하여

$$\begin{aligned}|\sum_{n+1}^{m} u_k(x)\, v_k(x)| &= |U_m v_m - U_n v_{n+1} - \sum_{k=n+1}^{m-1} U_k(v_{k+1} - v_k)| \\ &\le |U_m||v_m| + |U_n||v_{n+1}| + \sum_{k=n+1}^{m-1} |U_k||v_{k+1} - v_k| \\ &\le 2K\varepsilon + 2K\varepsilon + K\varepsilon = 5K\varepsilon \end{aligned} \tag{7.15}$$

이다. 정리 7.3.2인 코쉬 정리에 의하여 $\sum u_n(x)\, v_n(x)$는 일양수렴한다. ■

예 제 7.4.1

$\sum_{k=1}^{\infty} \frac{\sin kx}{k}$ 의 수렴성을 조사하라.

(풀이) 정리 7.4.1를 이용하기 위해 주어진 급수를 $\sum_{k=1}^{\infty} u_k(x)\, v_k(x)$로 생각한다. 여기서 $u_n(x) = \sin nx$, $v_n(x) = \frac{1}{n}$ 이다. $I = [\delta, \pi]$라 하자. 먼저 정리 7.4.1의 조건 1)을 만족함을 보인다.

$S_n(x) = \sum_{k=1}^{n} u_k(x) = \sin x + \cdots + \sin nx$ 라 하자. 만약 $1 \le k \le n$이고 $x \in I$,

$$\sin kx = \frac{\cos(k - \frac{1}{2})x - \cos(k + \frac{1}{2})x}{2 \sin\frac{x}{2}}$$

이다. 그러므로

$$S_n(x) = \sum_{k=1}^{n} \frac{\cos(k - \frac{1}{2})x - \cos(k + \frac{1}{2})x}{2 \sin\frac{x}{2}} = \frac{\cos\frac{x}{2} - \cos(n + \frac{1}{2})x}{2 \sin\frac{x}{2}}$$

이고 $|S_n(x)| \le \frac{1}{2\,|\sin\frac{x}{2}|}$ 이다. 그러나 $|S_n(x)|$ 의 상계는 x 에 영향을 받는다. 이러한 영향을 제거하기 위하여 $x \in I$이면, $\sin\frac{x}{2} \ge \sin\frac{\delta}{2}$ 이다. 그러므로 $\forall x \in I$에서 $|S_n(x)| \le \frac{1}{2 \sin\frac{\delta}{2}}$

이다. 따라서 정리 3.8.1에 의하여 $\sum_{k=1}^{\infty} \sin kx$는 구간 I 에서 일양수렴이다.
다음으로 조건 2) 와 3)을 조사한다.

$$|v_{n+1}(x) - v_n(x)| = |\frac{1}{n+1} - \frac{1}{n}| = \frac{1}{n(n+1)} < \frac{1}{n^2}$$

이므로, $\sum_{k=1}^{\infty} |v_{n+1}(x) - v_n(x)| \le \sum_{k=1}^{\infty} \frac{1}{k^2}$ 이다. 여기서 $v_1(x) = 1$ 이고 $\sum_{k=1}^{\infty} \frac{1}{k^2}$은 수렴하므로 그 값을 S 라 하면 이때 $K = \max(1, S)$ 로 두면 조건 2)와 3)을 만족함을 알 수 있다. 그러므로 $\sum_{k=1}^{\infty} \frac{\sin kx}{k}$ 는 구간 $[\delta, \pi]$ 에서 일양수렴함을 알 수 있다.

[정 리 7.4.2.] (Hardy-Abel 판정법)

$\{u_n\}$과 $\{v_n\}$은 구간 I위에서 정의된 함수들의 수열들이다. 다음을 만족한다고 가정하자.

1) $\sum u_n(x)$의 부분합은 유계이고(즉, 모든 $x\in I$에 대하여 $|\sum_0^n u_k(x)|<M$을 만족하는 적당한 M이 존재한다.)

2) $\sum_1^\infty |v_n(x)-v_{n-1}(x)|$는 구간 I위에서 일양수렴하고

3) 구간 I위에서 $v_n(x)$는 0에 일양수렴한다.

이 때 $\sum u_n(x)v_n(x)$는 구간 I위에서 일양수렴한다.

(증명) 임의의 양수 $\varepsilon>0$이 주어지면 조건 3)에 의하여 N_1이 존재하고 $n>N_1$인 모든 n에 대하여 $|v_n(x)|<\varepsilon$를 만족하고 역시 조건 2)에 의하여 적당한 N_2가 존재하여 $n>N_2$인 모든 n에 대하여 $\sum_{n+1}^{m-1}|v_{k+1}(x)-v_k(x)|<\varepsilon$를 만족한다. 또한 $n>N=\max(N_1, N_2)$인 모든 n에 대하여, $U_n=\sum_0^n u_k$라 하고, 보조정리 7.4.1인 Abel의 항등식을 이용하면

$$\begin{aligned}|\sum_{n+1}^{m} u_k(x)v_k(x)| &\le |U_m||v_m|+|U_n||v_{n+1}|+\sum_{n+1}^{m-1}|U_k||v_{k+1}-v_k| \\ &\le M(|v_m|+|v_{n+1}|+\sum_{n+1}^{m-1}|v_{k+1}-v_k|) \\ &\le 3\varepsilon M \end{aligned} \tag{7.16}$$

을 만족한다. 역시 정리 7.2.2를 이용하면 $\sum u_n(x)v_n(x)$는 일양수렴한다. ■

예 제 7.4.2

$f(x)=\sum_{k=1}^\infty \frac{(-1)^k}{k+ax^2}$는 실수 R에서 일양수렴함을 보여라. 여기서 $a>0$이다.

(풀이) 정리 7.4.2와 같이 $f(x)=\sum_{k=1}^\infty u_k(x)v_k(x)$ 의 표현으로 생각한다. 이 때 $u_k(x)=(-1)^k$, $v_k(x)=\frac{1}{k+ax^2}$ 이다. $S_n(x)$ 를 $u_k(x)$ 들의 부분합이라 하면, 즉

$$S_n(x) = \sum_{k=1}^n u_k(x) = \begin{cases} 0 & , n \text{ 짝수} \\ -1 & , n \text{ 홀수} \end{cases}$$

이다. 그러므로 정리 7.4.2 의 조건 1)을 만족한다. 더구나.

$$\begin{aligned}|v_{n+1}(x)-v_n(x)| &= \left|\frac{1}{(n+1)+ax^2}-\frac{1}{n+ax^2}\right| \\ &= \frac{1}{((n+1)+ax^2)(n+ax^2)} \le \frac{1}{n(n+1)} < \frac{1}{n^2}\end{aligned}$$

이다.

따라서 $\sum_{k=1}^{\infty}|v_{n+1}(x)-v_n(x)| \le \sum_{k=1}^{\infty}\frac{1}{k^2}$ 이고 $\sum_{k=1}^{\infty}\frac{1}{k^2}$ 은 수렴한다. 이 때 정리 7.2.3인 Weierstrass M−test를 이용하면 $\sum_{k=1}^{\infty}|v_{n+1}(x)-v_n(x)|$ 는 일양수렴하므로 조건 2)를 만족한다. 마지막으로 $\lim_{n\to\infty} v_n(x)=\lim_{n\to\infty}\frac{1}{n+ax^2}=0$ 이므로 조건 3)도 만족한다. 따라서 정리 7.4.2 에 의하여 $\sum_{k=1}^{\infty}\frac{(-1)^k}{k+ax^2}$ 은 실수에서 일양수렴한다.

예 제 7.4.3. (예제 7.3.3 계속)

구간 $I=\{-1\le x\le 1\}$에서 $f(x)=\sum_{0}^{\infty}\frac{(-1)^n x^{2n+1}}{2n+1}$이라 하자. 이 때 예제 7.3.3에서 모든 $x\in(-1,1)$에서 $f(x)=\arctan x$임을 보였다. 이 예제에서의 질문은 x가 ± 1 일 때도 위 등식이 가능한가? 이 질문은 $f(x)$가 연속인 함수인가와도 같다. 왜냐하면

$$f(x)=\begin{cases}\sum_{0}^{\infty}\frac{(-1)^n}{2n+1} & ,\ x=1\text{일 때}\\ \arctan x & ,\ |x|<1\text{일 때}\end{cases}$$

만약 $f(x)$가 연속인 함수라면 $f(1)=\lim_{x\to 1}f(x)=\lim_{x\to 1}\arctan x$일 것이다. 그러나 $\arctan x$는 틀림없는 연속함수이므로 $f(1)=\lim_{x\to 1}\arctan x=\arctan 1=\frac{\pi}{4}$이다. 그러므로 모든 것은 함수 $f(x)$의 연속성으로 해결될 수 있다. 만약 주어진 급수가 구간 $I=[-1,1]$에서 일양수렴한다면 $f(x)$는 당연히 $x=1$인 점에서 연속이다. 이것을 보이기 위해 아벨의 검정을 이용하고자 한다.

우선 $u_n=(-1)^n x^{2n+1}$, $v_n(x)=\frac{1}{2n+1}$이라 하자. 그 다음 세 가지 조건들이 만족되어지는 것을 다음과 같이 보인다.

1) $|x|\le 1$에서 $|U_n(x)|=|\sum_{0}^{n}(-1)^k x^{2k+1}|\le 2$이다. 왜냐하면

$$U_n(x)=\frac{x[1-x^2+x^4-\cdots+(-1)^n x^{2n}](1+x^2)}{1+x^2}=\frac{x[1+(-1)^n x^{2n+2}]}{1+x^2}$$

이므로 $|x|\le 1$에서 $|U_n|\le\frac{1\cdot(1+1)}{1}=2$이다.

2) $\sum_{1}^{\infty}|v_k(x)-v_{k-1}(x)|$는 $|x|\le 1$에서 일양수렴이다. 왜냐하면 각각의 v_k들은 상수들이므로 일양수렴은 단순한 수렴과 같다.

$$|v_k-v_{k-1}|=\left|\frac{1}{2k+1}-\frac{1}{2k-1}\right|=\frac{2}{4k^2-1}$$

이므로

$$\frac{\frac{2}{4k^2-1}}{\frac{1}{k^2}}=\frac{2k^2}{4k^2-1}\to\frac{1}{2}\neq 0$$

이다. 그러므로 비교 판정법의 극한형에 의하여 이 급수는 수렴하고 더욱이 평등 수렴한다.

3) $v_k \rightrightarrows 0$: $v_k=\frac{1}{2k+1}\to 0$이므로 역시 일양수렴한다. 그러므로 $|x|\le 1$에서

$$f(x)=\sum\frac{(-1)^n x^{2n+1}}{2n+1}$$

은 일양수렴하며 또한 연속인 함수이다. 따라서 $\frac{\pi}{4}=\sum_0^\infty\frac{(-1)^n}{2n+1}$ 으로 보여질 수 있다.

[정 리 7.4.3] **(Dini 정리)**

$I\subset R$ 는 유계이고 폐구간이라 하자. 구간 I 에서 연속인 함수들의 수열 $\{f_n\}$이 다음 세 가지 조건을 만족한다고 가정하자.

1) $\forall n\in Z^+, \forall x\in I$ 에서, $f_n(x)\ge 0$ 이고

2) 구간 I 에서 f_n 는 0 에 점별수렴하며,

3) 구간 I 에서 f_n 는 감소 함수이다.

이 때 구간 I 에서 f_n 는 0 에 일양수렴한다.

(증명) $\forall\varepsilon>0$이 주어진다. 조건 ii)에 의하여, $\forall x\in I$에서 $n>N(x)$이면 $|f_n(x)|<\frac{\varepsilon}{2}$인 $N(x)\in Z^+$를 찾을 수 있다. 또한 f_n이 연속이므로 $|x-y|<\delta(x)$이면 $|f_n(y)-f_n(x)|<\frac{\varepsilon}{2}$인 $\delta(x)>0$가 존재한다. 이 때 $\{N_{\delta(x)}(x): x\in I\}$는 I의 개커버이다. 여기서 $N_{\delta(x)}(x)=\{y: |x-y|<\delta(x)\}$를 의미한다. 그러나 I 는 유계이며 폐구간이므로 정리 3.4.3 인 Heine−Borel 정리에 의하여 그들 중 I 를 커버할 수 있는 유한개를 찾을 수 있다. 즉 $\{N_{\delta(x_1)}(x_1), \cdots, N_{\delta(x_p)}(x_p)\}$가 유한개의 부분 커버이다. $x_1,\cdots,x_p$의 각각에 대하여, $n>N(x_k)$이면 $|f_n(x_k)|<\frac{\varepsilon}{2}$을 만족하는 $N(x_k)$, $k=1,\cdots,p$가 존재한다. $N=\max\{N(x_1),\cdots,N(x_p)\}$라 하자. 임의의 $x\in I$를 선택하자. 이 때 $x\in N_{\delta(x_k)}(x_k)$에 속하는 적당한 k 가 존재한다. 또한 f_n의 연속성을 이용하면 $|f_n(x)-f_n(x_k)|<\frac{\varepsilon}{2}$이다. 이 때 $n>N$이면,

$$\begin{aligned}0\le f_n(x)\le f_{N+1}(x)\le f_{N(x_k)+1}(x) &= f_{N(x_k)+1}(x_k)+(f_{N(x_k)+1}(x)-f_{N(x_k)+1}(x_k)) \\ &<\frac{\varepsilon}{2}+\frac{\varepsilon}{2}=\varepsilon\end{aligned}\tag{7.17}$$

이다. 그러므로 모든 $n>N$, $x\in I$ 에 대하여 $f_n(x)<\varepsilon$ 이므로 f_n 는 구간 I 에서 0 으로 일양수렴한다. ■

[따름 정리 7.4.1]

$I \subset R$ 는 유계이고 폐구간이다. 구간 I 에서 연속인 함수들의 수열 $\{f_n\}$ 이 다음 세조건을 만족한다고 가정하자.

1) 구간 I 에서 f_n 는 단조함수이고,

2) 구간 I 에서 f 는 연속이며,

3) 구간 I 에서 f_n 은 f 에 점별수렴한다.

이 때 구간 I 에서 f_n 은 f 에 일양수렴한다.

(증명) 만약 f_n이 증가함수이면 $g_n = f - f_n$이라 하고 정리 7.4.3을 수열 $\{g_n\}$에 적용한다. 또한 만약 f_n이 감소함수이면, $g_n = f_n - f$로 두고 정리 7.4.3을 수열 $\{g_n\}$에 적용하여 쉽게 보일 수 있다. ■

예 제 7.4.4

$$f_n(x) = \begin{cases} 2x, & x \in [0, \frac{1}{2n}] \\ -2x + \frac{2}{n}, & x \in (\frac{1}{2n}, \frac{1}{n}] \\ 0, & x \in (\frac{1}{n}, 1] \end{cases}$$

이라 하자.

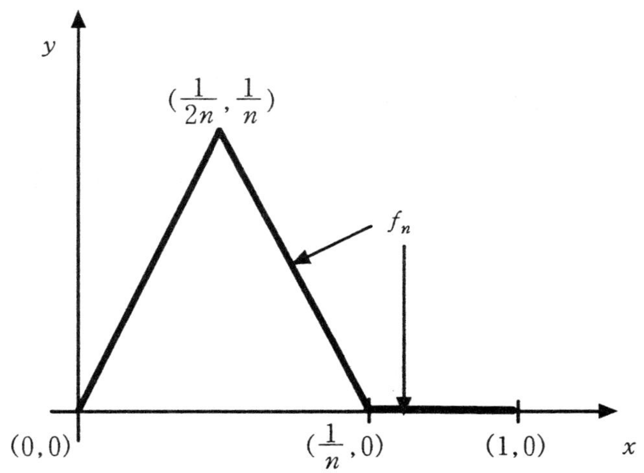

<그림 7.4>

$\forall x \in [0,1]$, $f(x) = 0$이라 하자. 주어진 $f_n(x)$ 가 정리 7.4.3 의 세가지 조건들을 만족감을 쉽게 보일 수 있다. 그러므로 $\{f_n\}$ 은 0에 일양수렴이다. 더우기, 다음과 같이 보이므로 더욱 명확하다. $\forall x \in$ $[0,1]$,

$$|f_n(x) - f(x)| \leq \frac{1}{n}$$

이므로 $|f_n(x) - f(x)|$ 의 상계는 x에 영향을 받지 않는다. 그러므로 $\{f_n\}$ 는 구간 $[0,1]$에서 일양수렴이다.

7.5. 멱급수(Power Series)

[정 의 7.5.1.]

실수들의 주어진 수열$\{a_n\}$에 대하여 $\sum_{n=0}^{\infty} a_n x^n$ 모양인 급수를 x의 멱급수라 부른다. 일반적으로, 고정된 실수 a에 대하여, $\sum_{n=0}^{\infty} a_n (x-a)^n$을 $x-a$의 멱급수라 한다. 또한 a_n들을 그 급수의 계수라 한다. 임의의 멱급수 $\sum a_n x^n$은 최소한 x의 한 점에서 수렴한다. 그 x점은 0이다. 0이 아닌 다른 점에서 수렴하지 않는 급수가 존재한다. 예를 들면, $\sum n!x^n$ 를 보자. 비판 판정법을 이용하면,

$$\left| \frac{(n+1)!x^{n+1}}{n!x^n} \right| = (n+1)|x|$$

이다. 만약 $|x| \neq 0$이면 이것은 $+\infty$로 발산하므로 $x \neq 0$ 인 점에서 $\sum n!x^n$는 발산한다. 또한 x의 모든 점에서 수렴하는 멱급수가 존재한다. 예를 들면 $\sum \frac{x^n}{n!}$를 보자.

$$\left| \frac{\frac{x^{n+1}}{(n+1)!}}{\frac{x^n}{n!}} \right| = \frac{|x|}{n+1} \to 0 < 1$$

이므로 x의 모든 점에서 $\sum \frac{x^n}{n!}$ 는 수렴한다. 마지막으로 x의 적당한 구간에서는 수렴하고 그 나머지 구간에서 발산하는 멱급수가 존재한다. 예를 들면 $\sum_{n=0}^{\infty} x^n$는 $|x| < 1$에서 수렴하고 그 외의 구간에서는 발산한다.

[정 리 7.5.1.]

1) $\sum_{k=0}^{\infty} a_k x^k$가 x_0 에서 수렴하고 $|x_1|<|x_0|$인 x_1이 존재한다고 하자. 이 때 $\sum_{k=0}^{\infty} a_k x_1^k$는 절대수렴한다.

2) $\sum_{k=0}^{\infty} a_k x_0^k$ 발산하고 $|x_1|>|x_0|$ 인 x_1이 존재한다. 이때 $\sum_{k=0}^{\infty} a_k x_1^k$ 은 발산한다.

(증명)

1) $\sum_{k=0}^{\infty} a_k x_0^k$이 수렴하므로 정리 3.7.1에 의하면 $\lim_{n\to\infty} a_n x_0^n = 0$이다. 정리 3.1.4에 의하면 $\{a_n x_0^n\}$은 유계이다. 즉, 적당한 $M>0$ 에 대하여 $\forall n \in Z^+$ 에서, $|a_n x_0^n| \leq M$이다. $|x_1|<|x_0|$ 이므로, $r = \left|\frac{x_1}{x_0}\right| < 1$ 이다. 따라서

$$|a_n x_1^n| = |a_n x_0^n| \, |\frac{x_1}{x_0}|^n < M r^n \tag{7.18}$$

이다. 그러나 $0<r<1$ 이므로 $\sum_{k=0}^{\infty} Mr^k$ 는 수렴하는 등비급수이다. 그러므로 비교판정법에 의하면 $\sum_{k=0}^{\infty} a_k x_1^k$ 은 절대수렴이다.

2) $\sum_{k=0}^{\infty} a_k x_1^k$ 이 수렴하며 $|x_0|>|x_1|$ 을 만족하는 x_1 이 존재한다고 가정하자. 본정리의 1)에 의하면 $\sum_{k=0}^{\infty} a_k x_0^k$ 는 절대수렴하여야 한다. 그러나 모순이다. ■

[정 리 7.5.2]

S를 급수 $\sum_{k=1}^{\infty} a_k x^k$가 수렴할 x들의 집합이라 하자. 이 때 S는 다음 세가지중 하나이다.

1) $S=\{0\}$,
2) $S=r$ 또는
3) $S=(-r,r),(-r,r],[-r,r),[-r,r]$ 중 하나이다. 여기서 $r>0$ 이다.

(증명) S가 1)과 2)는 아니라 하자. $\sum_{k=0}^{\infty} a_k x_0^k$ 에 수렴하고 $x_0 \neq 0$이므로, 정리 7.5.1의 1)에 의하면 $x_1<|x_0|$ 을 만족하는 $x_1>0$에 대하여 급수 $\sum_{k=0}^{\infty} a_k x^k$ 는 수렴한다. 그러므로 S는 의로 유계이다. $r=\sup S$라 하면 , $r>0$ 이고 S 는 3)에 주어진 형태들 중 하나이다. ■

[따름 정리 7.5.1]

S는 급수 $\sum_{k=0}^{\infty} a_k (x-a)^k$이 수렴하는 x 값들의 집합이라 하자. 이 때 S 는 다음 세가지 형태 중 하나이다.

1) $S=\{a\}$,
2) $S=r$ 또는
3) $S=(a-r,a+r),(a-r,a+r],[a-r,a+r),[a-r,a+r]$ 중 하나이다.

여기서 $r>0$ 이다.

(증명) 연습문제

[정 의 7.5.2.]

멱급수 $\sum a_n x^n$이 주어지고, S를 이 멱급수가 수렴하는 x들의 집합이라 하자. 실수 R을 멱급수의 수렴반경이라 하며 다음과 같이 정의한다. $\sum a_n (x-a)^n$ 이 오직 $x=0$에서만 수렴하면 $R=0$, 모든 x에 수렴하면 $R=\infty$ 이며 그 이외의 경우는 다음과 같다. $R=\sup_S |x|$ 이때 구간 $\{a-R<x<a+R\}$을 수렴구간이라 한다.

[정 리 7.5.3.]

$\sum_{k=0}^{\infty} a_k(x-a)^k$의 수렴반경은 $R=\lim_{n\to\infty}\left|\dfrac{a_n}{a_{n+1}}\right|$으로 주어진다.

(증명) $0<R<\infty$ 인 경우를 보자. $n\geq 1$ 에서

$$r_n=\left|\frac{a_{n+1}(x-a)^{n+1}}{a_n(x-a)^n}\right|=\left|\frac{a_{n+1}}{a_n}\right||x-a| \tag{7.19}$$

이고

$$\lim_{n\to\infty} r_n=\lim_{n\to\infty}\left|\frac{a_{n+1}}{a_n}\right||x-a|=\frac{|x-a|}{R} \tag{7.20}$$

이다. 정리 3.8.8 의 비판 판정법에 의하면 $0\leq\dfrac{|x-a|}{R}<1$이면, 즉 $0\leq|x-a|<R$ 이면 $\sum_{k=0}^{\infty} a_k(x-a)^k$ 는 수렴하고 $|x-a|>R$ 이면 발산한다. 그러므로 R 은 $\sum_{k=0}^{\infty} a_k(x-a)^k$ 의 수렴반경이다.

$R=0$ 인 경우를 보자. $\lim_{n\to\infty}\left|\dfrac{a_n}{a_{n+1}}\right|=0$ 이라 하자. $\varepsilon>0$ 에서 $n\geq N$ 이면 $\left|\dfrac{a_n}{a_{n+1}}\right|<\varepsilon$인 $N\in Z^+$이 존재한다. 즉 $n\geq N$에서 $|a_{n+1}|>\dfrac{|a_n|}{\varepsilon}$이다. 그러므로 $|a_{N+1}|>\dfrac{|a_N|}{\varepsilon}$이다.

$\forall p\in Z^+$에서 $|a_{N+p}|>\dfrac{|a_N|}{\varepsilon^p}$ 이므로, 모든 x 에 대하여

$$|a_{N+p}(x-a)^{N+p}|>\frac{|a_N||x-a|^{N+p}}{\varepsilon^p} \tag{7.21}$$

이다. $x\neq a$ 이면 $\forall p\in Z^+$ 에서 $|x-a|^{N+p}\geq\varepsilon^P$ 를 만족하는 ε 을 선택할 수 있다. 그러므로 $n>N$ 에서 $|a_{N+p}(x-a)^{N+p}|>|a_N|$ 이다. 정리 3.7.1 에 의하여 $x\neq a$ 에서 $\sum_{k=0}^{\infty} a_k(x-a)^k$ 는 발산한다. $R=\infty$ 인 경우는 연습문제로 남겨둔다. ■

예 제 7.5.1

$\sum_{k=0}^{\infty}\dfrac{(-1)^k(x-2)^{k+1}}{k+1}$ 의 수렴성을 조사하라.

(풀이) $a_n=\dfrac{(-1)^n}{n+1}$이라 두자. 이 때 $\left|\dfrac{a_n}{a_{n+1}}\right|=\dfrac{n+1}{n+2}$ 이다. 그러므로 $R=1$이다. 따라서 본 급수는 최소한 개구간 $(1,3)$ 에서 수렴한다. 양 종점에 대한 수렴성을 각각 조사해 본다. 만약 $x=1$이면 본 급수는

$$\sum_{k=0}^{\infty}\frac{(-1)^k(1-2)^{k+1}}{k+1}=\sum_{k=0}^{\infty}\frac{(-1)^{2k+1}}{k+1}=-\sum_{k=0}^{\infty}\frac{1}{k+1}=-\sum_{k=1}^{\infty}\frac{1}{k} \tag{7.22}$$

이다. 그러나 $\sum_{k=0}^{\infty}\dfrac{1}{k}$는 발산하므로 $x=1$에서 $\sum_{k=0}^{\infty}\dfrac{(-1)^k(x-2)^{k+1}}{k+1}$은 발산한다. 또한, $x=3$이면

$$\sum_{k=0}^{\infty} \frac{(-1)^k (3-2)^{k+1}}{k+1} = \sum_{k=0}^{\infty} \frac{(-1)^k}{k+1} = \sum_{k=1}^{\infty} \frac{(-1)^{k+1}}{k} \tag{7.23}$$

이며 이는 교대급수(alternating series)로써 수렴한다. 따라서 $\sum_{k=0}^{\infty} \frac{(-1)^k (x-2)^{k+1}}{k+1}$ 의 수렴구간은 $(1,3]$ 이다.

[정 리 7.5.4.]

$\sum a_n (x-a)^n$ 에 대하여 수렴반경 R은 다음과 같이 주어진다.

1) $\overline{\lim} \sqrt[n]{a_n} = \infty$, $R = 0$,

2) $\overline{\lim} \sqrt[n]{|a_n|} = 0$, $R = \infty$,

3) $0 < \overline{\lim} \sqrt[n]{|a_n|} < \infty$ 이면 $R = \dfrac{1}{\overline{\lim} \sqrt[n]{|a_n|}}$ 이다.

(증명) 이 정리는 정리 3.8.6의 결과이다. 정리 3.8.6을 멱급수 $\sum |a_n|x-a|^n|$ 에 적용한다. $q = \overline{\lim} \sqrt[n]{|a_n|}$ 이라 하자. 이때

$$\begin{aligned} \overline{\lim} \sqrt[n]{|a_n(x-a)^n|} &= \overline{\lim} |x-a| \sqrt[n]{|a_n|} \\ &= |x-a| \overline{\lim} \sqrt[n]{|a_n|} = |x-a| q \end{aligned} \tag{7.24}$$

이다. 이때 q가 0 또는 ∞가 아니면 $|x-a| < \frac{1}{q}$ 인 구간에서 멱급수는 수렴하므로 $R = \frac{1}{\overline{\lim} \sqrt[n]{|a_n|}}$ 이다. 만약 $q=0$이면 모든 x값에 대하여도 항상 $|x-a|q < 1$이 성립되므로 $R=\infty$이고, 또한 $q=\infty$이면 오직 $x=0$에 대해서만 $|x-a|q<1$이 성립되므로 $R=0$ 이다. ■

[따름 정리 7.5.4.]

주어진 멱급수 $\sum a_n \cdot (x-a)^n$에 대하여 $q = \lim \sqrt[n]{|a_n|}$ 이 존재한다. 이때,

1) $q = \infty$ 이면 $R = 0$이고 (즉, $x=a$에서만 수렴한다.),

2) $q = 0$ 이면 $R = \infty$ (즉, 모든 x에서 수렴한다.),

3) $0 < q < \infty$ 이면 $R = \dfrac{1}{q}$ 이다.

(증명) 연습문제

예 제 7.5.2.

$a_{2n-1} = (\frac{1}{2})^{2n-1}$, $a_{2n} = (\frac{1}{4})^{2n}$ 인 멱급수 $\sum a_n x^n$ 에서 수렴반경을 구하여라.

(풀이) $\lim \left| \frac{a_{n+1}}{a_n} \right|$ 은 존재하지 않는다. 수열 $\{\sqrt[n]{|a_n|}\}$을 생각하면 이는

$$\{1, \frac{1}{2}, \frac{1}{4}, \frac{1}{2}, \frac{1}{4}, \cdots\}$$

이므로 $\overline{\lim}\sqrt[n]{|a_n|} = \frac{1}{2}$ 이다. 그러므로 $R = 2$이며 $\{-2<x<2\}$인 구간에서 주어진 멱급수가 수렴함을 알 수 있다. 그러나 경계점인 $x = \pm 2$ 에 대하여는 앞에서 주어진 판정법으로는 구할 수 없으므로 직접 경계점을 대입하여 조사하여야 한다. $x = \pm 2$ 중 어는 한 점을 대입하여도 주어진 멱급수의 짝수 항은 절대값 1 이 되므로 이 급수의 n번째 항은 0에 수렴할 수 없으므로 그 점들에서는 발산한다. 그러므로 수렴하는 구간은 $\{-2<x<2\}$ 이다.

예 제 7.5.3.

$1 + \sum_{n=1}^{\infty}\frac{x^n}{n^2}$ 인 멱급수의 수렴하는 x점들의 구간을 구하라.

(풀이) 비판판정법을 이용하면,

$$\lim\left(\frac{\frac{1}{(n+1)^2}}{\frac{1}{n^2}}\right) = \lim\left(\frac{n}{n+1}\right)^2 = 1$$

그러므로 주어진 급수는 $\{-1<x<1\}$에 수렴한다. $x=1$이면 주어진 급수는 $1+\sum_{n=1}^{\infty}\frac{1}{n^2}$ 이고 이 급수는 수렴한다. 또한 $x=-1$ 에서 주어진 급수는 $1 + \sum_{n=1}^{\infty}\frac{(-1)^n}{n^2}$ 역시 수렴한다. 그러므로 $\{-1 \le x \le 1\}$ 구간에서 주어진 멱급수는 수렴한다.

예 제 7.5.4.

$\sum_{1}^{\infty}\left(\frac{10^n}{n}\right)x^n$ 의 수렴구간을 구하여라.

(풀이) $$\left|\frac{a_n}{a_{n+1}}\right| = \left|\frac{\frac{10^n}{n}}{\frac{10^{n+1}}{n+1}}\right| = \frac{n+1}{n}\frac{1}{10} \to \frac{1}{10} = R$$

$x = 10$ 이면 $\sum\frac{1}{n}$ 는 발산하고 $x = -\frac{1}{10}$ 이면 $\sum\frac{(-1)^n}{n}$ 는 수렴한다. 그러므로 주어진 급수는 $\{-\frac{1}{10} \le x < \frac{1}{10}\}$ 에서 수렴한다.

예 제 7.5.5

$\sum_{k=0}^{\infty}\frac{x^k}{k!}$ 의 수렴구간을 구하라.

(풀이) $a_n=\frac{1}{n!}$이라 하면 $\sqrt[n]{|a_n|}=\frac{1}{\sqrt[n]{n!}}$ 이다. 이 때 $q=\lim_{n\to\infty}\sqrt[n]{|a_n|}=0$임을 보이고자

한다. 만약 f 가 구간 $[1,\infty)$ 에서 순증가이고 $R-$적분가능하면 $n\geq 2$ 에서

$$\sum_{k=1}^{n-1} f(k) \ < \ \int_1^n f \ < \ \sum_{k=2}^{n} f(k) \tag{7.25}$$

이다. 왜냐하면 부분구간 $[k-1\ ,\ k]$ 에서 $(k\geq 2)$,

$$f(k-1) \ < \ \int_{k-1}^{k} f \ < \ f(k) \tag{7.26}$$

이다. $k=2,\cdots,n$ 에 대한 식 (7.2) 의 부등식들을 모두 더하면 식 (7.1)을 얻을 수 있다. 구간 $[1.\infty)$ 에서 $f(x)=\ln x$ 라 두면 위에 제시된 모든 조건들을 만족시킨다. 그러므로

$$\int_1^n f = n\ln n - n + 1,\quad \sum_{k=1}^{n-1} f(k) = \ln 1 + \ln 2 + \cdots + \ln(n-1) = \ln((n-1)!)$$

이고

$$\sum_{k=2}^{n} f(k) = \ln 2 + \cdots + \ln n = \ln(n!)$$

이다. 따라서 식 (7.25) 은

$$\ln((n-1)!) \ < \ n\ln n - n + 1 \ < \ \ln(n!)$$

이므로

$$(n-1)! \ < \ \frac{n^n}{e^{n-1}} \ < \ n!$$

이다. 이 결과를 n번째 경우와 $(n-1)$번째 경우에 적용하면

$$\frac{n^n}{e^{n-1}} \ < \ n! \ < \ \frac{n^{n+1}}{e^n} \tag{7.27}$$

이다. 그러나

$$\begin{aligned}(n+1)^{n+1} &= \left(n(1+\frac{1}{n})\right)^{n+1} = n^{n+1}\left(1+\frac{1}{n}\right)^{n+1} \\ &= n^{n+1}\left(1+\frac{1}{n}\right)^n\left(1+\frac{1}{n}\right) \\ &\leq n^{n+1}\left(1+\frac{1}{n}\right)e\end{aligned} \tag{7.28}$$

이다. 여기서 마지막 부등식은 정의 3.8.1 과 정리 3.8.4 에 따른다. 식 (7.27)을 n^n으로 나누고 식 (7.28)를 이용하면

$$\frac{1}{e^{n-1}} \ < \ \frac{n!}{n^n} \ < \ \frac{n(1+\frac{1}{n})}{e^{n-1}} \tag{7.29}$$

이다. 식 (7.29) 에 n 제곱근을 취하면,

$$\frac{1}{\sqrt[n]{e^{n-1}}} \ \leq \ \frac{\sqrt[n]{n!}}{n} \ < \ \frac{\sqrt[n]{n(1+\frac{1}{n})}}{\sqrt[n]{e^{n-1}}}$$

이다. 그러나 $\frac{1}{\sqrt[n]{e^{n-1}}} < \frac{\sqrt[n]{e}}{e}$ 이고 $n\to\infty$에서 $\sqrt[n]{e}\to 1$이므로 $\frac{1}{\sqrt[n]{e^{n-1}}} \to \frac{1}{e}$이다. 더구나 $\sqrt[n]{n(1+\frac{1}{n})} = \sqrt[n]{n}\sqrt[n]{1+\frac{1}{n}} \to 1$이므로 $\lim_{n\to\infty}\frac{\sqrt[n]{n!}}{n} = \frac{1}{e}$이다. 충분히 큰 n에 대하여

$\sqrt[n]{n!}$는 근사적 $\frac{n}{e}$과 같은 값을 갖는다. 그러나 n이 무한히 커지면 $\frac{n}{e}$ 또한 커지므로, $\sqrt[n]{n!} \to \infty$로 간다고 유추할 수 있다. 그러므로 $q=0$이므로 $\sum_{k=0}^{\infty}\frac{x^k}{k!}$는 x의 모든 점에서 수렴한다.

[정 리 7.5.5.]

$\sum a_n x^n$ 가 영이 아닌 수렴 반경 R을 갖고 $-R<a<b<R$를 만족하는 a, b를 실수라 하자. 이 때 $\sum a_n x^n$ 은 구간 $I=[a,b]$에서 일양수렴한다.

(증명) $r \equiv \max\{|a|, |b|\}$라 하자. 모든 $x \in I$는 $|x|<r$이다. 역시 r은 수렴 구간 안에 있는 한 점이므로 $\sum|a_n r^n|$은 수렴한다. 그러므로 모든 $x \in I$가 $|a_n x^n| \le |a_n r^n|$이므로 $M_n=|a_n r^n|$이라 하면 정리 7.3.3(Weierstrass M−test)에 의하여 $\sum a_n x^n$은 구간 $I=[a,b]$에서 일양수렴한다. ■

[따름 정리 7.5.3.]

$\sum a_n x^n$이 영이 아닌 수렴반경을 갖는다면, 그 함수는 구간 $I=(-R,R)$에 있는 각 점 x에서 연속이다. 더욱이 $-R<a<b<R$인 a, b에 대하여

$$\int_a^b \sum_0^{\infty} a_n x^n dx = \sum_0^{\infty}\frac{a_n}{n+1}(b^{n+1}-a^{n+1}) = \sum_0^{\infty}\frac{a_n b^{n+1}}{n+1} - \sum_0^{\infty}\frac{a_n a^{n+1}}{n+1}$$

(증명) 연습문제

[정 리 7.5.6.]

$\sum a_n x^n$은 영이 아닌 유한한 수렴반경을 갖고 역시 $x=R$인 점에서 수렴하면 (즉, $\sum a_n R^n$수렴한다.) $\sum a_n x^n$은 구간 $[0,R]$에서 일양수렴한다. 역시 $-R$에서 수렴하면 그 급수는 $[-R,0]$에서 일양수렴한다.

(증명) 간단히 $R=1$인 경우로 증명하고자 한다. 왜냐하면 만약 $x=Ry$로 치환하면 주어진 $\sum a_n x^n$은 $\sum(a_n R^n)y^n=\sum b_n y^n$로 변환된다. 이 때 새 급수는 수렴반경 1인 경우가 된다. 그러므로 $R=1$인 경우를 가정하여도 무방하다. 먼저 $u_n(x)=a_n,\ v_n(x)=x^n$라 하고 Dirichlet test를 적용하고자 한다.

1) $\sum u_n(x)=\sum a_n=\sum a_n \cdot 1^n$ 이므로 수렴한다. 그러므로 일양수렴이다.

2) $x \ne 1$이면,

$$\sum_1^{\infty}|v_k-v_{k-1}| = \sum_1^{\infty}|x^k-x^{k-1}| = \sum_1^{\infty}x^{k-1}|x-1| = (1-x)\sum_1^{\infty}x^{k-1} = \frac{1-x}{1-x} = 1$$

이다. $x=1$이면 $\sum_1^{\infty}|v_k-v_{k-1}|=0$이다.

3) $|v_0(x)|=1$이다. 그러므로 $\sum a_n x^n$은 주어진 구간에서 일양수렴이다. ■

예 제 7.5.6.

$|x|<1$에서 $\dfrac{1}{1+x}=1-x+x^2-x^3+\cdots=\sum_0^{\infty}(-x)^n$이다.

(풀이)

$$\log(1+a)=\int_0^a\frac{dx}{1+x}=\sum_0^{\infty}\int_0^a(-x)^n dx$$
$$=\sum_0^{\infty}\frac{(-1)^n a^{n+1}}{n+1}=\sum_1^{\infty}(-1)^{n+1}\frac{a^n}{n}$$

이다. 이는 오직 $|a|<1$인 경우 $\log(1+a)=-\sum_1^{\infty}\dfrac{(-a)^n}{n}$임을 보였다. 만약 $a=1$이면 $\sum_1^{\infty}\dfrac{(-1)^n}{n}$은 수렴하므로 정의 7.4.3에 의하면 $\sum\dfrac{(-1)^{n+1}a^n}{n}$은 구간 $\{0\le a\le 1\}$에서 일양수렴하므로 연속함수이다. 따라서 극한을 취하면 아래와 같다.

$$\log 2=\sum_1^{\infty}\frac{(-1)^{n+1}}{n}=1-\frac{1}{2}+\frac{1}{3}-\frac{1}{4}+\frac{1}{5}-\cdots$$

[정 리 7.5.7.]

$\sum a_n x^n$이 $|x|<R$에서 수렴하면, $\sum n a_n x^{n-1}$역시 같은 구간에서 수렴한다.

(증명) $r<1$이면 $n\to 0$일 때 $nr^n\to 0$ 이다. 임의의 고정된 $x_0\neq 0$에 대하여 n이 충분히 크면 $\dfrac{nr^n}{|x_0|}\le 1$ 이다. $|x_0|<R$ 인 x_0와 $|x_0|<|x_1|<R$인 x_1을 선택하여, n이 충분히 크면

$$|na_n x_0{}^{n-1}|=\left|\frac{na_n x_1{}^n}{x_0}\left(\frac{x_0}{x_1}\right)^n\right|=\frac{nr^n}{|x_0|}\cdot|a_n x_1{}^n|\le|a_n x_1{}^n| \tag{7.30}$$

이다. 그러므로 비교판정법에 의하여 $\sum n a_n x^{n-1}$도 $(-R,R)$에서 수렴한다. ■

[보조 정리 7.5.1.]

함수 f가 구간 $[0,R)$에서 멱급수 $\sum_{k=0}^{\infty}a_k x^k$에 의하여 나타난다고 하자. 여기서 $R\neq\infty$, $R>0$이다. 또한 $\sum_{k=0}^{\infty}a_k R^k$는 수렴한다. 구간 $[0,R]$에서 F를 다음과 같이 정의한다.

$$F(x)=\begin{cases} f(x) & ,\ x\in[0,R) \\ \sum_{k=0}^{\infty}a_k R^k & ,\ x=R\end{cases}$$

이다. 이때 $\sum_{k=0}^{\infty}a_k x^k$는 구간 $[0,R]$에서 일양수렴하고, F는 구간 $[0,R]$에서 연속이다.

(증명) 정리 7.4.1(Hardy−Dirichlet 판정법)을 이용하여 보이고자 한다.

$I=[0,R]$, $u_n(x)=a_nR^n$, $v_n(x)=\left(\frac{x}{R}\right)^n$이라 하자.

1) $\sum_{k=0}^{\infty}u_k(x)=\sum_{k=0}^{\infty}a_kR^k$이 가정에 의하여 수렴하므로, $\sum_{k=0}^{\infty}u_k(x)$는 일양수렴한다.

2)

$$\begin{aligned}\sum_{k=0}^{\infty}|v_{k+1}(x)-v_k(x)| &= \sum_{k=0}^{\infty}\left|\left(\frac{x}{R}\right)^{k+1}-\left(\frac{x}{R}\right)^k\right| \\ &= \sum_{k=0}^{\infty}|z^{k+1}-z^k|,\ z=\frac{x}{R} \\ &= \lim_{n\to\infty}(1-z^{n+1}) \\ &= \begin{cases}1 & ,\ z\in[0,1) \\ 0 & ,\ z=1\end{cases}\end{aligned}$$

이다. 여기서 $x\in[0,R]$이므로 $z\in[0,1]$이다. 그러므로 $\sum_{k=0}^{\infty}|v_{k+1}(x)-v_k(x)|$는 유계이다.

3) $v_1(x)=\frac{x}{R}$이고 $x\in[0,R]$이므로 $|v_1(x)|\le 1$이다. 따라서 정리 7.4.1의 세가지 조건을 모두 만족시키므로 $F(x)$는 일양수렴한다. 또한 따름정리 7.3.1에 의하여 $F(x)$는 연속함수이다. ■

[정 리 7.5.8.]

$\sum a_nx^n$이 영이 아닌 수렴반경 R을 갖는다고 하고 그 합을 $f(x)$라 하자. 이 때 구간 $(-R,R)$에서 f는 미분가능하고, 구간 $(-R,R)$에서

$$f'(x)=\sum_0^{\infty}a_n\frac{d}{dx}(x^n)=\sum_1^{\infty}na_nx^{n-1}$$

이다.

(증명) $x_0\in(-R,R)$을 선택한다. 이때 정리 7.5.7과 보조정리 7.5.1에 의하여 구간 $[x_0-h,x_0+h]\subset(-R,R)$에서 $\sum_{k=0}^{\infty}a_kx^k$과 $\sum_{k=1}^{\infty}ka_kx_0^{k-1}$이 일양수렴하게 하는 $h>0$을 찾을 수 있다. 정리 7.3.3에 의하면 $x\in[x_0-h,x_0+h]$에서, $f(x)=\sum_{k=1}^{\infty}ka_kx^{k-1}$이다. 특히

$$f(x_0)=\sum_{k=1}^{\infty}ka_kx_0^{k-1}$$

이다. 이때 x_0는 구간 $(-R,R)$에서 임의의 점이므로 $f(x)=\sum_{k=1}^{\infty}ka_kx^{k-1}$이다. ■

[따름 정리 7.5.4.]

정리 7.4.4의 가정과 같고 $f(x)$가 모든 차수에서 미분 가능하면, 구간 $(-R,R)$에서

$$f^{(k)}(x) = \sum_{n=0}^{\infty} a_n \frac{d^k}{dx^k} x^n = \sum_{n=k}^{\infty} a_n \frac{n!}{(n-k)!} x^{n-k} = \sum_{n=0}^{\infty} \frac{a_{n+k}(n+k)!}{n!} x^n \tag{7.10}$$

이다.

(증명) 연습문제

[따름 정리 7.5.5.]

$\sum a_n x^n$이 영이 아닌 수렴반경 R을 갖고 그 합을 $f(x)$라 하자. 이 때 $a_k = \frac{f^{(k)}(0)}{k!}$이다.

(증명) 식 (7.10)에서

$$f^{(k)}(x) = \sum_{n=k}^{\infty} n(n-1)\cdots(n-k+1)a_n x^{n-k} = \sum_{n=k}^{\infty} \frac{n!}{(n-k)!} a_n x^{n-k}$$

이다. $x=0$이면,

$$f^{(k)}(0) = \frac{k!}{(k-k)!} a_k = k!\, a_k$$

이다. 그러므로 $a_k = \frac{f^{(k)}(0)}{k!}$이다. ■

[따름 정리 7.5.6.]

구간 $\{-R<x<R\}$에서 $f(x) = \sum a_n x^n$, $f(x) = \sum b_n x^n$으로 표현되면 $n=0,1,2,\cdots$에서 $a_n = b_n$이다.

(증명) 따름 정리 7.5.3에 의하여 $a_n = \frac{f^{(n)}(0)}{n!} = b_n$이다. ■

7.6. 테일러 급수

급수 $\sum_{k=0}^{\infty} a_k(x-a)^k$가 수렴반경 R을 갖고, 그에 대한 수렴구간을 I라 하자. $x_0 \in I$에 대하여, $\sum_{k=0}^{\infty} a_k(x_0-a)^k$는 상수항을 갖는 수렴하는 무한급수이다. 구간 I에서 $\sum_{k=0}^{\infty} a_k(x-a)^k$라 정의하면 $\sum_{k=0}^{\infty} a_k(x-a)^k$는 구간 I에서 f를 표현한다고 말한다. 함수 f가 주어지고, 구간 I는 점 a를 포함한다 하자. 구간 I에서 f를 표현할 수 있는 $\sum_{k=0}^{\infty} a_k(x-a)^k$형태인 멱급수를 찾고자한다 하자. 우선 $x>a$이고, $f^{(n)}$이 구간 $[a, x]$에서 연속이고 $f^{(n+1)}$은 구간

(a, x)에서 존재한다고 가정한다. 만약 $P_n(x) = \sum_{k=0}^{n} \frac{f^{(k)}(a)}{k!}(x-a)^k$이라면, $P_n(x)$는 a근처에서 함수 f의 다항근사식으로 간주할 수 있다.

f이 구간 $[a, b]$에서 연속이면, 정리 6.4.1에 의하여

$$\int_a^x f = f(x) - f(a) \tag{7.32}$$

이다. 식(7.11)을 $f(x)$에 대하여 풀면

$$f(x) = f(a) + \int_a^x f = P_0(x) + \int_a^x f \tag{7.33}$$

이다. f''이 구간 $[a, x]$에서 연속이라 하자. $\int_a^x f$의 계산을 위하여 정리 6.4.4 (integration by part)을 이용한다. 이때 $g(t) = t - x$, $\forall t \in [a, x]$라 하자. 따라서

$$\begin{aligned}\int_a^x f' &= f'(x)g(x) - f'(a)g(a) - \int_a^x (t-x)f'' \\ &= -f'(a)(a-x) - \int_a^x (t-x)f'' \\ &= (x-a)f'(a) - \int_a^x (t-x)f''\end{aligned}$$

이다. 그러므로 식(7.12)는 다음과 같이 표현된다.

$$f(x) = f(a) + (x-a)f'(a) - \int_a^x (t-x)f''$$

이다. 즉,

$$f(x) = P_1(x) + \int_a^x (x-t)f'' \tag{7.34}$$

이다. $\int_a^x (x-t)f''$를 계산하기 위해 다시 정리 6.4.4를 이용하자. 이때 $g(t) = -\frac{(x-t)^2}{2}$이라 하자.

$$\int_a^x (x-t)f'' = f''(x)g(x) - f''(a)g(a) - \int_a^x g \cdot f'''$$

이므로 식 (7.34)은 다음과 같이 표현된다.

$$\begin{aligned}f(x) &= P_1(x) + f''(x)g(x) - f''(a)g(a) - \int_a^x g \cdot f''' = P_1(x) + \frac{f''(a)}{2}(x-a)^2 - \int_a^x g \cdot f''' \\ &= P_2(x) + \int_a^x \frac{(x-t)^2}{2} f^{(3)} \qquad (7.35)\end{aligned}$$

이다. 이러한 과정을 n번 반복한다면,

$$f(x) = P_n(x) + \int_a^x \frac{(x-t)^n}{n!} f^{(n+1)} \tag{7.36}$$

이다. 식(7.36)를 일반적으로 나머지 항을 적분형태로 나타낸 테일러 형식(Taylor's formula)이

라 한다. 구간 $[a,x]$에 $f^{(n+1)}$가 유계이므로, 즉 $\forall t\in[a,x]$, $|f^{(n+1)}(t)|\le M$이다. 따라서

$$\left|\int_a^x \frac{(x-t)^n}{n!} f^{(n+1)}\right| \le \frac{M}{n!}\int_a^x |x-t|^n = \frac{M}{n!}\frac{|x-a|^{n+1}}{n+1} = \frac{M}{(n+1)!}|x-a|^{n+1}$$

이다.

만약 충분히 작은 $\delta>0$에 대하여 $x\in(a-\delta, a+\delta)$이라면,

$$\left|\int_a^b \frac{(x-n)^n}{n!} f^{(n+1)}\right| \le \frac{M\delta}{(n+1)!}$$

이므로 이는 0으로 수렴한다. 즉, x가 a에 가까이 가면 오차항은 감소한다. 만약 $f\in C^{\infty}[a,x]$이면,

$$\lim_{n\to\infty}\left|\int_a^x \frac{(x-t)^n}{n!} f^{(n+1)}\right| = 0$$

이다. n이 충분히 크면, $P_n(x)$의 극한 형태로서 $\sum_{k=0}^{\infty}\frac{f^{(k)}(a)}{k!}(x-a)^k$을 사용한다. 이때 이 멱급수를 a근방에서 함수 f의 테일러 급수 확장(Taylor series expansion)이라 한다. 만약 $a=0$이면 $\sum_{k=0}^{\infty}\frac{f^{(k)}(0)}{k!}x^k$을 함수 f의 맥클라우린 급수(Maclaurin series)라 한다.

[정 리 7.6.1.]

구간 $(a-R, a+R)$에서 $f\in C^{\infty}$이며 $0<R\le\infty$이다. 만약 $x\in(a-R, a+R)$에서

$$\lim_{n\to\infty}\left|\int_a^x \frac{(x-t)^n}{n!} f^{(n+1)}\right| = 0$$

이면, 이때

$$f(x) = \sum_{k=0}^{\infty}\frac{f^{(k)}(a)}{k!}(x-a)^k$$

이다.

(증명) 연습문제

예 제 7.6.2.

$f(x)=e^x$의 맥클라우린 급수는 $\sum_{k=0}^{\infty}\frac{x^k}{k!}$임을 보여라.

(풀이) 앞 절에서 $\sum_{k=0}^{\infty}\frac{x^k}{k!}$는 모든 구간에서 수렴함을 보였다. $\sum_{k=0}^{\infty}\frac{x^k}{k!}$이 실수 전 구간에서 e^x를 표현함을 보여야한다. 이는 $\lim_{n\to\infty}\left|\int_0^x \frac{(x-t)^n}{n!}e^t dt\right|=0$을 보이므로 충분하다. 만약 $x\ge 0$이면,

$$\left| \int_0^x \frac{(x-t)^n}{n!} e^t dt \right| \le \frac{e^x}{n!} \int_0^x |x-t|^n dt \le \frac{e^x}{(n+1)!}$$

또한 $x<0$이면,

$$\left| \int_0^1 \frac{(x-t)^n}{n!} e^t dt \right| \le \frac{1}{n!} \int_0^t |x-t|^n dt \le \frac{1}{(n+1)!}$$

이다. 따라서

$$\lim_{n\to\infty} \left| \int_0^x \frac{(x-t)^n}{n!} e^t dt \right| = 0$$

이다. 그러므로 $e^t = \sum_{k=0}^{\infty} \frac{x^k}{k!}$ 이다.

7.7. 실해석 함수(Real Analytic Function)

[정 의 7.7.1.]

f는 점 a에서 정의된 함수이다. 함수 f가 점 a에서 해석적(analytic)이라 함은

> a를 포함한 개구간 I가 존재하면서, f는 I에서 C^{∞}이고, I에서 테일러 급수
> $$\sum_{k=0}^{\infty} \frac{f^{(k)}(a)}{k!}(x-a)^k$$
> 가 f를 표현한다.

또한 함수 f가 집합 S에서 해석적이라 함은 S에 있는 모든 점 a에서 f가 해석적임을 뜻한다. 예를 들면, e^x, $\sin x$ 와 $\cos x$ 등은 실수 전구간에서 해석적이다.

예 제 7.7.1.

$f(x)=\ln x$는 $x>0$에서 해석적임을 보여라.

(풀이) 구간 $(0,1]$에서 $\sum_{k=1}^{\infty}(-1)^{k-1}\frac{(x-1)^k}{k}$는 f를 표현한다(연습문제).

$a>0$이면,

$$\ln a + \sum_{k=1}^{\infty} \frac{(-1)^k}{ka^k}(x-a)^k \tag{7.37}$$

는 f를 구간 $(0,2a]$에서 표현한다. 그러므로 f는 $a>0$인 모든 a에서 해석적이다.

예 제 7.7.2.

$f(x)=\frac{1}{1+x}$이 $(-1,1)$에서 해석적임을 보여라.

(풀이) f에 대한 맥클라우린 급수는 $\sum_{k=0}^{\infty}(-1)^k x^k$이다. 이 급수는 $(-1,1)$인 수렴구간을 갖는다. 그러므로 f는 구간 $(-1,1)$에서 해석적이다.

[정 리 7.7.1.]

함수 f, g가 a에서 해석적이라 하자.

1) $f+g$는 a에서 해석적이다.

2) c가 상수이면 $c \cdot f$는 a에서 해석적이다.

3) $f \cdot g$는 a에서 해석적이다.

(증명) 연습문제

[정 리 7.7.2.]

모든 점에서 $f \in C^{\infty}$이고, 구간 $[x_1, x_2]$에서 $M>0$이 존재하여 $\forall n \geq 0$, $x \in [x_1, x_2]$이면 $|f^n(x)| \leq M^n$이다. 이때 f는 모든 점에서 해석적이다.

(증명) $a \in R$를 임의로 선택한다. f가 a에서 해석적임을 보이고자한다.

이때 정리 5.4.1에 의하면,

$$f(x) = P_n(x) + \frac{f^{(n+1)}(\beta)}{(n+1)!}(x-a)^{n+1} \tag{7.38}$$

으로 표현된다. 또한

$$\left| \frac{f^{(n+1)}(\beta)}{(n+1)!}(x-a)^{n+1} \right| \leq \frac{M^{n+1}|x-a|^{n+1}}{(n+1)!} \tag{7.39}$$

이다. 비교 판정법을 이용하면

$\sum_{k=0}^{\infty} \frac{M^{n+1}|x-a|^{n+1}}{(n+1)!}$는 모든 실수에서 수렴한다. 그러므로 $\frac{M^{n+1}|x-a|^{n+1}}{(n+1)!} \to 0$한다. 따라서 $\lim_{n\to\infty} \left| \frac{f^{(n+1)}(\beta)}{(n+1)!}(x-a)^{n+1} \right| = 0$ 이므로 $\sum_{k=0}^{\infty} \frac{f^k(a)}{k!}(x-a)^k$는 점 a에서 f를 표현한다. a는 임의의 수이므로 f는 모든 실수에서 해석적이다. ■

7.8 행렬의 수열과 급수

[정 의 7.8.1.]

행렬 A는 크기가 $m \times n$이라 하자. 행렬 A의 놈(norm), $\|A\|$은 다음 조건들을 만족하는 A의 실함수이다.

1. $\|A\| \geq 0$ 이고, $\|A\| = 0 \Leftrightarrow A = 0$
2. $\|cA\| = |c|\ \|A\|$, 여기서 c는 스칼라이다.
3. $\|A+B\| \leq \|A\| + \|B\|$
4. $\|AC\| \leq \|A\|\ \|C\|$, 여기서 C는 AC가 정의되는 행렬이다.

예 제 7.8.1.

아래 정의된 것들은 놈의 4가지 성질을 모두 만족한다.

1. 유클리디언 놈 , $\|A\|_2=\left(\sum_{i=1}^{m}\sum_{j=1}^{n}a_{ij}^2\right)^{\frac{1}{2}}$
2. 스펙트럴놈, $\|A\|_s=[e_{\max}(A^TA)]^{\frac{1}{2}}$, 여기서 $e_{\max}(B)$는 B의 가장 큰 고유치(eigenvalue)를 나타낸다.

[정 의 7.8.2.]

$k\geq1$에서 $A_k=(a_{ijk})$는 크기가 $m\times n$ 인 행렬이다. $i=1,\cdots,m$, $j=1,\cdots,n$에 대하여 $\lim_{k\to\infty}a_{ijk}=a_{ij}$이면 수열 $\{A_k\}_{k=1}^{\infty}$은 $m\times n$인 행렬 $A=(a_{ij})$ 에 수렴한다고 말한다.

예 제 7.8.2.

$k=1,2,\cdots,$ 에 대하여

$$A_k=\begin{bmatrix}\frac{1}{k} & \frac{1}{k^2}-1 & \frac{k-1}{k+1}\\ \\ 2 & 0 & \frac{k^2}{2-k^2}\end{bmatrix}$$

이라 한다. 이때 $k\to\infty$일 때

$$A_k\to A=\begin{bmatrix}0 & -1 & 1\\ \\ 2 & 0 & -1\end{bmatrix}$$

이다. 그러나 $k=1,2,\cdots$에 대하여

$$A_k=\begin{bmatrix}\frac{1}{k} & k^2-2\\ \\ 1 & \frac{k}{k+1}\end{bmatrix}$$

은 수렴하지 않는다. 그 이유는 $k\to\infty$일 때 k^2-2 는 무한대에 접근하기 때문이다.

[정 리 7.8.1.]

행렬들의 수열 $\{A_k\}_{k=1}^{\infty}$ 이 A에 수렴할 필요충분조건은 $\lim_{k\to\infty}\|A_k-A\|=0$ 이다.

(증명) 연습문제

[정 의 7.8.3.]

$\{A_k\}_{k=1}^{\infty}$은 $m\times n$인 행렬들의 수열이다. 이때 $\sum_{k=1}^{\infty}A_k$는 행렬들의 급수라 한다. a_{ijk}는 A_k의 (i,j) 번째 원소이다. $i=1,2,\cdots,m$, $j=1,\cdots,n$에 대하여 $\sum_{k}^{\infty}a_{ijk}$에 수렴하면 (즉,

$\sum_{k}^{\infty} a_{ijk} = s_i$), 급수 $\sum_{k=1}^{\infty} A_k$은 행렬 $S=(s_{ij})$에 수렴한다 말한다. $\sum_{k=1}^{\infty} a_{ijk}$ 중 최소한 하나가 발산하면, $\sum_{k=1}^{\infty} A_k$ 은 발산한다고 말한다.

[정 리 7.8.2.]

만약 $\lim_{k\to\infty} A_k \neq 0$이면, $\sum_{k=1}^{\infty} A_k$ 는 발산한다.

(증명) 연습문제

[정 리 7.8.3.]

A는 $n\times n$인 행렬이다. 만약 $\|A\|<1$이면, $\lim_{k\to\infty} A^k = 0$ 이다.

(증명) 정의 7.8.1의 성질4에 의하면 $k=1,2,\cdots$ 에 대하여

$$\| A^k \| \leq \|A\|^k$$

이다. $\|A\|<1$이므로 $\lim_{k\to\infty}\|A^k\|=0$ 이다. 그러므로 $\lim_{k\to\infty} A^k = 0$이다. ■

[정 리 7.8.4.]

$n\times n$인 대칭행렬 A는 $|e_{\max}(A)|<1$을 만족한다. 이때 $\sum_{k}^{\infty} A^k$은 $(I-A)^{-1}$에 수렴한다.

(증명) A가 대칭행렬이므로 $A=P\Delta P^T$ 인 직교행렬 P가 존재한다. 여기서 Δ는 대각행렬이며 대각원소는 A의 고유치들이다. $k=0,1,\cdots$에 대하여 $A^k = P\Delta^k P^T$ 이다. $|e_{\max(A)}|<1$이므로 $k\to\infty$일 때 $\Delta^k \to 0$이고 $A^k \to 0$이다. 더구나
$I-A=P(I-\Delta)P^T$ 이고 $I-\Delta$ 의 대각원소들이 양수이므로 $I-A$ 는 비정치 행렬이다. 또한, 모든 비음정수 k에 대하여,

$$I-A^{k+1} = (I-A)(I+A+A^2+\cdots+A^k) \tag{7.40}$$

이다, 그러므로

$$I+A+\cdots+A^k = (I-A)^{-1}(I-A^{k+1}) \tag{7.41}$$

이다. $k\to\infty$이면, $\lim_{k\to\infty} A^{k+1}=0$ 이므로

$$\sum_{k=0}^{\infty} A^k = (I-A)^{-1} \tag{7.42}$$

이다. ■

[정 리 7.8.5.]

A는 $n\times n$ 인 행렬이고 λ는 A의 고유치이다. 이때 $|\lambda| \leq \|A\|$이다.

(증명) λ는 A의 고유치이므로, $A\nu=\lambda\nu$ 이다. 또한

$$||\lambda\nu|| = |\lambda|\ ||\nu|| = ||A\nu|| \le ||A||\ ||\nu|| \tag{7.43}$$

이다. $\nu \ne 0$이므로, $|\lambda| \le ||A||$이다. ■

[따름 정리 7.8.1.]

A는 $||A|| < 1$인 $n \times n$대칭 행렬이다. 이때 $\sum_{k=0}^{\infty} A^k$ 은 $(I-A)^{-1}$에 수렴한다.

(증명) $|e_{\max}(A)| \le ||A|| < 1$이므로 정리 7.8.4를 이용하여 결과를 얻을 수 있다. ■

7.9. 통계의 응용

이산 확률변수 X는 $x_0, x_1, \cdots$ 을 값으로 갖고 $n \ge 0$에서 확률은 $p(n)$이다. X의 적률생성함수(moment generating function)는

$$\phi(t) = Ee^{tX} = \sum_{n=0}^{\infty} e^{tx_n} p(n) \tag{7.44}$$

으로 정의되며 이때 식(7.44)에 있는 급수는 수렴하여야 한다. 특히 $n \ge 0$에 대하여 $x_n = n$ 이면,

$$\phi(t) = \sum_{n=0}^{\infty} e^{tn} p(n) \tag{7.45}$$

이며 이것은 e^t에서 멱급수이다. 만약 R이 이 급수의 수렴반경이면, 정리 7.4.1과 7.5.4에 의하여 $\phi(t)$는 수렴구간 안에서 t의 연속함수이고 모든 차수의 도함수를 갖는다.

$$\left.\frac{d^k \phi(t)}{dt^k}\right|_{t=0} = EX^k = \mu_k', \quad k = 1, 2, \cdots \tag{7.46}$$

이므로 $\phi(t)$는 X의 모든 비중심적률을 얻기 위해 사용되어지며 또한 정리 3.11.1에 의하여 X의 분포함수를 완전하게 결정한다. 식 7.3과 $\phi(t)$는 X의 모든 비중심적률을 얻기 위해 사용되어지며 또한 정리 3.12.1에 의하여 X의 분포함수를 완전하게 결정한다. 식 (7.46)의 맥클레인 확장을 이용함으로써 이 함수의 표현을 t에서의 멱급수로서 얻을 수 있다. 즉

$$\phi(t) = \phi(0) + \sum_{n=1}^{\infty} \frac{t^n}{n!} \phi^{(n)}(0) = 1 + \sum_{n=1}^{\infty} \frac{\mu_k'}{n!} t^n \tag{7.47}$$

이다. 식(7.2)에 있는 급수를 생각하자. 만약 $\lim_{n\to\infty} \frac{p(n+1)}{p(n)} = p$ 이면, 정리 7.4.1을 이용하여 수렴반경 R은

$$R = \begin{cases} \frac{1}{p}, & 0 < p < \infty \\ 0, & p = \infty \\ \infty, & p = 0 \end{cases}$$

이다. 다른 표현으로 $\lim(p(n))^{\frac{1}{n}} = q$ 이면,

$$R = \begin{cases} \frac{1}{q} & 0 < q < \infty \\ 0 & q = \infty \\ \infty & q = 0 \end{cases}$$

이다.

예 제 7.9.1.

X는 포아송 확률변수이다. 즉, $P(n) = \frac{e^{-\lambda}\lambda^n}{n!}$, $n = 0, 1, 2, \cdots$이다. 이때

$$\lim_{n\to\infty} \frac{p(n+1)}{p(n)} = \lim_{n\to\infty} \frac{\lambda}{n+1} = 0$$

이다. 그러므로 $R = \infty$. 즉,

$$\phi(t) = \sum_{n=0}^{\infty} \frac{e^{-\lambda}\lambda^n}{n!} e^{tn}$$

은 $e^t < \infty$ 인 t의 모든 값에 대하여 일양수렴이다. 그러므로 $-\infty < t < \infty$ 에서

$$\phi(t) = e^{-\lambda} \sum_{n=0}^{\infty} \frac{(\lambda e^t)^n}{n!} = e^{-\lambda}\exp(\lambda e^t) = e^{\lambda e^t - \lambda} \tag{7.48}$$

이다. X의 k번째 비중심적률은

$$\mu_k' = \left.\frac{d^k \phi(t)}{dt^k}\right|_{t=0} = \left.\frac{d^k \exp(\lambda e^t - \lambda)}{dt^k}\right|_{t=0}$$

이고 특히 $\mu_1' = \mu = \lambda$, $\mu_2' = \lambda + \lambda^2$ 이다. $N_\delta(0)$가 수렴구간 안에 속할 수 있는 $\delta > 0$ 가 존재한다면 식 (7.46)은 항상 유효하다.

예를 들면, 이산 확률변수 X가 $p(n) = \frac{\sigma}{\pi^2 n^2}$, $n = 1, 2\cdots$ 인 확률 질량함수를 갖는다 하자.

이때 $\lim \frac{p(n+1)}{p(n)} = 1$이므로 $\phi(t) = \sum_{n=1}^{\infty} \frac{\sigma}{\pi^2 n^2} e^{tn}$은 $e^t \leq r < 1$ 을 만족하는 t에서 일양수렴이다. 즉 $t \leq \log r < 0$ 이다. 그러나 $t > 0$ 이면 이 급수는 발산한다. 그러므로 모든 $\delta > 0$에 대하여 수렴구간 안에 포함되는 근방 $N_\delta(0)$이 존재하지 않는다. 그러므로 식(7.3)은 이 경우에 해당되지 않는다.

적률 생성 함수에서 적률들의 급수와 비슷한 역할을 하는 상수들의 급수를 찾을 수 있다. 이러한 상수들을 누가적률(cumulant)이라 하며 $K_1, \cdots, K_n, \cdots$로 표기되며, t에 대한 다음 항등식을 만족하는 상수들이다. 즉,

$$\exp\left(K_1 t + \frac{K_2 t^2}{2!} + \cdots + \frac{K_n t^n}{n!} + \cdots\right) = 1 + \mu_1' t + \frac{\mu_2'}{2!} t^2 + \cdots + \frac{\mu_n'}{n!} t^n + \cdots \tag{7.49}$$

이다. 식 (7.47)를 이용하면 $\phi(t)$이 존재하고 양수이면, 이 항등식은

$$\sum_{n=1}^{\infty} \frac{K_n}{n!} t^n = \log \phi(t) \tag{7.50}$$

로 쓸 수 있다. 정의로써, X의 적률생성함수의 로그를 누가적률생성함수(cumulant generation function)라 부른다. 공식 (7.49)에서 비중심적률을 누적적률의 식으로 표현할 수 있으며 또한 반대로도 표현할 수 있다. Kendall and Stuart(1997)는 이것들의 일반적인 관계를 제시하였다. 예를 들면,

$$K_1 = \mu_1'$$
$$K_2 = \mu_2' - \mu_1'$$
$$K_3 = \mu_3' - 3\mu_1'\mu_2' + 2\,\mu_1'^3$$

이다. 누가적률의 가장 흥미로운 성질은 K_1을 제외하고 X에서 c만큼의 이동에 변하지 않는다. 즉, $n=2,3,\cdots$ 에 대하여 X가 $X+c$로 변하여도 K_n은 변하지 않는다. $X+c$의 적률 생성함수는 $E[e^{(X+c)t}] = e^{ct}\cdot\phi(t)$임으로 보일 수 있다.

그러나 $\log[e^{ct}\phi(t)] = ct + \log\phi(t)$이므로 식 (7.50)과 비교하면 K_1을 제외하고 $X+c$의 누가적률들은 모두 X의 누가적률들과 같다.

예 제 7.9.2.

X는 포아송 확률변수이다. 예제 7.9.1.에서 X의 적률 생성함수는 $\phi(t) = e^{\lambda e^t - \lambda}$ 이다. 식 (7.50)을 이용하면

$$\sum_{n=1}^{\infty} \frac{K_n}{n!} t^n = \log[e^{\lambda e^t - \lambda}] = \lambda e^t - \lambda = \lambda \sum_{n=1}^{\infty} \frac{t^n}{n!}$$

이다. $n=1,2,\cdots$ 에 대하여 $K_n = \lambda$ 이다.

이산확률변수 X가 $x_0, x_1, \cdots$ 의 값을 갖고 확률 질량함수 $p(n)$, $n \ge 0$ 을 갖는다 하자. 정의로서 확률생성함수(probability generating function)는

$$\psi(t) = Et^X = \sum_{n=0}^{\infty} t^{x_n} p(n)$$

으로 정의된다. 특히 $n \ge 0$에 대하여 $x_n = n$이면,

$$\psi(t) = \sum_{n=0}^{\infty} t^n p(n) \tag{7.51}$$

이고 이는 t에서의 멱급수이다. 수렴 구간 안에서 이 급수는 모든 차수의 도함수를 갖는 연속함수를 나타낸다. $\psi(0) = p(0)$ 이고, $k=1,2,\cdots$ 에서

$$\frac{1}{k!} \frac{d^k\psi(t)}{dt^k}\bigg|_{t=0} = p(k)$$

이다. 그러므로 X의 확률분포함수는 완전히 $\psi(t)$에 의하여 결정된다. 이 확률 생성함수도 역시 적률을 계산하는데 사용되어진다. 즉,

$$\left.\frac{d^k\psi(t)}{dt^k}\right|_{t=1} = \sum_{n=k}^{\infty} n(n-1)\cdots(n-k+1)p(n) = E[X(X-1)\cdots(X-K+1)] \tag{7.52}$$

이다. 식 (7.52)의 우변 값을 X의 k번째 계승적률(factorial moment)이라 하고, θ_k라 표현한다. X의 비중심적률은 θ_k들에서 얻을 수 있다. 예를 들면,

$$\mu_1' = \theta_1, \quad \mu_2' = \theta_2 + \theta_1, \quad \mu_3' = \theta_3 + 3\theta_2 + \theta_1, \quad \mu_4' = \theta_4 + 6\theta_3 + 7\theta_2 + \theta_1$$

이다.

분명히, $t=1$이 식 (7.51)에 있는 급수의 수렴반경에 속할 때 공식 (7.52)가 유효하다. 적률 생성함수에 대한 닫힌 형식(closed-form)의 표현이 가능하면, e^t를 t로 대치함으로써 $\psi(t)$에 대한 대응된 표현을 얻을 수 있다. 예를 들면, 공식 (7.48)에서 포아송에 대한 확률 생성함수는 $\psi(t) = \exp(\lambda t - \lambda)$로 얻어진다.

7.9.1 극한 이론

[정 의 7.9.1.]

확률변수들의 수열 $\{X_n\}_{n=1}^{\infty}$이 상수 c에 확률적으로 수렴한다(converges in probability)함은

$\forall \varepsilon > 0$에 대하여, $\lim_{n\to\infty} P(\lvert X_n - c\rvert \ge \varepsilon) = 0$ 이다.

이는 $X_n \xrightarrow{p} c$ 로 표기한다. 특히 $\{X_n\}_{n=1}^{\infty}$이 모수 θ의 추정량들의 수열이라하자. X_n이 θ에 확률적으로 수렴하면 X_n을 θ의 일치성(consistent) 추정량이라 한다. 예를 들면 표본평균 $\overline{X_n} = \frac{1}{n}\sum_{i=1}^{n} X_i$ 은 모평균의 일치성 추정량이다.

[정 리 7.9.1.]

$\{X_n\}_{n=1}^{\infty}$은 c에 확률적으로 수렴하는 확률변수들의 수열이다. 만약 $g(x)$가 $x=c$에서 연속이면, $n\to\infty$일때 $g(X_n)$은 $g(c)$에 확률적으로 수렴한다.

(증명) 연습문제

[정 의 7.9.2.]

$F_n(y)$ 와 $F(y)$는 Y_n과 Y의 누적분포함수라 하자. 확률변수들의 수열 $\{Y_n\}_{n=1}^{\infty}$ 이 확률변수 Y에 분포적으로 수렴한다(converges in distribution)함은

$F(y)$가 연속인 각 점 y에서 $\lim_{n\to\infty} F_n(y) = F(y)$이다.

이를 $Y_n \xrightarrow{d} Y$ 로 표기한다.

[정 리 7.9.2.]

$\{Y_n\}_{n=1}^{\infty}$ 은 독립적이고 평균 μ, 분산 σ^2인 동질적인 확률변수들의 수열이다. $\overline{Y_n}$ 는 크기가 n인 표본의 표본평균이다. 만약 $\psi'(\mu)\neq 0$인 μ의 근방에서 도함수 $\psi'(y)$가 존재하고 연속이라면, $n\to\infty$일때

$$\frac{\psi(\overline{Y_n})-\psi(\mu)}{\frac{\sigma|\psi'(\mu)|}{\sqrt{n}}} \xrightarrow{d} Z$$

이다. 여기서 Z는 표준정규분포 $N(0,1)$을 갖는다.

(증명) Wilks(1962, page259) 참조

[정 의 7.9.3.]

확률변수들의 수열 $\{X_n\}_{n=1}^{\infty}$은 확률변수 X에 이차항 평균으로 수렴한다(converges in quadratic mean)고 함은

$$\boxed{\lim_{n\to\infty} E(X_n-X)^2=0}$$

이다. 이 수렴을 $X_n \overset{q.m.}{\rightarrow} X$ 으로 표기한다.

[정 리 7.9.3.]

$$X_n \overset{q.m}{\rightarrow} X \text{ 이면 } X_n \overset{p}{\rightarrow} X \text{ 이다.}$$

(증명) 마코프 부등식을 이용하면, $n\to\infty$일 때

$$P(|X_n-X|\geq\varepsilon)\leq\frac{1}{\varepsilon^2}E(X_n-X)^2\to 0 \tag{7.53}$$

이므로 $X_n \xrightarrow{p} X$ 이다. ■

[정 리 7.9.4.] **대수의 약법칙**(Weak Law of Large Number, Khinchine's Theorem)

$\{X_n\}_{n=1}^{\infty}$ 은 평균 μ를 갖는 독립적이고 동질적인(i.i.d) 확률변수들의 수열이다. 이 때 $X_n \overset{p}{\rightarrow} p$ 이다.

(증명) Rao(1973, 2C. 3절) 참조

[정 의 7.9.4.]

$\{X_n\}_{n=1}^{\infty}$가 확률변수 X에 강하게 수렴한다(converge strongly)고 함은

$$\boxed{\text{임의의 } \varepsilon>0\text{에 대하여 } \lim_{n\to\infty} P(\sup|X_n-X|>\varepsilon)=0\text{이다.}}$$

또는 거의 모두(almost surely) 수렴한다고 한다. 이 수렴은 $X_n \xrightarrow{a.s.} X$ 로 표기한다.

[정 리 7.9.5.]

$\{X_n\}_{n=1}^{\infty}$은 확률변수들이 수열이다.

1. $X_n \xrightarrow{a.s.} c$ (상수) 이면 $X_n \xrightarrow{p} X$ 이다.

2. $X_n \xrightarrow{q.m.} c$ 이고 $\sum_{n=1}^{\infty} E(X_n - c)^2$ 수렴하면, $X_n \xrightarrow{a.s.} c$이다.

(증명) 연습문제

[정 리 7.9.6.] **대수의 강법칙(Strong Law of Large Number, Kolmogorov's Theorem)**

$n = 1, 2, \cdots$에 대하여 $EX_n = \mu_n$와 $Var(X_n) = \sigma_n^2$인 독립 확률변수들의 수열을 $\{X_n\}_{n=1}^{\infty}$ 라하자. 만약 $\sum_{n=1}^{\infty} \frac{\sigma_n^2}{n^2}$ 이 수렴하면, $\overline{X_n} \overset{a.s.}{\to} \mu$ 이다.

(증명) Rao(1973, 2C 3절)참조

7.9.2 멱급수와 대수급수 분포함수

Kosambi(1949)에 의해 소개된 멱급수분포는 이항분포, 포아송분포, 음이항분포와 같은 이산분포 함수족을 나타낸다. 이것의 확률질량함수(probability mass function)는

$$p(n) = \frac{a_n \theta^n}{f(\theta)} \quad , \quad n = 0, 1, 2, \cdots$$

로 주어지고 여기서 $a_n \geq 0$, $\theta > 0$ 그리고 $f(\theta)$는

$$f(\theta) = \sum_{n=0}^{\infty} a_n \theta^n \tag{7.54}$$

이다. 이 함수는 θ가 식(7.54)의 급수에 대한 수렴구간 안에 있을 때 정의된다. 예를 들면, 포아송 분포에서 $\theta = \lambda$이고 $n = 0, 1, 2 \cdots$에 대하여 $a_n = \frac{1}{n!}$이고 $f(\theta) = e^{\lambda}$이다. 음이항분포에서 $\theta = 1 - p$, $a_n = \binom{n+r-1}{n}$이고 여기서 n은 실패의 수, r은 성공의 수이며, p는 각 시행의 성공확률이다. 또한,

$$f(\theta) = \sum_{n=0}^{\infty} \binom{n+r-1}{n} (1-p)^n = \frac{1}{p^r}$$

이다. 멱급수분포의 특별한 형태는 대수급수분포(logarithmic series distribution)이다. 이것은 Fisher, Corbet and Williams(1943)에 의하여 소개 되었다. 이 분포의 확률질량함수는

$$p(n) = -\frac{\theta^n}{n log(1-\theta)} \quad , \quad n = 1, 2, \cdots$$

이고 $0 < \theta < 1$ 이다.

[정 리 7.9.7.] (Poisson approximation to power series distribution)

$k \geq 1$에서 $X_1, \cdots, X_k$ 는 독립이고 비음정수값을 갖는 확률변수들이고 그것들은

$$p_k(n) = \frac{a_n \theta_k^n}{f(\theta_k)} \quad , n = 0, 1, \cdots$$

인 멱급수 분포함수를 갖는다. 여기서 $a_n \geq 0$은 k에 독립이고

$$f(\theta_k) = \sum_{n=0}^{\infty} a_n \theta_k^n \quad , \quad \theta_k > 0$$

이다. $a_0 > 0$, $\lambda > 0$ 는 고정값이고 $S_k = \sum_{i=1}^{k} X_i$ 이라 하자. $k \to \infty$ 일 때 $k\theta_k \to \lambda$이면

$$\lim_{k \to \infty} P(S_k = n) = \frac{e^{-\lambda_0} \lambda_0^n}{n!} \quad , \quad n = 0, 1, \cdots$$

이고 $\lambda_0 = \dfrac{\lambda a_1}{a_0}$ 이다.

(증명) 연습문제

예 제 7.9.1. (이항분포)

$k \geq 1$에서 $X_1, \cdots, X_k$ 는 성공확률 p_k값을 갖는 독립인 이항확률변수들의 수열이다. $S_k = \sum_{i=1}^{k} X_i$ 라하자. $k \to \infty$일 때 $kp_k \to \lambda > 0$라 가정하자. 이때 $n = 0, 1, \cdots$에 대하여

$$\lim_{k \to \infty} P(S_k = n) = \lim_{k \to \infty} \binom{k}{n} p_k^n (1 - p_k)^{k-n} = \frac{e^{-\lambda} \lambda^n}{n!}$$

이다. 성공확률 p_k를 갖는 이항분포는 $\theta_k = \dfrac{p_k}{1 - p_k}$ 와 $f(\theta_k) = 1 + \theta_k$를 갖는 멱급수 분포이다. $a_0 = a_1 = 1$이고 $k \to \infty$일 때 $k\theta_k \to \lambda$이므로 정리 7.9.7에 의하여

$$\lim_{k \to \infty} P(S_k = n) = \frac{e^{-\lambda} \lambda^n}{n!}$$

이다.

예 제 7.9.2. (음이항분포)

확률변수 Y가 음이항분포를 갖는다 함은 그것이 $k \geq 1$번째 성공 전 반복된 시행에서 n번 실패의 수를 나타낸다. p_k를 각 시행에서 성공의 확률이라 하자. $X_1, \cdots, X_k$를 다음과 같이 정의된 확률변수들 이라 하자.

X_1 = 첫 번째 성공 전에 일어나는 실패의 수

X_2 = 첫 번째 성공과 두 번째 성공 사이에 일어나는 실패의 수

⋮

⋮

$X_k = (k-1)$번째 성공과 k번째 성공사이에 일어나는 실패의 수

이러한 확률변수들은 기하(geometric)분포로 알려져 있다. 이것은 $k=1$인 음이항 분포의 특별한 경우이다. X_i들의 공통 확률분포는

$$P(X_i=n)=p_k(1-p_k)^n, \qquad n=0,1,\cdots; \quad i=1,2,\cdots,k$$

이다. 이것은 $a_n=1$ $(n=0,1,\cdots)$과 $\theta_k=1-p_k$를 갖는 멱급수 분포이고

$$f(\theta_k)=\sum_{n=0}^{\infty}(1-p_k)^n=\frac{1}{(1-(1-p_k))}=\frac{1}{p_k}$$

이다. 여기서 $X_1,\cdots,X_k$는 독립이고 $Y=S_k=\sum_{i=0}^{k}X_i$임을 쉽게 보일 수 있다. $k\to\infty$일 때 $k(1-p_k)\to\lambda$라 가정하자. 이때 정리 7.7.7에 의하여

$$\lim_{k\to\infty}P(S_k=n)=\frac{e^{-\lambda}\lambda^n}{n!}, \qquad n=0,1,\cdots,$$

을 얻을 수 있다.

예 제 7.9.3. **능형 회귀모형** (Ridge regression model)

선형모형 $y=X\beta+\varepsilon$를 생각하자. 여기서 y는 n개의 반응 변수를 나타내는 $n\times1$ 열벡터, X는 랭크 p인 $n\times p$행렬 β는 p개의 모수인 벡터이며, ε는 $E(\varepsilon)=0$ 이고, $Var(\varepsilon)=\sigma^2I$인 확률오차 벡터이다. 만약 X의 열벡터들이 다중공선성(multicollinear)이면, β의 최소제곱 추정치 $\hat{\beta}=(X^TX)^{-1}X^Ty$는 그 추정치의 분산이 커지므로 현실적인 추정치가 되지 못한다. 이러한 다중공선성 문제를 해결하기 위한 여러 가지 방법들이 있다. 그러한 방법들은 Ofir와 Khuri(1986)에 의하여 잘 정리되었다. 능형회귀(ridge regression)는 이러한 방법들 중 가장 일반적인 것이다. Hoerl과 Kennard(1970,a,b)에 의하여 제시된 이 방법은 X^TX의 대각원소에 양의 상수 k를 더한 것에 기초된다. 이는 β의 편의추정치인 β^*를 유도해서 이를 능형회귀추정치(ridge regression estimator)라 하며,

$$\beta^*=(X^TX+kI_n)^{-1}X^Ty$$

로 주어진다. Draper와 Herzberg(1987)는 능형회귀의 오차제곱합은 k에서의 멱급수로 표현됨을 보였다. 더욱 자세히 보기위해 예측 반응 벡터를 생각하자. 즉,

$$\widehat{y_k}=X\beta^*=X(X^TX+kI_n)^{-1}X^Ty \tag{7.55}$$

이며, 이는 β^*에 의하여 기초하였다. 식(7.11)은

$$\widehat{y_k}=X(X^TX)^{-1}[I_n+k(X^TX)^{-1}]X^Ty \tag{7.56}$$

로 쓰여진다. 정리 7.8.4에 의하면 만약 $k(X^TX)^{-1}$ 의 모든 고유치가 절대값에서 1 보다 작다면,

$$[I_n+k(X^TX)^{-1}]^{-1}=\sum_{i=0}^{\infty}(-1)^ik^i(X^TX)^{-i} \tag{7.57}$$

이다. 식(7.56)와 식(7.57)에서

$$\widehat{y_k}=(H_1-kH_2+k^2H_3-k^3H_4+\cdots)y$$

이고 여기서 $H_i=X(X^TX)^{-i}X^T$, $i\geq1$ 이다. 그러므로 능형회귀의 오차제곱합은

$$(y-\widehat{y_k})^T(y-\widehat{y_k})=y^TQy$$

이고 여기서

$$Q=(I_n-H_1+kH_2-k^2H_3+k^3H_4-\cdots)^2$$

이다. 또한

$$y^TQy=SSE+\sum_{i=3}^{\infty}(i-2)(-k)^{i-1}S_i \tag{7.58}$$

으로 표현할 수 있다. 여기서

$$SSE=y^T[I_n-X(X^TX)^{-1}X^T]y$$

이고 $S_i=y^TH_iy_i$, $i\geq 3$ 이다. 식 (7.58)의 오른 쪽에 있는 $\sum_{i=3}^{\infty}(i-2)(-k)^{i-1}S_i$는 $k\neq 0$에 의하여 생성된 편의제곱합이다. Draper와 Herzberg(1987)은 식(7.14)에 있는 급수는 k의 값에 의존하면서 매우 천천히 발산하거나 수렴함을 예를 들어 소개하였다.

연습문제 (7)

1. $\sum_{n=1}^{\infty}\frac{x^{n-1}}{n3^n}$이 수렴하기 위한 x값의 범위를 구하라.

2. $S_n(x)=\begin{cases} 0, & x\in\left[-1,\frac{-1}{n}\right] \\ nx^2+n, & x\in(\frac{-1}{n},0) \\ 0, & x=0 \\ -n^2x+n, & x\in(0,\frac{1}{n}) \\ 0, & x\in(\frac{1}{n},1) \end{cases}$

 1) $S_n(x)\to S$, $S(x)=0$

 2) $\lim_{n\to\infty}\int_{-1}^{1}S_n\neq\int_{-1}^{1}S(x)dx$

3. $n=1,2,\cdots$에 대하여 $f_n(x)=\frac{x}{1+nx^2}$ 라 하자.

 1) 모든 a, $b>0$에서 $2\sqrt{ab}\leq a+b$ 임을 보여라.

 2) $f_n(x)$가 일양수렴함을 보여라.

4. $f(x)=\sum_{n=1}^{\infty}\frac{\sin nx}{n^3}$이라 하자. 이때 $\int_0^{\pi}f(x)dx=2\sum_{n=1}^{\infty}\frac{1}{(2n-1)^4}$임을 보여라.

5. 수열 $\{S_n(x)\}$가 다음을 만족하면 구간 I에서 일양유계라 한다. 즉,

『모든 n과 $x\in I$에 대하여 $|S_n(x)|\le M$을 만족하는 상수 M이 존재한다.』

1) 유계인 함수들의 일양수렴 수열은 항상 일양유계임을 보여라.

2) $\{f_n(x)\}$과 $\{g_n(x)\}$가 구간 I에서 일양수렴이면 $\{f_n(x)+g_n(x)\}$는 구간 I에서 일양수렴임을 보여라.

3) $\{f_n(x)\}$과 $\{g_n(x)\}$가 구간 I에서 일양유계이면, $\{f_n(x)g_n(x)\}$은 구간 I에서 일양수렴함을 보여라.

6. 1) $\int_{-1}^{1}\frac{sgn(x)}{x}dx$의 특이 적분(improper integral)을 구하라.

여기서 $sgn(x)=\begin{cases}1 & ,x\ge 0\\ -1 & ,x<0\end{cases}$을 의미한다.

2) $\int_{-1}^{1}\frac{sgn(x)}{x}dx$의 Cauchy principal값을 구하라.

7. 다음 급수들의 합을 구하라.

1) $\sum_{n=0}^{\infty}(-1)^n\left[\frac{4(n+1)}{(2n+1)(2n+3)}\right]$ 2) $\sum_{n=2}^{\infty}\frac{n+3}{n^3-n^2}$

8. $\sum\frac{(-1)^n n!}{n^n}$인 급수의 절대수렴성을 조사하라.

9. $\sum a_n$은 절대수렴하고 $\{b_n\}$은 유계수열이면, $\sum a_n b_n$이 절대수렴임을 보여라.

10. $\sum_{n=1}^{\infty}(-1)^{n+1}\left(\frac{x}{x+1}\right)^n$이 수렴할 수 있는 x의 값들을 구하고, 그 합을 구하라.

11. 다음 급수들의 수렴성과 절대 수렴성을 조사하라.

1) $\sum\frac{(-1)^n}{2n+1}$ 2) $\sum\frac{e^n}{(n^2+1)^n}$ 3) $\sum\frac{(-3)^{n+1}}{n!n}$

12. 1) $\sum a_n$이 수렴하고 $a_n\ge 0$이면, $\sum a_n^2$이 수렴함을 보여라.

2) 1)에서 $a_n\ge 0$인 조건이 없으면 어떠한가?

13. 1) $a_n>0$이고 모든 $n>N$에 대하여 $\frac{a_n+1}{a_n}\ge 1$인 N이 존재하면, $\sum a_n$이 발산함을 보여라.

2) 모든 $n>N$에 대하여 $\frac{a_n+1}{a_n}\le q$, $0<q<1$을 만족하는 N과 q가 존재하면 $\sum a_n$은 수렴함을 보여라.

14. $S_n(x)=\dfrac{nx}{nx+1}$ 라 하자.

1) 구간 $I=[0,1]$에서 극한 함수를 구하라. 그 극한함수는 일양수렴인가?

2) $\lim\int_0^1 S_n(x)\,dx$와 $\int_0^1 \lim S_n(x)\,dx$를 구하고 설명하라.

15. 급수 $\sum_{n=1}^{\infty}\dfrac{1}{n^x}$를 생각하자.

1) 이 급수가 구간 $[1+\delta,\infty)$ 에서 일양수렴임을 보여라. 여기서 δ는 양수이다.
[이 급수에 의하여 표현된 함수는 리만 $\zeta-$함수이고 $\zeta(x)$로 표기한다.]

2) 구간 $[1+\delta,\infty)$에서 $\zeta(x)$는 미분가능한가? 그렇다면 $\zeta'(x)$에 대한 급수확장을 제시하라.

16. 따름 정리 7.2.1을 증명하여라.

17. 따름 정리 7.2.2를 증명하여라.

18. 따름 정리 7.2.3을 증명하여라.

19. $\sum_{k=0}^{\infty}a_k(x-a)^k$ 는 수렴반경 R_1 을 갖고 $\sum_{k=0}^{\infty}b_k(x-a)^k$ 는 수렴반경 R_2 를 갖는다고 하자. 만약 $\forall n$ 에 대하여 $|a_n|\le|b_n|$ 이면, $R_1\ge R_2$ 임을 보여라.

20. $\sum_{k=0}^{\infty}a_k(x-a)^k$ 가 수렴반경 R 을 갖는다면, $\sum_{k=0}^{\infty}a_k(x-a)^{pk}$ 는 $\sqrt[p]{R}$ 을 수렴반경으로 가짐을 보여라.

21. 다음 급수들의 수렴구간을 구하라.

1) $\sum_{k=0}^{\infty}\sin\dfrac{k\pi}{2}(x-\dfrac{\pi}{2})^k$ 2) $\sum_{k=0}^{\infty}\dfrac{ke^k}{(k+1)!}x^k$ 3) $\sum_{k=0}^{\infty}(-1)^k\dfrac{1\cdot3\cdots(2k-1)}{2\cdot4\cdots(2k)}x^k$

22. $S_n(x)=nxe^{-nx}$, $x\in[0,1]$ 이라 하자.

1) 점별극한 함수 $S(x)$를 구하라.

2) $x\in[0,1]$에서, $\lim_{n\to\infty}S_n'(x)=S'(x)$ 을 조사하라.

3) $\lim_{n\to\infty}\int_0^1 S_n=\int_0^1 S$ 를 조사하라.

23. 구간 $[0,1]$ 에서 $S_n(x)=\dfrac{x^n}{n}$ 이고 $S(x)=0$ 이라 하자.

이때 구간 $[0,1]$ 에서 $S_n(x)\rightrightarrows S(x)$ 임을 보여라.

24. 구간 $[-1,1]$에서 $S_n(x)=\dfrac{x}{1+n^2x^2}$, $S(x)=0$ 이라 하자.

1) $S_n \rightrightarrows S$ 임을 보여라.

2) $S_n{}' \not\to S'$ 임을 보여라.

25. 구간 $[a,b]$ 에서 미분 가능한 함수들의 수열을 $\{f_n\}$라 하자. 적당한 $c\in[a,b]$ 에서 $\{f_n(c)\}$가 수렴하고, $\{f_n{}'\}$이 일양수렴 한다고 가정하자. 다음을 증명하라.

1) $\{f_n\}$ 는 일양수렴한다.

2) f가 $\{f_n\}$의 일양극한이면, f'이 구간 $[a,b]$에서 존재한다.

3) $\forall x\in[a,b]$, $f'(x)=\lim\limits_{n\to\infty} f_n{}'(x)$ 임을 보여라.

26. $f(x)=\sum\limits_{k=1}^{\infty}\dfrac{x}{1+k^2x^2}$ 이라 하자. $f'(x)=\sum\limits_{k=1}^{\infty}\dfrac{1-k^2x^2}{(1+k^2x^2)^2}$ 으로 표현할 수 있는 x값들을 구하라.

27. $f(x)=\sum\limits_{k=1}^{\infty}\dfrac{1}{k^2(1+k^2x^2)}$ 이 일양수렴함을 보여라. 또한 $f'(0)$이 존재하지 않음을 보여라.

28. 따름 정리 7.4.1을 증명하여라.

29. 구간 $I\neq\phi\subset R$ 에서 정의된 함수 f_n, g_n 들이 다음 세가지 조건을 만족한다고 하자.

1) f_n 가 구간 I 에서 0에 일양수렴하고,

2) $|T_n|=|\sum\limits_{k=1}^{n}g_k(x)|\le M$ 인 $M>0$ 이 존재하며,

3) $\forall n\in Z^+, \forall x\in I$ 에서 $f_{n+1}(x)\le f_n(x)$ 이다.

이때 $\sum\limits_{k=1}^{\infty}f_k(x)g_k(x)$ 는 구간 I 에서 일양수렴한다.

30. $\forall n\in Z^+$, $f_n(x)=\begin{cases}\dfrac{2}{n}+x, & x\in[0,\dfrac{1}{n}]\\[2mm] x, & x\in(\dfrac{1}{n},1]\end{cases}$

이다. 만약 구간 $I=[0,1]$에서 $f(x)=x$ 이면, f_n 가 f 에 일양수렴함을 보여라. 위의 결과를 얻기 위해 정리 7.4.3 (Dini 정리)를 이용할 수 있는가?

31. 1) $\sum_{k=1}^{\infty} \frac{\sin kx}{k^2}$ 는 $(0, 2\pi)$의 부분 폐구간에서 일양수렴함을 보여라.

2) $\sum_{k=1}^{\infty} \frac{\cos kx}{k^2}$ 도 같은 구간에서 일양수렴함을 보여라. (Hint: 정리 7.4.1 이용)

32. 정리 7.4.2 를 이용하여 다음을 보여라.

1) $p \geq 1$, $a > 0$ 에서 $\sum_{k=1}^{\infty} \frac{(-1)^k}{k^p + ax^2}$ 이 일양수렴한다.

2) $a > 0$ 에서 $\sum_{k=1}^{\infty} \frac{(-1)^k}{k + a\sin^2 x}$ 가 일양수렴한다.

33. 1) 구간 $[0, \frac{\pi}{2}]$ 에서 $f(x) = \sum_{k=1}^{\infty} \frac{\sin kx}{k^2}$ 이면, 이때 $\int_0^{\frac{\pi}{2}} f$ 에 대한 급수표현식을 찾아라.

2) 구간 $[0, \frac{\pi}{2}]$ 에서 $f(x) = \sum_{k=1}^{\infty} \frac{\cos(2k+1)x}{2k(k-1)}$ 이면, $\int_0^{\frac{\pi}{2}} f$ 에 대한 급수표현식을 구하라.

34. 음이항 분포가 포아송분포에 근사함을 보여라.

35. 음이항 분포의 적률 생성함수에 대한 급수확장을 찾아라. 이 급수가 일양수렴할 t의 값들은 무엇인가?

36. 대수 급수분포의 적률 생성함수를 구하라. 이 분포의 평균과 분산은

$$\mu = \frac{\alpha\theta}{1-\theta} \qquad \sigma^2 = \mu\left(\frac{1}{1-\theta} - \mu\right)$$

임을 유추하라. 여기서 $\alpha = -\frac{1}{\log(1-\theta)}$ 이다.

37. $X_1, \cdots, X_n$은 성공확률 p_n 을 갖는 독립인 Bernoulli 확률변수들의 수열이다.

$S_n = \sum_{i=1}^{n} X_i$ 이다. $n \to \infty$일 때 $np_n \to \mu > 0$ 이라 가정하자.

1) S_n 의 적률 생성함수인 $\phi_n(t)$에 대한 표현을 제시하라.

2) $\lim_{n\to\infty} \phi_n(t) = \exp(\mu e^t - \mu)$ 임을 보여라.

제 8 장

함수의 근사식

8.1 Weierstrass 근사
8.2 보간다항식의 근사
8.3 최소제곱 다항근사
8.4 Spline 함수를 이용한 근사
8.5 통계의 응용

다항식의 집합은 함수들의 가장 간단한 모임이다. 본 장에서는 연속 함수들을 근사시키기 위하여 어떻게 다항식을 이용하는지를 논의하고자 한다. 여기서는 단변수의 실함수에 대하여 관심을 갖는다. 제8.1절에서는 Weierstrass 근사방법을 소개하고, 제8.2절은 보간 다항식을 이용한 근사식을 전개한다. 제8.3절은 최소제곱다항근사식을 소개하고, 구분적 다항함수(spline)를 이용한 근사식은 제8.4절에서 논한다. 마지막으로 제8.5절은 앞에 소개된 근사식들을 통계분야에 접목한다.

8.1. Weierstrass 근사

7.6절에서 만약 함수 $f(x)$가 원점의 적당한 근방에서 모든 차수에 대하여 미분 가능하면, 그것은 $\sum_{n=0}^{\infty} a_n x^n$의 형태인 멱급수로 표현할 수 있다 하였다. 만약 R이 이 급수의 수렴 반경이라면 이 급수는 $|x| \le r < R$인 x에서 일양수렴한다. 즉, $\forall \varepsilon > 0$에 대하여 다항식 $p_n(x) = \sum_{k=0}^{\infty} a_k x^k$를 얻을 수 있으며 $|x| \le r$인 x에서 $|f(x) - p_n(x)| < \varepsilon$를 만족한다. 그러나 모든 차수에서 미분 가능하지 않는 함수는 멱급수 표현을 가질 수 없다. 그러나 폐구간 $[a, b]$에서 연속인 함수는 다항식으로 일양근사 시킬 수 있다. 이것은 다음 정리에 의하여 보장되어진다.

[정 리 8.1.1.] **(Weierstrass 근사정리)**

$f: [a, b] \to R$인 연속함수이다. 이때 $\forall \varepsilon > 0$에서 적당한 다항식 $p(x)$가 존재하여 $x \in [a, b]$인 모든 x에 대하여 $|f(x) - p(x)| < \varepsilon$을 만족시킨다.

(증명) 일반성의 손실 없이 구간 $[a, b]$를 $[0, 1]$으로 생각한다. 이는 $t = \dfrac{x-a}{b-a}$로 변환하므로써 항상 유지할 수 있다. 각각의 n에 대하여,

$$b_n(x) = \sum_{k=0}^{n} \binom{n}{k} x^k (1-x)^{n-k} f\left(\frac{k}{n}\right) \tag{8.1}$$

라 하자. 여기서 $\binom{n}{k} = \dfrac{n!}{k!(n-k)!}$이다. 앞으로 증명을 위하여 다음과 같은 항등식들이 필요하다.

$$\sum_{k=0}^{n} \binom{n}{k} x^k (1-x)^{n-k} = 1 \tag{8.2}$$

$$\sum_{k=0}^{n} \frac{k}{n} \binom{n}{k} x^k (1-x)^{n-k} = x \tag{8.3}$$

$$\sum_{k=0}^{n} \frac{k^2}{n^2} \binom{n}{k} x^k (1-x)^{n-k} = \left(1 - \frac{1}{n}\right) x^2 + \frac{x}{n} \tag{8.4}$$

이다. 위의 항등식들은 이항확률변수들을 이용하여 다음과 같이 보일 수 있다. Y_n을 이항확률변수 $B(n, x)$라 하자. 즉 Y_n은 n번의 독립된 베르누이 시행 중 성공(success)이 나타날 개수이며, 이때 각각의 시행에서 나타날 성공의 확률을 x라 한다. 그러면 평균은 $E(Y_n) = nx$이며 분산은 $Var(Y_n) = nx(1-x)$이다. 따라서

$$\sum_{k=0}^{n} \binom{n}{k} x^k (1-x)^{n-k} = \Pr(0 \le Y_n \le n) = 1 \tag{8.5}$$

이다. 더구나

$$\sum_{k=0}^{n} k \binom{n}{k} x^k (1-x)^{n-k} = E(Y_n) = nx \tag{8.6}$$

이고

$$\begin{aligned}\sum_{k=0}^{n} k^2\binom{n}{k}x^k(1-x)^{n-k} &= E(Y_n^2)\\ &= Var(Y_n)+[E(Y_n)]^2\\ &= nx(1-x)+n^2x^2\\ &= n^2\left[(1-\frac{1}{n})x^2+\frac{x}{n}\right] \qquad (8.7)\end{aligned}$$

이다. 그러므로 항등식 (8.2)−(8.4)는 (8.5)−(8.7)에서 바로 구할 수 있다. 이때 식(8.2)를 이용하면,

$$f(x)-b_n(x)=\sum_{k=0}^{n}\left[f(x)-f\left(\frac{k}{n}\right)\right]\binom{n}{k}x^k(1-x)^{n-k} \qquad (8.8)$$

이다. 함수 $f(x)$는 구간 $[0,1]$에서 연속이므로, 정리 4.3.1에 의하여 $f(x)$는 유계이고, 정리 4.3.3에 의하여 구간 $[0,1]$에서 일양연속이다. 그러므로 $\varepsilon>0$에서 적당한 δ와 m을 찾을 수 있고 이들은 $|x_1-x_2|<\delta$을 만족하는 x_1과 x_2들은

$$|f(x_1)-f(x_2)|<\frac{\varepsilon}{2}$$

이고 모든 $x\in[0,1]$에서

$$|f(x)|<m$$

을 만족한다. 식 (8.8)에서

$$|f(x)-b_n(x)|\le\sum_{k=0}^{n}\left|f(x)-f\left(\frac{k}{n}\right)\right|\binom{n}{k}x^k(1-x)^{n-k}$$

이다. 만약 $\left|x-\frac{k}{n}\right|<\delta$이면 $\left|f(x)-f\left(\frac{k}{n}\right)\right|<\frac{\varepsilon}{2}$이고, 그렇지 않으면, $x\in[0,1]$에서 $\left|f(x)-f\left(\frac{k}{n}\right)\right|<2m$이다. 따라서,

$$\begin{aligned}|f(x)-b_n(x)| &\le \sum_{|x-\frac{k}{n}|<\delta}\frac{\varepsilon}{2}\binom{n}{k}x^k(1-x)^{n-k}+\sum_{|x-\frac{k}{n}|\ge\delta}2m\binom{n}{k}x^k(1-x)^{n-k}\\ &\le\frac{\varepsilon}{2}+\frac{m}{2}\sum_{|x-\frac{k}{n}|\ge\delta}\frac{(\frac{k}{n}-x)^2}{(\frac{k}{n}-x)^2}\binom{n}{k}x^k(1-x)^{n-k}\\ &\le\frac{\varepsilon}{2}+\frac{2m}{\delta^2}\sum_{|x-\frac{k}{n}|\ge\delta}(\frac{k}{n}-x)^2\binom{n}{k}x^k(1-x)^{n-k}\\ &\le\frac{\varepsilon}{2}+\frac{2m}{\delta^2}\sum_{k=0}^{n}\left(\frac{k^2}{n^2}-\frac{2kx}{n}+x^2\right)\binom{n}{k}x^k(1-x)^{n-k}\\ &\le\frac{\varepsilon}{2}+\frac{2m}{\delta^2}\left[\left(1-\frac{1}{n}\right)x^2+\frac{x}{n}-2x^2+x^2\right]\end{aligned}$$

이다. 그러므로

$$\begin{aligned}|f(x)-b_n(x)| &\le\frac{\varepsilon}{2}+\frac{2m}{\delta^2}\frac{x(1-x)}{n}\\ &\le\frac{\varepsilon}{2}+\frac{m}{2n\delta^2}\end{aligned} \qquad (8.9)$$

이다. $\frac{m}{2n\delta^2} < \frac{\varepsilon}{2}$을 만족하는 충분히 커다란 n을 선택함으로써 모든 $x \in [0,1]$에서

$$|f(x) - b_n(x)| < \varepsilon$$

임을 보일 수 있다. 이때 $p(x) = b_n(x)$로 놓으면 된다. ■

[정 의 8.1.1.]

함수 $f(x)$가 $[0,1]$에 정의하자. 이 때 식(8.1)에서 정의된 다항식 $b_n(x)$를 함수 $f(x)$에 대한 차수 n인 Bernstein 다항식이라 한다.

[주 의 8.1.1.]

정리 8.1.1의 증명과정에서 수열 $\{b_n(x)\}_{n=1}^{\infty}$은 구간 $[0,1]$에서 $f(x)$에 일양수렴함을 보였다. 이러한 다항식들이 함수 $f(x)$에 대한 근사 다항식의 존재를 증명할 뿐만 아니라 그것에 대한 간단하고 명확한 형태를 제시하므로 매우 유용한 것이다.

[정 리 8.1.2.]

$f \in C^p[0,1]$이면, 일양적으로 구간 $[0,1]$에서

$$\lim_{n\to\infty} \frac{d^p b_n(x)}{dx^p} = \frac{d^p f(x)}{dx^p}$$

이다.

(증명) Davis(1975, 정리 6.3.2., p113)을 보라. ■

[정 의 8.1.2.]

함수 $f(x)$는 구간 $[a,b]$에 연속이라 하자. 이때 $\forall \delta > 0$에 대하여, 구간 $[a,b]$에서 함수 f의 연속률(modulus of continuity)이라 함은

$$x_1,\ x_2 \in [a,b]\text{에서}\quad \omega(\delta) = \sup_{|x_1 - x_2| \le \delta} |f(x_1) - f(x_2)|$$

이다.

[보조 정리 8.1.1.]

만약 $0 < \delta_1 < \delta_2$이면, $\omega(\delta_1) \le \omega(\delta_2)$이다.

(증명) 연습문제

[보조 정리 8.1.2.]

구간 $[a,b]$에서 일양연속함수일 필요충분조건은 $\lim_{\delta\to 0} \omega(\delta) = 0$이다.

(증명) 연습문제

[보조 정리 8.1.3.]

$\lambda>0$에서, $\omega(\lambda\delta)\leq(\lambda+1)\omega(\delta)$이다.

(증명) $\lambda>0$이 주어진다 가정하자. $n\leq\lambda<n+1$인 n을 선택할 수 있다. 보조 정리 8.1.1에 의하면, $\omega(\lambda\delta)\leq\omega((n+1)\delta)$이다. x_1, $x_2\in[a,b]$는 $x_1<x_2$와 $|x_1-x_2|\leq(n+1)\delta$을 만족한다 하자. 이때 구간 $[x_1,x_2]$를 각각의 부분 구간의 거리가 $\dfrac{x_2-x_1}{n+1}$이 되게 하는 $(n+1)$개의 동일한 구간들로 나눌 수 있다. 이때 나누어진 구간들의 점들은 $i=0,1,\ldots,n+1$에서

$$y_i=x_1+i\frac{x_2-x_1}{n+1}$$

로 표현된다. 이때, $|y_{i+1}-y_i|=\dfrac{1}{n+1}|x_2-x_1|\leq\delta$이므로

$$\begin{aligned}|f(x_1)-f(x_2)| &= |f(x_2)-f(x_1)|=\left|\sum_{i=0}^{n}[f(y_{i+1})-f(y_i)]\right|\\ &\leq\sum_{i=0}^{n}|f(y_{i+1})-f(y_i)|\leq(n+1)\omega(\delta)\end{aligned}$$

이다. 따라서

$$\omega[(n+1)\delta]=\sup_{|x_1-x_2|\leq(n+1)\delta}|f(x_1)-f(x_2)|\leq(n+1)\omega(\delta)$$

이다. 결론적으로

$$\omega(\lambda\delta)\leq\omega[(n+1)\delta]\leq(n+1)\omega(\delta)\leq(\lambda+1)\omega(\delta)$$

이다. ■

[정 리 8.1.3.]

$f:[0,1]\to R$는 연속 함수이다. $b_n(x)$는 식(8.1)에 정의된 Bernstein 다항식이라 하자. 이때 모든 $x\in[0,1]$에서

$$|f(x)-b_n(x)|\leq\frac{3}{2}\omega\left(\frac{1}{\sqrt{n}}\right)$$

이다.

(증명) 식(8.1)과 항등식(8.2)를 이용하면,

$$\begin{aligned}|f(x)-b_n(x)| &= \left|\sum_{k=0}^{n}\left[f(x)-f\left(\frac{k}{n}\right)\right]\binom{n}{k}x^k(1-x)^{n-k}\right|\\ &\leq\sum_{k=0}^{n}\left|f(x)-f\left(\frac{k}{n}\right)\right|\binom{n}{k}x^k(1-x)^{n-k}\\ &\leq\sum_{k=0}^{n}\omega\left(\left|x-\frac{k}{n}\right|\right)\binom{n}{k}x^k(1-x)^{n-k}\end{aligned}$$

이다. 또한 보조 정리 8.1.3을 적용하면,

$$\omega\left(\left|x-\frac{k}{n}\right|\right)=\omega\left(n^{\frac{1}{2}}\left|x-\frac{k}{n}\right|n^{-\frac{1}{2}}\right)\leq\left(n^{\frac{1}{2}}\left|x-\frac{k}{n}\right|+1\right)\omega(n^{-\frac{1}{2}})$$

이다. 그러므로

$$
\begin{aligned}
|f(x)-b_n(x)| &\le \sum_{k=0}^{n}\left(1+n^{\frac{1}{2}}\left|x-\frac{k}{n}\right|\right)\omega(n^{-\frac{1}{2}})\binom{n}{k}x^k(1-x)^{n-k} \\
&\le \omega(n^{-\frac{1}{2}})\left[1+n^{\frac{1}{2}}\sum_{k=0}^{n}\left|x-\frac{k}{n}\right|\binom{n}{k}x^k(1-x)^{n-k}\right]
\end{aligned}
$$

이다. 그러나 정리 2.4.3(Cauchy-Schwarz부등식)을 이용하면

$$
\begin{aligned}
\sum_{k=0}^{n}\left|x-\frac{k}{n}\right|\binom{n}{k}x^k(1-x)^{n-k} &= \sum_{k=0}^{n}\left|x-\frac{k}{n}\right|\left[\binom{n}{k}x^k(1-x)^{n-k}\right]^{\frac{1}{2}}\left[\binom{n}{k}x^k(1-x)^{n-k}\right]^{\frac{1}{2}} \\
&\le \left[\sum_{k=0}^{n}\left(x-\frac{k}{n}\right)^2\binom{n}{k}x^k(1-x)^{n-k}\right]^{\frac{1}{2}}\left[\sum_{k=0}^{n}\binom{n}{k}x^k(1-x)^{n-k}\right]^{\frac{1}{2}} \\
&= \left[\sum_{k=0}^{n}\left(x-\frac{k}{n}\right)^2\binom{n}{k}x^k(1-x)^{n-k}\right]^{\frac{1}{2}} \\
&= \left[x^2-2x^2+\left(1-\frac{1}{n}\right)x^2+\frac{x}{n}\right]^{\frac{1}{2}} \\
&= \left[\frac{x(1-x)}{n}\right]^{\frac{1}{2}} \\
&\le \left(\frac{1}{4n}\right)^{\frac{1}{2}}
\end{aligned}
$$

이다. 그러므로 모든 $x\in[0,1]$에서

$$
|f(x)-b_n(x)|\le\omega(n^{-\frac{1}{2}})\left[1+n^{\frac{1}{2}}\left(\frac{1}{4n}\right)^{\frac{1}{2}}\right]\le\frac{3}{2}\,\omega(n^{-\frac{1}{2}})
$$

이다. ■

[따름 정리 8.1.1.]

$f(x)$가 구간 $[0,1]$에서 Lipschitz연속함수 $Lip(K,\alpha)$라 하면, 이때 모든 $x\in[0,1]$에서

$$
|f(x)-b_n(x)|\le\frac{3}{2}Kn^{-\frac{\alpha}{2}}
$$

이다.

(증명) 정의 4.3.2에 의하면, x_1, $x_2\in[0,1]$에서

$$
|f(x_1)-f(x_2)|\le K|x_1-x_2|^{\alpha}
$$

이다. 그러므로 $\omega(\delta)\le K\delta^{\alpha}$이다. 정리 8.1.3을 이용하면 모든 $x\in[0,1]$에서

$$
|f(x)-b_n(x)|\le\frac{3}{2}\,\omega(n^{-\frac{1}{2}})\le\frac{3}{2}Kn^{-\frac{\alpha}{2}}
$$

이다. ■

[정 리 8.1.4.] (Voronovsky 정리)

f: $[0,1]\to R$는 유계 함수이고, $x_0\in[0,1]$인 점에서 2차 도함수를 갖는다면, 이때

$$\lim_{n\to\infty} n[b_n(x_0)-f(x_0)]=\frac{1}{2}x_0(1-x_0)f''(x_0)$$

이다.

(증명) Davis(1975, 정리 6.3.6, p.117)를 보라. ■

[주 의 8.1.2.]

따름 정리 8.1.1과 정리 8.1.4인 Voronovsky정리에서 Bernstein다항식의 수렴이 매우 느리다는 것을 알 수 있다. 예를 들면, 함수 f가 정리 8.1.4의 조건들을 만족한다면, 이때 $f''(x)\neq 0$인 모든 $x\in[0,1]$에서 $b_n(x)$는 $f(x)$에 $\frac{c}{n}$과 같은 속도로 수렴한다. 여기서 c는 상수이다.

예 제 8.1.1.

$x\geq 0$에서 $f(x)=\sqrt{x}$라 하자. 이때 예제 4.3.1에서 f는 $Lip\left(1,\frac{1}{2}\right)$이다. 또한 따름 정리 8.1.1에 의하면 $x\in[0,1]$에서

$$|\sqrt{x}-b_n(x)|\leq\frac{3}{2n^{\frac{1}{4}}}$$

이고 여기서

$$b_n(x)=\sum_{k=0}^{n}\binom{n}{k}x^k(1-x)^{n-k}\left(\frac{k}{n}\right)^{\frac{1}{2}}$$

이다.

8.2. 보간다항식(Interpolation polynomial)의 근사

다항식 $p(x)$를 갖고 함수 $f(x)$를 근사시키는 가능한 하나의 방법은 $f(x)$의 정의역에 있는 적당한 점들에서 $f(x)$와 $p(x)$가 같은 함수값을 갖도록 하는 그러한 다항식을 선택하는 것이다. 그러한 과정을 우리는 보간(補間, interpolation)이라 한다.

[정 리 8.2.1.]

$a_0, a_1, \ldots, a_n\in R$은 서로 다른 $n+1$개의 점이라 하자. $(n+1)$개인 원소들의 집합 $\{b_0,\cdots,b_n\}$이 주어지면, 이때 모든 $i=0,1,\cdots,n$에 대하여 $p(a_i)=b_i$인 n차수보다 작거나 같은 유일한 다항식 $p(x)$가 존재한다.

(증명) $p(x)$는 차수가 n보다 작거나 같은 다항식이므로,

$$p(x) = \sum_{j=0}^{n} c_j x^j$$

로 표현할 수 있다. 이때 $i=0,1,\cdots,n$에서

$$\sum_{j=0}^{n} c_j a_i^j = b_i$$

임을 보이고자 한다. 이것은 다음과 같은 벡터형태로 나타낼 수 있다.

$$\begin{bmatrix} 1 & a_0 & a_0^2 & \cdots & a_0^n \\ 1 & a_1 & a_1^2 & \cdots & a_1^n \\ \vdots & \vdots & \vdots & & \vdots \\ 1 & a_n & a_n^2 & \cdots & a_n^n \end{bmatrix} \begin{bmatrix} c_0 \\ c_1 \\ \vdots \\ c_n \end{bmatrix} = \begin{bmatrix} b_0 \\ b_1 \\ \vdots \\ b_n \end{bmatrix} \tag{8.11}$$

이다. 식(8.11)의 왼쪽 표현에 있는 $(n+1)\times(n+1)$인 행렬의 행렬식은 Vandermonde 행렬식으로 불리어진다. 그 행렬식은 $\prod_{i<j}^{n}(a_i - a_j)$이다(Graybill, 1983, 정리 8.12.2, p.266). 이때 a_i들은 모두 다른 값이므로 그 행렬식은 0이 아니다. 그러므로 행렬은 비정칙이므로 식(8.11)은 $c_0, c_1, \cdots, c_n$에 대한 유일한 근을 갖는다. ■

[따름 정리 8.2.1.]

정리 8.2.1에 있는 다항식 $p(x)$는 다음과 같이 표현할 수 있다. 즉,

$$p(x) = \sum_{i=0}^{n} b_i l_i(x) \tag{8.12}$$

이고 여기서 $i=0,1,\cdots,n$에서

$$l_i(x) = \prod_{\substack{j=0 \\ j\neq i}}^{n} \frac{x-a_j}{a_i - a_j} \tag{8.13}$$

이다.

(증명) $i=0,1,\cdots,n$에서 $l_i(x)$는 n차 다항식이다. 더구나, $i=0,1,\cdots,n$에서

$$l_i(a_j) = \begin{cases} 0 & , i\neq j \\ 1 & , i=j \end{cases}$$

이다. 그러므로 $\sum_{i=1}^{n} b_i l_i(x)$는 차수가 n보다 작거나 같은 다항식이며 점 $a_0, a_1, \ldots, a_n$에서 $b_0, b_1, \ldots, b_n$인 함수 값이다. 그러므로 정리 8.2.1에 의하여 이 다항식은 유일하다. ■

[정 의 8.2.1.]

식 (8.12)에 정의된 다항식을 Lagrange 보간 다항식이라 한다. 이때 점 $a_0, a_1, \ldots, a_n$을 보간점이라 하고 식(8.13)에 정의된 $l_i(x)$를 a_i와 관계되는 i번째 Lagrange 다항식이라 한다.

[주 의 8.2.1.]

식(8.12)에 있는 $b_0, b_1, \ldots, b_n$은 주로 점 $a_0, a_1, \ldots, a_n$에서의 $f(x)$함수값들이다. 그러므로

$$p(x) = \sum_{i=1}^{n} f(a_i) l_i(x) \tag{8.14}$$

으로 표현할 수 있다.

예 제 8.2.1.

$f(x) = x^{\frac{1}{2}}$에서 $a_0 = 60$, $a_1 = 70$, $a_2 = 85$, $a_3 = 105$가 보간점이라 하자. 이때
$p(x) = 7.7460 l_0(x) + 8.3666 l_1(x) + 9.2195 l_2(x) + 10.2470 l_3(x)$
이며, 여기서

$$l_0(x) = \frac{(x-70)(x-85)(x-105)}{(60-70)(60-85)(60-105)}, \quad l_1(x) = \frac{(x-65)(x-85)(x-105)}{(70-60)(70-85)(70-105)},$$

$$l_2(x) = \frac{(x-60)(x-70)(x-105)}{(85-60)(85-70)(85-105)}, \quad l_3(x) = \frac{(x-60)(x-70)(x-85)}{(105-60)(105-70)(105-85)}$$

이다.

8.2.1 Lagrange 보간법의 정확도

[정 리 8.2.2.]

$f \in C^n[a, b]$라 하고 (a, b)에서 $f^{(n+1)}$이 존재한다 하자. 구간 $[a, b]$에서 $(n+1)$개의 점을 $a = a_0 < a_1 < \cdots < a_n = b$라 두자. 만약 $p(x)$가 식(8.14)에서 정의된 Lagrange보간다항식이라면, 이때 적당한 $c \in (a, b)$가 존재하여 모든 $x \in [a, b]$, $x \neq a_i$ $(i = 0, 1, \cdots, n)$에서

$$f(x) - p(x) = \frac{1}{(n+1)!} f^{(n+1)}(c) g_{n+1}(x) \tag{8.15}$$

을 만족한다. 여기서 $g_{n+1}(x) = \prod_{i=0}^{n} (x - a_i)$이다.

(증명)

$$h(t) = f(t) - p(t) - [f(x) - p(x)] \frac{g_{n+1}(t)}{g_{n+1}(x)}$$

라 하자. $t = x$이면, $h(x) = 0$이고, $t = a_i$ $(i = 0, \cdots, n)$에서

$$h(a_i) = f(a_i) - p(a_i) - [f(x) - p(x)] \frac{g_{n+1}(a_i)}{g_{n+1}(x)} = 0$$

이다. 이때 $h \in C^n[a, b]$이고 $h^{(n+1)}$이 (a, b)에서 존재한다. 더욱이, $h(t)$는 x와 $(n+1)$개의 보간점들에서 0이다. 즉, $h(t)$는 구간 $[a, b]$에서 최소한 $n+2$개의 다른 영(zeros)을 갖는다. 이

때 정리 5.2.2의 Rolle정리에 의하면 $h(t)$의 임의의 두 근들 사이에서 최소한 한번 $h'(t)=0$이고, 또한 $h'(t)$는 (a,b)에 있는 $(n+1)$개의 다른 영들을 갖는다. 역시 Rolle정리를 다시 한번 이용하면 $h''(t)$는 (a,b)에 있는 최소한 n개의 영들을 갖는다. 이러한 설명을 계속하면, $h^{(n+1)}(t)$는 (a,b)에서 최소한 하나의 영을 갖는다. 이를 c라 하자. 그러나, $p(t)$는 차수가 n보다 작거나 같은 다항식이고 $g_{n+1}(t)$는 적당한 상수 $\lambda_0,\lambda_1,\cdots,\lambda_{n+1}$에서 $t^{n+1}+\lambda_1 t^n+\cdots+\lambda_{n+1}$형태의 다항식이므로,

$$\begin{aligned} h^{(n+1)}(t) &= f^{(n+1)}(t)-p^{(n+1)}(t)-\frac{f(x)-p(x)}{g_{n+1}(x)}g_{n+1}^{(n+1)}(t) \\ &= f^{(n+1)}(t)-\frac{f(x)-p(x)}{g_{n+1}(x)}(n+1)! \end{aligned}$$

이다. 그러므로

$$f^{(n+1)}(c)-\frac{f(x)-p(x)}{g_{n+1}(x)}(n+1)!=0$$

이다. ■

[따름 정리 8.2.2.]

$\tau_{n+1}=\sup_{a\le x\le b}|f^{(n+1)}(x)|$, $\chi_{n+1}=\sup_{a\le x\le b}|g_{n+1}(x)|$이라 하자. $f^{(n+1)}(x)$가 $[a,b]$에서 연속이고 이 때,

$$\sup_{a\le x\le b}|f(x)-p(x)|\le\frac{\tau_{n+1}\chi_{n+1}}{(n+1)!}$$

이다.

(증명) 식(8.15)와 $x=a_0,\cdots,a_n$에서 $f(x)-p(x)=0$인 사실에서 바로 보일 수 있다. ■

[주 의 8.2.2.]

$\chi_{n+1}=\sup|g_{n+1}(x)|=\sup_{x\in[a,b]}\left|\prod_{i=0}^{n}(x-a_i)\right|$이므로 χ_{n+1}는 a_i들의 함수이다. 그러므로 따름 정리 8.2.2에서

$$\sup_{x\in[a,b]}|f(x)-p(x)|\le\frac{\phi(a_0,a_1,\cdots,a_n)}{(n+1)!}\sup_{x\in[a,b]}|f^{(n+1)}(x)| \qquad (8.16)$$

으로 표현할 수 있다. 여기서 $\phi(a_0,\cdots,a_n)=\sup_{x\in[a,b]}|g_{n+1}(x)|$이다.

[따름 정리 8.2.3.]

따름 정리 8.2.2에서 $n=2$이고, $a_1-a_0=a_2-a_1=\delta$이면, 이때

$$\sup_{x\in[a,b]}|f(x)-p(x)|\le\frac{\sqrt{3}}{27}\tau_3\delta^3$$

이다.

(증명) $g_3(x)=(x-a_0)(x-a_1)(x-a_3)=z(z^2-\delta^2)$이며, 여기서 $z=x-a_1$이다. 이때 g_3는 $x=a_1$에서 대칭이다. $|g_3(x)|$가 $a_0\le x\le a_2$에서 절대 최대값을 가짐을 쉽게 보일 수 있다. 그러므로

$$x_3=\sup_{a_0\le x\le a_2}|g_3(x)|=\frac{2}{3\sqrt{3}}\delta^3$$

이므로 따름 정리 8.2.2에 의하면

$$\sup_{a_0\le x\le a_2}|f(x)-p(x)|\le\frac{\sqrt{3}}{27}\tau_3\delta^3$$

이다. ■

[정 의 8.2.2.]

차수가 n인 Chebyshev 다항식은 다음(8.17)과 같이 정의한다.

$$\begin{aligned}T_n(x)&=\cos(n\arccos x)\\&=x^n+\binom{n}{2}x^{n-2}(x^2-1)+\binom{n}{4}x^{n-4}(x^2-1)^2+\cdots\quad,n=0,1,\cdots\end{aligned}\tag{8.17}$$

이다.

$T_n(x)$의 정의에 의하여 $-1\le x\le 1$이다. Davis(1975, pp61−62)에서 $T_n(x)$는 다음과 같은 n개의 점에서 영을 갖는다.

$$\xi_i=\cos\left[\frac{2i-1}{2n}\pi\right]\quad,i=1,\cdots,n$$

이다.

[정 리 8.2.3.]

함수 $\phi(a_0,a_1,\cdots,a_n)=\sup_{x\in[a,b]}\left|\prod_{i=o}^{n}(x-a_i)\right|$는 차수가 n인 Chebyshev 다항식의 영에서 최소값을 갖는다. 여기서 $a_i\in[a,b]$, $i=0,\cdots,n$이다. 즉, 영인 점들도

$$z_i=\frac{a+b}{2}+\frac{b-a}{2}\cos\left[\frac{2i+1}{2n+2}\pi\right]\quad,i=0,1,\cdots,n\tag{8.18}$$

이고

$$\min_{a_0,a_1,\cdots,a_n}\phi(a_0,a_1,\cdots,a_n)=\frac{2(b-a)^{n+1}}{4^{n+1}}$$

이다.

(증명) Davis(1975, 3.3절)을 참조하라. ■

정리 8.2.3과 부등식(8.16)에서 식(8.18)에 주어진 Chebyshev점들의 선택이 보간법 오차를 줄인다는 측면에서 최선(optimal)이다. 다시 말해서 크기가 $n+1$개인 보간 점들의 집합중에서 Chebyshev 점들은 구간 $[a,b]$에서 근사식 오차에 대한 가장 작은 상계를 갖는 $f(x)$의

Lagrange 다항근사식을 생성한다. 따라서 부등식(11.16)을 이용하면 다음과 같은 흥미로운 결과를 얻을 수 있다. 즉,

$$\sup_{x\in[a,b]} |f(x)-p(x)| \le \frac{2}{(n+1)!}\left(\frac{b-a}{4}\right)^{n+1} \sup_{x\in[a,b]} |f^{(n+1)}(x)| \quad (8.19)$$

8.2.2 보간법과 근사식의 결합

8.1절에서 Weierstrass 정리를 이용한 다항식에 의한 연속함수 f의 근사 방법을 연구하였다. 본 절에서는 Lagrange 다항식을 이용한 함수 f의 값들을 보간하는 방법을 보았다. 지금부터는 두 가지 방법을 결합하는 방법을 보이고자 한다. 우선 $[a,b]$에 $(n+1)$개의 다른 점 $a_0, a_1, \cdots, a_n$이 있다고 하자. 여기서 $a_0=a$, $a_n=b$이다. $\varepsilon>0$이 주어진다. 모든 $x\in[a,b]$에서 $|f(x)-q(x)|<\varepsilon$이고 $i=0,1,\cdots,n$에서 $f(a_i)=q(a_i)$를 만족하는 다항식 $q(x)$를 찾고자 한다. 정리 8.1.1에 의하면 $\varepsilon'<\frac{\varepsilon}{1+M}$이면 모든 $x\in[a,b]$에서

$$|f(x)-p(x)|<\varepsilon'$$

인 다항식 $p(x)$이 존재한다. 여기서 $M>0$은 차후에 정의한다. 더욱이, 정리 8.2.1에 의하면, $i=0,\cdots,n$에서

$$u(a_i)=f(a_i)-p(a_i)$$

인 유일한 다항식 $u(x)$가 존재한다. 이 다항식은

$$u(x)=\sum_{i=0}^{n}[f(a_i)-p(a_i)]l_i(x) \quad (8.20)$$

로 표현되며 $l_i(x)$는 식(8.13)에 주어진 i번째 Lagrange 다항식이다. 식(8.20)을 이용하면,

$$\begin{aligned}\max_{x\in[a,b]} |u(x)| &\le \sum_{i=0}^{n} |f(a_i)-p(a_i)| \max_{x\in[a,b]} |l_i(x)| \\ &\le \varepsilon' M\end{aligned}$$

이고 여기서 $M=\sum_{i=0}^{n}\max_{x\in[a,b]}|l_i(x)|>0$이다. 이때 M은 $[a,b]$와 $a_0, a_1, \cdots, a_n$에 영향을 받음을 알 수 있다. $q(x)=p(x)+u(x)$라 하자. 이때 $i=0,1,\cdots,n$에서

$$q(a_i)=p(a_i)+u(a_i)=f(a_i)$$

이다. 또한, 모든 $x\in[a,b]$에서

$$\begin{aligned}|f(x)-q(x)| &\le |f(x)-p(x)| + |u(x)| < \varepsilon' + \varepsilon' M \\ &< \varepsilon\end{aligned}$$

이다.

8.3. 최소제곱(Least-square)다항근사

본 절에서는 다음과 같이 정의된 적당한 놈을 최소화한 다항식으로 연속함수를 근사시키는 문제를 연구한다.

[정 의 8.3.1.]

$f(x)$는 구간 $[a, b]$에서 연속이고 $w(x)$는 $[a, b]$에서 $R-$적분 가능한 양의 함수라 하자. 함수 f 의 놈 $\|f\|_w$ 은

$$\|f\|_w = \left[\int_a^b f^2(x)\, w(x) dx \right]^{\frac{1}{2}} \tag{8.21}$$

으로 정의한다. 만약 $f(x), g(x)$ 가 $[a, b]$에서 연속이면, 그들의 닷곱(dot product) $(f \cdot g)_w$ 는

$$(f \cdot g)_w = \int_a^b f(x) g(x) w(x) dx$$

로 정의한다. 그러므로 $(f \cdot f)_w = \|f\|_w^2$이다. 만약 $(f \cdot g)_w = 0$이면, f 와 g는 직교(orthogonal)라 한다. $[a, b]$ 에서 정의된 연속인 함수들의 수열 $\{f_n\}$이 직교라 함은 $m \neq n$ 에서 $(f_n \cdot f_m)_w = 0$ 임을 의미한다. 특히 모든 n 에 대하여 $\|f_n\|_w = 1$ 이면, 그 함수들을 정규직교(orthonormal)라 한다.

Cheney(1982, 정리2, p107)에 따르면 다음과 같이 반복되는 순환관계를 적용하므로써 직교다항식들의 수열을 만들 수 있다.

$$P_0(x) = 1$$

$$P_1(x) = x - \frac{(xP_0 \cdot P_0)_w}{\|P_0\|_w^2} = x - \frac{(x \cdot 1)_w}{\|1\|_w^2},$$

$$\vdots$$

$$P_n(x) = xP_{n-1}(x) - a_n P_{n-1}(x) - b_n P_{n-2}(x), \quad n = 2, 3, \cdots$$

이며, 여기서

$$a_n = \frac{(xP_{n-1} \cdot P_{n-1})^2}{\|P_{n-1}\|_w^2}, \quad b_n = \frac{(xP_{n-1} \cdot P_{n-2})^2}{\|P_{n-1}\|_w^2}$$

이다. 위의 순환관계에서 $P_n(x)$는 n차 수의 다항식이고 x^n의 계수들은 1임을 쉽게 알 수 있다.

예로써 $w(x) = 1,\ a = -1,\ b = 1$이라 하자. 앞에 서술된 순환관계를 적용함으로써 다음과 같은 직교다항식을 구할 수 있다.

$$P_0(x) = 1,$$
$$P_1(x) = x,$$
$$P_2(x) = x^2 - \frac{1}{3},$$
$$P_3(x) = x^3 - \frac{3}{5}x,$$
$$P_4(x) = x^4 - \frac{6}{7}x^2 + \frac{3}{35},$$
$$\vdots$$

이다. 이들은 Legendre 다항식으로 알려져 있다. 또한 다른 형태의 직교다항식들은 $[a, b]$와 $w(x)$의 선택에 의하여 영향을 받으면서 구해진다. 예로써, 잘 알려진 직교다항식들은 다음과 같다.

1) 제1종 Chebyshev 다항식 :

$$a = -1,\ b = 1,\ w(x) = (1-x^2)^{-\frac{1}{2}}$$

2) 제2종 Chebyshev 다항식 :

$$a = -1,\ b = 1,\ w(x) = (1-x^2)^{\frac{1}{2}}$$

3) Jacobi 다항식 :

$$a = -1,\ b = 1,\ w(x) = (1-x)^{\alpha}(1+x)^{\beta},\quad \alpha, \beta > -1$$

4) Laguerre 다항식:

$$a = 0,\ b = \infty,\ w(x) = e^{-x}x^{\alpha},\quad \alpha > -1,$$

5) Hermite 다항식 :

$$a = -\infty,\ b = \infty,\ w(x) = e^{-x^2}.$$

지금부터 직교다항식들의 집합 $\{P_0(x), P_1(x), \cdots, P_n(x)\}$ 이 있다고 하자. 이때 함수 $f(x)$를 $\sum_{j=0}^{n} C_j P_j(x)$ 으로 근사시키고자 한다. 여기서 $C_0, C_1, \cdots, C_n$ 은 다음과 같은 함수 γ를 최소화 시킬 수 있는 상수들이다.

$$\gamma(C_0, C_1, \cdots, C_n) = \int_a^b \left[\sum_{j=0}^{n} C_j P_j(x) - f(x) \right]^2 w(x)dx$$

이다. 즉 γ 는 $\| \sum_{j=0}^{n} C_j P_j - f \|_w^2$ 이다. 이때 $i = 0, 1, \cdots, n$ 에서

$$\frac{\partial\gamma}{\partial C_i} = 2\int_a^b\left[\sum_{j=0}^{n} C_jP_j(x) - f(x)\right]P_i(x)\,w(x)dx = 0$$

이다. 그러므로 $i = 0, 1, \cdots, n$ 에서

$$\sum_{j=0}^{n}\left[\int_a^b P_i(x)\,P_j(x)\,w(x)dx\right]C_j = \int_a^b f(x)P_i(x)w(x)dx \tag{8.22}$$

이다. 식(8.22)를 벡터형태로 나타내면

$$Sc = u \tag{8.23}$$

이고 여기서 $c = (c_0, c_1, \cdots, c_n)'$, $u = (u_0, u_1, \cdots, u_n)'$, $u_i = \int_a^b f(x)\,P_i(x)\,w(x)dx$ 이며, S 는 $(n+1)\times(n+1)$인 행렬로써 (i, j)번째 원소 S_{ij}는 $S_{ij} = \int_a^b P_i(x)\,P_j(x)\,w(x)dx$ 이다. $P_0(x), P_1(x), \cdots, P_n(x)$ 가 직교하므로, S는 대각행렬이며, 그들의 대각원소들은

$$S_{ii} = \int_a^b P_i^2(x)w(x)dx, \quad i = 0, 1, \cdots, n$$

로 주어진다. 또한 식 (8.23)으로부터, 해는 $c = S^{-1}u$ 이다. 따라서 c의 i번째 원소의 형태는

$$c_i = \frac{u}{s_{ii}} = \frac{(f\cdot P_i)_w}{\|P_i\|_w^2}, \quad i = 0, 1, \cdots, n$$

이다. 그러므로 γ를 최소화시키는 다항식은

$$P_n^*(x) = \sum_{j=0}^{n}\frac{(f\cdot P_j)_w}{\|P_j\|_w^2}P_j(x) \tag{8.24}$$

이다. 이때 $P_n^*(x)$를 다항식 $P_0(x), \cdots, P_n(x)$ 의 직교 집합에 의한 함수 $f(x)$의 최소제곱 다항근사식이라 한다.

[정 리 8.3.1.]

$f: [a, b] \to R$ 가 연속함수 이면, $n\to\infty$ 일 때

$$\int_a^b [f(x) - P_n^*(x)]^2 w(x)dx \;\to\; 0$$

이다. 여기서 $P_n^*(x)$는 식 (8.24)에 정의된 함수이다.

(증명) 정리 8.1.1에 의하면 구간 $[a, b]$에서 $f(x)$에 일양수렴하는 차수 n인 다항식 $b_n(x)$가 존재한다. 즉, $n\to\infty$일 때

$$\sup_{x\in[a,\,b]} |f(x) - b_n(x) \;\to\; 0$$

이다. 그러므로 $n\to\infty$일 때

$$\int_a^b |f(x) - b_n(x)|^2 w(x)dx \;\to\; 0$$

이다. 더욱이 정의에 의하면, $P_n^*(x)$는 $f(x)$의 최소제곱근사다항식이므로,

$$\int_a^b |f(x) - P_n^*(x)|^2 w(x)dx \le \int_a^b |f(x) - b(x)|^2 w(x)dx \tag{8.25}$$

이다. 따라서, $n \to \infty$일 때 $\|f - P_n^*\|_w \to 0$ 이다. ■

8.4. Spline 함수를 이용한 근사

연속인 함수 $f(x)$를 하나의 다항식 $P(x)$로 근사시키는 것은 $f(x)$가 물리적 관계를 나타내는 상황에서는 매우 부적당할 수 있다. 어느 한 구역에서 설명되어지는 그런 함수의 형태는 다른 구역에서 일어나는 형태에 부적절할 수 있다. 이러한 형태는 하나의 다항식으로 만족스럽게 표현할 수 없음을 의미한다. 그러므로 이러한 상황에서는 함수 $f(x)$의 정의역을 적당한 부분구간들로 분할한 후 각각의 부분구간에서 서로 다른 형태의 다항근사식을 이용하는 것이 보다 더 적당할 수가 있다.

또한, 이러한 다항식 선분(segment)들이 적당하게 연결될 수 있다. 이것을 구분적 다항함수(piecewise polynomial function)라 한다. spline 함수는 차수가 n인 구분적 다항함수들로 이루어진다. 여러개의 다항식 선분이 만나는 점들을 매듭(knot)이라 하고 이들은 spline 함수가 연속이고 그들의 첫 $n-1$번째 도함수들도 연속이 되도록 연결한다.

8.4.1 Spline 함수의 성질

$a = \tau_0 < \tau_1 < \cdots < \tau_m < \tau_{m+1} = b$ 를 $[a, b]$ 의 분할이라 하자. 이러한 점 $\tau_1, \cdots, \tau_m$ 에서 매듭을 갖는 차수 n 인 spline 함수 $S(x)$ 는 다음 성질들을 갖는다.

1) $S(x)$는 부분구간 $[\tau_{i-1}, \tau_i]$ 에서 차수 n 을 넘지않는 다항식이다.
   여기서 $1 \le i \le m+1$ 이다.
2) $S(x)$ 는 $[a, b]$ 에서 차수 $n-1$ 까지인 연속인 도함수를 갖는다.

특히 $n=1$이면 spline 함수를 선형 spline 이라 하고

$$S(x) = \sum_{n=1}^{m} a_i |x - \tau_i|$$

로 표현하며, 여기서 $a_1, \cdots, a_m$ 은 고정된 수이다.

임의의 두 매듭사이에서 $|x - \tau_i|$는 직선선분을 나타낸다. Lagrange 보간법을 닮은 선형 spline을 다음과 같이 얻을 수 있다. $1 \le i \le m$ 에서,

$$l_0(x)=\begin{cases}\dfrac{x-\tau_1}{\tau_0-\tau_1}, & \tau_0\le x\le\tau_1\\ 0, & \tau_1\le x\le\tau_{m+1}\end{cases}$$

$$l_i(x)=\begin{cases}0, & x\notin[\tau_{i-1},\tau_{i+1}]\\ \dfrac{x-\tau_{i-1}}{\tau_i-\tau_{i-1}}, & \tau_{i-1}\le x\le\tau_i\\ \dfrac{\tau_{i+1}-x}{\tau_{i+1}-\tau_i}, & \tau_i\le x\le\tau_{i+1}\end{cases}$$

$$l_{m+1}(x)=\begin{cases}0, & \tau_0\le x\le\tau_m\\ \dfrac{x-\tau_m}{\tau_{m+1}-\tau_m}, & \tau_m\le x\le\tau_{m+1}\end{cases}$$

을 생각하자. 이 때 선형 spline 인

$$S(x) = \sum_{i=0}^{m+1}\theta_i\ l_i(x) \tag{8.26}$$

는 $0\le i\le m+1$ 에서 $S(\tau_i)=\theta_i$ 인 성질을 갖는다. 이 때 이러한 성질을 갖는 선형 spline은 유일함을 보일 수 있다.

많은 응용분야에서 폭넓게 사용되어지는 spline은 $n=3$인 세제곱(cubic) spline이다. 이는 $S(x) = S_i(x) = a_i+b_ix+c_ix^2+d_ix^3$, $\tau_{i-1}\le x\le\tau_i$, $i=1,\cdots,m+1$로 나타내며 $i=1,2,\cdots,m$ 에서

$$S_i(\tau_i) = S_{i+1}(\tau_i)\ ,$$
$$S_i'(\tau_i) = S_{i+1}'(\tau_i)\ ,$$
$$S_i''(\tau_i) = S_{i+1}''(\tau_i)$$

를 만족하여야 한다.

일반적으로 $\tau_1,\cdots,\tau_m$ 에서 매듭을 갖는 차수 n 인 spline 은

$$S(x) = \sum_{i=1}^{m}e_i(x-\tau_i)_+^n + p(x) \tag{8.27}$$

로 표현되며 여기서 $e_1,\cdots,e_m$ 은 상수이고, $p(x)$ 는 차수 n 인 다항식이고,

$$(x-\tau_i)_+^n=\begin{cases}(x-\tau_i)^n, & x\ge\tau_i\\ 0, & x<\tau_i\end{cases}$$

이다. 예로써 다음과 같은 세제곱 spline을 보자.

$$S(x)=\begin{cases}a_1+b_1x+c_1x^2+d_1x^3, & a\le x\le\tau\ ,\\ a_2+b_2x+c_2x^2+d_2x^3, & \tau\le x\le b\end{cases}$$

이다. 여기서 $S(x)$ 의 $S'(x)$ 와 $S''(x)$ 는 $x=\tau$ 에서 연속이어야 한다. 그러므로

$$\begin{aligned} a_1+b_1\tau+c_1\tau^2+d_1\tau^3 &= a_2+b_2\tau+c_2\tau^2+d_2\tau^3 , \\ b_1+2c_1\tau+3d_1\tau^2 &= b_2+2c_2\tau+3d_2\tau^2 , \\ 2c_1+6d_1\tau &= 2c_2+6d_2\tau \end{aligned} \tag{8.28}$$

이어야 한다. 식 (8.28)을 풀면,

$$d_2-d_1 = \frac{1}{\tau^3}(a_1-a_2) = \frac{1}{3\tau^2}(b_2-b_1) = \frac{1}{3\tau}(c_1-c_2) \tag{8.29}$$

이다. $S(x)$ 를 식 (8.27) 의 형태로 표현하면

$$S(x)=e_1(x-\tau)_+^3+\alpha_0+\alpha_1x+\alpha_2x^2+\alpha_3x^3$$

이며, 여기서 $\alpha_0=a_1$, $\alpha_1=b_1$, $\alpha_2=c_1$, $\alpha_3=d_1$ 이고

$$-e_1\tau^3+\alpha_0=a_2,\quad 3e_1\tau^2+\alpha_1=b_2,\quad -3e_1\tau+\alpha_2=c_2,\quad e_1+\alpha_3=d_2$$

이다. 따라서 $e_1=d_2-d_1=\frac{1}{3\tau}(c_1-c_2)=\frac{1}{3\tau^2}(b_2-b_1)=\frac{1}{\tau^3}(a_1-a_2)$ 이다.

8.4.2 Spline 근사식의 오차

$a=\tau_0<\tau_1<\cdots<\tau_m<\tau_{m+1}=b$ 를 $[a,b]$ 의 분할이라 하자. 식 (8.26)에 주어진 선형 spline $S(x)$ 는 $1\le i\le m+1$ 에서 $S(\tau_i)=\theta_i$을 만족하는 성질을 가짐을 보았다. 만약 $f\in C^2[a,b]$이면 DeBoor(1978, p40)는 근사식의 오차에 대한 상계는

$$\max_{x\in[a,b]}|f(x)-S(x)|\le\frac{1}{8}\left(\max_i \Delta\tau_i\right)^2\max_{x\in[a,b]}|f^{(2)}(x)|$$

임을 보였다. 여기서 $\Delta\tau_i=\tau_{i+1}-\tau_i$, $i=0,1,\cdots,m$ 이다. 이때 $\max_i \Delta\tau_i$의 값을 줄이므로써 오차의 상계를 작게 만들 수 있다.

선형 spline에 의한 근사식보다 더 효과적이고 완만한 spline 근사식으로 주로 세제곱 spline 근사식이 사용되어진다. $[a,b]$ 에서 정의된 세제곱 spline 은 두번 미분가능하고 연속이 구분적 세제곱 다항식이다. $f(x)$ 를 $[a,b]$ 에 정의하자. 이 때 유일한 세제곱 spline $S(x)$ 가 존재하며 다음과 같은 제약식을 만족하여야 한다.

$$\begin{aligned} S(\tau_i) &= f(\tau_i) \quad , \quad i=0,1,\cdots,m+1 \\ S'(\tau_0) &= f'(\tau_0) \quad , \\ S'(\tau_{m+1}) &= f'(\tau_{m+1}) \end{aligned} \tag{8.30}$$

이다.

[정 리 8.4.1.]

$a = \tau_0 < \tau_1 < \cdots < \tau_m < \tau_{m+1} = b$ 를 $[a, b]$ 의 분할이라 하자. $S(x)$ 는 $f(x)$에 대한 세제곱 spline 이며 식 (8.30)을 만족한다고 하자. $f \in C^4[a, b]$ 이면,

$$\max |f(x) - S(x)| \le \frac{5}{384} \left(\max_i \Delta\tau_i \right)^4 \max_{x \in [a, b]} |f^{(4)}(x)|$$

이고 $\Delta\tau_i = \tau_{i+1} - \tau_i$, $i = 0, 1, \cdots, m$ 이다.

(증명) Hall(1968)을 보라. ■

8.5. 통계의 응용

8.5.1 밀도함수의 근사식

$f(x)$를 연속 확률변수의 밀도함수라 하자. $\{P_n(x)\}_{n=0}^{\infty}$ 은 $f(x)$에 관한 직교다항식들의 수열이다. 그러므로 $m \neq n$ 에 대하여

$$\int_{-\infty}^{\infty} P_m(x)\, P_n(x)\, f(x)\, dx = 0$$

이다. $g(x)$를 다른 밀도함수라 하고 $g(x)$는 다음과 같은 급수형태로 표현될 수 있다고 가정한다.

$$g(x) = \sum_{k=0}^{\infty} b_k P_k f(x) \tag{8.31}$$

이다. 식 (8.31) 의 양변을 $P_n(x)$ 로 곱한다. 만약 식(8.31) 의 오른편이 각각의 항들로 적분이 가능하다면,

$$\int_{-\infty}^{\infty} P_n(x) g(x) dx = \sum_{k=0}^{\infty} \int b_k P_k(x)\, P_n(x)\, f(x)\, dx \tag{8.32}$$

이다. 이 때 P_n 의 직교성질을 이용하면 식(8.32)에서

$$b_n = \frac{1}{||P_n||_f^2} \int_{-\infty}^{\infty} g(x) P_n(x)\, dx$$

를 얻을 수 있다. 특별히, $f(x)$ 가 표준화정규분포의 밀도함수라 하자. 즉,

$$f(x) = \phi(x) = \frac{1}{\sqrt{2\pi}} e^{-\frac{x^2}{2}}, \quad -\infty < x < \infty \tag{8.33}$$

이 때 $\phi(x)$에 관한 수열 $\{P_n(x)\}_{n=0}^{\infty}$은 Hermite 다항식의 수열이다. 이를 $\{H_n(x)\}_{n=0}^{\infty}$ 로 나타내자. 다음은 Hermite 다항식들의 성질들이다.

1) $$\frac{d^n}{dx^n} \exp\left(-\frac{x^2}{2}\right) = (-1)^n H_n(x) \exp\left(-\frac{x^2}{2}\right), \quad n = 0, 1, 2, \cdots \tag{8.34}$$

2) $$\int_{-\infty}^{\infty} H_n^2(x) \phi(x) dx = n!, \qquad n = 0, 1, 2 \tag{8.35}$$

3) $H_n(x) = x^n - \frac{n^{[2]}}{2 \cdot 1!} x^{n-2} + \frac{n^{[4]}}{2^2 \cdot 2!} x^{n-4} - \frac{n^{[6]}}{2^3 \cdot 3!} x^{n-6} + \cdots$ (8.36)

여기서 $n^{[r]} = n(n-1)(n-2)\cdots(n-r+1)$ 이다. 그러므로

$$H_0(x) = 1\ , \qquad H_1(x) = x\ ,$$
$$H_2(x) = x^2 - 1\ , \qquad H_3(x) = x^3 - 3x\ ,$$

등이다.

Hermite 다항식을 이용하면, (8.31) 에 있는 급수는

$$g(x) = \sum_{n=0}^{\infty} b_n H_n(x) \phi(x) \tag{8.37}$$

이며, 여기서

$$b_n = \frac{1}{n!} \int_{-\infty}^{\infty} g(x)\, H_n(x)\, dx \tag{8.38}$$

이다.

식 (8.38)에 있는 $H_n(x)$ 에 식 (8.36)을 대입하면, b_n 의 표현식은 $g(x)$ 를 밀도함수로 갖는 분포의 적률 μ_0 , μ_1 , $\cdots$, μ_n , $\cdots$ 의 항들로 나타난다. 여기서

$$\mu_n = \int_{-\infty}^{\infty} (x-\mu)^n g(x) dx, \qquad n = 0, 1, \cdots$$

이고 , μ 는 평균이다. 또한 $\mu_0 = 1$, $\mu_1 = 0$, $\mu_2 = \sigma^2$ 이다. 만약 $\mu = 0$이면, (8.37) 에 있는 $g(x)$ 의 표현은

$$g(x) = \phi(x)\,[1 + \frac{1}{2}(\mu_2 - 1)H_2(x) + \frac{1}{6}\mu_3 H_3(x) + \frac{1}{24}(\mu_4 - 6\mu_2 + 3)H_4(x) + \cdots] \tag{8.39}$$

이다. 이 표현은 A 형태의 Gram-Charlier 급수로 알려져 있다. 따라서 Gram−Charlier급수는 적률, 표준화정규분포 및 Hermite 다항식들로써 $g(x)$ 의 표현을 나타낸다. 다시 (8.34)와 (8.37)을 이용하면

$$g(x) = \sum_{n=0}^{\infty} \frac{C_n}{n!} \frac{d^n}{dx^n} \phi(x) \tag{8.40}$$

으로 표현되며 여기서

$$C_n = (-1)^n \int_{-\infty}^{\infty} g(x) H_n(x)\, dx, \quad n = 0, 1, \cdots$$

이다.

Gram−Chrlier급수를 이용하면 $\int_{-\infty}^{x_\alpha} g(x)\, dx = 1 - \alpha$인 x^α를 찾을 수 있다. 식 (8.37)에서

$$g(x) = \phi(x) + \sum_{n=2}^{\infty} b_n H_n(x)\, \phi(x)$$

이다. 그러므로

$$\int_{-\infty}^{x_\alpha} g(x)\,dx = \int_{-\infty}^{x_\alpha} \phi(x)dx = \sum_{n=2}^{\infty} b_n \int_{-\infty}^{x_\alpha} H_n(x)\,\phi(x)dx \tag{8.41}$$

로 표현된다. 그러나

$$\begin{aligned}\int_{-\infty}^{x_\alpha} H_n(x)\,\phi(x)\,dx &= (-1)^n \int_{-\infty}^{x_\alpha} \frac{d^n}{dx^n}\,\phi(x)dx \\ &= (-1)^n \frac{d^{n-1}}{dx^{n-1}}\,\phi(x_\alpha) \\ &= (-1)^n(-1)^{n-1} H_{n-1}(x_\alpha)\phi(x_\alpha) \\ &= -H_{n-1}(x_\alpha)\,\phi(x_\alpha)\end{aligned}$$

이다. 따라서 식 (8.41) 은

$$\int_{-\infty}^{x_\alpha} g(x)\,dx = \int_{-\infty}^{x_\alpha} \phi(x)dx - \sum_{n=2}^{\infty} b_n H_{n-1}(x_\alpha)\,\phi(x_\alpha) \tag{8.42}$$

이다. Z_α 는 $1-\alpha = \int_{-\infty}^{z_\alpha} \phi(x)dx$ 를 만족한다 하자. 이 때

$$\int_{-\infty}^{x_\alpha} g(x)\,dx = 1-\alpha = \int_{-\infty}^{z_\alpha} \phi(x)dx$$

이므로

$$\int_{-\infty}^{x_\alpha} \phi(x)\,dx - \sum_{n=2}^{\infty} b_n H_{n-1}(x_\alpha)\,\phi(x_\alpha) = \int_{-\infty}^{Z_\alpha} \phi(x)\,dx \tag{8.43}$$

이다. 이때 (8.43) 의 오른편을 x_α 의 근방에서 Taylor 급수를 이용하여 확장하면,

$$\begin{aligned}\int_{-\infty}^{z_\alpha} \phi(x)dx &= \int_{-\infty}^{x_\alpha} \phi(x)\,dx + \sum_{j=1}^{\infty} \frac{(Z_\alpha - x_\alpha)^j}{j!} \frac{d^{j-1}}{dx^{j-1}}\,\phi(x_\alpha) \\ &= \int_{-\infty}^{x_\alpha} \phi(x)\,dx + \sum_{j=1}^{\infty} \frac{(Z_\alpha - x_\alpha)^j}{j!}\,(-1)^j H_{j-1}(x_\alpha)\phi(x_\alpha) \\ &= \int_{-\infty}^{x_\alpha} \phi(x)\,dx - \sum_{j=1}^{\infty} \frac{(Z_\alpha - x_\alpha)^j}{j!}\,H_{j-1}(x_\alpha)\phi(x_\alpha)\end{aligned} \tag{8.44}$$

이다. 식(8.43) 과 (8.44)에서

$$\sum_{n=2}^{\infty} b_n H_{n-1}(x_\alpha)\,\phi(x_\alpha) = \sum_{j=1}^{\infty} \frac{(x_\alpha - Z_\alpha)^j}{j!} H_{j-1}(x_\alpha)\phi(x_\alpha)$$

이다. $\phi(x_\alpha)$ 를 양변에 나누면

$$\sum_{n=2}^{\infty} b_n H_{n-1}(x_\alpha) = \sum_{j=1}^{\infty} \frac{(x_\alpha - Z_\alpha)^j}{j!} H_{j-1}(x_\alpha) \tag{8.45}$$

이다. 그러므로 (8.45) 는 x_α 와 Z_α 와의 관계식을 제공한다. b_n 들은 $g(x)$ 에 관한 적률들의 함수이므로 x_α 를 Z_α 와 $g(x)$의 적률들로 표현하기 위해서 식(8.45)를 이용하는 것이 가능하다.

8.5.2 Nonlinear 모형에서의 Lagrange 보간법

다음과 같은 비선형모형을 생각하자.

$$Y(x) = h(X, \theta) + \varepsilon \tag{8.46}$$

여기서 $X=(x_1, \cdots, x_k)'$ 는 k 개의 설명변수들의 벡터이고, $\theta=(\theta_1, \cdots, \theta_p)'$ 는 p 개의 미지모수들의 벡터이며, ε 는 확률오차, $h(X,\theta)$ 는 θ 들 중 최소한 하나의 원소에 비선형인 알려진 함수이다.

본질에서 $R=[a,b]$ 이고 $\theta \in \Omega$ 이라 가정한다. 여기서 Ω 는 모수공간을 나타낸다. 또한 다음과 같은 세가지의 조건들을 가정한다.

1) $\dfrac{\partial^{r+1} h(x,\theta)}{\partial x^{r+1}}$ 이 $[a,b]$ 에서 존재하며 연속이다. 여기서 $r+1 \geq p$ 이며 이 때 r는 충분히 크면서

$$\frac{2}{(r+1)!}\left(\frac{b-a}{4}\right)^{r+1} \sup_{x\in[a,b]} \left|\frac{\partial^{r+1} h(x,\theta)}{\partial x^{r+1}}\right| < \delta \tag{8.47}$$

를 만족하며 δ 는 $h(x,\theta)$ 의 Lagrange 보간법이 원하는 정도의 정확성을 갖도록 하는 충분히 작은 양수이다.

2) $\dfrac{\partial h(x,\theta)}{\partial \theta}$ 는 연속이다.

3) $a \leq x_0 < x_1 < \cdots < x_r \leq b$인 $x_0, x_1, \cdots, x_r$인 점들의 집합에 대하여, $P\times(r+1)$인 행렬

$$U(\theta) = [\,\nabla h(x_0,\theta) : \nabla h(x_1,\theta) : \cdots : \nabla h(x_r,\theta)]$$

는 급수(rank) P 를 갖는다. 여기서 r 은 조건 1)에서 정해진 정수이고, $\nabla h(x_i,\theta)$ 는 θ 의 원소들로써 이루어진 $h(x_i,\theta)$ 의 편미분 벡터이다.

지금부터 각각의 Z_i가 식 (8.18)에서 정의된 i번째 Chebyshev점인 $Z_0, Z_1, \cdots, Z_r$을 생각해 보자. $P_r(x,\theta)$는 Z_i들을 보간점으로 이용한 $h(x,\theta)$에 대한 Lagrange 보간다항식이라 하자. 이 때 식 (8.14)에 의하여

$$P_r(x,\theta) = \sum_{i=0}^{r} h(Z_i,\theta)\, l_i(x) \tag{8.48}$$

을 얻을 수 있고 여기서 $l_i(x)$ 는 식 (8.13)에서 a_i 대신에 Z_i 를 대입함으로써 얻어지는 차수 r 인 다항식이다. 부등식 (8.19) 에 의하면 $h(x,\theta)$ 를 $P_r(x,\theta)$로 근사함으로써 얻어지는 오차의 상계는

$$\sup_{x\in[a,b]} |h(x,\theta) - P_r(x,\theta)| \leq \frac{2}{(r+1)!}\left(\frac{b-a}{4}\right)^{r+1} \sup_{x\in[a,b]} \left|\frac{\partial^{r+1} h(x,\theta)}{\partial x^{r+1}}\right|$$

이다. 그러나 부등식(8.47)을 이용하면, 모든 $\theta \in \Omega$ 에서

$$\sup_{x \in [a, b]} |h(x, \theta) - P_r(x, \theta)| < \delta \tag{8.49}$$

이다. 지금까지의 설명에 근거하여, 모형식 (8.46) 에 대한 근사적인 표현식은

$$y(x) = P_r(x, \theta) + \varepsilon \tag{8.50}$$

이라 할 수 있다.

지금부터 모형식 (8.50)에 있는 평균반응(mean response)을 근사시키기 위하여 Box-Lucas criterion(Box와 Lucas, 1959)을 이용한다. 이 때

$$H(\theta) = \left(\frac{\partial P_r(x_u, \theta)}{\partial \theta_i} \right)_{n \times p}$$

는 $n \times p$ 행렬이고, x_μ 는 u 번째 이루어진 실험에서의 설명변수에 대한 계획(Design) 이고, n 은 실험횟수이다. 식 (8.48)에서

$$\frac{\partial P_r(x_u, \theta)}{\partial \theta_i} = \sum_{j=0}^{r} \frac{\partial h(Z_j, \theta)}{\partial \theta_i} l_j(x_u), \qquad i = 1, \cdots, p$$

이다. 따라서 이러한 식들을 벡터 형태로 나타내면

$$\nabla P_r(x_u, \theta) = U(\theta)\, \lambda(x_u)$$

이며, 여기서 $\lambda(x_u) = [\, l_0(x_u), \cdots, l_r(x_u)]'$, $U(\theta)$ 는 $P \times (r+1)$ 행렬로써

$$U(\theta) = [\, \nabla h(Z_0, \theta) : \nabla h(Z_1, \theta) : \cdots : \nabla h(Z_r, \theta)]$$

이다. 세번째 가정에 의하면, $U(\theta)$ 는 급수 P 를 갖는다. 그러므로 $H(\theta)$는

$$H(\theta) = \Lambda U'(\theta)$$

이며 여기서

$$\Lambda = [\lambda(x_1) : \lambda(x_2) : \cdots : \lambda(x_n)]$$

이다. 따라서

$$H'(\theta) H(\theta) = U(\theta) \Lambda' \Lambda U'(\theta) \tag{8.51}$$

이다. 만약 $n \geq r+1$ 이고 계획점(design point) 들 중에서 최소한 $r+1$ 개가 상이하면, $\Lambda'\Lambda$ 는 비정칙행렬이다. (연습문제).

Box-Lucas 계획법을 근사모형 (8.50)에 적용하는 것은 $det[H'(\theta)H(\theta)]$을 최대화하는 계획구조를 찾는 것이라 할 수 있다. (8.51)에서

$$det[H'(\theta)H(\theta)] = det[U(\theta)\Lambda'\Lambda U'(\theta)] \tag{8.52}$$

임을 알 수 있다. $\Lambda'\Lambda = \sum_{u=1}^{n} \lambda(x_u)\lambda'(x_u)$는 오직 계획구조에 의존적이다. $\lambda_{\min}(x_1, \cdots, x_n)$ 과 $\lambda_{\max}(x_1, \cdots, x_n)$ 이 각각 $\Lambda'\Lambda$ 의 가장작고 가장 큰 고유치(eigenvalue)들이라 하자. 이 때 $\Lambda'\Lambda$ 이 비정칙이므로 $\Lambda'\Lambda$는 양정치(positive definite)이다. 따라서 이러한 고유치들은 모두 양수이다. 식 (8.52)에서

$$det[\,U(\theta)U'(\theta)]\,\lambda^P_{\min}(x_1,\cdots,x_n) \le det[H'(\theta)H(\theta)]$$
$$\le det[\,U(\theta)U'(\theta)\,]\,\lambda^P_{\max}(x_1,\cdots,x_n) \qquad (8.53)$$

이다. 이러한 식 (8.53)에서 적당한 γ, $0 \le \gamma \le 1$가 존재하며

$$det[H'(\theta)H(\theta)] = [\,\gamma\lambda^P_{\min} + (1-\gamma)\lambda^P_{\max}]\,det[\,U(\theta)U'(\theta)]$$

을 만족하여야 한다. 또한

$$\int_0^1 det[H'(\theta)H(\theta)]d\gamma = \frac{1}{2}\,[\,\lambda^P_{\min} + \lambda^P_{\max}]\,det[\,U(\theta)U'(\theta)]$$

이다. 결론적으로 최선의 계획을 만들기 위해서 다음의 함수

$$\psi(x_1,\cdots,x_n) = \frac{1}{2}[\lambda^P_{\min} + \lambda^P_{\max}] \qquad (8.54)$$

을 최대화시키는 $x_1,\cdots,x_n$ 을 찾는 것이라 생각할 수 있다.

8.5.3 회귀모형에서의 세제곱 Spline 이용

다음 모형식의 적합을 생각해 보자.

$$y = g(x) + \varepsilon \qquad (8.55)$$

여기서 $g(x)$ 는 점 x 에서의 평균반응(mean response)이고 ε는 확률오차이다. x 의 정의역이 $\tau_0 < \tau_1 < \cdots < \tau_m < \tau_{m+1}$ 의 점들로써 $m+1$ 개의 구간으로 나누어지며 이때 i번째 구간에서 $g(x)$ 가 세제곱 spline 인

$$S_i(x) = a_i + b_i x + c_i x^2 + d_i x^3, \quad ,\tau_{i-1} \le x \le \tau_i \qquad (8.56)$$

로써 나타내어 질 수 있다고 가정한다.

앞의 8.4.1절에서와 같이 모수들인 a_1, b_i, c_i, d_i $(i = 1, 2, \cdots, m+1)$ 들은 다음 제약조건들에 의한다 :

$$a_i + b_i\tau_i + c_i\tau_i^2 + d_i\tau_i^3 = a_{i+1} + b_{i+1}\tau_i + c_{i+1}\tau_i^2 + d_{i+1}\tau_i^3 \qquad (8.57)$$

이다. 즉, $i = 1,\cdots,m$, $S_i(\tau_i) = S_{i+1}(\tau_i)$ 이다.

$$b_i + 2c_i\tau_i + 3d_i\tau_i^2 = b_{i+1} + 2c_{i+1}\tau_i + 3d_{i+1}\tau_i^2 \qquad (8.58)$$

즉, $i = 1,\cdots,m$, $S_i'(\tau_i) = S_{i+1}'(\tau_i)$ 이다. 또한

$$2c_i + 6d_i\tau_i = 2c_{i+1} + 6d_{i+1}\tau_i \qquad (8.59)$$

즉, $i = 1,\cdots,m$, $S_i''(\tau_i) = S_{i+1}''(\tau_i)$이다. 그러므로 미지 모수들의 수는 $4(m+1)$이다.

(8.57)−(8.59)에 있는 제약식은 모수공간의 차수를 $m+4$로 줄인다. 그러나 오직 $m+2$ 개의 모수들만을 추정할 수 있다. 왜냐하면, spline 방법은 직접적으로 s_i들의 모수들을 추정하는 것이 아니라 $\tau_0, \tau_1, \cdots, \tau_{m+1}$에서 s_i들의 세로 좌표(ordinate), $s_0(\tau_0), s_1(\tau_1), \cdots$,

$s_{m+1}(\tau_{m+1})$들을 추정하는 것이기 때문이다. 그러므로 두가지 제약조건들이 더 필요하다. Poirier(1973) 와 Buse 와 Lim(1977) 는 이러한 제약식들은 다음 형태임을 보였다. :

$$S_1''(\tau_0) = \pi_0 S_1''(\tau_1)$$

또는

$$2c_1 + 6d_1\tau_0 = \pi_0(2c_1 + 6d_1\tau_1) \tag{8.60}$$

과

$$S_{m+1}''(\tau_{m+1}) = \pi_{m+1} S_{m+1}''(\tau_m),$$

또는

$$2c_{m+1} + 6d_{m+1}\tau_{m+1} = \pi_{m+1}(2c_{m+1} + 6d_{m+1}\tau_m) \tag{8.61}$$

이며 여기서 π_0, π_{m+1} 는 알려진 수이다.

$y_1, \cdots, y_n$ $(n > m+2)$는 반응 y에 대한 n개 관측치이며 n_i개 관측치들은 i번째 구간 $[\tau_{i-1}, \tau_i]$, $i=1,\cdots,m+1$에서 얻어진다. 그러므로 $n = \sum_{i=1}^{m+1} n_i$이다. $y_{i1}, y_{i2}, \cdots, y_{in_i}$ 가 i 번째 구간 $(i = 1, \cdots, m+1)$ 에 있는 관측치이면, 모형식(8.55)에서

$$y_{ij} = g(x_{ij}) + \varepsilon_{ij} \qquad i=1,\cdots,m+1\ ,\ j = 1,\cdots,n_i \tag{8.62}$$

로 주어지며, x_{ij} 는 $y = y_{ij}$ 에 대응하는 x 값들이며 ε_{ij}는 평균 0 와 분산 σ^2 를 가지며 독립적으로 분포되어 있다. 모형식 (8.55) 의 모수추정은 모형의 $4(m+1)$ 개 모수에 대한 선형제약식을 나타내는 (8.57)−(8.61)을 갖는 제한된 최소제고문제로 생각될 수 있다. 행렬 표현식을 이용하면 모형 (8.62) 와 선형제약식 (8.57)−(8.61)들은

$$Y = X\beta + \varepsilon \tag{8.63}$$

와

$$C\beta + \delta \tag{8.64}$$

로 표현할 수 있으며 여기서 $Y=(y_1' : y_2' : \cdots : y_{m+1}')'$, $Y_i=(y_{i1} : y_{i2} : \cdots : y_{in_i})'$ $i=1,\cdots,m+1$ 이고, $X = Diag(X_1, \cdots, X_{m+1})$는 $n\times[4(m+1)]$인 블록(Block)대각행렬이며, X_i 는 j 번째 행(row)을 $(1, x_{ij}, x_{ij}^2, x_{ij}^3)$ $j = 1, \cdots, n_i : i = 1, \cdots, m+1$으로 갖는 $(n_i\times 4)$ 인 행렬이다. 또한 $\beta = (\beta_1' : \beta_2' : \cdots : \beta_{m+1}')$ 이고 $\beta_i = (a_i, b_i, c_i, d_i)'$, $i = 1, \cdots, m+1$이며 $\varepsilon=(\varepsilon_1' : \cdots : \varepsilon_{m+1}')'$ 이고 각각의 ε_i 는 i 번째 구간에 있는 관측치들과 연관된 확률오차들의 벡터이다. 더구나 $C=[C_0' : C_1' : C_2' : C_3']$ 이고 $l = 0, 1, 2$ 에서

$$C_l = \begin{bmatrix} -e_{1l}' & e_{1l}' & 0' & \cdots & 0' & 0' \\ 0' & -e_{2l}' & e_{2l}' & \cdots & 0' & 0' \\ \cdots & & & & & \\ 0' & 0' & & \cdots & -e_{ml}' & e_{ml}' \end{bmatrix}$$

는 $m\times[4(m+1)]$인 행렬로써 $e_{i0}'=(1, \tau_i, \tau_i^2, \tau_i^3)$, $e_{i1}'=(0, 1, 2\tau_i, 3\tau_i^2)$, $e_{i2}'=(0, 0,$

$2,6\tau_i)$, $i = 1, 2, \cdots, m$ 이고

$$C_3 = \begin{bmatrix} 0 & 0 & 2(\pi_0 - 1) & 6(\pi_0\tau_1 - \tau_0) & \cdots & 0 & 0 & 0 & 0 \\ 0 & 0 & 0 & 0 & \cdots & 0 & 0 & 2(\pi_{m+1} - 1) & 6(\pi_{m+1}\tau_m - \tau_{m+1}) \end{bmatrix}$$

는 $2 \times [4(m+1)]$ 인 행렬이다. 마지막으로 $\delta = (\delta_0' : \delta_1' : \delta_2' : \delta_3') = 0$ 이고 여기서 δ의 분할인 $\delta_0, \delta_1, \delta_2, \delta_3$ 는 C 의 분할에 따른다. 결론적으로, Searle(1971 , p113) 의 식(103)에 기초하여, 모형식(8.63)에서 β 의 최소제곱추정치들은 (8.64) 에 주어진 제약식 아래서

$$\widehat{\beta_r} = \widehat{\beta} - (X'X)^{-1}C'[C(X'X)^{-1}C']^{-1}(C\widehat{\beta} - \delta)$$

$$= \widehat{\beta} - (X'X)^{-1}C'[C(X'X)^{-1}C']^{-1}C\widehat{\beta}$$

이고 여기서 $\widehat{\beta} = (X'X)^{-1}X'Y$는 β 에 대한 보통최소제곱추정치(ordinary least-squares estimator) 이다.

연습문제 (8)

1. $f: [0,1] \to R$ 는 연속함수이고, $b_n(x)$ 는 f의 차수 n인 Bernstein 근사 다항식이라 하자. 이 때 적당한 c 와 모든 n 에 대하여

$$sup_{x \in [0,1]} \mid f(x) - b_n(x) \mid \le \frac{c}{n^{\frac{1}{2}}}$$

임을 보여라.

2. 보조 정리 8.1.1을 보여라.

3. 보조 정리 8.1.2를 보여라.

4. $f: [0,1] \to R$ 는 연속함수이고, $\forall n = 0, 1, 2, \cdots$ 에서 $\int_0^1 f(x) x^n dx = 0$ 이라 하자. 이 때 $\forall x \in [0,1]$ 에서 $f(x) = 0$ 임을 보여라. [힌트: $\int_0^1 f(x) P_n(x)\, dx = 0$, 여기서 P_n 은 차수 n 인 다항식이다.]

5. 모든 구간 $[-a, a]$ 에서 $P_n(0) = 0$, $P_n(x)$ 가 $\mid x \mid$ 에 일양적으로 수렴하는 다항식 수열이 존재함을 보여라.

6. $f \in C^{n+1}[a, b]$ 이다. $a = a_0 < a_1 < \cdots < a_n = b$ 이다. 이 때

$$sup_{x \in [a,b]} \mid f(x) - p(x) \mid \le \frac{\tau_{n+1} h^{n+1}}{4(n+1)}$$

이며, 여기서 $p(x)$ 는 식(8.14)에서 주어진 Lagrange 다항식이고

$\tau_{n+1} = sup_{x\in[a,b]} \mid f^{(n+1)}(x) \mid$, $i=0,1,\cdots,n-1$ 에서 $h=\max\{(a_{i+1}-a_i)\}$ 이다.

[힌트: $\mid \prod_{i=0}^{n}(x-a_i) \mid \le n! \cdot \frac{h^{n+1}}{4}$ 임을 보여라.]

7. 수열 $\left\{\frac{1}{\sqrt{2}}\right.$, $\cos x$, $\sin x$, $\cos 2x$, $\sin 2x$, $\cdots$, $\cos nx$, $\left.\sin nx\right\}$은 닷곱이

$$\frac{1}{\pi}\int_{-\pi}^{\pi} f(x)g(x)dx$$

로 정의되면 정규직교임을 보여라.

8. 차수가 4를 넘지 않는 Legendre 다항식을 이용하여 구간 $[-1, 1]$에서 함수 $f(x)=e^x$ 의 최소 제곱 다항 근사식을 구하라.

9. 다섯 개의 매듭을 이용하여 구간 $[0,\pi]$에서 $f(x)=\cos(2\pi x)$ 의 세제곱 spline 근사식을 결정하라. 또한 그 근사식의 오차 상계를 구하라.

10. $\sum_{n=0}^{\infty}\frac{H_n(x)}{n!}t^n = \exp\left(-\frac{t^2}{2}+tx\right)$ 임을 보여라. 여기서 $H_n(x)$ 들은 Hermiite 다항식들이다.

[힌트: 식 (8.43)을 이용하라.]

11. 어떤 분포 함수가 평균 0을 갖고 다음의 중심 적률을 갖고 있다 가정하자. 즉,

$$\mu_2=1.0,\ \mu_3=-0.91\ ,\ \mu_4=4.86\ ,\ \mu_5=-12.57\ ,\ \mu_6=53.22$$

이다. 이 때 A형의 Gram−Charlier 급수를 이용하여 그 분포 함수의 밀도 함수에 대한 근사식을 구하라.

12. 다음과 같은 비선형 모형을 생각하자.

$$y=h(x,\theta)+\varepsilon$$

여기서 $h(\theta,x)=\theta_1\left(1-\theta_2 e^{-\theta_3 x}\right)$, $0\le\theta_1\le 50$, $0\le\theta_2\le 1$, $0\le\theta_3\le 1$ 이다. $\delta=0.05$를 넘지 않는 오차 δ를 갖고 구간 $[0,8]$에서 평균반응함수 $h(x,\theta)$을 근사시킬 Lagrange 보간다항식을 구하라.

제 9 장

푸리에(Fourier) 급수

본장에서는 삼각급수를 정의하고 그에 따른 성질들을 유도한다. 삼각급수는 함수를 나타내는 방법으로 쓰여지는데 이는 멱급수로 표현하는 것 보다 유리한 점을 많이 갖고 있다. 제9.1절에서는 이러한 잇점에 대한 필요성을 설명하고 삼각급수를 정의하고 그 성질을 유도한다. 제9.2절에서는 삼각다항식으로 조사하는 방법을 제시하고 이때 얻어지는 베셀부등식을 증명한다. 제9.3절과 제9.4절에서는 리만-르벡 적분을 소개하고, 그 수렴성을 증명한다. 제9.5절에서는 적분과 미분의 형태나 평등 수렴성을 보이며 제9.6절에서 푸리에적분을 설명한다.

9.1. 서 론

우리는 여러 문제들에서

$$\frac{1}{2} + \sum_{n=1}^{\infty}(a_n \cos nx + b_n \sin nx) \tag{9.1}$$

의 모양을 갖는 삼각급수(trigonometric series)들로 나타내어지는 함수에 대하여 관심을 갖는다. 함수를 나타내는 방법에 있어서 삼각급수가 멱급수(power series)보다 더 많은 잇점이 있다. 예를 든다면, 멱급수에서 요구되는 무한미분성(infinite differentiality)조건이 필요하지 않다. 또한 이것은 때때로 일양수렴성 없이도 미분, 적분이 되어진다. 만약 식(9.1)이 점 x_0에서 수렴 또는 발산한다면, 각 항이 주기 2π를 갖고 있으므로, 그것은 점 $x_0+2\pi$에서 수렴 또는 발산한다. 그러므로 주어진 급수(9.1)이 어느 함수를 나타낸다면, 그것은 주기 2π인 주기 함수를 나타낸다. 즉 주어진 함수 f는 $f(x) = f(x+2\pi)$를 만족한다. 먼저 삼각 함수의 몇가지 중요한 정적분(definite integral)을 계산하자.

[정 리 9.1.1.]

$$\int_{-\pi}^{\pi} \cos mx \cos nx\ dx = \begin{cases} 0 & , \ m \neq n \\ \pi & , \ m = n > 0 \\ 2\pi & , \ m = n = 0 \end{cases} \tag{9.2}$$

$$\int_{-\pi}^{\pi} \sin mx \cos nx\ dx = 0 \quad \text{for } m, n = 0, 1, 2, \cdots. \tag{9.3}$$

$$\int_{-\pi}^{\pi} \sin mx \sin nx\ dx = \begin{cases} 0 & , \ m \neq n \\ \pi & , \ m = n > 0 \end{cases} \tag{9.4}$$

(증명) 이 모든 결과들은 적당한 삼각동치식(trigonometric identity)을 이용하면 쉽게 구해진다. 예를 들면,

$$\sin\alpha\cos\beta = \frac{\sin(\alpha+\beta)+\sin(\alpha-\beta)}{2}, \quad \sin\alpha\sin\beta = \frac{\cos(\alpha-\beta)-\cos(\alpha+\beta)}{2},$$

$$\cos\alpha\cos\beta = \frac{\cos(\alpha+\beta)+\cos(\alpha-\beta)}{2}$$

따라서,

$$\int_{-\pi}^{\pi} \sin mx \cos nx\ dx = \frac{1}{2}\int_{-\pi}^{\pi} \sin(m+n)x\ dx + \frac{1}{2}\int_{-\pi}^{\pi} \sin(m-n)x\ dx = 0$$

또한, $m = n$ 이면,

$$\begin{aligned} \int_{-\pi}^{\pi} \cos mx \cos nx\ dx &= \frac{1}{2}\int_{-\pi}^{\pi} \cos(m+n)x\ dx + \frac{1}{2}\int_{-\pi}^{\pi} \cos(m-n)x\ dx \\ &= \frac{1}{2} \cdot \frac{\sin(m+n)x}{m+n}\Big]_{-\pi}^{\pi} + \frac{1}{2} \cdot \frac{\sin(m-n)x}{m-n}\Big]_{-\pi}^{\pi} \\ &= 0 \end{aligned}$$

이 때 식 (9.2), (9.3), (9.4)들을 직교 공식(orthogonality formulas)라고 한다. ■

[정 리 9.1.2.]

$f:[-\pi, \pi] \to$ R를 적분가능한 실함수라고 하며 다음과 같이 표기된다.

$$f(x) = \frac{a_0}{2} + \sum_{n=1}^{\infty}(a_n \cos nx + \sin nx) \quad , \qquad -\pi \le x \le \pi$$

또한 주어진 무한급수는 일양수렴한다고 하자. 이때

$$a_n = \frac{1}{\pi}\int_{-\pi}^{\pi} f(x)\cos nx\ dx\ , \qquad n = 0, 1, 2, \cdots .$$

$$b_n = \frac{1}{\pi}\int_{-\pi}^{\pi} f(x)\sin nx\ dx\ , \qquad n = 1, 2, 3, \cdots .$$

(증명)

$$\int_{-\pi}^{\pi} f(x)\ dx = \pi a_0 + \sum_{n=1}^{\infty}\left(a_n \int_{-\pi}^{\pi}\cos nx\ dx + b_n \int_{-\pi}^{\pi}\sin nx\ dx \right)$$
$$= \pi a_0$$

따라서,

$$a_0 = \frac{1}{\pi}\int_{-\pi}^{\pi} f(x)\ dx$$

또한, $m \ge 1$ 이면,

$$\int_{-\pi}^{\pi} f(x)\cos mx\ dx = \int_{-\pi}^{\pi}\frac{1}{2}a_0 \cos mx\ dx$$
$$+ \sum_{n=1}^{\infty}\left(a_n \int_{-\pi}^{\pi}\cos nx \cos mx\ dx + b_n \int_{-\pi}^{\pi}\sin nx \cos mx\ dx\right) = a_m \pi$$

따라서,

$$a_m = \frac{1}{\pi}\int_{-\pi}^{\pi} f(x)\cos mx\ dx$$

비슷한 방법으로,

$$b_m = \frac{1}{\pi}\int_{-\pi}^{\pi} f(x)\sin mx\ dx$$

를 구한다. 이 증명에서 적분과 합의 순서를 바꾼 것은 무한급수가 일양 수렴이기 때문에 가능하다. ■

[정 의 9.1.1.]

f: $[-\pi\ ,\ \pi] \to R$을 적분가능한 실함수라 하자. f의 푸리에급수(fourier series)는,

$$\frac{a_0}{2} + \sum_{k=1}^{\infty}(a_k \cos kx + b_k \sin kx)$$

이며

$$a_k = \frac{1}{\pi}\int_{-\pi}^{\pi} f(x)\cos kx\ dx\ , \quad k = 0, 1, 2, \cdots,$$

$$b_k = \frac{1}{\pi}\int_{-\pi}^{\pi} f(x)\sin kx\ dx\ , \quad k = 1, 2, 3, \cdots.$$

이때 a_k, b_k를 f의 푸리에 계수라 한다. 또한 다음과 같이 표시한다.

$$f \sim \frac{a_0}{2} + \sum_{k=1}^{\infty}(a_k \cos kx + b_k \sin kx).$$

예 제 9.1.1.

구간 $\{-\pi \le x \le \pi\}$에서 x의 푸리에 급수를 계산하라.

(풀이) $x\cos kx$는 기함수(odd function)이므로

$$a_k = \frac{1}{\pi}\int_{-\pi}^{\pi} x\cos kx \, dx = 0$$

역시 $x\sin kx$는 우함수(even function)이므로

$$b_k = \frac{1}{\pi}\int_{-\pi}^{\pi} x\sin kx \, dx = \frac{2}{\pi}\int_0^{\pi} x\sin kx \, dx$$

그러므로

$$\begin{aligned} b_k &= -\frac{2}{k\pi} x\sin kx\Big]_0^{\pi} + \frac{2}{k\pi}\int_0^{\pi}\cos kx \, dx \\ &= (-1)^{k+1}\frac{2}{k} \end{aligned}$$

따라서

$$x \sim \sum_{k=1}^{\infty}\frac{2}{k}(-1)^{k+1}\sin kx.$$

예 제 9.1.2.

$f : [-\pi , \pi] \to R$는 다음과 같다.

$$f(x) = \begin{cases} 0 , & -\pi < x < 0 \\ 1 , & 0 \le x \le \pi \end{cases}$$

$f(x)$의 푸리에 급수를 계산하라.

(풀이)

$$a_0 = \frac{1}{\pi}\int_{-\pi}^{\pi} f(x) \, dx = \frac{1}{\pi}\int_0^{\pi} 1 \cdot dx = 1$$

$n \ge 1$ 이면,

$$a_n = \frac{1}{\pi}\int_0^{\pi}\cos nx \, dx = 0$$

$$\begin{aligned} b_n = \frac{1}{\pi}\int_0^{\pi}\sin nx \, dx &= -\frac{1}{n\pi}[(-1)^n - 1] \\ &= \begin{cases} 0 & , n\text{은 짝수} \\ \dfrac{2}{n\pi} & , n\text{은 홀수}. \end{cases} \end{aligned}$$

따라서,

$$f(x) \sim \frac{1}{2} + \frac{2}{\pi}\sum_{k=0}^{\infty}\frac{\sin(2k+1)x}{2k+1} .$$

9.2. R_2군, 베셀 부등식(Bessel's Inequality)

이 절에서는 구간 I: $\{-\pi \le x \le \pi\}$에서 적분가능한 함수 f를 아래 주어진 삼각급수의 부분합 $T_n(x)$의 모양인 삼각 다항식(trigonometric polynomial)으로 가장 근사한 형태로 나타내는 방법을 연구하고자 한다.

$$T_n(x) = \frac{1}{2}\alpha_0 + \sum_{k=1}^{n}(\alpha_k \cos kx + \beta_k \sin kx) \tag{9.5}$$

근사식의 점근을 나타내는 도구들은 여러가지가 있다. 첫째는 $sup_I | f(x) - T_n(x) |$을 가장 적게 하는 α와 β들을 선택하면, 이때 $T_n(x)$는 f로 근사한다라고 한다. 두번째는 면적 $\int_{-\pi}^{\pi} | f(x) - T_n(x) | \, dx$을 이용한 방법이다. 마지막으로 푸리에급수에 사용되어지는 방법은 아래에 주어진 Δ_n을 이용하는 것이다. 즉 Δ_n은 다음과 같이 정의 되어진다.

$$\Delta_n = \int_{-\pi}^{\pi} | f(x) - T_n(x) |^2 \, dx \tag{9.6}$$

앞으로 근사식의 기준은 식(9.6)에서 주어진 Δ_n이 사용되어진다. 또한, 조금 더 일반적인 푸리에급수를 논하기 위하여, 보다 넓은 의미의 함수들을 정의하기 위하여 새로운 함수들의 집합을 정의하고자 한다.

[정 의 9.2.1.]

함수 f는 구간 I에서 정의된다. 이 때 f가 R_2에 속한다 함은

C1 : 함수 f는 구간 I에서 적분 가능하다.

C2 : 구간 I에서 유한개의 특이점(singular point)을 가지되 $\int_I f(x)\,dx$와 $\int_I f^2(x)\,dx$ 들이 특이적분들로써 존재한다.

[정 리 9.2.1.]

구간 I: $\{a \le x \le b\}$에서 함수 f가 R_2에 속한다면 이때 $\int_a^b | f(x) | \, dx$는 존재한다.

(증명) 주어진 함수 f가 R_2에 속하므로 정의 9.2.1의 C1에 의하여 $| f(x) |$은 적분가능하다. 모든 x에 대하여, $[\,| f(x) | - 1]^2 \ge 0$이 성립한다. 이때

$$| f(x) | \le \frac{1 + f^2(x)}{2}$$

이다. 정의 9.2.1의 C2에 의하여 $\frac{1}{2}\int_a^b [1 + f^2(x)]dx$가 존재하여 여기서 비교 판정법을 이용하면 $\int_a^b | f(x) | \, dx$가 존재한다. ■

[정 리 9.2.2.]

구간 $I: \{-\pi < x \leq \pi\}$ 에서 함수 f 가 R_2의 원소라고 하자. 이때 각각의 n 에 대하여, $\Delta_n = \int_{-\pi}^{\pi}[f(x) - T_n(x)]^2\, dx$이 가장 작게 하기 위하여 $\alpha_k = a_k$와 $\beta_k = b_k$를 취하여야 한다. 여기서 $T_n(x) = \frac{\alpha}{2} + \sum_{k=1}^{n}(\alpha_k \cos kx + \beta_k \sin kx)$이며 또한 a_k와 b_k는 함수 f 의 푸리에 계수들을 나타낸다.

(증명) $a's$와 $b's$들을 함수 f 의 푸리에계수들이라고 하자. 이 때,

$$\begin{aligned}
\Delta_n &= \int_{-\pi}^{\pi}[f(x) - T_n(x)]^2\, dx \\
&= \int_{-\pi}^{\pi}[f(x) - \frac{\alpha_0}{2} - \sum_{k=1}^{n}(\alpha_k \cos kx + \beta_k \sin kx)]^2\, dx \\
&= \int_{-\pi}^{\pi} f^2(x)dx - 2\int_{-\pi}^{\pi} f(x)\left[\frac{\alpha_0}{2} + \sum_{k=1}^{n}(\alpha_k \cos kx + \beta_k \sin kx)\right]dx \\
&\quad + \int_{-\pi}^{\pi}\left[\frac{\alpha_0}{2} + \sum_{k=1}^{n}(\alpha_k \cos kx + \beta_k \sin kx)\right]^2 dx \\
&= \int_{-\pi}^{\pi} f^2(x)\, dx - \pi\left[a_0\alpha_0 + 2\cdot \sum_{k=1}^{n}(a_k\alpha_k + b_k\beta_k)\right] + \pi\left[\frac{\alpha_0^2}{2} + \sum_{k=1}^{n}(\alpha_k^2 + \beta_k^2)\right] \\
&= \int_{-\pi}^{\pi} f^2(x)dx + \pi\left[\frac{\alpha_0^2}{2} - a_0\alpha_0 + \sum_{k=1}^{n}(\alpha_k^2 - 2a_k\alpha_k) + \sum_{k=1}^{n}(\beta_k^2 - 2b_k\beta_k)\right] \\
&= \int_{-\pi}^{\pi} f^2(x)\, dx + \pi\left[\frac{(\alpha_0 - a_0)^2}{2} + \sum_{k=1}^{n}(\alpha_k - a_k)^2 + \sum_{k=1}^{n}(\beta_k - b_k)^2\right] \\
&\quad - \pi\left[\frac{a_0^2}{2} + \sum_{k=1}^{n}(a_k^2 + b_k^2)\right]
\end{aligned}$$

Δ_n을 가장 적게 하기 위해서는 마지막식의 중간부분을 가장 적게 만들어야 한다. 또한, 중간부분 안의 각 항들이 모두 영보다 크거나 같기 때문에 $\alpha_k = a_k$와 $\beta_k = b_k$를 선택함으로써 중간부분을 영이 되게하면 Δ_n이 최소가 된다. ■

[따름 정리 9.2.1.] **베셀 부등식** (Bessel's inequality)

구간 $I: \{-\pi \leq x \leq \pi\}$ 에서 함수 f 가 R_2의 원소이면,

$$\frac{a_0^2}{2} + \sum_{k=1}^{\infty}(a_k^2 + b_k^2) \leq \frac{1}{\pi}\int_{-\pi}^{\pi} f^2(x)\, dx \tag{9.7}$$

(증명) 만약 $T_n(x) = \frac{a_0}{2} + \sum_{k=1}^{n}(a_k \cos kx + b_k \sin kx)$라 하면 정리 8.2.2의 증명에서

$$\Delta_n = \int_{-\pi}^{\pi} f^2(x)\, dx - \pi\left[\frac{a_0^2}{2} + \sum(a_k^2 + b_k^2)\right] \geq 0$$

이므로, 모든 n에 대하여,

$$\frac{a_0^2}{2} + \sum_{k=1}^{n}(a_k^2 + b_k^2) \leq \frac{1}{\pi}\int_{-\pi}^{\pi} f^2(x)\, dx. \quad ■$$

[따름 정리 9.2.2.]
구간 $I : \{ -\pi < x \leq \pi \}$ 에서 함수 f 가 R_2의 원소이면 이때 a_n 과 b_n은 각각 0으로 수렴한다.

(증명) 따름 정리 9.2.1의 증명에서 모든 n 에 대하여

$$\frac{{a_0}^2}{2} + \sum_{k=1}^{n}({a_k}^2 + {b_k}^2) \leq \frac{1}{\pi}\int_{-\pi}^{\pi} f^2(x)\ dx$$

이므로 $\sum_{k=1}^{\infty}({a_k}^2 + {b_k}^2)$은 수렴하는 무한급수이다. 정리 (13.1a)에 의하면 ${a_k}^2 + {b_k}^2$ 은 0에 수렴하며 ${a_k}^2 \leq {a_k}^2 + {b_k}^2$ 과 ${b_k}^2 \leq {a_k}^2 + {b_k}^2$이므로 ${a_k}^2$ 과 ${b_k}^2$은 각각 0 에 수렴한다. ■

9.3. 리만-르벡 보조정리(Riemann-Lebesgue Lemma)

앞으로 푸리에급수의 수렴성에 대한 연구를 진행하고자한다. 이것을 수행하기 앞서서 편리한 수행을 위하여 몇가지 유용한 결과들을 소개하고자 한다. 먼저

$$D_n(t) \equiv \frac{1}{2} + \cos t + \cos 2t + \cos 3t + \cdots + \cos nt$$

라 하자. 이때 윗식에 $\sin\frac{1}{2}t$ 를 양변에 곱하고

$$\cos\alpha\sin\beta = \frac{1}{2}[\sin(\alpha+\beta) - \sin(\alpha-\beta)]$$

을 이용하면 우리는 다음과 같은 식을 얻을 수 있다.

$$\begin{aligned}\sin\frac{t}{2}\cdot D_n(t) &= \frac{1}{2}\sin\frac{t}{2} + \frac{1}{2}[\sin\frac{3}{2}t - \sin\frac{1}{2}t] + \cdots \\ &\quad \cdots + \frac{1}{2}[\sin(n+\frac{1}{2})t - \sin(n-\frac{1}{2})t] \\ &= \frac{1}{2}\sin(n+\frac{1}{2})t\end{aligned}$$

또한 t 가 2π의 배수가 아니라면,

$$D_n(t) = \frac{\frac{1}{2}\sin(n+\frac{1}{2})t}{\sin\frac{t}{2}} \tag{9.8}$$

이며

$$D_n(2k\pi) = n+\frac{1}{2}\ , \quad k = 0,\ \pm1,\ \pm2, \cdots.$$

이때 $D_n(t)$를 디리슈레 커널(Dirichlet kernel)이라 한다.

[보조 정리 9.3.1.]

$$\frac{2}{\pi}\int_0^{\pi} D_n(t)\ dt = 1$$

(증명)

$$\int_0^{\pi} D_n(t)\ dt = \int_0^{\pi}\left(\frac{1}{2} + \cos t + \cdots + \cos nt\right) dt$$
$$= \frac{\pi}{2}. \quad \blacksquare$$

푸리에급수의 가장 기본적인 결과가 얻어진다. 이것이 리만-르벡 보조 정리라고 알려져 있다.

[보조 정리 9.3.2.] **리만-르벡 보조정리 (Riemann-Lebesgue Lemma)**

구간 $I : \{ a < x \leq b \}$ 에서 함수 f 가 R_2의 원소이면,

$$\lim_{t\to\infty}\int_a^b f(t)\sin tx\ dx = 0$$

와

$$\lim_{t\to\infty}\int_a^b f(t)\cos tx\ dx = 0.$$

(증명) 만약 $a = -\pi$, $b = \pi$ 그리고 $t = n$이라 하자. 그때 보조정리 9.3.2는 따름 정리 9.2.3과 같다. 그러므로 여기서는 그 결과를 일반화하고자 한다. 먼저 주어진 함수 f 가 적합한(proper) 적분 가능이라고 하자. 이때 우리는 증명을 세 부분 i), ii), iii)으로 나눈다.

(i) 우선 주어진 함수 f 가 구간 I 의 부분구간에서는 상수 함수 C , 그 밖의 구간에서 0 이라고 하자. 즉,

$$f(x) = \begin{cases} C\ , & a \leq \alpha \leq x \leq \beta \leq b \\ 0\ , & \text{그밖에서} \end{cases}$$

이 때,

$$\int_a^b f(x)\sin tx\ dx = C\int_\alpha^\beta \sin tx\ dx = C\cdot\frac{\cos\alpha t - \cos\beta t}{t}$$

그러므로, $t \to \infty$일 때,

$$\left|\int_a^b f(x)\sin tx\ dx\right| \leq \frac{2\,|\,C\,|}{t} \to 0$$

(ii) 주어진 함수가 계단(step)함수라 하자. 즉 주어진 구간 I의 분할(partition) $\{ I_i \}_{i=1}^{n}$이 존재하며 각각의 I_k 에서 함수 값은 상수 C_k이다. 그래서

$$f_k(x) = \begin{cases} C_k\ , & x \in I_k \\ 0\ , & \text{그밖에서} \end{cases}$$

라고 하면,

$$f(x) = \sum_{k=1}^{n} f_k(x)$$

이다. 그러므로, $t \to \infty$일 때 ((i)의 증명에서와 같이)

$$\int_a^b f(x)\sin tx\ dx = \sum_{k=1}^{n}\int_a^b f_k(x)\sin tx\ dx \to 0$$

(iii) 마지막으로 함수 f 는 주어진 구간 I에서 임의의 적분 가능한 함수이다. 양의 ε이 주어졌다고 하자. 함수 f 가 적분가능 이므로, 주어진 구간에서의 적분에 가까운 하합(lower sum)이 존재한다. 그러나 이 하합은 계단함수(step function)의 적분이다. 즉

$$\sum_{k=1}^{n} m_k \Delta x_k = \sum_{k=1}^{n}\int_{x_{k-1}}^{x_k} m_k\ dx = \int_a^b \psi(x)\ dx$$

여기서 x 가 I_k의 원소이면 $\psi(x) = m_k$ 이다. f 의 적분을 근사하기 위해 下合을 $\varepsilon/2$에서 취할 수 있다. 이 말은 계단함수 ψ 가 존재하며 구간 I에 있는 x에 대하여 $\psi(x) \le f(x)$과

$$0 \le \int_a^b [f(x) - \psi(x)]\ dx = \int_a^b |\ f(x) - \psi(x)\ |\ dx \le \frac{\varepsilon}{2}$$

가 성립됨을 의미한다. $\int_a^b f(x)\sin tx\ dx$ 를 I_t라 하자. 그때

$$I_t = \int_a^b f(x)\sin tx\ dx = \int_a^b [f(x) - \psi(x)]\sin tx\ dx + \int_a^b \psi(x)\sin tx\ dx$$

이 된다. 그러므로,

$$|\ I_t\ | \le \int_a^b |\ f(x) - \psi(x)\ |\ dx + \left|\int_a^b \psi(x)\sin tx\ dx\right|$$

이 된다. 위 부등식 오른쪽의 첫 번째 적분은 $\varepsilon/2$보다 작거나 같고 두 번째는 t가 ∞로 갈 때 0에 수렴한다. 다시 말해서 하나의 T가 존재해서 만약 $t > T$이라면 $|I_t| < \varepsilon$ 또는 $t \to \infty$ 때 $I_t \to 0$ 이다.

우리의 증명은 sine을 포함한 적분을 하였다. cosine을 포함한 적분도 같은 증명 방법으로 행하여진다. 마지막으로 함수 f 가 부적합 적분인 경우의 증명으로 쉽게 확장할 수 있다. 간편하게 하기 위해 오직 특이점이 하나, 즉 c만 갖는다고 하자.

그러면 주어진 양수 ε에 대하여 $\int_c^b |\ f(x)\ |\ dx < \varepsilon$ 을 만족할 수 있는 a와 b사이의 c를 선택할 수 있다. 다시 쓰면

$$\int_a^b f(x)\sin tx\ dx = \int_a^c f(x)\sin tx\ dx + \int_c^b f(x)\sin tx\ dx$$

이다. 위 식의 오른쪽 첫 번째 적분은 $t \to \infty$로 갈 때 0으로 수렴하며 두 번째 적분은 ε으로 유계(bounded)한다. 그러므로

$$\overline{\lim_{t\to\infty}}\left|\int_a^b f(x)\sin tx\ dx\right| \le \varepsilon$$

이므로 증명은 끝이 난다. ■

9.4. 수렴성 정리

주어진 함수 $f(x)$의 푸리에급수가 한 점 x 에서 함수 $f(x)$에 수렴할 수 있는 조건을 찾고자 한다. 우선 첫 번째 목표는 n번째 부분 합을 적당한 모양으로 쓰는 것이다.

$$\begin{aligned} T_n(x) &= \frac{a_0}{2} + \sum_{k=1}^{n}(a_k \cos kx + b_k \sin kx) \\ &= \frac{1}{2\pi}\int_{-\pi}^{\pi} f(t)dt + \frac{1}{\pi}\sum_{k=1}^{n}\left[\cos kx \int_{-\pi}^{\pi} f(t)\cos ktdt + \sin kx \int_{-\pi}^{\pi} f(t)\sin ktdt\right] \\ &= \frac{1}{\pi}\int_{-\pi}^{\pi} f(t)\left[\frac{1}{2} + \sum_{k=1}^{n}(\cos kx \cos kt + \sin kx \sin kt)\right]dt \\ &= \frac{1}{\pi}\int_{-\pi}^{\pi} f(t)\left[\frac{1}{2}\sum_{k=1}^{n}\cos k(t-x)\right]dt \\ &= \frac{1}{\pi}\int_{-\pi}^{\pi} f(t)D_n(t-x)\,dt \\ &= \frac{1}{\pi}\int_{-\pi-x}^{\pi-x} f(x+u)D_n(u)\,du \end{aligned}$$

이다. 여기서 $D_n(t)$는 앞에서 정의되어진 것과 같이

$$D_n(t) = \frac{1}{2} + \cos t + \cdots + \cos nt$$

이다. 만약 함수 $f(x)$와 $D_n(t)$가 주기 2π 를 주기함수라 하면,

$$\begin{aligned} T_n(x) &= \frac{1}{\pi}\int_{-\pi}^{\pi} f(x+u)D_n(u)\ du \\ &= \frac{1}{\pi}\int_{0}^{\pi} f(x+u)D_n(u)\ du + \frac{1}{\pi}\int_{0}^{\pi} f(x-u)D_n(x)\ du \\ &= \frac{2}{\pi}\int_{0}^{\pi} \frac{f(x+u) + f(x-u)}{2} D_n(u)\ du \end{aligned}$$

가 된다. 이 때 보조정리 9.3.1을 이용하면,

$$f(x) = \frac{2}{\pi} f(x)\int_{0}^{\pi} D_n(u)\ du = \frac{2}{\pi}\int_{0}^{\pi} f(x)D_n(u)\ du \tag{9.9}$$

가 된다. 그러므로

$$T_n(x) - f(x) = \frac{2}{\pi}\int_{0}^{\pi}\left[\frac{f(x+u)+f(x-u)}{2} - f(x)\right] D_n(u)\ du \tag{9.10}$$

가 된다. 만약 $g(x, u) = \dfrac{f(x+u) + f(x-u)}{2} - f(x)$라 하면, 식 (9.9)로부터

$$T_n(x) - f(x) = \frac{2}{\pi}\int_{0}^{\pi} g(x, u)D_n(u)\ du \tag{9.11}$$

이 된다. 그러므로 $T_n(x)$의 $f(x)$에 대한 수렴성을 논하기 위하여 식 (9.11)의 오른쪽 적분이 0에 수렴하는지를 논하는 것으로 충분하다. $T_n(x)$의 수렴에 영향을 주는 함수 f 의 값은 x값 근처에서 이루어진다고 가정된다. 즉, x의 임의의 작은 구간이다. 이것을 국소화 원리 (localization priciple)라 한다.

[정 의 9.4.1.]

함수 f 는 R_2의 원소이다. f 가 Dini 조건을 만족한다 함은

> 어떤 고정된 x에 대하여 양수인 δ_1이 존재하며, 특이적분
>
> $$\int_0^{\delta_1} \left| \frac{g(x, u)}{u} \right| du \tag{9.12}$$
>
> 이 수렴함으로써 존재함을 만족한다.

[정 리 9.4.1.]

함수 $f(x)$는 구간 $I : \{ -\pi < x \le \pi \}$ 에서 R_2의 원소이며 이 구간 밖에서는 주기적으로 나타나진다. 또한 $f(x)$가 Dini조건(9.12)을 만족하는 점 x가 존재한다. 이때 그 x값에 대하여 $T_n(x)$는 $f(x)$에 수렴한다.

(증명) 양수 ε이 주어진다. 임의의 δ 를 선택하면 $\delta < \delta_1$을 만족한다. 식 (9.11)에서

$$\begin{aligned} \left| T_n(x) - f(x) \right| &= \left| \frac{2}{\pi} \int_0^{\pi} g(x, u) D_n(x)\, du \right| \\ &\le \frac{2}{\pi} \int_0^{\delta} \left| g(x, u) \right| \left| D_n(x) \right| du + \left| \frac{2}{\pi} \int_{\delta}^{\pi} g(x, u) D_n(x)\, du \right| \\ &\equiv I_1 + I_2 \end{aligned}$$

라 하자. 우선 I_1를 보면,

$$I_1 = \frac{2}{\pi} \int_0^{\delta} \left| \frac{g(x, u)}{u} \right| \left| \frac{u}{2\sin(u/2)} \right| \left| \sin\left(n + \frac{1}{2}\right) u \right| du$$

이다. $\left| \dfrac{u}{2\sin(u/2)} \right|$는 구간 $\{ 0 < u \le \pi \}$ 에서 유계이며 사실 이것은 증가함수이므로 $\left| \dfrac{u}{2\sin(u/2)} \right|$는 $\dfrac{\pi}{2}$로 유계이다. 또한 $\left| \sin\left(n + \dfrac{1}{2}\right) u \right|$는 1로 유계이므로

$$I_1 \le \int_0^{\delta} \left| \frac{g(x, u)}{u} \right| du$$

이다. 이 적분이 수렴하므로 $I_1 \le \varepsilon / 2$이 될 수 있는 작은 δ 를 찾을 수 있다. 그런 δ 를 갖고 I_2를 살펴보면, 구간 $\{ \delta \le u \le \pi \}$ 에서 함수 $\dfrac{g(x, u)}{2\sin(u/2)}$ 는 R_2의 원소이다. 그러므로 보조 정리

9.3.2인 리만—르벡 정리에 의하면 n이 커질때 I_2는 0에 수렴한다. 그러므로 가능한 큰 N이 존재하며 만약 $n>N$이라면 $I_2<\varepsilon/2$를 만족한다. 만약 $n>N$이면,

$$|T_n(x) - f(x)| \le I_1 + I_2 \le \varepsilon/2 + \varepsilon/2 = \varepsilon$$

이며 즉, $T_n(x)$ 는 $f(x)$에 수렴한다. ■

이 정리는 어느 한 점에서 R_2에 있는 함수 $f(x)$의 푸리에급수가 함수 $f(x)$에 수렴할 수 있는 조건을 제시하고 있다. 물론 각 점 x에 대하여 $f(x)$가 이 조건을 만족한다면, 그 푸리에급수는 모든 x에 대하여 $f(x)$에 수렴한다. 아직 주어진 점에서 R_2에 있는 주어진 함수 $f(x)$가 Dini조건(9.12)을 만족하는가는 정확하지 않다. 우리는 지금 그 수렴성을 보장해 줄 수 있는 간단한 조건을 서술하고자 한다. 다른 설명이 없다면 앞으로 모든 함수는 주기 함수라 하자. 또한 한 점 x에서 $f(x+0)$와 $f(x-0)$가 존재하며

$$f(x) = \frac{1}{2}[f(x+0) + f(x-0)] \tag{9.13}$$

를 만족한다고 하자. 만약 $f(x+0)$와 $f(x-0)$가 같다면 그 함수 $f(x)$는 점 x에서 연속이며 그렇지 않다면 $f(x)$는 그 점 x에서 계층(jump)을 갖는 불연속이며 $f(x)$는 바로 그 계층의 중간점이다.

[정 의 9.4.2.]

주어진 함수 $f(x)$가 x에서 준 미분가능(quasi-differentiable)하다 함은

$$f'(x+0) = \lim_{h\to 0^+}\frac{f(x+h) - f(x+0)}{h},$$
$$f'(x-0) = \lim_{h\to 0^-}\frac{f(x-h) - f(x-0)}{-h} \tag{9.14}$$

가 존재한다.

[정 리 9.4.2.]

함수 $f \in R_2[-\pi, \pi]$는 주기 2π인 주기함수이며 한 점 x에서 준 미분 가능하다. 즉

$$T_n(x) \to \frac{1}{2}[f(x+0) + f(x-0)].$$

(증명) 그 점 x에서 Dini조건이 만족되어짐을 보이면 된다.

$$\begin{aligned} g(x,u) &= \frac{f(x+u) + f(x-u)}{2} - f(x) \\ &= \frac{f(x+u) - f(x+0)}{2} + \frac{f(x-u) - f(x-0)}{2} \end{aligned}$$

이며

$$\left|\frac{g(x,u)}{u}\right| \le \frac{1}{2}\left|\frac{f(x+u)-f(x+0)}{u}\right| + \frac{1}{2}\left|\frac{f(x-u)-f(x-0)}{u}\right|$$

이다. $f(x)$가 준 미분 가능하므로 위 부등식의 오른쪽 두개의 절대값들은 각각 유계이다.

$$\left|\frac{g(x,u)}{u}\right| \le \frac{M}{2} + \frac{M}{2} = M$$

이다. 따라서

$$\int_0^{\delta_1}\left|\frac{g(x,u)}{u}\right| du$$

는 존재한다. ■

[정 의 9.4.3.]

함수 $f(x)$가 주어진 구간 $I : \{\, a \le x \le b \,\}$ 에서 구분적 연속(piecewise continuous)이라 함은

> 각 부분 구간에서 $f(x)$가 연속인 I의 분할 $\varDelta$이 존재하며, 분할 $\varDelta$의 각 분할점에서 $f(x_k+0)$와 $f(x_k-0)$가 존재하며 마지막으로 $f(a+0)$와 $f(b-0)$가 존재한다.

[정 의 9.4.4.]

함수 $f(x)$가 주어진 구간 I에서 구간 준 미분가능(quasi- differentiable)하다 함은

> 1) $f(x)$가 구간 I 에서 구분적 연속이며,
> 2) 각 내점에서 식(9.14)에서 주어진 두개의 한쪽방향 미분들이 존재하며 점 a에서는 오른쪽 미분이, 점 b에서는 왼쪽 미분이 존재한다

[정 리 9.4.3.]

함수 $f(x)$는 구간 $I : \{\, -\pi \le x \le \pi \,\}$ 에서 준 미분가능하며 주기성으로 확장될 수 있다고 하자. 그때 f 의 푸리에급수는 각 점에서 $f(x) = \frac{1}{2}[f(x+0)+f(x-0)]$에 수렴한다.

특히, 점 π와 $-\pi$에서 이 급수는

$$f(\pi) = f(-\pi) = \frac{1}{2}[f(-\pi+0) + f(\pi-0)]$$

에 수렴한다.

(증명) f 는 당연히 R_2의 원소이며 각 점에서 정리 9.4.2를 적용하면 된다. ■

예 제 9.4.1.

예제 9.1.1에서 x에 대한 푸리에급수를 구하였다. 즉,

$$x \sim 2(\sin x - \frac{1}{2}\sin 2x + \frac{1}{3}\sin 3x - \frac{1}{4}\sin 4x + \cdots)$$

이 급수는 구간 $\{-\pi \le x \le \pi\}$ 에서 x에 수렴하며 점 π와 $-\pi$에서는 0에 수렴한다.

$$T_n(x) = 2\sum_{k=1}^{n} \frac{(-1)^{k+1}\sin kx}{k}$$

는 연속이며 점 π에서 함수 값 0을 갖는다.

9.5. 미적분과 일양수렴

[정 리 9.5.1.]

함수 $f(x)$는 구간 $\{-\pi \le x \le \pi\}$ 에서 연속이다. 또한 $f(\pi) = f(-\pi)$이며 f 의 주기확장은 연속이며 f'는 구분적 연속이다. 그러므로 정리 9.4.2에 의하면

$$f(x) = \frac{1}{2}a_0 + \sum_{k=1}^{\infty}(a_n\cos nx + b_n\sin nx)$$

이며 여기서 a_n과 b_n들은 앞에서 정의된 것이다. 그때 f''이 존재하는 각 x에 대하여 $f'(x)$는 각 항의 미분으로 계산될 수 있다. 즉,

$$f'(x) = \sum_{k=1}^{\infty}(nb_n\cos nx - na_n\sin nx)$$

이다.

(증명) f''이 존재하는 x에 대하여 $f'(x)$는 정리 9.4.1(수렴성 정리)의 조건을 만족하므로 f'에 대한 푸리에급수는 x에 수렴한다. 그러므로 그 점에서

$$f'(x) = \frac{a_0'}{2} + \sum_{k=1}^{\infty}(a_n'\cos nx + b_n'\sin nx)$$

로 표기되며 여기서 a_n'과 b_n'은 f'의 푸리에 계수들이다. $a_0'=0$, $a_n'=nb_n$과 $b_n'=-na_n$임을 보이면 충분하다. f가 구분적 연속이므로 그것을 포함하는 적분들은 부분적분법으로 할 수 있다. 그래서

$$a_0' = \frac{1}{\pi}\int_{-\pi}^{\pi} f'(x)\,dx = \frac{1}{\pi}f(x)\Big]_{-\pi}^{\pi} = \frac{1}{\pi}[f(\pi) - f(-\pi)] = 0$$

이며

$$\begin{aligned} a_n' &= \frac{1}{\pi}\int_{-\pi}^{\pi} f'(x)\cos nx\,dx = \frac{1}{\pi}f(x)\cos nx\Big]_{-\pi}^{\pi} + \frac{n}{\pi}\int_{-\pi}^{\pi} f(x)\sin nx\,dx \\ &= \frac{(-1)^n}{\pi}[f(\pi) - f(-\pi)] + nb_n \\ &= nb_n \end{aligned}$$

이다. 같은 방법으로 $b_n' = -na_n$임을 보일 수 있다. ■

[정 리 9.5.2.]

구간 $I : \{ -\pi \le x \le \pi \}$ 에서 함수 $f(x)$는 구분적 연속이며 그것의 푸리에급수는

$$f(x) \sim \frac{a_0}{2} + \sum_{k=1}^{\infty}(a_n \cos nx + b_n \sin nx)$$

라 하자. 그때 구간 I에서

$$\int_{-\pi}^{x} f(x)\, dx = \frac{a_0}{2}(x+\pi) + \sum_{k=1}^{\infty}\frac{1}{n}(a_n \cos nx - b_n[\cos nx - (-1)^n])$$

이다.

(증명) 함수 $F(x)$를 $F(x) \equiv \int_{-\pi}^{x} f(t)\, dt - \frac{1}{a_0}x$ 라 정의하자. 그때 $F(x)$는 연속이며 $F'(x) = f(x) - \frac{a_0}{2}$ 은 구분적 연속이다. 역시 $F(x)$는 $f(x)$가 불연속인 점에서 왼쪽, 오른쪽 미분을 갖으며 $F(\pi) = F(-\pi)$이다. 그때 $F(x)$는 그것의 푸리에급수인

$$\begin{aligned} F(x) &= \int_{-\pi}^{\pi} f(t)\, dt - \frac{1}{2}a_0 x \\ &= \frac{1}{2}A_0 + \sum_{k=1}^{\infty}[A_n \cos nx + B_n \sin nx] \end{aligned}$$

로 나타내어 질 수 있으며 여기서 A_n과 B_n들은 F의 푸리에계수이다. 그러므로 $n \ge 1$인 경우 부분적분을 이용하면

$$A_n = \frac{1}{\pi}\int_{-\pi}^{\pi} F(x)\cos nx\, dx = -\frac{1}{n}b_n$$

이며, 같은 방법으로

$$B_n = \frac{1}{n}a_n$$

임을 알 수 있다. 그러므로,

$$F(x) = \frac{1}{2}A_0 + \sum_{k=1}^{\infty}\left(\frac{1}{n}a_n \sin nx - \frac{1}{n}b_n \cos nx\right)$$

이다. 그러나 $F(\pi) = \frac{\pi a_0}{2}$ 이므로 앞 식에 의해

$$\begin{aligned} \frac{1}{2}a_0\pi &= \frac{1}{2}A_0 - \sum_{k=1}^{n}\frac{1}{n}b_n \cos n\pi \\ &= \frac{1}{2}A_0 - \sum_{k=1}^{\infty}(-1)^n \frac{b_n}{n} \end{aligned}$$

이며 A_0의 값을 구한 후 F의 푸리에급수에 대입하여 원하는 식을 구할 수 있다. ■

[정 리 9.5.3.]

$f(x)$는 $f(\pi) = f(-\pi)$를 갖는 연속인 함수이며 구간 $\{ -\pi \le x \le \pi \}$ 에서 구분적 연속 도함수를 갖는다. 그 때 푸리에급수는 주어진 구간에서 f 에 절대, 일양수렴한다. 더욱이,

$$| f(x) - T_n(x) | < \frac{c}{\sqrt{n}}$$

이며 여기서

$$T_n(x) = \frac{a_0}{2} + \sum_{k=1}^{n}(a_k \cos kx + b_k \sin kx)$$

와

$$c^2 = \frac{1}{\pi}\int_{-\pi}^{\pi} f'(x)^2 \, dx$$

이다.

(증명) a_n과 b_n은 f의 푸리에계수들이며 a_n'과 b_n'은 f'의 푸리에계수들 이라 하자. 정리 9.5.1에 의하면 $a_n' = nb_n$, $b_n' = -na_n$이다. 또한 f'이 적분 가능하므로 따름 정리 9.2.1에 의해

$$\frac{a_0'^2}{2} + \sum_{n=1}^{\infty}(a_n'^2 + b_n'^2) \le \frac{1}{\pi}\int_{-\pi}^{\pi}[f'(x)]^2 \, dx$$

을 만족한다.

$$\left| T_m(x) - T_n(x) \right| = \left| \sum_{k=n+1}^{m}(a_k \cos kx + b_k \sin kx) \right|$$

를 살펴보자. 그때

$$| T_m(x) - T_n(x) | \le \sum_{k=n+1}^{m}\sqrt{a_k^2 + b_k^2} = \sum_{k=n+1}^{m}\frac{1}{k}\sqrt{a_k'^2 + b_k'^2}$$

이다. 다시 코쉬－슈와르쯔 부등식은 이용하면

$$| T_m(x) - T_n(x) | \le \left(\sum_{k=n+1}^{m}\frac{1}{k^2}\right)^{\frac{1}{2}}\left(\sum_{k=n+1}^{m}(a_k'^2 + b_k'^2)\right)^{\frac{1}{2}} \tag{9.15}$$

이다. 그러나

$$\sum_{k=n+1}^{m}(a_k'^2 + b_k'^2) \le \frac{1}{\pi}\int_{-\pi}^{\pi}[f'(x)]^2 \, dx \tag{9.16}$$

이고

$$\sum_{k=n+1}^{m}\frac{1}{k^2} \le \sum_{k=n+1}^{\infty}\frac{1}{k^2} \le \int_{n}^{\infty}\frac{dx}{x^2} = \frac{1}{n} \tag{9.17}$$

이다. 식 (9.15), (9.16)과 (9.17)에 의해

$$\left| T_m(x) - T_n(x) \right| \le \frac{c}{\sqrt{n}} \tag{9.18}$$

이며 c는 $c^2 = \frac{1}{\pi}\int_{-\pi}^{\pi}[f'(x)]^2 \, dx$을 만족한다. 이것은 코쉬정리에 의해 일양수렴이 보여진 것이다. 정리 9.4.2에 의하면 각 점에 대해 $T_m(x) \to f(x)$이므로 식(9.18)에 의해 $m \to \infty$일 때

$$| f(x) - S_m(x) | \le \frac{c}{\sqrt{n}}$$

이다. ■

9.6. 푸리에 적분

만약 $f(x)$가 우함수(even function), 즉 $f(x) = f(-x)$라고 하면 그것의 푸리에급수는 $f(x) \sim \frac{a_0}{2} + \sum_{k=1}^{\infty} a_n \cos nx$임을 쉽게 보일 수 있다. 이것을 cosine급수라고 하며

$$a_n = \frac{1}{\pi}\int_{-\pi}^{\pi} f(x)\cos nx\ dx = \frac{2}{\pi}\int_{0}^{\pi} f(x)\cos nx\ dx$$

이다. 또한 $f(x)$가 기함수(odd function), 즉 $f(x) = f(-x)$라고 하면 $f(x) \sim \sum_{k=1}^{\infty} b_n \sin nx$이며 $b_n = \frac{2}{\pi}\int_0^{\pi} f(x)\sin nx\ dx$를 갖는 f의 sine급수라고 한다. 구간 $\{\pi \le x \le \pi\}$ 이외의 다른 구간에서도 푸리에급수를 가질 수 있다. $\phi(y)$는 구간 $\{-L< y \le L\}$에서 적분 가능하다. $y = \frac{Lx}{\pi}$에 대입하고 $f(x) = \phi(\frac{Lx}{\pi})$라 하면,

$$f(x) \sim \frac{a_0}{2} + \sum_{n=1}^{\infty}(a_n \cos nx + b_n \sin nx) \tag{9.19}$$

이며, 여기서

$$a_n = \frac{1}{\pi}\int_{-\pi}^{\pi} f(x)\cos nx\ dx = \frac{1}{L}\int_{-L}^{L}\phi(y)\cos\frac{n\pi y}{L}\ dy \tag{9.20}$$

와

$$b_n = \frac{1}{\pi}\int_{-\pi}^{\pi} f(x)\sin nx\ dx = \frac{1}{L}\int_{-L}^{L}\phi(y)\sin\frac{n\pi y}{L}\ dy \tag{9.21}$$

이다. 그러므로 식 (9.19)는

$$\phi(y) \sim \frac{a_0}{2} + \sum_{k=1}^{\infty}\left(a_n \cos\frac{n\pi y}{L} + b_n \sin\frac{n\pi y}{L}\right)$$

가 되며 a_n과 b_n은 식 (9.20)과 (9.21)과 같이 주어진다. 함수 f는 구간 $(-\infty, \infty)$에서 유계이며 적분가능 그리고 절대적분가능하다고 하자. 즉, $\int_{-\infty}^{\infty} f(x)\ dx$ 와 $\int_{-\infty}^{\infty} |f(x)|\ dx$ 가 존재한다. 그때 임의의 구간 $\{-L \le x \le L\}$에서 f의 푸리에급수는

$$f(x) \sim \frac{a_0}{2} + \sum_{k=1}^{\infty}\left(a_n \cos\frac{n\pi x}{L} + b_n \sin\frac{n\pi x}{L}\right)$$

이며 a_n과 b_n은 식 (9.20)과 (9.21)과 같다.

연습문제 (9)

1. 다음 함수들의 푸리에 급수들을 구하라.

1) $f(x)=\begin{cases} 0 & , -\pi < x < 0 \\ x & , 0 \le x \le \pi \end{cases}$ 2) $f(x)=\begin{cases} 0 & , -\pi < x < 0 \\ \sin x & , 0 \le x \le \pi \end{cases}$

3) $f(x) = e^x$ 4) $f(x) = x^2 \, sgn\, x$

2. 다음을 보여라.

1) f 가 우함수이면, $b_n = 0$ 이다.

2) f 가 기함수이면, $a_n = 0$ 이다.

3. $t \neq \pm 1, \pm 2, \cdots$ 에 대하여

$$\cos tx \sim \frac{2t \sin \pi t}{\pi} \left[\frac{1}{2t^2} + \sum_{k=1}^{\infty} \frac{(-1)^k \cos kx}{t^2 - k^2} \right]$$

$$\sin tx \sim \frac{2 \sin \pi t}{\pi} \sum_{k=1}^{\infty} \frac{(-1)^k k \sin kx}{t^2 - k^2}$$

임을 보여라.

4. $D_n(2k\pi) = n + \frac{1}{2}$ 임을 보여라.

제 10 장

다 중 미 적 분

지금까지 우리는 일 변수 x의 실 함수에 대한 미적분학을 연구하였다. 본 장에서는 다중함수에 대해 극한, 연속, 미분 및 적분의 정의를 확장한다. 이러한 함수들은 실 함수일 수도 있고 벡터함수인 경우도 있다. 제10.1절에서는 본 장에서 필요한 기본적인 정의 및 정리들을 소개하고 증명한다. 제10.2절과 10.3절은 다중함수의 극한과 연속을 정의한다. 제10.4절은 다중함수의 미분을 정의하며 이때 편도함수와 전도함수 및 방향미분을 정의하여 설명한다. 제10.5절은 테일러(Taylor)정리를 증명하고 제10.6절에서는 역함수와 음함수정리를 증명한다. 제10.7절과 제10.8절은 다중함수의 최대, 최소 값에 대한 정리를 증명하고 라그랑지 승수방법을 유도한다. 제10.9절에서는 리만 적분을 정의하고, 그에 대한 기본적인 성질들을 유도한다. 제10.10절에서는 특이적분의 일양수렴성을 논하고, 제10.11절은 여러 변수들에 대한 최적화 방법들을 소개한다. 마지막으로 제10.12절에서는 다중미적분이 통계학에 쓰이는 분야를 소개하고 설명한다.

10.1. 기본정리

일반적으로 이 장에서 쓰이는 함수는 실 함수 또는 벡터 함수들일 수 있다.

$$f : D \subset R^n \rightarrow R^m$$

이며, $x = (x_1, \cdots, x_n)' \in D$ 에 대하여 $f(x) = [f_1(x), \cdots, f_n(x)]'$이고 $f_i(x)$는 $x_1, \cdots, x_n$의 실 함수이다. R^n 에 있는 임의의 x는 $(x_1, \cdots, x_n)'$ 형태의 열 벡터로 나타낼 수 있다. 여기서 x_i는 x의 i번째 원소이다. x의 유클리디언 크기(Euclidean norm)는

$$||x|| = \left(\sum_{i=1}^{n} x_i^2 \right)^{\frac{1}{2}}$$

로 정의된다. 2.4절에서 정의된 R^n위에서의 개념들을 다시 정리한다. $x_0 \in R^n$이면 x_0의 r－근방(neighborhood) $N_r(x_0)$는 x_0에서 거리 r안에 놓여있는 R^n의 점들의 집합이다. 즉, $N(x_0) = \{x \in R^n \mid ||x - x_0|| < r\}$ 이다. x_0가 r－근방 $N_r(x_0)$에서 삭제된다면, x_0 삭제 r－근방이라 하고 $N_r^d(x_0)$로 표기한다. 또는 x_0를 제외한 모든 근방이 x_0가 아닌 A의 원소를 갖고 있다면, 이 x_0를 집합 A의 극한점(limit point)이라 한다. 즉, $N_r^d(x_0) \cap A \neq \emptyset$, $\forall r$이다. A의 모든 극한값들이 A에 속하면, 집합 A를 폐집합이라 한다. $N_r(x_0) \subset A$인 $r>0$이 존재하면, 점 $x_0 \in R^n$ 은 집합 $A \subset R^n$의 내점(interior point) 이라 한다. A에 있는 각 점 x에 대하여 A에 포함되어지는 점 x에 대한 r－근방 $N_r(x)$이 존재하면 집합 $A \subset R^n$를 개집합이라 한다. 즉 A가 내점들에 의해 이루어졌다면 A는 개집합이다. 점 $p \in R^n$의 모든 근방이 A뿐만 아니라 A^c의 점들을 포함하고 있다면 p를 A의 경계점(boundary point)라 하고 $Br(A)$라 표기한다. 집합 $A \subset R^n$이 유계(bounded)라 함은 모든 $x \in A$에 대하여 $||x|| \leq r$인 $r>0$이 존재한다.

함수 $g : Z^+ \rightarrow R^n$는 양의 정수들의 집합에서 정의된 벡터함수라 하자. $i \geq 1$에 대하여 $g(i) = a_i$ 라 하자. 이 때 $\{a_i\}_{i=1}^{\infty}$은 R^n에 있는 점들의 수열을 나타낸다. 수열 $\{a_i\}_{i=1}^{\infty}$의 부분 수열(subsequence)이라 함은 $i \geq 1$에 대하여 $k_i \geq i$이고, $k_1 < k_2 < \cdots < k_i < \cdots$ 인 수열 $\{a_{k_i}\}_{i=1}^{\infty}$을 의미한다. 수열 $\{a_i\}_{i=1}^{\infty}$이 점 $c \in R^n$에 수렴한다 함은

임의의 $\varepsilon > 0$에 대하여 $i > N$ 일 때는 $\lVert a_i - c \rVert < \varepsilon$ 인 정수 N이 존재한다.

그리고 이를 $\lim_{i \to \infty} a_i = c$ 또는 $i \rightarrow \infty$ 일 때 $a_i \rightarrow c$라 표현한다. 수열 $\{a_n\}$이 유계(bounded)이라 함은

모든 i에 대하여 $\lVert a_i \rVert \leq K$를 만족하는 적당한 $K > 0$가 존재한다.

10.2. 다중함수의 극한

3장에서 일변수 x의 함수의 극한은 x가 오른쪽, 왼쪽 두 방향으로 움직일 때를 생각하였다. 여기서는 다변수 $x_1,\cdots,x_n$의 함수에 대하여, 한 점 $a=(a_1,\cdots,a_n)'$에서 극한은 $x=(x_1,\cdots,x_n)'$가 가능한 모든 방향으로 움직여서 $a=(a_1,\cdots,a_n)'$로 접근하는 것을 생각할 수 있다.

[정 의 10.2.1.]

함수 $f: D\subset R^n\rightarrow R^m$이라 하자. x가 a로 접근할 때 함수 $f(x)$가 극한 $L=(L_1,\cdots,L_m)'$을 갖는다 함은

임의의 $\varepsilon>0$에서 $D\bigcap N_\delta^d(a)$에 속하는 모든 x에 대하여 $\|f(x)-L\|<\varepsilon$을 만족하는 $\delta>0$가 존재한다.

여기서 a는 D의 극한값이다. 만약 L이 존재한다면, $\lim_{x\to a}f(x)=L$로 표기한다. 여기서 $f(x)$의 극한이 존재한다면, 그 값은 x가 a에 접근하는 방향에 상관없이 항상 같아야 한다.

예 제 10.2.1.

$x=(x_1,x_2)'\rightarrow 0=(0,0)'$에 접근할 때, 함수 $f(x_1,x_2)=\dfrac{x_1^3-x_2^3}{x_1^2+x_2^2}$의 형태를 논하라.

(풀이) 이 함수는 $0=(0,0)'$을 제외한 R^2의 모든 점에서 정의된다. 여기서 R^2에 있는 점 x를 극 좌표(polar coordinate), r과 θ인 $x_1=rcos\theta$, $x_2=rsin\theta$로 나타냄이 편리하다. 이 때 $r>0$, $0\le\theta\le 2\pi$ 이다.

$$f(x_1,x_2) = \frac{r^3\cos^3\theta-r^3\sin^3\theta}{r^2\cos^2\theta+r^2\sin^2\theta} = r(\cos^3\theta-\sin^3\theta)$$

$x=(x_1,\cdots,x_n)'\rightarrow 0=(0,\cdots,0)'$ 일 필요충분조건이 $r\rightarrow 0$ 이므로 x가 0에 어떻게 접근하던지 $\lim_{x\to 0}f(x_1,x_2)=0$ 이다.

예 제 10.2.2.

$f(x_1,x_2)=\dfrac{x_2(x_1^2+x_2^2)}{x_2^2+(x_1^2+x_2^2)^2}$ 이라 하자. 이 함수는 $0=(0,\cdots,0)'$을 제외한 모든 $x\in R^2$에서 정의된다. $x_1=0$인 선상에서 $x_2\to 0$ 일 때 $f(0,x_2)=\dfrac{x_2^3}{x_2^2+x_2^4}$ 이다. $x_2=0$인 선상에서 모든 점 $x_1\neq 0$에서 $f(x_1,0)=0$ 이다. 그러므로 x_1이 0에 접근할 때 $f(x_1,0)\to 0$이다. 원점을 통과하는 직선 $x_2=tx_1$, $(t\neq 0)$에 대하여

$$f(x_1, tx_1) = \frac{tx_1(x_1^2+t^2x_1^2)}{t^2x_1^2+(x_1^2+t^2x_1^2)^2} = \frac{tx_1(1+t^2)}{t^2+x_1^2(1+t^2)^2}, \qquad x_1 \neq 0$$

이므로 $x_1 \to 0$일 때 이것의 극한은 0이다. 그러므로 원점을 지나는 직선 위에서 $x \to 0$ 일 때 $f(x_1, x_2)$는 극한 0을 갖는다. 그러나 $x \to 0$일 때 $f(x_1, x_2)$가 극한 0을 갖지 않는 경우도 있다. 예를 들면 원점을 지나고, 원 $x_2 = x_1^2 + x_2^2$ 위에 있고 만약 $x_1^2 + x_2^2 \neq 0$ 이면,

$$f(x_1, x_2) = \frac{(x_1^2+x_2^2)^2}{(x_1^2+x_2^2)^2+(x_1^2+x_2^2)^2} = \frac{1}{2}$$

이다. 따라서 $f(x_1, x_2) \to \frac{1}{2} \neq 0$ 이다.

10.3. 다중함수의 연속

[정 의 10.3.1.]

$f: D \subset R^n \to R^m$ 이고 $a \in D$이라 하자. 이 때 $f(x)$가 점 a에서 연속이라 함은

$\lim_{x \to a} f(x) = f(a)$이고 여기서 $x \in D$ 이다.

이것은 다음과 동치이다.

임의의 $\varepsilon > 0$에 대하여 $D \cap N_\delta(a)$에 있는 모든 x에 대하여 $\|f(x) - f(a)\| < \varepsilon$ 을 만족하는 $\delta > 0$가 존재한다.

함수 $f(x)$가 D에 있는 모든 x에서 연속이면 함수 $f(x)$는 D에서 연속이라 한다. 특히 $f(x)$가 D에서 연속이고 δ가 오직 ε에만 의존한다면, δ는 임의의 ε이 주어지면 모든 $x \in D$에 대하여 같다. 이때 $f(x)$를 D에서 일양연속(uniformly continuous)이라 한다.

[보조 정리 10.3.1.]

R^n에서 유계인 수열은 수렴하는 부분수열을 갖는다.

(증명) 연습문제

[보조 정리 10.3.2.]

함수 $f, g: D \subset R^n \to R$ 들을 연속인 실함수들 이라고 하자.

1) $f+g$, $f-g$, fg가 D에서 연속이다.

2) $|f|$는 D에서 연속이다.

3) $f(x) \neq 0$을 제외한 모든 $x \in D$에 대하여 $\frac{1}{f(x)}$는 D에서 연속이다.

(증명) 연습문제

[보조 정리 10.3.3.]

함수 $f: D \subset R^n \to R^m$는 연속이고, 함수 $g: G \subset R^m \to R^n$도 역시 연속이라 하자. 여기서 g는 함수 f 아래서 D의 상이다. 이때 합성함수 $g \circ f: D \to R$는 D에서 연속이다. 여기서 $g \circ f(x) = g(f(x))$를 의미한다.

(증명) 연습문제

[정 리 10.3.1.]

함수 $f: D \subset R^n \to R$는 유계인 폐집합 D에서 정의되고, 또한 여기서 연속인 실 함수이다. 이 때

$$f(p) = \sup_{x \in D} f(x) \quad , \quad f(q) = \inf_{x \in D} f(x)$$

인 $p, q \in D$가 존재한다. 그러므로 $f(x)$는 D의 최소한 한 점에서 각각의 상한과 하한을 갖는다.

(증명) 먼저 $f(x)$가 집합 D에서 유계임을 보이고자 한다. 만약 $f(x)$가 D에서 유계가 아니라 가정하자. 이때 $i \geq 1$에서 $|f(p_i)| \geq i$인 D에 있는 수열 $\{p_i\}$을 찾을 수 있다. 그러므로 $i \to \infty$일 때 $|f(p_i)| \to \infty$이다. 이 수열에 있는 각 항은 유계 집합에 있으므로 $\{p_i\}_{i=1}^{\infty}$은 유계인 수열이어야 한다. 이때 보조정리 10.3.1에 의하면 이 수열은 수렴하는 부분수열이 존재한다. p_0가 이 부분수열의 극한이라 하자. 이것은 역시 D의 극한값이다. 그러나 D가 폐집합이므로 $p_o \in D$이다. $f(x)$의 연속성에 의하여 $|f(x)|$도 연속이므로 $i \to \infty$이면, $|f(p_{k_i})| \to |f(p_0)|$ 이다. 반면에 $|f(p_{k_i})| \to \infty$이다. 이는 모순이다. 그러므로 $f(x)$는 집합 D에서 유계이다. 결론적으로 D에서 $f(x)$의 상한과 하한은 유한이다. 만약 $p \in D$에서 $f(p) \neq \sup_{x \in D} f(x)$라 가정하자. 이때 모든 $x \in D$에서 $M - f(x) > 0$이다. 여기서 $M = \sup_{x \in D} f(x)$이다. 결론적으로 $[M - f(x)]^{-1} > 0$이고 보조정리 10.3.2의 3)에 의하여 이 함수는 연속이다. 그러므로 앞의 증명으로 $[M - f(x)]^{-1}$는 유계이다. 그러나 $\delta > 0$이면, M의 정의에 의하여 $f(x_\delta) > M - \delta$ 즉, $\dfrac{1}{M - f(x_\delta)} > \dfrac{1}{\delta}$인 $x_\delta \in D$인 점을 찾을 수 있다. 이는 $[M - f(x_\delta)]^{-1}$가 유계가 아니다. 그러므로 모순이다. ■

[정 리 10.3.2.]

$D \subset R^n$가 유계인 폐집합이다. 만약 $f: D \to R^m$이 연속이면 함수 f는 D에서 일양연속이다.

(증명) f 가 D에서 일양연속이 아니라 하자. 이때 모든 $\delta > 0$에 대하여 $\|a - b\| < \delta$이나 $\|f(a) - f(b)\| \geq \varepsilon$인 $a, b \in D$를 찾을 수 있는 $\varepsilon > 0$이 존재한다 $i \geq 1$에 대하여 $\delta = \dfrac{1}{i}$라 두자. 이때 $\|a_i - b_i\| < \dfrac{1}{i}$이고 $\|f(a_i) - f(b_i)\| \geq \varepsilon$를 만족하는 두 수열 $\{a_i\}_{i=1}^{\infty}$은 유계이다. 그러므로

보조정리 9.3.1에 의하면 수렴하는 부분수열 $\{a_{k_i}\}_{i=1}^{\infty}$이 존재한다. 이 극한을 a_0라 하면 D는 폐집합이므로 $a_0 \in D$이다. 또한 함수 f가 a_0에서 연속이므로 $x \in D$, $\|x-a_0\|<\lambda$이면 $\|f(x)-f(a_0)\|<\frac{\varepsilon}{2}$을 만족하는 λ를 찾을 수 있다. $\{a_{k_i}\}_{i=1}^{\infty}$가 a_0에 수렴하므로

$$\frac{1}{k_i}<\frac{\lambda}{2}, \quad \| a_{k_i}-a_0\|<\frac{\lambda}{2} \tag{10.1}$$

를 만족하는 충분히 큰 k_i를 선택한다. 식(10.1)에서

$$\| f(a_{k_i})-f(a_0)\|<\frac{\varepsilon}{2} \tag{10.2}$$

이다. 더구나 $\| a_{k_i}-b_{k_i}\|<\frac{1}{k_i}$이므로

$$\| b_{k_i}-a_0\| \le \| a_{k_i}-a_0\|+\| a_{k_i}-b_{k_i}\| < \frac{\lambda}{2}+\frac{1}{k_i} < \lambda$$

이다. 그러므로 a_0에서 f의 연속성에 의하여

$$\| f(b_{k_i})-f(a_0)\|<\frac{\varepsilon}{2} \tag{10.3}$$

이다. 부등식 (10.2)와 (10.3)에서 k_i가 부등식 (10.1)을 만족할 때면

$$\| f(a_{k_i})-f(b_{k_i})\| \le \| f(a_{k_i})-f(a_0)\|+\| f(b_{k_i})-f(a_0)\|<\varepsilon$$

이므로 이는 가정 $\|f(a_i)-f(b_i)\| \ge \varepsilon$에 모순이다. 그러므로 함수 f는 D에서 일양 연속이다. ■

10.4. 다중함수의 도함수

이 절에서는 5장에서 정의된 미분의 개념을 다중함수 $f: D \subset R^n \to R^m$ 로 확장하고자 한다. $a=(a_1,\cdots,a_n)$는 D의 내점이다.

만약,

$$\lim_{h_i \to 0}\frac{f(a_1,\cdots,a_{i-1},a_i+h_i,\ a_{i+1},\cdots,a_n)-f(a_1,\cdots,a_i,\cdots,a_n)}{h_i}$$

이 존재하면 함수 f 는 점 a에서 x_i에 관한 편미분계수를 갖는다고 한다. 이 미분계수는 $\frac{\partial f(a)}{\partial x_i}$ 또는 간단히 $f_{x_i}(a)$로 표기한다. 예를 들면 $f: R^3 \to R$은 $f(x_1,x_2,x_3)=x_1x_2^2+x_2x_3^3$이라 하자. 이때,

$$\frac{\partial f(x)}{\partial x_1}=x_2^2, \quad \frac{\partial f}{\partial x_2}=2x_1x_2+x_3^3, \quad \frac{\partial f}{\partial x_3}=3x_2x_3^2$$

이다. 일반적으로 만약 f_j가 함수 f의 j번째 원소이면 $i=1,\cdots n$, $j=1,\cdots,m$에 대하여 $\frac{\partial f_j(x)}{\partial x_i}$로부터 $m \times n$행렬을 얻을 수 있으며 이를 x에서 함수 f의 쟈코비안(Jacobian)행렬

이라 하고, $J_f(x)$로 표기한다. 만약 $m=n$이면 $J_f(x)$의 행렬식(determinent)을 쟈코비안 행렬식이라 하고

$$det(J_f(x))=\frac{\partial(f_1,\cdots,f_n)}{\partial(x_1,\cdots,x_n)}$$

으로 표기한다. 예를 들면 $f: R^3\to R^2$이 $f(x_1,x_2,x_3)=(x_1^2\cos x_2,\ x_2^2+x_3^2e^{x_1})$ 이라 하면

$$J_f(x_1,x_2,x_3)=\begin{bmatrix} 2x_1\cos x_2 & -x_1^2\sin x_2 & 0 \\ x_3^2e^{x_1} & 2x_2 & 2x_3e^{x_1} \end{bmatrix}$$

이다. 함수 f의 고차 편미분계수(higher-order partial derivation)들도 유사하게 정의된다. 예를 들면 점 a의 x_i에 대한 함수 f의 이차 미분계수는

$$\lim_{h_i\to 0}\frac{f_{x_i}(a_1,\cdots,a_{i-1}\ a_i+h_i,\ a_{i+1},\cdots,a_n)-f_{x_i}(a_1,\cdots,a_i,\cdots,a_n)}{h_i}$$

이고 $\dfrac{\partial^2 f(a)}{\partial x_i^2}$ 또는 $f_{x_ix_i}(a)$로 표기한다. 역시 $i\neq j$에서 점 a에 x_i와 x_j에 대한 함수 f의 이차 편미분 계수는

$$\lim_{h_j\to 0}\frac{f_{x_i}(a_1,\cdots,a_{j-1},\ a_j+h_j,\ a_{j+1},\cdots,a_n)-f_{x_i}(a_1,\cdots,a_j,\cdots,a_n)}{h_j}$$

이며 $i\neq j$에서 $\dfrac{\partial^2 f(a)}{\partial x_j\partial x_i}$ 또는 $f_{x_ix_j}(a)$로 표기한다.

[정 리 10.4.1.]

함수 $f: D\subset R^n\to R^m$ 이고 a는 집합 D의 내점이다. 점 a의 근방에서 다음 조건들이 만족한다 하자.

1) $i,\ j=1,\cdots,n$ 와 $i\neq j$ 에서 $\dfrac{\partial f(x)}{\partial x_i}$와 $\dfrac{\partial f(x)}{\partial x_j}$ 가 존재하고 유한하다.

2) $\dfrac{\partial^2 f(x)}{\partial x_i\partial x_j}$ 와 $\dfrac{\partial^2 f(x)}{\partial x_j\partial x_i}$ 중에서 하나가 존재하고 연속이다.

이 때, $\dfrac{\partial^2 f(a)}{\partial x_i\partial x_j}=\dfrac{\partial^2 f(a)}{\partial x_j\partial x_i}$.

(증명) $\dfrac{\partial^2 f(x)}{\partial x_j\partial x_i}$가 a근방에서 존재하고 연속이라 가정하자. 일반성의 상실 없이 $i<j$라 하자. 만약 $\dfrac{\partial^2 f(x)}{\partial x_i\partial x_j}$가 존재하면, 그것은 다음의 극한과 같아야 한다.

$$\lim_{h_i\to 0}\frac{f_{x_j}(a_1,\cdots,a_{i-1},a_i+h_i,\ a_{i+1},\cdots,a_n)-f_{x_j}(a_1,\cdots,a_i,\cdots,a_n)}{h_i}$$

즉,

$$\lim_{h_i\to 0}\frac{1}{h_j}\left[\lim_{h_j\to 0}\frac{1}{h_j}\{f(a_1,\cdots,a_{i-1},a_i+h_i,a_{i+1},\cdots,a_{j-1},a_j+h_j,a_{j+1},\cdots,a_n)\right.$$
$$-f(a_1,\cdots,a_{i-1},\ a_i+h_i,\ a_{i+1},\cdots,a_j,\cdots,a_n)\}$$
$$-\lim_{h_j\to 0}\frac{1}{h_j}\{f(a_1,\cdots,a_i,\cdots,a_j+h_j,\cdots,a_n)$$
$$\left.-f(a_1,\cdots,a_i,\cdots,a_j,\cdots,a_n)\}\right]$$

편의상 $f(x_1,\cdots x_{j-1},x_j+h_j,x_{j+1},\cdots,x_n)-f(x_1,\cdots,x_j,\cdots,x_n)=\psi(x_1,\cdots,x_n)$이라 하자. 이 때,

$$\lim_{h_i\to 0}\lim_{h_j\to 0}\frac{1}{h_ih_j}[\psi(a_1,\cdots,a_i+h_i,\cdots,a_j,\cdots,a_n)-\psi(a_1,\cdots,a_i,\cdots,a_j,\cdots,a_n)]$$
$$=\lim_{h_i\to 0}\lim_{h_j\to 0}\frac{1}{h_j}\left[\frac{\partial\psi(a_1,\cdots,a_i+\theta_ih_i,\ \cdots,a_j,\cdots,a_n)}{\partial x_i}\right] \tag{10.4}$$

이며, 여기서 $0<\theta_i<1$ 이다. 식 (10.4)에서 함수 ψ가 일변수 x_i의 함수로 생각하여 ψ에 정리 5.2.3의 평균값 정리를 적용한다. 그러면 식 (10.4)의 오른쪽 식은 다음과 같이 쓰여진다.

$$\lim_{h_i\to 0}\lim_{h_j\to 0}\frac{1}{h_j}\left[\frac{\partial f(a_1,\cdots,a_{i-1},\ a_i+\theta_ih_i,\ a_{i+1},\cdots,a_j+h_j,\cdots,a_n)}{\partial x_i}\right.$$
$$\left.-\frac{\partial f(a_1,\cdots,a_{i-1},a_i+\theta_ih_i,a_{i+1},\cdots,a_j,\cdots a_n)}{\partial x_i}\right]$$

$$=\lim_{h_i\to 0}\lim_{h_j\to 0}\frac{\partial}{\partial x_j}\left[\frac{\partial f(a_1,\cdots,a_i+\theta_ih_i,\cdots,a_j+\theta_jh_j,\cdots a_n)}{\partial x_i}\right] \tag{10.5}$$

이고 여기서 $0<\theta_j<1$ 이다. 식 (10.5)에서 $\dfrac{\partial^2 f(x)}{\partial x_j\partial x_i}$이 a근방에서 존재하므로 다시 평균치 정리를 적용한다. 더구나 $\dfrac{\partial^2 f(x)}{\partial x_j\partial x_i}$이 그 근방에서 연속이므로 식 (10.5)에 있는 중극한은 $\dfrac{\partial^2 f(a)}{\partial x_j\partial x_i}$와같다. 이는 함수 f의 두 개의 2차 편미분 계수는 같다는 것을 입증한다. ■

예 제 10.4.1.

$f: R^3\to R$이고 여기서 $f(x_1,x_2,x_3)=x_1e^{x_2}+x_2\cos x_1$ 이라 하자. 이 때,

$$\frac{\partial f(x_1,x_2,x_3)}{\partial x_1}=e^{x_2}-x_2\sin x_1,$$
$$\frac{\partial f(x_1,x_2,x_3)}{\partial x_2}=x_1e^{x_2}+\cos x_1,$$
$$\frac{\partial^2 f(x_1,x_2,x_3)}{\partial x_2\partial x_1}=e^{x_2}-\sin x_1,$$
$$\frac{\partial^2 f(x_1,x_2,x_3)}{\partial x_1\partial x_2}=e^{x_2}-\sin x_1$$

이다.

10.4.1 전미분(Total Derivate)

함수 $f: D \subset R^n \to R$ 는 실함수이다. $x=(x_1, \cdots, x_n)' \in D$이라 하자. $x_1, \cdots, x_n$이 일변수 t의 함수들이라 가정하자. 이때 f는 t의 함수이다. t에 대한 f의 일반적인 미분인 $\frac{df}{dt}$를 함수 f의 전미분이라 한다. t에 대하여 $i=1, \cdots, n$에서 $\frac{dx_i}{dt}$가 존재하고 $\frac{\partial f(x)}{\partial x_i}$가 D의 내점에서 존재하고 연속이라 가정하자. 이때 f의 전미분은 다음과 같이 주어진다.

$$\frac{df}{dt} = \sum_{i=1}^{n} \frac{\partial f(x)}{\partial x_i} \frac{dx_i}{dt} \tag{10.6}$$

이다. 일반적으로 $df = \sum_{i=1}^{n} \frac{\partial f(x)}{\partial x_i} dx_i$ 를 x에서 f의 전미분계수라고도 한다. 이를 다음과 같이 보이고자 한다. $\Delta x_1, \cdots, \Delta x_n$ 은 t의 증감분 Δt에 대응되는 $x_1, \cdots, x_n$의 증감분이라 하자. 이때

$$\begin{aligned}
\Delta f &= f(x_1+\Delta x_1, \cdots, x_n+\Delta x_n) - f(x_1, \cdots, x_n) \\
&= [f(x_1+\Delta x_1,\ x_2+\Delta x_2, \cdots, x_n+\Delta x_n) - f(x_1,\ x_2+\Delta x_2, \cdots, x_n+\Delta x_n)] \\
&\quad + [f(x_1,\ x_2+\Delta x_2, \cdots, x_n+\Delta x_n) - f(x_1,\ x_2,\ x_3+\Delta x_3, \cdots, x_n+\Delta x_n)] \\
&\quad + \cdots\cdots\cdots + f(x_1, \cdots, x_{n-1},\ x_n+\Delta x_n) - f(x_1, \cdots, x_{n-1},\ x_n)]
\end{aligned}$$

이다. 윗식의 큰 부호 안에 각각 평균치 정리를 적용하면,

$$\begin{aligned}
\Delta f &= \Delta x_1 \frac{\partial f(x_1+\theta_1 \Delta x_1,\ x_2+\Delta x_2, \cdots, x_n+\Delta x_n)}{\partial x_1} \\
&\quad + \Delta x_2 \frac{\partial f(x_1,\ x_2+\theta_2 \Delta x_2,\ x_3+\Delta x_3, \cdots, x_n+\Delta x_n)}{\partial x_2} \\
&\quad + \cdots\cdots\cdots + \Delta x_n \frac{\partial f(x_1,\ x_2+, \cdots, x_{n-1},\ x_n+\theta_n \Delta x_n)}{\partial x_n}
\end{aligned}$$

이고 여기서 $i=1, \cdots, n$에서 $0 < \theta_i < 1$ 이다. 그러므로

$$\begin{aligned}
\frac{\Delta f}{\Delta t} &= \frac{\Delta x_1}{\Delta t} \frac{\partial f(x_1+\theta_1 \Delta x_1,\ x_2+\Delta x_2, \cdots, x_n+\Delta x_n)}{\partial x_1} \\
&\quad + \frac{\Delta x_2}{\Delta t} \frac{\partial f(x_1,\ x_2+\theta_2 \Delta x_2,\ x_3+\Delta x_3, \cdots, x_n+\Delta x_n)}{\partial x_2} \\
&\quad + \cdots\cdots\cdots + \frac{\Delta x_n}{\Delta t} \frac{\partial f(x_1,\ x_2+, \cdots, x_{n-1},\ x_n+\theta_n \Delta x_n)}{\partial x_n}
\end{aligned} \tag{10.7}$$

이다. $\Delta t \to 0$이면 $\frac{\Delta x_i}{\Delta t} \to \frac{dx_i}{dt}$ 이고 식(10.7)에 있는 편미분은 $\frac{\partial f(x)}{\partial x_i}$로 접근한다. 그러므로 $\frac{\Delta f}{\Delta t}$는 식 (10.6)의 오른쪽으로 접근한다. $x_1, \cdots, x_n$의 각각의 변수 t를 포함하는 다중

함수들이라 가정하면 식(10.6)을 일반화 할 수 있다. 이 경우 우리는 편도함수 $\frac{\partial f}{\partial t}$을 생각할 필요가 있다. 즉,

$$\frac{\partial f}{\partial t} = \sum_{i=1}^{n} \frac{\partial f(x)}{\partial x_i} \frac{\partial x_i}{\partial t} \tag{10.8}$$

이다. 일반적으로

$$df = \sum_{i=1}^{n} \frac{\partial f(x)}{\partial x_i} dx_i \tag{10.9}$$

이 표현을 x에서 함수 f의 전미분(total differential)이라 한다.

10.4.2 방향미분(Directional Derivative)

$f: D \subset R^n \to R^m$이고 ν는 R^n에 있는 단위벡터(unit vector)라 하자. 또한, x는 D의 내 점이라 하자. ν의 방향으로 점 x에서 함수 f의 방향미분은

$$\lim_{h \to 0} \frac{f(x+hv) - f(x)}{h}$$

로 정의된다. 만약 $v = e_i$이면 ν방향으로 f의 방향미분은 x_i에 대한 함수 f의 편미분이다. 여기서 e_i는 i번째 좌표축 방향의 단위벡터이다.

[보조 정리 10.4.1.]

$f: D \subset R^n \to R^m$이고 $i = 1, \cdots, n$, $j = 1, \cdots, m$에 대하여 D의 내점인 $x = (x_1, \cdots, x_n)'$에서 편미분 $\frac{\partial f_j}{\partial x_i}$이 존재하면 (여기서 f_j는 f의 j번째 원소이다), ν방향으로 x에서 함수 f의 방향미분은 존재하고 이는 $J_f(x)\nu$와 같다. 여기서 $J_f(x)$는 x에서 f의 $m \times n$ 쟈코비안 행렬이다.

(증명) 먼저 ν의 방향으로 f_j의 방향미분을 생각하자. 그리므로, ν가 ξ_1좌표축과 동일하게 하기위해 좌표축을 회전할 수 있다. 여기서 $\xi_1, \xi_2, \cdots, \xi_n$ 은 새로운 좌표들이다. 그러면 n차원의 해석적 기하학에서 좌표측의 회전에 대한 잘 알려진 관계식에 의하면, $i = 1, \cdots, n$에서

$$x_i = \xi_1 v_i + \sum_{l=2}^{n} \xi_l \lambda_{l_i} \tag{10.10}$$

로 나타나며 여기서 v_i는 ν의 i번째 원소이고 λ_{l_i}는 ξ_l축 방향의 단위벡터인 λ_l의 i번째 원소이다. ν의 방향으로 f_i의 방향벡터는 먼저 식(10.10)를 이용하여 $\xi_1, \xi_2, \cdots, \xi_n$의 함수로써 f_i를 나타내고 ξ_1에 대하여 그것을 미분한다. 이는 앞의 전미분 식을 이용하면,

$$\frac{\partial f_i}{\partial \xi_1} = \sum_{i=1}^{n} \frac{\partial f_j}{\partial x_i} \frac{\partial x_i}{\partial \xi_1} = \sum_{i=1}^{n} \frac{\partial f_j}{\partial x_i} v_{i.} \qquad j=1,\cdots,m \tag{10.11}$$

이다. 식(10.11)에서 ν의 방향으로 $f=(f_{1,}\cdots,f_n)'$의 방향미분은 $J_f(x)\nu$와 같다.

예 제 10.4.2.

$f: R^3 \rightarrow R^2$인

$$f(x_{1,}x_{2,}x_3) = \begin{bmatrix} x_1^2 + x_2^2 + x_2^3 \\ x_1^2 - x_1x_2 + x_3^2 \end{bmatrix}$$

이라 하자. $v=\left(\frac{1}{\sqrt{2}}, -\frac{1}{\sqrt{2}}, 0\right)'$ 이고 $x=(1,2,1)'$이라 하자. 이때 v방향으로 x에서 f의 방향미분은

$$J_f(x)v = \begin{bmatrix} 2x_1 & 2x_2 & 2x_3 \\ 2x_1 - x_2 & -x_1 & 2x_3 \end{bmatrix}(1,2,3) \begin{bmatrix} \frac{1}{\sqrt{2}} \\ -\frac{1}{\sqrt{2}} \\ 0 \end{bmatrix} = \begin{bmatrix} -\frac{2}{\sqrt{2}} \\ \frac{1}{\sqrt{2}} \end{bmatrix}$$

이다.

[정 의 10.4.1.]

$f: D \subset R^n \rightarrow R$이다. $i=1,\cdots n$에 대하여 편미분 $\frac{\partial f}{\partial x_i}$이 D의 내점중 한 점 $x=(x_1,\cdots,x_n)'$에서 존재한다면, 이때 $\left(\frac{\partial f}{\partial x_1}, \frac{\partial f}{\partial x_2}, \cdots, \frac{\partial f}{\partial x_n}\right)'$를 점 x에서 f의 경사(gradient)라 하고 $\nabla f(x)$로 표기한다.

정의 10.4.1을 이용하면, 단위벡터 v의 방향으로 x에서 f의 방향 미분은 $\nabla f(x)'v$로 표현할 수 있으며, 여기서 $\nabla f(x)'$는 $\nabla f(x)$의 전치(transpose)라 한다.
함수 $f: D \subset R^n \rightarrow R$이라 하자. f의 편미분이 D의 내점인 $x=(x_{1,}\cdots x_n)'$에서 존재한다 가정하자. 또한 C는 $f(x)=c_0$를 만족하는 면 위에 놓여있고 점 x를 지나는 완만한 곡선(smooth curve)이라 하자. 여기서 c_0는 상수이다. 이 곡선은 $x_1=g_1(t)$, $x_2=g_2(t)$, $\cdots$, $x_n=g_n(t)$인 방정식으로 나타내진다. 여기서 $a \leq t \leq b$이다.

공식 $\frac{\partial f}{\partial t} = \sum_{i=1}^{n} \frac{\partial f(x)}{\partial x_i} \frac{dx_i}{dt}$에 의하면, 점 x에서 t에 관한 f의 편미분은

$$\frac{\partial f}{\partial t} = \sum_{i=1}^{n} \frac{\partial f(x)}{\partial x_i} \frac{dg_i}{dt} \tag{10.12}$$

이다. 벡터 $\lambda=\left(\frac{dg_1}{dt}, \frac{dg_2}{dt}, \cdots, \frac{dg_n}{dt}\right)$는 점 x에서 C에 기울기이다. 그러므로 식 (10.12)에 의하면

$$\frac{df}{dt}=\nabla f(x)' \lambda$$

이다. C를 따라 $f[g_1(t), g_2(t), \cdots, g_n(t)]=c_0$이므로 $\frac{df}{dt}=0$이고 따라서 $\nabla f(x)' \lambda=0$이다. 이는 경사벡터(gradient vector)는 λ에 수직(orthogonal)이고 그러므로 C에 대하여도 점 x에서 수직임을 나타낸다. 이 결과는 x를 지나는 모든 완만한 곡선에서 사실이므로 경사벡터 $\nabla f(x)$는 x에서 $f(x)=c_0$인 면에 수직이다.

[정 의 10.4.2.]

$f: D \subset R^n \to R$ 이다. 이때 $\nabla f: D \to R^n$이다. $\nabla f(x)$의 자코비안 행렬은 함수 f의 헤시안(Hessian) 행렬이라 하고 $H_f(x)$로 표기한다. 그러므로 $H_f(x)=J_{\nabla f}(x)$ 이다. 즉,

$$H_f(x)=\begin{bmatrix} \frac{\partial^2 f(x)}{\partial x_1^2} & \frac{\partial^2 f(x)}{\partial x_2 \partial x_1} & \cdots & \frac{\partial^2 f(x)}{\partial x_n \partial x_1} \\ \vdots & \vdots & & \vdots \\ \frac{\partial^2 f(x)}{\partial x_1 \partial x_n} & \frac{\partial^2 f(x)}{\partial x_2 \partial x_n} & \cdots & \frac{\partial^2 f(x)}{\partial x_n^2} \end{bmatrix}$$

이다. $H_f(x)$의 행렬식을 헤시안 행렬식이라 한다. 만약 정리 10.4.1의 조건들이 만족된다면, $H_f(x)$는 대칭행렬이다.

10.4.3 합성함수의 미분

$f: D_1 \subset R^n \to R^m$, $g: D_2 \subset R^m \to R^p$ 라 하자. x_o는 D_1의 내점이고 $f(x_0)$는 D_2의 내점이라 하자. 만약 $m\times n$ 자코비안 행렬 $J_f(x_0)$과 $p\times m$ 자코비안 $J_g(f(x_0))$이 모두 존재한다면, 합성함수 $h=g\circ f$ 에 대한 $p\times n$ 자코비안 행렬 $J_h(x_0)$이 존재하고

$$J_h(x_0)=J_g[f(x_0)]J_f(x_0) \tag{10.13}$$

로 주어진다. 식(10.13)을 보이기 위해 $J_h(x_0)$의 (k, i)번째 원소인 $\frac{\partial h_k(x_0)}{\partial x_i}$를 우선 생각하자. 여기서 $i=1,\cdots,n$과 $k=1,\cdots,p$에 대하여 $h_k(x_0)=g_k[f(x_0)]$는 $h(x_0)=g[f(x_0)]$의 k번째 원소이다. 공식(10.8)을 적용하면, $i=1,\cdots,n$과 $k=1,\cdots,p$에 대하여

$$\frac{\partial h_k(x_0)}{\partial x_i}=\sum_{i=1}^{m} \frac{\partial g_k[f(x_0)]}{\partial f_j} \frac{\partial f_j(x_0)}{\partial x_j} \tag{10.14}$$

여기서 $j=1,\cdots,m$에 대하여 $f_j(x_0)$는 $f(x_0)$의 j번째 원소이다.

그러나 $\dfrac{\partial g_k[f(x_0)]}{\partial f_j}$는 $J_g[f(x_0)]$의 (k, j)번째 원소이고 $\dfrac{\partial f_j(x_0)}{\partial x_i}$는 $J_f(x_0)$의 (j, i)번째 원소이다. 그러므로 식(10.13)은 식(10.14)과 행렬곱셈의 규칙에 의하여 얻어진다. 특히 $m=n=p$이면, 식(10.13)에서 $J_h(x_0)$의 행렬식은

$$det[J_h(x_0)] = det[J_g(f(x_0))]det[J_f(x_0)] \tag{10.15}$$

이다. 또한 10.4장 서문의 공식에 의하면, 식(10.15)은

$$\frac{\partial(h_1, h_2, \cdots, h_n)}{\partial(x_1, x_2, \cdots, x_n)} = \frac{\partial(g_1, \cdots, g_n)}{\partial(f_1, \cdots, f_n)} \frac{\partial(f_1, \cdots, f_n)}{\partial(x_1, \cdots, x_n)}$$

으로 표현할 수 있다.

예 제 10.4.3.

$f: R^2 \to R^3$ 이 $f(x_1, x_2) = \begin{pmatrix} x_1^2 - x_2 \cos x_1 \\ x_1 x_2 \\ x_1^3 + x_2^3 \end{pmatrix}$으로 주어진다.

$g: R^3 \to R$이 $g(\xi_1, \xi_2, \xi_3) = \xi_1 - \xi_2^2 + \xi_3$ 이고 여기서

$$\xi_1 = x_1^2 - x_2 \cos x_1, \quad \xi_2 = x_1 x_2, \quad \xi_3 = x_1^3 = x_2^3$$

이다. 이 경우에

$$J_f(x) = \begin{bmatrix} 2x_1 + x_2 \sin x_1 & -\cos x_1 \\ x_2 & x_1 \\ 3x_1^2 & 3x_2^2 \end{bmatrix}, \quad J_g[f(x)] = (1, \ -2\xi_2, \ 1)$$

이다. 그러므로 공식(10.13)에 의하여

$$J_h(x) = J_g(f(x))J_f(x) = (2x_1 + x_2 \sin x_1 - 2x_1 x_2^2 + 3x_1^2, \ -\cos x - 2x_1^2 x_2 + 3x_2^2)$$

이다.

10.5. 다중함수의 테일러 정리

$x = (x_1, \cdots, x_n)'$이라 하자. 이때 $x' \nabla$는 일차미분작용소(first-order differential operator)이며, 그 형태는 $x' \nabla = \sum_{i=1}^{n} x_1 \dfrac{\partial}{\partial x_i}$이다. ∇는 델 작용소(del operator)라 하며 경사벡터를 정의하기 위해 이미 사용하였다. 만약 m이 양의 정수이면, $(x' \nabla)^m$은 m차 미분작용소를 나타낸다. 예로써, $m=n=2$이면

$$\begin{aligned} (x' \nabla)^2 &= \left(x_1 \frac{\partial}{\partial x_1} + x_2 \frac{\partial}{\partial x_2}\right)^2 \\ &= x_1^2 \frac{\partial^2}{\partial x_1^2} + 2x_1 x_2 \frac{\partial^2}{\partial x_1 \partial x_2} + x_2^2 \frac{\partial^2}{\partial x_2^2} \end{aligned}$$

이다. 일반적으로, $(x' \nabla)^m$은 m차의 다항확장에 의하면

$$(x' \nabla)^m = \sum_{k_1, k_2, \cdots, k_n} \begin{pmatrix} m \\ k_1, k_2, \cdots, k_n \end{pmatrix} x_1^{k_1} \cdots x_n^{h_n} \frac{\partial^m}{\partial x_1^{k_1}, \cdots, \partial x_n^{k_n}}$$

으로 얻어지며 여기서 합은 $\sum_{i=1}^{n} k_i = m$ 이고

$$\begin{pmatrix} m \\ k_1, k_2, \cdots, k_n \end{pmatrix} = \frac{m!}{k_1! k_2! \cdots k_n!}$$

인 $(k_1, \cdots, k_n)$ 위에서 행하여 진다. 만약 실함수 $f(x)$가 m차 편도함수를 갖는다면,

$$(x' \nabla)^m f(x) = \sum_{k_1, \cdots, k_n} \begin{pmatrix} m \\ k_1, \cdots, k_n \end{pmatrix} x_1^{k_1} \cdots x_n^{k_n} \cdots \frac{\partial^m f(x)}{\partial x_1^{k_1} \partial x_2^{k_2} \cdots \partial x_n^{k_n}} x_n^{k_n}$$

이다.

[정 리 10.5.1.]

$f: D \subset R^n \to R$이다. $N_\delta(x_0)$는 $x_0 \in D$의 근방이고 $N_\delta(x_0) \subset D$이라 하자. 만약 $N_\delta(x_0)$에서 f와 r차보다 같거나 작은 모든 편도함수들이 존재하고 연속이면 $x \in N_\delta(x_0)$에서

$$f(x) = f(x_0) + \sum_{i=1}^{r-1} \frac{[(x-x_0)' \nabla]^i f(x_0)}{i!} + \frac{[(x-x_0)' \nabla]^r f(z_0)}{r!}$$

이고 여기서 z_0는 x_0와 x사이 선분상의 한 점이다.

(증명) $h = x - x_0$이라 하자. $0 \le t \le 1$에서 $\phi(t) = f(x_0 + th)$로 정의하자. 만약 $t=0$이면, $\phi(0) = f(x_0)$이고 $t=1$이면 $\phi(1) = f(x_0 + h) = f(x)$이다. 전도함수 공식에 의하면

$$\frac{d\phi(t)}{dt} = \sum_{i=1}^{n} h_i \frac{\partial f(x)}{\partial x_i}\Big|_{x = x_0 + th}$$

$$= (h' \nabla) f(x_0 + th)$$

이고 여기서 $i = 1, \cdots, n$에 대하여 h_i는 h의 i번째 원소이다. 더구나 $\phi(t)$의 m차 도함수는

$$\frac{d^m \phi(t)}{dt^m} = (h' \nabla)^m f(x_0 + th), \qquad 1 \le m \le r$$

이다. r차까지 f의 편도함수가 연속이므로 구간 $[0, 1]$에서 r차까지 ϕ의 편도함수도 역시 연속이고 $1 \le m \le r$에서

$$\frac{d^m \phi(t)}{dt^m}\Big|_{t=0} = (h' \nabla)^m f(x_0)$$

이다. 일변수함수 $\phi(t)$에 5.4장의 테일러 정리를 적용하면,

$$\phi(t) = \phi(0) + \sum_{i=1}^{r-1} \frac{t^i}{i!} \frac{d^i \phi(t)}{dt^i}\Big|_{t=0} + \frac{t^r}{r!} \frac{d^r \phi(t)}{dt^r}\Big|_{t=\xi} \tag{10.16}$$

이고 여기서 $0 < \xi < t$이다. 공식(10.16)에서 $t=1$로 두면,

$$f(x)=f(x_0)+\sum_{i=1}^{r-1}\frac{[(x-x_0)'\nabla]^i f(x_0)}{i!}+\frac{[(x-x_0)'\nabla]^r f(z_0)}{r!}$$

이고 여기서 $z_0=x_0+\xi h$ 이다. $0<\xi<1$이므로 z_0는 x_0과 x를 잇는 선분위에 있다. ■

예 제 10.5.1.

함수 $f: D\subset R^n\to R$는 $f(x_1,x_2)=x_1x_2+x_1^2+e^{x_1}\cos x_2$로 정의한다. 이 함수는 모든 차수에서 편도함수를 갖는다. $x_0=(0,0)'$ 근방에서 $0<\xi<1$

$$f(x_1,x_2)=1+(x'\nabla)f(0,0)+\frac{1}{2!}(x'\nabla)^2f(0,0)+\frac{1}{3!}(x'\nabla)^3f(\xi x_1,\xi x_2)$$

이다.

$$(x'\nabla)f(0,0)=x_1$$

$$(x'\nabla)^2f(0,0)=3x_1^2+2x_1x_2-x_2^2$$

$$(x'\nabla)^3f(\xi x_1,\xi x_2)=x_1^3e^{\xi x_1}\cos(\xi x_2)-3x_1^2x_2e^{\xi x_1}\sin(\xi x_2)$$
$$-3x_1x_2^2e^{\xi x_1}\cos(\xi x_2)+x_2^3e^{\xi x_1}\sin(\xi x_2)$$

임을 쉽게 보일 수 있다. 그러므로,

$$\begin{aligned}f(x_1,x_2) &= 1+x_1+\frac{1}{2!}(3x_1^2+2x_1x_2-x_2^2)\\ &+\frac{1}{3!}\{[x_1^3-3x_1x_2^2]e^{\xi x_1}\cos(\xi x_2)+[x_2^3-3x_1^2x_2]e^{\xi x_1}\sin(\xi x_3)\}\end{aligned}$$

이다.

10.6. 역함수와 음함수 (Inverse and Implicit function)정리

[정 리 10.6.1.] **(역함수 정리)**

함수 $f: D\subset R^n\to R$는 연속인 일차 편도함수를 갖는다. 만약 한점 $x_0\in D$에서 $n\times n$ 자코비안 행렬 $J_f(x_0)$가 비정칙(nonsingular)이면, 즉

$$det(J_f(x_0))=\left.\frac{\partial(f_1,\cdots,f_n)}{\partial(x_1,\cdots,x_n)}\right|_{x=x_0}\neq 0$$

이때 역함수 f^{-1}가 근방 $N_\delta[f(x_0)]$에서 존재하고 근방 $N_\varepsilon(x_0)$에서 값을 갖는 $\varepsilon>0$과 $\delta>0$가 존재한다. 더구나 f^{-1}는 근방 $N_\delta(f(x_0))$에서 연속인 일차 편도함수를 갖고, $f(x_0)$에서 그것의 쟈코비안 행렬은 $J_f(x_0)$의 역이다. 그러므로

$$det\{J_{f^{-1}}[f(x_0)]\}=\frac{1}{det[J_f(x_0)]}$$

이다.

(증명) 연습문제

예 제 10.6.1.

함수 $f: R^3 \to R^2$ 가 $f(x_1, x_2, x_3) = \begin{bmatrix} 2x_1x_2 - x_2 \\ x_1^2 + x_2 + 2x_3^2 \\ x_1x_2 + x_2 \end{bmatrix}$ 라 하자.

여기서 $J_f(x) = \begin{bmatrix} 2x_2 & 2x_1 - 1 & 0 \\ 2x_1 & 1 & 4x_3 \\ x_2 & x_1 + 1 & 0 \end{bmatrix}$ 이고 $det(J_f(x)) = -12x_2x_3$ 이다. 그러므로 $x_2x_3 \neq 0$인 모든 $x \in R^3$에서 f는 역함수 f^{-1}를 갖는다. 예를 들면, $D = \{(x_1, x_2, x_3) | x_2 > 0, x_3 > 0\}$에서 f는 가역(invertible)이다.

$$y_1 = 2x_1x_2 - x_2, \quad y_2 = x_1^2 + x_2 + x_3^2, \quad y_3 = x_1x_2 + x_2$$

인 방정식에서

$$x_1 = \frac{y_1 + y_3}{2y_3 - y_1}, \quad x_2 = \frac{-y_1 + 2y_3}{3}, \quad x_3 = \frac{1}{\sqrt{2}}\left[y_2 - \frac{(y_1 + y_3^2)}{(2y_3 - y_1)^2} - \frac{2y_3 - y_1}{3}\right]^{\frac{1}{2}}$$

의 관계를 갖는 역함수 $x = f^{-1}(y)$를 얻는다. $x_0 = (1, 1, 1)'$이면 $y_0 = f(x_0) = (1, 4, 2)'$이고 $det[J_f(x_0)] = -12$ 이다. y_0에서 f^{-1}의 쟈코비안 행렬은

$$J_{f^{-1}}(y_0) = \begin{bmatrix} \frac{2}{3} & 0 & -\frac{1}{3} \\ -\frac{1}{3} & 0 & \frac{2}{3} \\ -\frac{1}{4} & \frac{1}{4} & 0 \end{bmatrix}$$

이다. 이것의 행렬식은 $det[J_{f^{-1}}(y_0)] = -\frac{1}{12}$ 과 같다.

[정 리 10.6.2.] **(음함수 정리)**

$g: D \subset R^{m+n} \to R^n$는 연속인 일차 편도함수를 갖는다. 여기서 D는 R^{m+n}의 개부분집합이다. 또한 $g(z_0) = 0$ 을 만족하는 $z_0 \in D$가 있고 z_0에서

$$\frac{\partial(g_1, \cdots, g_n)}{\partial(x_1, \cdots, x_n)} \neq 0$$

이면 방정식 $g(x, y) = 0$이 y의 연속적인 미분가능한 함수로써 x에 대하여 유일하게 근을 구할 수 있는 y_0의 근방 $N_\delta(y_0)$이 존재한다. 여기서 $z_0 = (x_0', y_0')'$이고 $x_0 \in R^n$, $y_0 \in R^m$이다.

(증명) 연습문제

예 제 10.6.2

함수 $g : R^3 \to R^2$ 는 $g(x_1, x_2, x_3) = \begin{pmatrix} x_1 + x_2 + y^2 - 18 \\ x_1 - x_1x_2 + y - 4 \end{pmatrix}$로 정의한다.

$\dfrac{\partial(g_1, g_2)}{\partial(x_1, x_2)} = det\left(\begin{vmatrix} 1 & 1 \\ 1 - x_2 & -x_1 \end{vmatrix}\right) = x_2 - x_1 - 1$이다. $z = (x_1, x_2, y)'$이라 하자.

점 $z_0 = (1, 1, 4)'$에서 $g(z_0) = 0$이고 $\dfrac{\partial(g_1, g_2)}{\partial(x_1, x_2)} = -1 \neq 0$ 이므로 정리 9.6.2에 의하면

$$x_1 + x_2 + y^2 - 18 = 0$$

$$x_1 - x_1x_2 + y - 14 = 0$$

인 방정식은 $y_0 = 4$인 적당한 근방에서 y의 항으로 유일하게 근을 얻을 수 있다.

만약 $D = \{(x_1, x_2, y) \mid x_1 > 0,\ x_2 > 0,\ y < 4.06\}$이라면,

$$x_1 = \frac{1}{2}\left\{-(y^2 - 17) + [(y^2 - 17)^2 - 4y + 16]^{\frac{1}{2}}\right\}$$

$$x_2 = \frac{1}{2}\left\{19 - y^2 - [(y^2 - 17)^2 - 4y + 16]^{\frac{1}{2}}\right\}$$

이다. $y < 4.06$에서 $(y^2 - 17)^2 - 4y + 16$이 양수임을 보일 수 있다.

10.7. 다중함수의 최적화

$D \subset R^n$ 에서 실함수 f를 생각하자. $i = 1, \cdots, n$에 대하여 $\dfrac{\partial f}{\partial x_i} = 0$을 만족하는 점을 정상점(stationary point)이라 한다. 함수 f가 일차편도함수를 갖는 국소극(local optimum)의 값은 정상점이나 모든 정상점은 국소극점이 아니다. 만약 국소극점이 정상점 x_0에서 얻어지지 않으면 x_0는 변곡점 (saddle point)이라 한다.

[정 리 10.7.1.]

$f : D \subset R^n \to R$ 인 실함수이다. 함수 f가 D에서 연속인 이차 편도함수를 갖는다. x_0가 함수 f의 정상점이면 함수 f는 다음을 갖는다.

1) 0 근방에 있는 모든 $h = (h_1, \cdots, h_n)'$에 대하여 $(h' \nabla)^2 f(x_0) > 0$이면 국소 최소값 (local minimum)을 갖는다. 여기서 h의 원소들은 모두 0과 같지 않다.

2) 1)에서의 h에 대한 조건과 같이 $(h' \nabla)^2 f(x_0) < 0$이면, 국소 최대값 (local maximum)을 갖는다.

3) 0근방에 있는 h의 값에 따라서 $(h' \nabla)^2 f(x_0)$의 부호가 바뀐다면 이는 변곡점이다.

(증명) 연습문제

$(h'\nabla)^2 f(x_0)$는 $h'Ah$의 형태인 이차형식(quadratic form)으로 표현할 수 있다. 여기서 $A=H_f(x_0)$는 x_0에서 f의 $n\times n$헤시안 행렬이다. 즉,

$$A=\begin{bmatrix} f_{11} & f_{12} & \cdots & f_{1n} \\ f_{21} & f_{22} & \cdots & f_{2n} \\ \cdots & & & \\ f_{n1} & f_{n2} & \cdots & f_{nn} \end{bmatrix} \tag{10.17}$$

이고, $f_{ij}=\dfrac{\partial^2 f(x_0)}{\partial x_i \partial x_j}$, $i,j=1,\cdots,n$이다.

[따름 정리 10.7.1.]

함수 f는 정리 10.7.1에서와 같다. A는 식 (10.17)과 같다. x_0가 f의 정상점이면 점 x_0에서 f는 다음을 갖는다.

1) A가 양정치(positive definite)이면 국소 최소값이다.
2) A가 음정치(negative definite)이면 국소 최대값이다.
3) A가 양, 음정치 어느것도 아니면 변곡점이다.

(증명) 연습문제

예 제 10.7.1.

$f:R^2\to R$ 가 $f(x_1,x_2)=x_1^2+2x_2^2-x_1$ 로 정의된다.

$$\frac{\partial f}{\partial x_1}=2x_1-1=0 \qquad \frac{\partial f}{\partial x_2}=4x_2=0$$

그러므로 근은 $x_0=\left(\frac{1}{2},0\right)'$이다. 헤시안 행렬 A는

$$A=\begin{bmatrix} 2 & 0 \\ 0 & 4 \end{bmatrix}$$

이고 이것은 양정치 행렬이다. 점 x_0는 국소 최소값이다. 그것은 R^2에서 유일한 점이므로 그 점은 절대 최소값이다.

10.8. 라그랑지 승수의 방법

이 방법은 Lagrange(1736−1813)에 의하여 제안되었으며 $m(<n)$개의 제약조건인

$$\begin{aligned} &g_1(x_1,\cdots,x_n)=0, \\ &g_1(x_1,\cdots,x_n)=0, \\ &\qquad\vdots \\ &g_m(x_1,\cdots,x_n)=0, \end{aligned} \tag{10.18}$$

아래서 실함수 $f(x_1, \cdots, x_n)$을 최적화 시키기 위해 사용되었다. 여기서 $g_1, g_2, \cdots, g_m$은 미분가능 함수들이다. 이 제약된 최적화 문제에서 정상점의 결정은 다음 함수들을 생각함으로써 행하여 진다.

$$F(x) = f(x) + \sum_{j=1}^{m} \lambda_j g_j(x) \tag{10.19}$$

여기서 $x = (x_1, \cdots, x_n)'$이고 $\lambda_1, \cdots, \lambda_m$은 상수로서 라그랑지 승수(Lagrange multiplier)라 한다. 식(10.19)를 $x_1, \cdots, x_n$에 대하여 미분하고 편도함수를 0으로 등식하면, $i = 1, \cdots, n$에 대하여

$$\frac{\partial F}{\partial x_i} = \frac{\partial f}{\partial x_i} + \sum_{j=1}^{m} \lambda_j \frac{\partial g_j}{\partial x_i} = 0 \tag{10.20}$$

이다. 식(10.18)와 식(10.20)을 $m+n$개의 미지수에 $m+n$개의 방정식을 구성한다. $x_1, \cdots, x_n$에 대한 근은 정상점들의 위치를 결정한다. 그 이유를 다음과 같이 설명할 수 있다. 방정식(10.18)에서 우리가 m개의 x들을, 예를 들어 $x_1, \cdots, x_m$, 나머지 $n-m$개의 변수들로 풀 수 있다고 가정하자. 정리 10.6.2인 음함수 정리에 의하면

$$\frac{\partial(g_1, \cdots, g_m)}{\partial(x_1, \cdots, x_m)} \neq 0 \tag{10.21}$$

일때는 언제나 그것은 가능하다. 이 때

$$\begin{aligned} x_1 &= h_1(x_{m+1}, \cdots, x_n) \\ x_2 &= h_2(x_{m+1}, \cdots, x_n) \\ &\vdots \\ x_m &= h_m(x_{m+1}, \cdots, x_n) \end{aligned} \tag{10.22}$$

으로 나타낼 수 있다. 그러므로 $f(x)$는 오직 $n-m$개 변수인 $x_{m+1}, \cdots, x_n$ 의 함수이다. 이러한 변수들에 대하여 f의 편도함수가 존재하고 f가 국소 최적값을 갖는다면, 이 편도함수들은 모두 0이어야만 한다. 즉, $i = m+1, \cdots, n$ 에 대하여

$$\frac{\partial f}{\partial x_i} + \sum_{j=1}^{m} \frac{\partial f}{\partial h_j} \frac{\partial h_j}{\partial x_i} = 0 \tag{10.23}$$

이다. 식(10.22)이 식(10.18)에 있는 $x_1, \cdots, x_n$ 을 위해 $h_1, \cdots, h_m$ 을 대신하기 위하여 사용되어 진다면, 다음과 같은 항등식을 얻을 수 있다.

$$\begin{aligned} g_1(h_1, \cdots, h_m, x_{m+1}, \cdots, x_n) &\equiv 0 \\ &\vdots \\ g_m(h_1, \cdots, h_m, x_{m+1}, \cdots, x_n) &\equiv 0 \end{aligned}$$

이다. 이 항등식을 $x_{m+1}, \cdots, x_n$ 에 대하여 미분하면, $i = m+1, \cdots, n$, $k = 1, \cdots, m$에 대하여

$$\frac{\partial g_k}{\partial x_i}+\sum_{i=1}^{m}\frac{\partial g_k}{\partial h_j}\frac{\partial h_j}{\partial x_i}=0 \tag{10.24}$$

을 얻는다. 다음과 같이 새로운 벡터들을 정의한다.

$$\delta_k = \left(\frac{\partial g_k}{\partial x_{m+1}}, \frac{\partial g_k}{\partial x_{m+2}}, \cdots, \frac{\partial g_k}{\partial x_n}\right), \quad k=1,\cdots,m$$

$$\gamma_k = \left(\frac{\partial g_k}{\partial h_1}, \frac{\partial g_k}{\partial h_2}, \cdots, \frac{\partial g_k}{\partial h_m}\right), \quad k=1,\cdots,m$$

$$\eta_j = \left(\frac{\partial h_j}{\partial x_{m+1}}, \frac{\partial h_j}{\partial x_{m+2}}, \cdots, \frac{\partial h_j}{\partial x_n}\right), \quad j=1,\cdots,m$$

$$\phi = \left(\frac{\partial f}{\partial x_{m+1}}, \frac{\partial f}{\partial x_{m+2}}, \cdots, \frac{\partial f}{\partial x_n}\right),$$

$$\tau = \left(\frac{\partial f}{\partial h_1}, \frac{\partial f}{\partial h_2}, \cdots, \frac{\partial f}{\partial h_m}\right)$$

라 하자. 식 (10.23)과 (10.24)는

$$[\delta_1 : \delta_2 : \cdots : \delta_m]+[\eta_1 : \eta_2 : \cdots : \eta_m]\Gamma=0 \tag{10.25}$$

$$\phi+[\eta_1 : \eta_2 : \cdots : \eta_m]\tau=0 \tag{10.26}$$

로 다시 표현할 수 있다. 여기서 $\Gamma=[\gamma_1 : \gamma_2 : \cdots : \gamma_m]$이고 조건 (10.21)이 만족하면 Γ는 $m\times m$ 비정칙 행렬이다. 식(10.25)에서

$$[\eta_1 : \eta_2 : \cdots : \eta_m]=-[\delta_1 : \cdots : \delta_m]\Gamma^{-1}$$

이다. 식 (10.26)에서 적당한 치환을 하면,

$$\phi+[\delta_1 : \delta_2 : \cdots : \delta_m]\lambda=0 \tag{10.27}$$

이고 여기서

$$\lambda=-\Gamma^{-1}\tau \tag{10.28}$$

이다. 식(10.26)는 $i=m+1, m+2,\cdots,n$ 에 대하여

$$\frac{\partial f}{\partial x_i}+\sum_{j=1}^{m}\lambda_j\frac{\partial g_j}{\partial x_i}=0 \tag{10.29}$$

로 표현된다. 식(10.28)에서 $i=1,\cdots,m$ 에 대하여

$$\frac{\partial f}{\partial x_i}+\sum_{j=1}^{m}\lambda_j\frac{\partial g_j}{\partial x_i}=0 \tag{10.30}$$

이고 식 (10.29) 와 (10.30)는

$$\nabla f(x)+\sum_{j=1}^{m}\lambda_j\nabla g_j=0$$

인 식으로 나타내 진다. 이것은 식 (10.20)과 같다. 결론적으로, f 의 정상점에서 $x_1,\cdots,x_n$ 의 값들과 $\lambda_1,\cdots,\lambda_m$의 값들은 식 (10.18)과 (10.20)을 만족하여야 한다.

식 (10.20)은 정상점 x_0가 식 (10.18)로 주어진 제약식에 제한된 함수 f의 극소 최적점이

되기위해 필요한 것이다. 이 국소 최적에 대한 충분조건은 Gillespie(1954, pp97−98)에 있다. 이조건을 다음과 같이 설명하고자 한다. x_0는 f의 정상점이며 이점의 각 좌표들은 식(10.18)와 식 (10.20)을 만족한다고 하고 또한 $\lambda_1,\cdots,\lambda_m$은 대응되는 라그랑지 승수라 하자. $i,j=1,\cdots,n$ 이고 $i\neq j$ 에서 F_{ij}는 x_i와 x_j에 대한 식(10.19)에 있는 F의 2차 편도함수라 하자.

$$B_1=\begin{bmatrix} F_{11} & F_{12} & \cdots & F_{1n} & g_1^{(1)} & g_2^{(1)} & \cdots & g_m^{(1)} \\ \vdots \\ F_{n1} & F_{n2} & \cdots & F_{nn} & g_1^{(n)} & g_2^{(n)} & \cdots & g_m^{(n)} \\ g_1^{(1)} & g_1^{(2)} & \cdots & g_1^{(n)} & 0 & \cdots & & 0 \\ \vdots \\ g_m^{(1)} & g_m^{(2)} & \cdots & g_m^{(n)} & 0 & \cdots & & 0 \end{bmatrix} \tag{10.31}$$

은 $(m+n)\times(m+n)$ 행렬이고 여기서 $i=1,\cdots,n$과 $j=1,\cdots m$에 대하여

$$g_j^{(i)}=\frac{\partial g_j}{\partial x_i}$$

이다. $\triangle_1$는 B_1의 행렬식이라 하자. 더구나, $\triangle_2,\cdots,\triangle_{n-m}$은 행렬 B_1의 수소행렬식(principal minor)의 집합을 나타낸다. 즉, 이들은 주부행렬(principal submatrix) $B_2,\cdots,B_{n-m}$의 행렬식이다. 여기서 $i=2,\cdots n-m$에 대하여 B_i는 행렬 B_1에서 첫 $i-1$과 첫 $i-1$열들을 제거하므로써 얻어지는 것이다. $B_1,B_2,\cdots,B_{n-m}$ 에서 사용된 모든 편도함수 들은 x_0에서 계산되어진다. 이때 x_0가 f의 국소 최소값의 점이 되기위한 충분조건들은 다음과 같다.

1) m이 짝수이면, $\triangle_1>0, \triangle_2>0,\cdots,\triangle_{n-m}>0$ 이다.

2) m이 홀수이면, $\triangle_1<0, \triangle_2<0,\cdots,\triangle_{n-m}<0$ 이다.

그러나 x_0가 국소 최대값의 점이 되기위한 충분조건은 다음과 같다.

1) n이 짝수이면, $\triangle_1>0, \triangle_2<0,\cdots,(-1)^{n-m}\triangle_{n-m}<0$ 이다.

2) n이 홀수이면, $\triangle_1<0, \triangle_2>0,\cdots,(-1)^{n-m}\triangle_{n-m}>0$ 이다.

예 제 10.8.1.

원점에서 평면 $x_2+x_3=0$와 타원체 $x_1^2+2x_2^2+x_3^2+2x_2x_3=1$ 의 교차되는 곡선까지의 최대, 최소거리를 찾으시오.

(풀이) $f(x_1,x_2,x_3)$를 원점에서의 제곱거리함수라 하자. 즉 $f(x_1,x_2,x_3)=x_1^2+x_2^2+x_3^2$ 이다.

등식제약은 $g_1(x_1, x_2, x_3) \equiv x_2 + x_3 \equiv 0$, $g_2(x_1, x_2, x_3) \equiv x_1^2 + 2x_2^2 + x_3^2 + 2x_2x_3 - 1 = 0$이다.
이때, $F(x_1, x_2, x_3) = x_1^2 + x_2^2 + x_3^2 + \lambda_1(x_2 + x_3) + \lambda_2(x_1^2 + 2x_2^2 + x_3^2 + 2x_2x_3 - 1)$이고

$$\frac{\partial F}{\partial x_1} = 2x_1 + 2\lambda_2 x_1 = 0$$

$$\frac{\partial F}{\partial x_2} = 2x_2 + \lambda_1 + 2\lambda_2(2x_2 + x_3) = 0$$

$$\frac{\partial F}{\partial x_3} = 2x_3 + \lambda_1 + 2\lambda_2(x_2 + x_3) = 0$$

위 등식들과 등식제약들은 다음 해의 집합들에 의하여 만족되어진다.

Ⅰ. $x_1 = 0$, $x_2 = 1$, $x_3 = -1$, $\lambda_1 = 2$, $\lambda_2 = -2$

Ⅱ. $x_1 = 0$, $x_2 = -1$, $x_3 = 1$, $\lambda_1 = -2$, $\lambda_2 = -2$

Ⅲ. $x_1 = 1$, $x_2 = 0$, $x_3 = 0$, $\lambda_1 = 0$, $\lambda_2 = -1$

Ⅳ. $x_1 = -1$, $x_2 = 0$, $x_3 = 0$, $\lambda_1 = 0$, $\lambda_2 = -1$

위 네가지 해집합들이 국소 최대 또는 국소 최소에 관계되는지 확인하기 위해 $\triangle_1, \triangle_2, \cdots, \triangle_{n-m}$의 값들을 조사할 필요가 있다. 여기서 공식 (10.31)에 있는 B_1는 다음과 같다.

$$B_1 = \begin{bmatrix} 2+2\lambda_2 & 0 & 0 & 0 & 2x_1 \\ 0 & 2+4\lambda_2 & 2\lambda_2 & 1 & 4x_2+2x_3 \\ 0 & 2\lambda_2 & 2+2\lambda_2 & 1 & 2x_2+2x_3 \\ 0 & 1 & 1 & 0 & 0 \\ 2x_1 & 4x_2+2x_3 & 2x_2+2x_3 & 0 & 0 \end{bmatrix}$$

이다. $n = 3$, $m = 2$ 이므로 오직 하나의 $\triangle_i$, 즉 $\triangle_1$(B_1의 행렬식) 만이 필요하다. 더구나 m은 짝수, n은 홀수 이므로 국소최소값에 대한 충분조건은 $\triangle_1 > 0$ 이고 국소 최대값에 대하여는 $\triangle_1 < 0$이다. 해집합 Ⅰ, Ⅱ에서 $\triangle_1 = -8$이고, 해집합 Ⅲ, Ⅳ에서는 $\triangle_1 = 8$이다. 그러므로 점 $(0, 1, -1)$ 또는 $(0, 1, -1)$에서 국소 최대값을 갖으며 그들의 최대값은 $f_{\max} = 2$ 이다. 또한 $(1, 0, 0)$, $(-1, 0, 0)$에서 국소 최소값을 갖고 그것의 최소값은 $f_{\min} = 1$ 이다. 교차하는 곡선 위에 유일한 국소 최적들이 있으므로, 원점에서 곡선까지의 최소거리는 1이고 최대거리는 $\sqrt{2}$이다.

10.9. 다중함수의 리만적분

6장에서 일변수의 실함수에 대한 리만적분을 연구하였다. 본 절에서 우리는 다변수 $x_1, \cdots, x_n$ 의 실함수에 대한 리만적분 개념을 확장하고자 한다.

[정 의 10.9.1.]

$i=1,\cdots n$ 에 대하여 $a_i \le x_i \le b_i$, $a_i < b_i$ 를 만족하는 x_i를 좌표로 갖는 R^n 에 있는 점들의 집합은 n차원 포체(n-dimensional cell)를 형성하고 이를 $C_n(a, b)$ 로 표기한다. 이 포체의 용량(content, volume)은 $\prod_{i=1}^{n}(b_i - a_i)$이고 $\mu[C_n(a, b)]$로 나타낸다. $i=1,\cdots n$에 대하여 P_i 는 구간 $[a_i, b_i]$의 분할(partition)이라하자. 카테시안 곱 $P=\prod_{i=1}^{n} P_i$는 $C_n(a, b)$의 분할이고 이는 $C_n(a, b)$의 n차원 부포체들을 구성한다. 이 부포체들을 $S_1, S_2, \cdots$, S_ν로 표기한다. S_i의 체적은 $\mu(S_i)$로 나타낸다. 여기서 ν 는 부포체의 수이다.

10.9.1 포체에서 리만적분(Riemann Integral)

$f: D \subset R^n \to R$ 이라 하자. $C_n(a, b)$는 D에 속한 n차 포체이고 함수 f는 $C_n(a, b)$에서 유계이다. P는 $C_n(a, b)$의 분할로써 부포체 $S_1, S_2, \cdots$, S_ν을 포함한다. $i=1, \cdots, \nu$에 대하여 m_i와 M_i는 S_i에서 f의 각각의 하한과 상한이다. 이때

$$\underline{S}_P(f) = \sum_{i=1}^{\nu} m_i\, \mu(S_i), \tag{10.32}$$

$$\overline{S}_P(f) = \sum_{i=1}^{\nu} M_i\, \mu(S_i) \tag{10.33}$$

로 정의된 합을 생각하자. 이들은 6장에서 정의된 합들과 비슷하다. 6장에서와 같이 $\underline{S}_P(f)$와 $\overline{S}_P(f)$을 분할 P에 대한 함수 f의 하합과 상합으로 한다.

[정 리 10.9.1.]

함수 $f: D \subset R^n \to R$ 는 $C_n(a, b)$에서 유계라 가정하자. 이때 f가 $C_n(a, b)$에서 R−적분가능할 필요충분 조건은 임의의 $\varepsilon > 0$에 대하여

$$\overline{S}_P(f) - \underline{S}_P(f) < \varepsilon$$

인 $C_n(a, b)$의 분할 P가 존재한다.

(증명). 연습문제

[정 의 10.9.2.]

P_1과 P_2는 $C_n(a, b)$의 분할들이다. 만약 $P_1 \subset P_2$이면 P_2를 P_1의 세분할이라 한다. (정의 6.1.2 참조)

[보조 정리 10.9.1.]

함수 $f: D\subset R^n \to R$는 $C_n(a,b)$에서 유계라 가정하자. 이때 $\sup \underline{S}_P(f)$ 와 $\inf \overline{S}_P(f)$ 가 존재하고

$$\sup_{p} \underline{S}_P(f) \le \inf_{p} \overline{S}_P(f)$$

이다.

(증명) 연습문제

[정 의 10.9.3.]

함수 $f: C_n(a,b) \to R$ 는 유계함수이다. 이때 $\sup \underline{S}_P(f) = \inf \overline{S}_P(f)$ 이면, 함수 f가 $C_n(a,b)$에서 리만적분 가능하다고 한다. 특히 이 값을 $C_n(a,b)$에서 f의 리만적분이라 하고 $\int_{C_n(a,b)} f(x)dx$ 로 표기한다. 이는 $\int_{a_1}^{b_1}\int_{a_2}^{b_2}\cdots\int_{a_n}^{b_n} f(x_1,\cdots,x_n)dx_1\cdots dx_n$ 의 표현이다. n=2이면 이를 이중리만적분이라 하고 n=3이면 삼중리만적분이라 한다. 일반적으로 n≥2 이면 $\int_{C_n(a,b)} f(x)dx$ 는 n쌍(n-tuple)리만 적분이라 한다.

[정 리 10.9.2.]

함수 f가 n차 포체 $C_n(a,b)$에서 연속이면, 함수 f는 $C_n(a,b)$에서 리만 적분가능하다.

(증명) 연습문제

10.9.2 반복리만적분(Iterated Riemann integral)

10.9.1에서 정의된 n쌍 리만적분은 실제적으로 그것을 계산하는 방법을 제시하지 않았다. 여기서 우리는 이 적분의 계산은 일변수에 대하여 수행되어지는 리만적분을 n번 반복함으로써 얻어짐을 보이고자 한다. 우선 이중적분을 생각하자. 즉,

$$\int_{C_2(a,b)} f(x)dx = \int_{a_1}^{b_1}\int_{a_2}^{b_2} f(x_1,x_2)dx_1dx_2 \tag{10.34}$$

이다.

[보조 정리 10.9.2.]

실 함수 f는 $C_2(a,b)$에서 연속이라 하자. $g(x_2) = \int_{a_1}^{b_1} f(x_1,x_2)dx_1$ 로 g함수를 정의하자. 이때 $g(x_2)$는 구간 $[a_2,b_2]$에서 연속이다.

(증명) $\varepsilon>0$이 임의로 주어진다. 여기서 $C_2(a,b)$는 유계이고 폐집합이다. 함수 f가 $C_2(a,b)$에서

연속이므로 정리 10.3.2에 의하면 $C_2(a,b)$에서 함수 f는 일양연속이다.

그러므로 만약 $\|\xi-\eta\|<\delta$이면

$$|f(\xi)-f(\eta)|<\frac{\varepsilon}{b_1-a_1}$$

인 $\delta>0$를 찾을 수 있다. 여기서 $\xi=(x_1,x_2)'$, $\eta=(y_1,y_2)'$ 이고, $x_1,y_1\in[a_1,b_1]$, $x_2,y_2\in[a_2,b_2]$이다. 만약 $|y_2-x_2|<\delta$이면 $\|(x_1,y_2)'-(x_1,x_2)'\|=|y_2-x_2|<\delta$이므로

$$\begin{aligned}|g(y_2)-g(x_2)| &= \left|\int_{a_1}^{b_1}[f(x_1,y_2)-f(x_1,x_2)]dx_1\right| \\ &\le \int_{a_1}^{b_1}|f(x_1,y_2)-f(x_1,x_2)|dx_1 \\ &< \int_{a_1}^{b_1}\frac{\varepsilon}{b_1-a_1}dx_1 \qquad (10.35)\end{aligned}$$

부등식 (10.35)에서 $|y_2-x_2|<\delta$ 이면 $|g(y_2)-g(x_2)|<\varepsilon$ 임을 보였다. 그러므로 $g(x_2)$는 $[a_2,b_2]$에서 연속이다. ■

또한 정리 6.2.2에 의하면 $g(x_2)$는 $[a_2,b_2]$에서 리만 적분가능하다. 즉 $\int_{a_2}^{b_2}g(x_2)dx_2$ 는 존재한다. 따라서,

$$\int_{a_2}^{b_2}g(x_2)dx_2=\int_{a_2}^{b_2}\left[\int_{a_1}^{b_1}f(x_1,x_2)dx_1\right]dx_2 \qquad (10.36)$$

다음 정리는 식 (10.36)의 반복적분이 이중적분 $\int_{C_2(a,b)}f(x)dx$ 와 같다는 것을 보인다.

[정 리 10.9.3.]

함수 f가 $C_2(a,b)$에서 연속이면,

$$\int_{C_2(a,b)}f(x)dx=\int_{a_2}^{b_2}\left[\int_{a_1}^{b_1}f(x_1,x_2)dx_1\right]dx_2$$

이다.

(증명) 연습문제

[정 리 10.9.4.] **(Fubini 정리)**

함수 f 가 $C_2(a,b)$에서 연속이면,

$$\int_{C_2(a,b)}f(x)dx=\int_{a_2}^{b_2}\left[\int_{a_1}^{b_1}f(x_1,x_2)dx_1\right]dx_2=\int_{a_1}^{b_1}\left[\int_{a_2}^{b_2}f(x_1,x_2)dx_2\right]dx_1$$

이다.

(증명) Corwin 과 Szczarba(1982, p287)를 보라.

[정 리 10.9.5.] (General Fubini 정리)

함수 f 가 $C_n(a,b)$에서 연속이면, $i=1,\cdots,n$에 대하여

$$\int_{C_n(a,b)} f(x)dx = \int_{C_{n-1}^{(i)}(a,b)}\left[\int_{a_i}^{b_i} f(x)dx_i\right]dx_{(i)} ,$$

이며 여기서 $dx_{(i)} = dx_1\cdots dx_{i-1}dx_{i+1}\cdots dx_n$, $C_{(n-1)}^{(i)}(a,b)$ 는 $a_1\le x_1\le b_1, \cdots ,$ $a_{i-1}\le x_{i-1}\le b_{i-1}$, $a_{i+1}\le x_{i+1}\le b_{i+1}, \cdots , a_n\le x_n\le b_n$인 $(n-1)$차 포체이다.

(증명) 연습문제

10.9.3 일반집합 위에서의 적분

함수 $f: D\to R$에서 유계이고 연속이다. 여기서 D는 R^n에 있는 유계공간이다. 이 때 $D\subset C_n(a,b)$인 n차 포체 $C_n(a,b)$가 존재한다. 함수 $g: C_n(a,b)\to R$를 다음과 같이 정의한다.

$$g(x)=\begin{cases} f(x) & , x\in D \\ 0 & , x\notin D \end{cases}$$

이라 하자. 이 때

$$\int_{C_n(a,b)} g(x)dx = \int_D f(x)dx \tag{10.37}$$

이다. 식 (10.37)의 우변 적분은 D를 포함하는 $C_n(a,b)$의 선택에 독립이다. 여기서 $g(x)$는 D의 경계, $bd(D)$에서 연속이지 않을 수 있다. 그러나 이것은 식 (10.37)의 좌변 적분 존재에 영향을 미치지 않는다. 이는 정리 10.9.7에서 보여진다. 우선 집합의 요단 용량(Jordan content)을 정의할 필요가 있다.

[정 의 10.9.4.]

$D\subset R^n$ 는 유계집합이고 적당한 포체 $C_n(a,b)$에 포함된다고 하자. 즉, $D\subset C_n(a,b)$이다. 함수 $\Lambda_D: R^n\to R$를 D에서의 특성(characteristic)함수라 하자. 즉

$$\Lambda_D(x)=\begin{cases} 1 & , x\in D \\ 0 & , x\notin D \end{cases}$$

이다.

$$\sup \underline{S}_P(\lambda_D) = \inf \overline{S}_P(\lambda_D) \tag{10.38}$$

라 가정하자. 이때 D는 n차 요단용량(Jordan content) $\mu_j(D)$을 갖는다고 한다. 여기서 $\mu_j(D)$는 식 (10.38)의 공통값이다. 이 경우, D는 요단가측 (可測,measurable)이라 한다.

[정 리 10.9.6.]

유계집합 $D \subset R^n$이 요단 가측일 필요충분조건은 그것의 경계 $Br(D)$가 0인 요단 용량을 갖는다.

(증명) Sagan(1974, 11장)을 보라. ■

[정 리 10.9.7.]

함수 $f: D \subset R^n \to R$ 이고 여기서 D는 유계이고 요단 가측이다. 함수 f가 D에서 0인 요단 용량을 갖고 있는 집합을 제외한 나머지 구역에서 유계이고 연속이면, $\int_D f(x)dx$ 는 존재한다.

(증명) Sagan(1974, 11장)을 보라. ■

정리 10.9.6와 정리 10.9.7에 따르면, $bd(D)$가 0인 요단용량을 갖고 있으므로 경계 $bd(D)$에서 $g(x)$의 연속성에 관계없이 식 (10.37)은 존재하여야 한다.

예 제 10.9.1.

$f(x_1, x_2) = x_1x_2$이고 $D = \{(x_1, x_2) | x_1^2 + x_2^2 \le 1,\ x_1 \ge 0,\ x_2 \ge 0\}$ 이라 하자.

여기서 $D \subset C_2(0,1) = \{(x_1, x_2) | 0 \le x_1 \le 1,\ 0 \le x_2 \le 1\}$임을 쉽게 보일 수 있다. 이때

$$\int\int_D x_1x_2\ dx_1dx_2 = \int_0^1 \left[\int_0^{(1-x_1^2)^{\frac{1}{2}}} x_1x_2\ dx_2 \right] dx_1$$

이다. $x_1 \in [0,1]$에 고정하고 점 $(x_1, 0) \subset D$를 지나고 x_2-축에 평행인 직선은 사실 구간 $0 \le x_2 \le (1-x_1^2)^{\frac{1}{2}}$ 이다. 결론적으로

$$\int_0^1 \left[\int_0^{(1-x_1^2)^{\frac{1}{2}}} x_1x_2dx_2 \right] dx_1 = \int_0^1 x_1 \left[\int_0^{(1-x_1^2)^{\frac{1}{2}}} x_2dx_2 \right] dx_1 = \frac{1}{8}$$

이다.

10.9.4 n쌍 리만적분에서 변수변환

[정 리 10.9.8.]

$f: D \subset R^n \to R$는 연속이다. 여기서 D는 유계, 폐집합이다. $h: D \to R^n$ 은 1−1함수이고, 연속인 일차 편도함수를 갖으며,

$$det[J_h(x)] = \frac{\partial(h_1, \cdots, h_n)}{\partial(x_1, \cdots, x_n)} \neq 0 \ , \quad \forall x \in D$$

이라 가정하자. 여기서 $x = (x_1, \cdots, x_n)'$ 이고 h_i는 함수 h의 i번째 원소이다. 이때

$$\int_D f(x)dx = \int_{D'} f[g(u)]|det J_g(u)|du \qquad (10.39)$$

이다. 여기서 $D' = h(D)$, $u = h(x)$, g는 h의 역함수, 그리고

$$det[J_g(u)] = \frac{\partial(g_1, \cdots, g_n)}{\partial(x_1, \cdots, x_n)} \qquad (10.40)$$

이다.

(증명) 연습문제

예 제 10.9.2.

적분 $\int\int_D x_1 x_2^2 \, dx_1 dx_2$를 계산하시오.

(풀이) 여기서 D는 네 개의 포물선인 $x_1^2 = x_2$, $x_2^2 = 3x_1$, $x_1^2 = x_2$, $x_1^2 = 4x_2$로 유계되었다. $u_1 = \frac{x_2^2}{x_1}$, $u_2 = \frac{x_1^2}{x_2}$ 라 하자. 이것의 역변환은 $x_1 = (u_1 u_2^2)^{\frac{1}{3}}$, $x_2 = (u_1^2 u_2)^{\frac{1}{3}}$ 이다.

공식 (10.40)에서

$$\frac{\partial(g_1, g_2)}{\partial(u_1, u_2)} = \frac{\partial(x_1, x_2)}{\partial(u_1, u_2)} = -\frac{1}{3}$$

공식 (10.39)을 적용하면

$$\int\int_D x_1 x_2^2 \, dx_1 dx_2 = \frac{1}{3}\int\int_{D'} u_1^{\frac{5}{3}} u_2^{\frac{4}{3}} du_1 du_2$$

이고 여기서 D'는 직선 $u_1 = 1,3$; 직선 $u_2 = 1,4$ 에 의하여 유계된 $u_1 u_2$-평면에서의 사각평면이다. 그러므로

$$\int\int_D x_1 x_2^2 dx_1 dx_2 = \frac{1}{3}\int_1^3 u_1^{\frac{5}{3}} du_1 \int_1^4 u_2^{\frac{4}{3}} du_2.$$

[정 리 10.9.9.]

$f: D \subset R^2 \to R$ 이고 여기서 $C_2\,(a, b) \subset D$ 이다. 함수 f가 D에서 x_2에 대하여 연속인 일차 편도함수를 갖는다 하자. 이때 $a_2 < x_2 < b_2$에 대하여

$$\frac{d}{dx_2}\int_{a_1}^{b_1} f(x_1, x_2)dx_1 = \int_{a_1}^{b_1} \frac{\partial f(x_1, x_2)}{\partial x_2} dx_1$$

이다.

(증명) 구간 $[a, b]$에서 함수 h를 다음과 같이 정의하자.

$$h(x_2) = \int_{a_1}^{b_1} \frac{\partial f(x_1, x_2)}{\partial x_2} dx_1. \qquad a_2 < x_2 < b_2$$

이다. $\frac{\partial f}{\partial x_2}$가 연속이므로 보조정리 10.9.2 에 의하면 $h(x_2)$는 구간 $[a_2, b_2]$에서 연속이다. $a_2 < t < b_2$인 t가 있다고 하자. 정리 10.9.4인 Fubini 정리를 이용하면,

$$\begin{aligned}\int_{a_2}^{t} h(x_2)dx_2 &= \int_{a_2}^{t}\left[\int_{a_1}^{b_1}\frac{\partial f(x_1, x_2)}{\partial x_2}dx_1\right]dx_2 \\ &= \int_{a_1}^{b_1}\left[\int_{a_2}^{t}\frac{\partial f(x_1, x_2)}{\partial x_2}dx_2\right]dx_1 \\ &= \int_{a_1}^{b_1}[f(x_1, t)-f(x_1, a_2)]dx_1 \\ &= \int_{a_1}^{b_1} f(x_1, t)dx_1 - \int_{a_1}^{b_1} f(x_1, a_2)dx_1 \\ &= F(t) - F(a_2) \end{aligned} \qquad (10.41)$$

여기서 $F(y)=\int_{a_1}^{b_1} f(x_1, y)dx_1$ 이다. 정리 6.4.1을 이용하여 식 (10.41)의 양변을 t에 대하여 미분하면, $h(t) = F'(t)$ 를 얻는다. 즉,

$$\int_{a_1}^{b_1}\frac{\partial f(x_1, t)}{\partial t}dx_1 = \frac{d}{dt}\int_{a_1}^{b_1} f(x_1, t)dx_1$$

이다. ■

[정 리 10.9.10.]

f와 D는 정리 10.9.9와 같다. 더구나 $\lambda(x_2)$와 $\theta(x_2)$는 구간 $[a, b]$에서 잘 정의된 함수들이고 연속인 도함수를 갖고 모든 $x_2\in[a_2, b_2]$에 대하여, $a_1\le\lambda(x_2)\le\theta(x_2)\le b_1$을 만족한다. 이 때 다음과 같이 정의된 함수 $G: [a_2, b_2]\to R$는 $a< x_2< b$에서 미분가능하다. 여기서

$$G(x_2)=\int_{\lambda(x_2)}^{\theta(x_2)} f(x_1, x_2)dx_1$$

이다. 더구나

$$\frac{dG}{dx_2} = \int_{\lambda(x_2)}^{\theta(x_2)}\frac{\partial f(x_1, x_2)}{\partial x_2}dx_1 + \theta'(x_2)\, f[\theta(x_2),\ x_2] - \lambda'(x_2) f[\lambda(x_2),\ x_2]$$

이다.

(증명) 연습문제

10.10. 적분의 일양수렴

함수 f가 정의역 $Q=\{(x, y): x\in[a_1, b_1],\ y\in[a_2, b_2)\}$ 또는 $Q^2=\{(x, y): x\in[a_1, v_1],\ y\in[a_2, \infty)\}$에서 정의한다. $\forall x\in[a_1, b_1]$에서

$$F(x)=\lim_{y\to b_2^-} f(x, y) \text{ 또는 } F(x)=\lim_{y\to\infty} f(x, y)$$

로 함수 F를 정의한다. 일양적으로 구간 $[a_1, b_1]$에서 $\lim_{y \to b_2^-} f(x, y) = F(x)$이라 함은

$\forall \varepsilon > 0$, ε에 영향받는 적당한 y가 존재하며 이 때 $\forall x \in [a_1, b_1]$에서 $y \in (a_2, b_2)$일 때는 언제나 $\mid F(x) - f(x, y) \mid < \varepsilon$을 만족한다.

비슷한 방법으로 일양적으로 $\lim_{y \to \infty} f(x, y) = F(x)$ 함을 정의할 수 있다. 본 절에서는 앞으로 Q에 대한 특별한 언급이 없으면 $Q = \{(x, y): x \in [a_1, b_1],\ y \in [a_2, b_2)\}$이다. 여기서 b_2는 유한이거나 ∞이다. 이 때 함수 f는 Q에서 정의한다.

[정 리 10.10.1.] **(M-판정법)**

$\forall x \in [a_1, b_1]$ 에서 특이적분 $\int_{a_2}^{b_2} f(x, y) dx$ 가 $F(x)$에 수렴하고, $\forall x \in [a_1, b_1]$에서 다음 두 가지 조건을 만족하는 $M(y)$, $y \in [a_2, b_2)$ 가 존재한다 가정한다.

1) $\mid f(x, y) \mid \leq M(y)$, $\forall y \in [a_2, b_2)$,

2) $\int_{a_2}^{b_2} M(y) dy$ 가 존재하거나, 특이적분으로 수렴한다. 이 때 $\int_{a_2}^{b_2} f(x, y)$ 는 구간 $[a_1, b_1]$ 에서 $F(x)$ 에 일양수렴한다.

(증명) $\varepsilon > 0$을 고정한다. $\int_{a_2}^{b_2} M(y) dy$ 가 수렴하므로, $\lim_{b \to b_2^-} \int_{a_2}^{b} M(y) dy$ 또는 $\lim_{b \to \infty} \int_{a_2}^{b} M(y) dy$ 의 적당한 극한이 존재한다. 이 두 경우에서, $Y = Y(\varepsilon)$가 존재하여 $b \in (Y, b_2)$이면 $0 \leq \int_{b}^{b_2} M(y) dy < \varepsilon$ 을 만족한다. 이 때 $\forall b \in (y, b_2)$ 이면,

$$\left| F(x) - \int_{a_2}^{b} f(x, y) dy \right| = \left| \int_{b}^{b_2} f(x, y) dy \right|$$
$$\leq \int_{b}^{b_2} \mid f(x, y) \mid dy \leq \int_{b}^{b_2} M(y) dy < \varepsilon$$

이다. 상계가 $[a_1, b_1]$ 에서 선택된 x 의 값에 영향을 받지 않으므로, 수렴은 일양이다. ■

예 제 10.10.1.

$\int_0^{\infty} \frac{\cos xy}{1 + 4y^2} dy$ 가 모든 실수에서 일양수렴함을 보여라.

(풀이) $f(x, y) = \frac{\cos xy}{1 + 4y^2}$ 이면 $\mid f(x, y) \mid \leq \frac{1}{1 + 4y^2}$ 이다. 이 때 $M(y) = \frac{1}{1 + 4y^2}$ 이라 하자. $\int_0^{\infty} M(y) dy = \frac{\pi}{4}$ 이므로 정리 10.10.1에 의하여 $\int_0^{\infty} \frac{\cos xy}{1 + 4y^2} dy$ 는 일양수렴한다.

[정 리 10.10.2.]

함수 f , g 가 정의역 Q에서 적분 가능하며 다음 두 가지 조건을 만족한다고 하자.

1) $\forall(x, y) \in Q$, $|f(x, y)| \leq g(x, y)$ 이며,

2) $\int_{a_2}^{b_2} g(x, y)dy$ 가 $[a_1, b_1]$ 에서 일양수렴한다. 이 때 $\int_{a_2}^{b_2} f(x, y)dy$도 $[a_1, b_1]$ 에서 일양수렴한다.

(증명) 연습문제

[정 리 10.10.3.] **(Cauchy 기준법)**

$\forall x\in[a_1, b_1]$, $\forall b\in[a_2, b_2)$ 에서 $f(x, y)$ 는 $y\in[a_2, b]$ 의 함수로써 적분 가능하다 하자. 이 때 $\int_{a_2}^{b_2} f(x, y)dy$ 또는 $\int_{a_2}^{\infty} f(x, y)dy$ 가 구간 $[a_1, b_1]$ 에서 일양 수렴할 필요 충분 조건은 $\forall\varepsilon>0$ 에서 적당한 $Y\in[a_2, b_2)$ 가 존재하여 $\forall x\in[a_1, b_1]$에서 $c_1, c_2\in[Y, b_2)$ 에 있기만 하면 $\left|\int_{c_1}^{c_2} f(x, y)dy\right| < \varepsilon$ 를 만족한다.

(증명) 연습문제

[정 리 10.10.4.] **(Hardy-Dirichlet 판정법)**

함수 f , g 와 $\dfrac{\partial g}{\partial y}$가 정의역 Q에서 연속이며 다음 세 가지 조건들을 만족한다고 하자.

1) $\int_{a_2}^{b_2} f(x, y)dy$ 가 $[a_1, b_1]$ 에서 일양수렴하며,

2) 적당한 $M>0$ 이 존재하며 $\forall x\in[a_1, b_1]$, $\int_{a_2}^{b_2}\left|\dfrac{\partial g}{\partial y}\right|dy\leq M$ 을 만족하고,

3) $\forall(x, y)\in R$, $|g(x, y)|\leq M$ 이다.

이 때 $\int_{a_2}^{b_2} f(x, y)g(x, y)dy$ 는 $[a_1, b_1]$ 에서 일양수렴한다.

(증명) 연습문제

[정 리 10.10.5.] **(Hardy-Abel 판정법)**

함수 f , g 와 $\dfrac{\partial g}{\partial y}$는 정의역 Q에서 연속이며 다음 세 가지 조건들을 만족한다 하자.

1) 적당한 $M>0$ 이 존재하여 적당한 $b\in[a_2, b_2)$ 와 $\forall x\in[a_1, b_1]$ 에서

$\left|\int_{a_2}^{b} f(x, y)dy\right|\leq M$ 을 만족하고,

2) $\int_{a_2}^{b_2}\left|\dfrac{\partial g}{\partial y}\right|dy$ 가 $[a_1, b_1]$ 에서 일양수렴하며

3) 0 $y \to b_2^-$ 일 때 $g(x, y) \to 0$ 이다.

이 때 $\int_{a_2}^{b_2} f(x, y)g(x, y)dy$ 는 $[a_1, b_1]$ 에서 일양수렴이다.

(증명) 연습문제

예 제 10.10.2.

$a>0$ 인 $\int_1^{\infty} \frac{e^{-xy}\sin ay}{y} dy$ 가 $x \geq 0$ 에서 일양수렴임을 보여라.

(풀이) $f(x, y) = \sin ay$, $g(x, y) = \frac{e^{-xy}}{y}$ 이고, 임의의 $B>0$ 에서 $R = \{(x, y): x \in [0, B],\ y \in [1, \infty)\}$ 이라 하자. 이 때 $\frac{\partial g}{\partial y} = \frac{-e^{-xy}(x+1)}{y^2}$ 이므로, f , g 와 $\frac{\partial g}{\partial y}$ 는 정의역 Q에서 연속이다. 더구나

$$\int_1^{\infty} \left| \frac{\partial g}{\partial y} \right| dy = \int_1^{\infty} \frac{e^{-xy}(x+1)}{y^2} dy$$

는 M-판정법에 의하여 쉽게 $x \geq 0$ 에서 일양수렴함을 보일 수 있다. 또한 $y \to \infty$일 때 $x \geq 0$ 에서 일양적으로 $\frac{e^{-xy}}{y} \to 0$ 이다. 마지막으로, $b \in [1, \infty)$ 에서

$$\left| \int_1^b f(x, y)dy \right| = \left| \int_1^b \sin ay dy \right| \leq M$$

이며 이 때 M은 $\frac{2}{a}$ 보다 큰 수이다. 따라서 정리 10.10.5(Hardy−Abel 판정법)을 이용하면 $a>0$ 인 $\int_1^{\infty} \frac{e^{-xy}\sin ay}{y} dy$는 $x \geq 0$ 에서 일양수렴이다. 또한 본 적분은 M −판정법만 이용하여 보일 수도 있다 (연습문제).

[보조 정리 10.10.1.]

함수 f를 정의역 $Q = \{(x, y) | x \in [a_1, b_1],\ y \in [a_2, b_2]\}$ 에서 정의하고 F는 구간 $[a_1, b_1]$ 에서 다음과 같이 정의한다. $F(x) = \int_{a_2}^{b_2} f(x, y)dy$ 이다. 이 때

1) F 는 $[a_1, b_1]$ 에서 일양연속이고,

2) F 는 $[a_1, b_1]$ 에서 적분 가능하다. 즉, $\int_{a_1}^{b_1} F = \int_{a_2}^{b_2} dy \int_{a_1}^{b_1} f(x, y)dy$ 이다.

(증명) Q는 컴팩트(compact)이므로 정리 4.3.3에 의하여 f는 정의역 Q에서 일양연속이다. $x_1, x_2 \in [a_1, b_1]$이라 하고, $\varepsilon>0$을 고정하면, 적당한 $\delta = \delta(t) > 0$가 존재하며 $y \in [a_2, b_2]$에서 $x_2 \in N_\delta(x_1)$가 있기만 하면 $|f(x_1, y) - f(x_2, y)| < \frac{\varepsilon}{b_2 - a_2}$ 를 만족한다. 그러므로 $x_2 \in N_\delta(x_1)$

이면,

$$\begin{aligned} |F(x_1)-F(x_2)| &= \left| \int_{a_2}^{b_2} [f(x_1,y)-f(x_2,y)]dy \right| \\ &\le \int_{a_2}^{b_2} |f(x_1,y)-f(x_2,y)|\,dy \\ &< \varepsilon \end{aligned}$$

이다. 따라서 $x_2 \in N_\delta(x_1)$이면 $|F(x_1)-F(x_2)| < \varepsilon$이므로 F는 구간 $[a_1, b_1]$에서 일양연속이다. F의 적분성은 정리 10.9.4와 정리 10.9.5의 Fubini정리들을 이용하여 바로 보일 수 있다. ■

[정 리 10.10.6.]

함수 f는 구간 $R=\{(x,y)|x\in I,\ y\in[a_2,b_2)\}$ 에서 정의한다. 여기서 I 는 유한 또는 무한 구간이고 b_2 는 유한 또는 ∞ 이다. $\forall x\in I$ 에서 $\int_{a_2}^{b_2} f(x,y)dy$ 가 일양수렴한다 가정하자. 만약 $F(x)=\int_{a_2}^{b_2} f(x,y)dy$, $\forall x\in I$ 라 정의하며, 이 때 함수 F 는 구간 I 에서 연속이다.

(증명) 보조 정리 10.10.1의 1)에 의하면 $y_0\in[a_2,b_2)$ 에서 $F_{y_0}(x)=\int_{a_2}^{y_0} f(x,y)dy$는 구간 I 에서 연속이다. 앞으로 b_2 가 유한인 경우의 증명만을 보인다. 왜냐하면 $F(x)=\int_{a_2}^{\infty} f(x,y)dy$ 의 증명도 이와 유사하므로 연습문제로 남긴다. $y\to b_2^-$ 일 때 F_{y_0} 가 구간 I 에서 F 에 일양수렴하므로, $\forall\varepsilon>0$ 에서 적당한 $Y=Y(\varepsilon)$ 가 존재하여 $y_0\in(Y,b_2)$ 이기만 하면

$$\left| \int_{y_0}^{b_2} f(x,y)dy \right| < \frac{\varepsilon}{3}$$

을 만족한다. 또한 F_{y_0} 가 I 에서 연속이므로, F_{y_0} 는 I 의 컴팩트 부분 집합에서는 항상 일양연속이다. 이 때 $|x_2-x_1|<\delta$ 이면

$$|F_{y_0}(x_2)-F_{y_0}(x_1)| = \left| \int_{a_2}^{y_0} [f(x_2,y)-f(x_1,y)]dy \right| < \frac{\varepsilon}{3}$$

을 만족하는 $\delta>0$ 을 선택할 수 있다. 그러므로

$$\begin{aligned} |F(x_2)-F(x_1)| &= \left| \int_{a_2}^{b_2} [f(x_2,y)-f(x_1,y)]dy \right| \\ &= \left| \int_{a_2}^{y_0} [f(x_2,y)-f(x_1,y)]dy + \int_{y_0}^{b_2} [f(x_2,y)-f(x_1,y)]dy \right| \\ &\le \left| \int_{a_2}^{y_0} [f(x_2,y)-f(x_1,y)]dy \right| + \left| \int_{y_0}^{b_2} f(x_1,y)dy \right| + \left| \int_{y_0}^{b} f(x_2,y)dy \right| \\ &< \frac{\varepsilon}{3}+\frac{\varepsilon}{3}+\frac{\varepsilon}{3} < \varepsilon \end{aligned}$$

이다. 따라서 F 는 구간 I 에서 연속이다. ■

예 제 10.10.3.

$R=\{(x,y):x\geq 0,\ y\geq 0\}$ 에서 $f(x,y)=3xy^2e^{-xy^3}$ 이라 하자. $I=[0,\infty)$ 에서

$$F(x)=\int_0^\infty f(x,y)dy$$

라 정의하면,

$$F(x)=\begin{cases}1, & x>0\\ 0, & x\leq 0,\end{cases}$$

이다. 이 때 F 는 구간 I 에서 연속이 아니다. 특히, $b>0$ 에서,

$$\left|F(x)-\int_0^b f(x,y)dy\right|=e^{-xb^3},\quad \forall x$$

이므로 $x\to 0^+$ 일 때

$$\left|F(x)-\int_0^b f(x,y)dy\right|\to 1$$

이다.

[정 리 10.10.7.]

함수 f 가 정의역 Q에서 정의되며 다음 세 가지 조건들을 만족한다고 하자.

1) 함수 f 는 $\{(x,y):x\in[a_1,b_1],\ y\in[a_2,b]\}$의 형태인 사각형에서 적분가능하고 여기서 $b\in[a_2,b_2)$ 이며,

2) $\forall x\in[a_1,b_1]$, $\forall b\in[a_2,b_2)$ 에서 $\int_{a_2}^b f(x,y)dy$ 가 존재하며

3) $\forall y\in[a_2,b_2)$, $\int_{a_1}^{b_1} f(x,y)dy$가 존재한다. 구간 $[a_2,b_1]$에서 $F(x)=\int_{a_2}^{b_2} f(x,y)dy$가 일양수렴하면, 이 때 F 는 $[a_1,b_1]$ 에서 적분가능하고,

$$\int_{a_1}^{b_1}F=\int_{a_1}^{b_1}dx\int_{a_2}^{b_2}f(x,y)dy=\int_{a_2}^{b_2}dy\int_{a_1}^{b}f(x,y)dx$$

이다.

(증명) F 는 구간 $[a_1,b_1]$ 에서 연속이므로 F 는 $[a_1,b_1]$ 에서 적분 가능하다. 본 증명을 완성하기 위해,

$$\int_{a_1}^{b_1}dx\int_{a_2}^{b_2}f(x,y)dy=\int_{a_2}^{b_2}dy\int_{a_1}^{b_1}f(x,y)dx$$

임을 보이고자 한다. $I_1=\int_{a_1}^{b_1}dx\int_{a_2}^{b_2}f(x,y)dy$ 라하고 오른쪽에 있는 적분을 I_2 라 하자. 이 때 I_1 은 위의 조건들에 의하여 존재한다. 만약 I_2 가 존재한다면

$$I_2=\lim_{b\to b_2^-}\int_{a_2}^{b}dy\int_{a_1}^{b_1}f(x,y)dx$$

이다. $\varepsilon>0$를 고정하자. $\int_{a_2}^{b_2} f(x, y)dy$의 일양수렴성에 의하여 적당한 Y가 존재하여 $b\in(Y, b_2)$이면 $\int_b^{b_2} f(x, y)dy < \dfrac{\varepsilon}{b_1-a_1}$ 을 만족한다. 임의의 b에 대하여, 정리 10.9.4인 Fubini 정리를 이용하면,

$$\begin{aligned}\left| I_1 - \int_{a_2}^{b} dy \int_{a_1}^{b_1} f(x, y)dx \right| &= \left| I_1 - \int_{a_1}^{b_1} dx \int_{a_2}^{b} f(x, y)dy \right| \\ &= \left| \int_{a_1}^{b_1} dx \int_{b}^{b_2} f(x, y)dy \right| \le \int_{a_1}^{b_1} dx \left| \int_{b}^{b_2} f(x, y)dy \right| \\ &< \frac{\varepsilon}{b_1-a_1} \int_{a_1}^{b_1} dx < \varepsilon\end{aligned}$$

이다. 그러므로 $I_1 = I_2$ 이다. ■

[정 리 10.10.8.] **(특이적분의 Leibniz's Rule)**

함수 f , $\dfrac{\partial f}{\partial x}$ 가 정의역 Q에서 정의되며 다음 두 가지 조건들을 만족한다 하자.

(i) 적당한 $x_0\in[a_1, b_1]$ 에 존재하여 특이적분 $\int_{a_2}^{b_2} f(x, y)dy$ 가 수렴함을 만족하고,

(ii) $\int_{a_2}^{b_2} \dfrac{\partial f}{\partial x}(x, y)\,dy$ 는 $[a_1, b_1]$ 에서 일양수렴한다. 이 때

1) $\int_{a_2}^{b_2} f(x, y)dy$ 가 $[a_1, b_1]$ 에서 일양수렴하고

2) $F(x) = \int_{a_2}^{b_2} f(x, y)dy$ 가 $[a_1, b_1]$ 에서 정의되면, F 는 $[a_1, b_1]$ 에서 미분가능하고, $F'(x) = \int_{a_2}^{b_2} \dfrac{\partial f}{\partial x}(x, y)\,dy$ 이다.

(증명) 연습문제

10.11. 최적화 방법들

10.11.1. 경사(Gradient) 방법

$f(x)$는 k개 변수, $x_1, \cdots, x_k$들의 함수라 하자. 여기서 $x = (x_1, \cdots, x_k)$이다. 경사법들은 테일러 확장을 이용하여 1차 또는 2차 등의 저차원 다항식을 갖고 $f(x)$를 근사시키는데 있다. 그러므로 f', f''가 f의 정의역에서 존재함을 가정하여야 한다. 여기서는 f가 최소화될 수 있다고 생각한다.

10.11.1.1 최소경사법(Steepest Desent method)

$x_0 \in D(f)$이고 $t>0$에서 x_0+th_0를 근방점이라 하자. 여기서 h_0는 단위벡터이다. 이때 정리 10.5.1에 의하면

$$f(x_0+th_0)-f(x_0) \approx th_0' \nabla f(x_0) \tag{10.42}$$

이다. 우리의 목적이 $f(x)$를 최소화시키는 것이라면 $-th_0' \nabla f(x_0)$에 대한 최대값을 얻을 수 있는 h_0를 선택하여야 한다. h_0가 단위벡터이므로 이는 한정된 최대화 문제이다. 이를 위하여 라그랑지 승수를 이용할 수 있다. 함수 F는

$$F=-th_0' \nabla f(x_0)+\lambda(h_0' h_0-1)$$

이라 하자. 이때 h_0의 원소들로 F를 미분하여 그 도함수들을 0으로 놓고 풀면,

$$h_0=\frac{t}{2\lambda} \nabla f(x_0) \tag{10.43}$$

를 구할 수 있다. 제한식 $h_0' h_0=1$을 이용하면, λ는

$$\lambda^2=\frac{t^2}{4} \| \nabla f(x_0) \|^2 \tag{10.44}$$

을 만족하여야한다. $-th_0' \nabla f(x_0)$이 최대값을 갖기 위해서는 $\lambda<0$이다. 식 (10.44)에서,

$$\lambda=-\frac{t}{2} \| \nabla f(x_0) \|$$

이다. 따라서 식 (10.43)에서

$$h_0=-\frac{\nabla f(x_0)}{\| \nabla f(x_0) \|} \tag{10.45}$$

이다. 주어진 $t>0$에서 x_0을 식(10.45)의 h_0에 의한 방향으로 움직임으로써 $f(x_0)$에 있는 최대화 감소를 이룰 수 있다. t의 값은 h_0의 방향으로 선형탐색을 수행함으로써 결정되어진다. 이는 f의 값에 있어 더 감소가 이루어지지 않을 때까지 t의 값을 증가시킴으로써 완성된다. 그러한 t값은 t_0라 하자. x에 대응된 값은

$$x_1=x_0-t_0\frac{\nabla f(x_0)}{\| \nabla f(x_0) \|}$$

이다. 일반적으로 h_o의 방향이 f를 실제 최소화시키는 x^*로 향하지 않기 때문에, 위의 과정은 반복적으로 수행되어야 한다. i번째 단계에서 x^*에 대한 근사점이 x_i라면, $(i+1)$번째 단계에서의 근사점은

$$x_{i+1}=x_i+t_ih_i\ , \quad i=0,1,2,\cdots$$

이고, 여기서

$$h_i=-\frac{\nabla f(x_i)}{\| \nabla f(x_i) \|}\ , \quad i=0,1,2,\cdots$$

이며 t_i는 h_i의 방향에서 선형탐색으로 결정된다. 즉, t_i는 $f(x_i+th_i)$를 최소화하는 t의

값이다. 만약 f를 최대화하고자 한다면, 각각의 $i \geq 0$에서 $-h_i$의 방향으로 움직일 필요가 있다. 이 방법은 최대경사법(steepest ascent method)이라 한다.

10.11.1.2 뉴톤-랩슨(Newton-Raphson) 방법

$x_0 \in D(f)$를 초기값이라 하자. x_0의 근방에서 테일러 확장을 이용하면 $f(x)$를 다음과 같은 이차함수 $g(x)$로 근사 시킬 수 있다.

$$g(x) = f(x_0) + (x - x_0)' \nabla f(x_0) + \frac{1}{2!}(x - x_0)' H_f(x_0)(x - x_0) \tag{10.46}$$

여기서 $H_f(x_0)$는 x_0에서 함수 f의 헤시안(Hessian)행렬이다. 식(10.46)에서 $f(x)$의 최소값에 $g(x)$의 최소값을 이용함으로써 합리적인 근사를 얻을 수 있다. 만약 $g(x)$가 x_1에서 국소 최소값을 갖는다면, $\nabla g(x_1) = 0$이어야 한다. 따라서 식(10.47)에서

$$\nabla f(x_0) - H_f(x_0)(x_1 - x_0) = 0 \tag{10.47}$$

이어야한다. 만약 $H_f(x_0)$이 비정칙이면 식(10.47)에서

$$x_1 = x_0 - H_f^{-1}(x_0) \nabla f(x_0)$$

을 얻을 수 있다. 또한 $f(x)$가 x_1 근방에서 Taylor 확장을 이용하여 다른 이차 함수로 근사 시킬 수 있다면,

$$x_2 = x_1 - H_f^{-1}(x_1) \nabla f(x_1)$$

을 얻는다. 이 과정을 반복하여 $x_0, x_1, x_2, \cdots$들의 수열에 수행함으로써

$$x_{i+1} = x_i - H_f^{-1}(x_i) \nabla f(x_i) \tag{10.48}$$

를 만족한다. 이러한 과정을 뉴톤-랩슨(Newton-Raphson) 방법이라 하며 이때 각 단계에서 H_f^{-1}의 계산을 요구한다.

10.11.2 직접 탐색 방법

직접 탐색 방법은 목적함수(objective function)의 편미분의 계산을 요구하지 않는다. 이러한 이유 때문에 이러한 방법은 목적함수의 편미분들의 표현이 해석적으로 매우 어려운 상황에서 아주 적합하다.

10.11.2.1 Nelder-Mead Simplex Method

$f(x)$를 최소화하고자 한다. $x = (x_1, \cdots, x_k)'$이다. 심플렉스(Simplex) 방법은 가장 큰 함수값을 갖는 정점(vertex)에서 멀리 떨어진 하나의 이동으로 형성된 일반적 심플렉스의 $(k+1)$개 정점들의 함수 값들을 비교하는데 기초한다. 여기서 일반적 심플렉스란 k차원 공

간에서 정점이라 불리는 $(k+1)$개의 점들로 형성된 기하학적 그림이다. 심플렉스 방법은 처음으로 Spendley, Hext와 Himsworth(1962)에 의하여 제안되었으며, 그후 Nelder와 Mead(1965)가 초기 방법을 수정하였다. 여기서는 수정된 방법을 설명한다. 앞에서 설명한바와 같이 일반적 심플렉스를 구성하는 $(k+1)$개 점들 $x_1,\cdots,x_{k+1}$에서 f의 함수값을 계산하면서 시작한다. $f(x_1),\cdots,f(x_{k+1})$중 가장 큰 값과 작은 값을 f_h와 f_l는 점 x_h와 x_l에서 구한다고 한다. 만약 f를 최소화하는데 관심이 있다면, x_h에 멀리 떨어진 이동이 바람직하다. 여기서 x_c를 x_h를 배제한 모든 점들의 centroid로써 정의한다. 여기서

$$x_c = \frac{1}{k}\sum_{i\neq h} x_i$$

이다. x_h에서 멀리 이동시키기 위해 x_h를 x_c에 관하여 반사시킨 x_h^*를 얻는다. 다시 말해서

$$x_h^* - x_c = r(x_c - x_h)$$

이며, 다시 표현하면

$$x_h^* = (1+r)x_c - rx_h$$

이다. 여기서 r은 양의 상수이고, 반사계수(reflection coefficient)라 말하며,

$$r = \frac{\| x_h^* - x_c \|}{\| x_c - x_h \|}$$

이다. 이러한 점 x_h, x_c와 x_h^*를 2차 공간에서 그림 10.1에 그려본다.

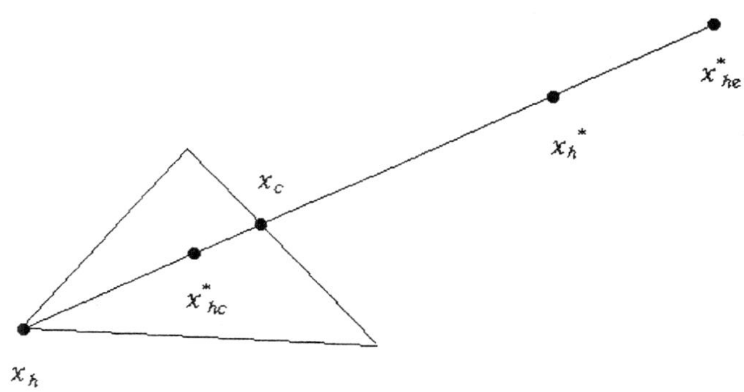

<그림 10.1> : x_h^*(반사), x^*_{he}(확장), x^*_{hc}(축소)

다음의 경우들을 생각해보자.

1) 만약 $f_l < f(x_h^*) < f_h$이면, x_h를 x_h^*로 대신한 후 새로운 심플렉스를 만들어서 다시 앞의 과정을 수행한다.

2) 만약 $f(x_h^*) < f_l$이면, x_c에서 x_h^*으로의 이동은 오른편에 두면서 확장한다. 즉, x_h^*를 x^*_{he}로 확장하면서

$$x^*_{he} - x_c = \gamma(x^*_h - x_c)$$

이고,

$$x^*_{he} - x_c = \gamma x^*_h + (1-\gamma)x_c$$

이며 여기서 $\gamma(>1)$는 확장계수(expansion coefficient)라 하고

$$\gamma = \frac{\| x^*_{he} - x_c \|}{\| x^*_h - x_c \|}$$

이다. $f(x^*_{he}) < f_l$이면, x_h를 x^*_{he}로 대신하며 이 과정을 다시 한다. 그러나 $f(x^*_{he}) > f_l$이면 확장은 상대 생산적이다. 이 경우, x^*_{he}는 제거하고 x_h는 x^*_h로 대신하고 그 과정을 다시 시작한다.

3) x_h를 x^*_h로 대신한 후 모든 $i \neq h$에 대하여 $f(x^*_h) > f(x_i)$이면, x_h를 x^*_h로 대신하는 것은 새로운 심플렉스에서 $f(x^*_h)$를 최대값으로 한다. 이러한 경우에, 새로운 x_h는 원래 x_h 또는 x^*_h 중 하나이며 그들의 함수값 중 작은 것을 선택한다. 이때 $x^*_{hc} - x_c = \beta(x_h - x_c)$를 만족하는 x^*_{hc}를 선택한다. 여기서 $\beta(0 < \beta < 1)$를 축소계수(contraction coefficient)라 하고

$$\beta = \frac{\| x^*_{hc} - x_c \|}{\| x_h - x_c \|}$$

이다. 다음으로 x^*_{hc}를 x_h대신 사용하여, $f(x^*_{hc}) > \min[f_n, f(x^*_h)]$이 아니면 과정을 다시 시작한다. 그러한 축소가 실패한다면, 심플렉스의 크기는 x_l에서 심플렉스의 각 점의 거리를 반감함으로써 감소되어진다. 여기서 x_l은 가장 작은 함수값을 갖는 점이다. 그러므로 x_i는 $x_l + \frac{1}{2}(x_i - x_l) = \frac{1}{2}(x_i + x_l)$로 대치한다. 과정은 새롭게 감소된 심플렉스를 갖고 다시 시작한다. 따라서 최소화 과정에 있는 각 단계에서 f 의 함수값을 최대로 하는 x_h는 반사(reflection), 확장(expansion), 축소(contraction)으로 나타내는 세 가지 방법 중 하나에 따라서 새로운 점으로 대치한다. 단계별 과정을 설명하기 위해서, 흐름(flow)다이어그램이 그림 10.2에 보여진다.

step 1. 초기값 $x_1, x_2, \cdots, x_{k+1}$을 선택하고 $i = 1, 2, \cdots, k+1$에서 $f(x_i)$를 계산한다. x_l, x_h를 결정하고, $x_c = \sum_{i \neq h} \frac{x_i}{k}$을 계산한다. $r > 0$인 r을 선택한다. 일반적으로 $r = \frac{1}{2}$, $\frac{2}{3}$ 또는 1이다. $x^*_h = (1+r)x_c - rx_h$를 찾고, $f(x^*_h)$를 계산한다.

step 2. 1) $\gamma > 1$인 γ를 선택한다. 일반적으로 $\gamma = 1.5$이다. $x^*_{he} = \gamma x^*_h + (1-\gamma)x_c$와 $f(x^*_{he})$를 계산한다.

2) x_h를 x^*_h로 대치한다.

step 3. x_h를 x^*_{he}로 대치한다.

step 4. $0<\beta<1$인 β를 선택한다. 일반적으로 $\beta=0.5$이다. $x^*_{hc}=\beta x_h+(1-\beta)x_c$와 $f(x^*_{hc})$를 계산한다.

step 5. x_i를 $\dfrac{x_i+x_l}{2}$로 대치한다.

step 6. x_h를 x^*_{hc}로 대치한다.

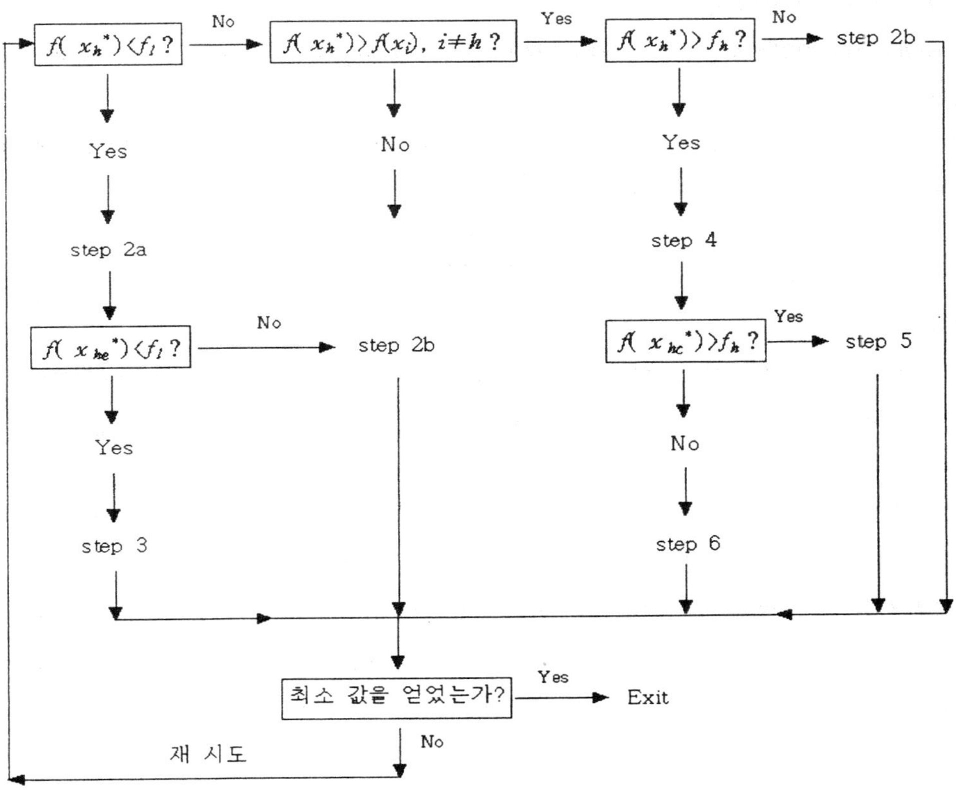

<그림 10.2> 흐름 다이어그램

Bunday(1984)는 흐름 다이어그램에서 묘사된 단계들을 수행하여 이용하는 컴퓨터 프로그램들을 제공한다. Olsson과 Nelson(1975)은 이 방법의 유용성을 통계학에서 쓰여지는 6가지의 최소화 문제들을 해결함으로써 설명하였다.

10.11.2.2 Generalized Simulated Annealing Method

이 방법의 이름은 많은 분야에서 이용되는 마지막 결정배치들(다른 에너지 상태에 대한)이 냉각 과정률(rate of cooling process)에 의존적인 금속의 가열냉각과정(annealing process)에서 유래되었다.[Kirkpatrick, Gelatt 와 Vechhi(1983) 참조]. 이 방법은 k차원 공간의 제한된 구역 R안에서 다봉인 함수 f의 절대 최적을 찾기 위해 사용할 수 있다. Bohachevsky, Johnson 과 Stein(1986)은 함수 최적화를 위하여 simulated annealing의 방법을 일반화시켰다. 다음은 함수 최소화(함수 최대화를 위해 비슷한 방법으로 사용할 수 있다)를 위한 그들의 알고리즘을 설명한다.: 함수 f_n은 구역 R안에서 함수 f의 최소에 대한 잠정적인 추정치라 하자. 그 방법은 다음 단계들을 따라 수행된다.

1. 초기값 $x_0 \in R$을 선택한다.
2. $f_0 = f(x_0)$를 계산한다. ε는 선택된 작은 상수라 하자. 만약 $|f_0 - f_m| < \varepsilon$이면, 여기서 멈춘다.
3. k개의 독립된 표준정규난수 $z_1, \cdots, z_k$를 생성하고 탐색할 확률 방향을 정한다. 이 때 확률벡터 $u = (u_1, \cdots, u_k)'$를 계산한다. 이때 $i = 1, \cdots, k$에서

$$u_i = \frac{z_i}{\sqrt{z_1^2 + \cdots + z_k^2}}$$

   이다.
4. $x_1 = x_0 + \Delta r \cdot u$이라 둔다. 여기서 Δr은 u의 방향에서 주어지는 단계의 크기이다.
5. 만약 $x_1 \not\in R$, 단계 3으로 돌아간다. 그렇지 않으면 $f_1 = f(x_1)$를 계산 후 $\Delta f = f_1 - f_0$라 둔다.
6. $f_1 \leq f_0$이면, 이때 $x_0 = x_1$이고 $f_0 = f_1$이다. 만약 $|f_0 - f_m| < \varepsilon$이면, 이 과정을 여기서 멈춘다. 그렇지 않으면 단계 3으로 간다.
7. $f_1 > f_0$이면, $p = \exp(-\beta\ f_0^g\ \Delta f)$이라 둔다. 여기서 β는 $0.5 < \exp(-\beta \Delta f) < 0.9$를 만족하는 양수이고 g는 임의의 음수이다. 이때 일양분포 $u(0, 1)$에서 ν를 생성한다. 만약 $\nu > p$이면, 단계 3으로 가고, 그렇지 않다면, 즉 $\nu < p$이면, $x_0 = x_1$이고 $f_0 = f_1$로 하여 단계 3으로 간다.

10.12. 통계의 응용

10.12.1 확률변수들의 변환

$X = (X_1, \cdots, X_n)'$을 확률벡터라 하자. X의 분포함수는 누적분포함수로 특성지워진다. 즉,

$$F(x) = P(X_1 \leq x_1, \cdots, X_n \leq x_n) \tag{10.49}$$

이다. 만약 $F(x)$가 연속이고 $x_1, \ldots, x_n$에 관하여 n차 편도함수를 갖는다면,

$$f(x) = \frac{\partial^n F(x)}{\partial x_1 \cdots \partial x_n}$$

이고 이 함수를 X의 밀도함수라 한다. 그러므로 식 (10.49)은

$$F(x) = \int_{-\infty}^{x_1} \int_{-\infty}^{x_2} \cdots \int_{-\infty}^{x_n} f(u)du$$

로 다시 표기할 수 있다. $i=1, \cdots, n$ 에 대하여 확률변수 X_i가 구분되어 생각한다면, 그것의 분포함수는 X의 i번째 주변분포함수라 한다. 그것의 밀도함수 $f_i(x_i)$는 $f(x)$에서 나머지 $(n-1)$변수들을 적분하므로써 얻어지며, 이 밀도함수를 i번째 주변밀도함수라 한다. 예를 들어 $X=(X_1, X_2)'$이면, X_1의 주변밀도함수는

$$f_1(x_1) = \int_{-\infty}^{\infty} f(x_1, x_2)dx_2$$

이다. 같은 방법으로 X_2의 주변밀도함수는

$$f_2(x_2) = \int_{-\infty}^{\infty} f(x_1, x_2)dx_1$$

이다. 특히 $X_1, \cdots, X_n$ 이 독립인 확률변수들이면, $X=(X_1, \cdots, X_n)'$의 밀도함수는 각각의 주변밀도함수들의 곱이다. 즉 $f(X) = \prod_{i=1}^{n} f_i(x_i)$이다. $f(x)$에서 오직 $(n-2)$변수들로 적분하면, 남은 두 변수들의 이변량 밀도함수를 얻을 수 있다. 또한 $X=(X_1, \cdots, X_n)'$의 평균벡터는 $\mu=(\mu_1, \cdots, \mu_n)'$이다. 여기서 $i=1, \cdots, n$에 대하여

$$\mu_i = \int_{-\infty}^{\infty} x_i f_i(x_i) dx_i$$

이다. X의 분산-공분산 행렬은 $n \times n$행렬 $\sum = (\sigma_{ij})$이고 여기서

$$\sigma_{ij} = \int_{-\infty}^{\infty} \int_{-\infty}^{\infty} (x_i - \mu_i)(x_j - \mu_j) f_{ij}(x_i, x_j) dx_i dx_j$$

이고 $f_{ij}(x_i, x_j)$는 x_i와 x_j의 이변량 밀도함수이다.

[정 리 10.12.1.]

X는 연속인 밀도함수 $f(x)$를 갖는 확률벡터이다. 함수 $g: D \to R^n$는 정리 10.6.1인 역함수 정리의 조건을 만족하고 $D \subset R^n$는 개집합이고 $P(X \in D) = 1$ 이다. 이때 $Y = g(X)$의 밀도함수는

$$h(y) = f[g^{-1}(y)] |det[J_{g^{-1}}(y)]|$$

이다. 여기서 g^{-1}는 g의 역함수 이다.

(증명) 정리 9.6.1에 의하여 g의 역함수가 존재한다. 그러므로 $X = g^{-1}(Y)$라 하자. Y의 누적분포함수는

$$H(y) = P\,[g_1(X) \le y_1,\ g_2(X) \le y_2,\ \cdots,\ g_n(X) \le y_n\,] \\ = \int_{A_n} f(x)dx \tag{10.50}$$

이다. 여기서 $A_n = \{x \in D \mid g_i(x) \le y_i,\ \ i = 1, \cdots, n\}$이다. 식 (10.50)에 $w = g(x)$의 변환을 하면, $g(u)$대신에 $g^{-1}(w)$를 갖고 정리 9.9.8을 이용하면

$$\int_{A_n} f(x)dx = \int_{B_n} f[g^{-1}(w)]\,|det[J_{g^{-1}}(w)]|dw$$

이고 여기서 $B_n = g(A_n) = \{g(x) | g_i(x) \le y_i,\ \ i = 1, \cdots, n\}$이다. 그러므로

$$H(y) = \int_{-\infty}^{y_1}\int_{-\infty}^{y_2}\cdots\int_{-\infty}^{y_n} f[g^{-1}(w)]\,|det[J_{g^{-1}}(w)]|dw$$

이다. 따라서 Y의 밀도함수는

$$h(y) = f[g^{-1}(y)]\left|\frac{\partial(g_1^{-1}, g_2^{-1}, \cdots, g_n^{-1})}{\partial(y_1, y_2, \cdots, y_n)}\right| \tag{10.51}$$

이고 여기서 g_i^{-1}는 g^{-1}의 i번째 원소이다. ■

예 제 10.12.1

$X = (X_1, X_2)'$이고 X_1과 X_2는 독립인 표준정규분포를 따른다고 하자. $Y_1 = X_1 + X_2$, $Y_2 = X_1 - 2X_2$일 때 $Y = (Y_1, Y_2)'$ 의 밀도함수를 구하라.

(풀이) X의 밀도함수는 X_1과 X_2의 밀도함수들의 곱이다. 즉

$$f(x) = f(x_1, x_2) = \frac{1}{2\pi}\exp\left[-\frac{1}{2}(x_1^2 + x_2^2)\right], \quad -\infty < x_1, x_2 < \infty$$

이다. 이때 $g_1(x) = x_1 + x_2$, $g_2(x) = x_1 - 2x_2$ 이므로

$$g_1^{-1}(y) = x_1 = \frac{1}{3}(2y_1 + y_2), \quad g_2^{-1}(y) = x_2 = \frac{1}{3}(y_1 - y_2)$$

이다. 그러므로

$$\frac{\partial(g_1^{-1}, g_2^{-1})}{\partial(y_1, y_2)} = det\begin{bmatrix} \frac{2}{3} & \frac{1}{3} \\ \frac{1}{3} & -\frac{1}{3} \end{bmatrix} = -\frac{1}{3}$$

이다. 따라서, 식 (9.51)을 이용하면,

$$h(y) = \frac{1}{2\pi}\exp\left[-\frac{1}{2}\left(\frac{2y_1 + y_2}{3}\right)^2 - \frac{1}{2}\left(\frac{y_1 - y_2}{3}\right)^2\right]\cdot\frac{1}{3} \\ = \frac{1}{6\pi}\exp\left[-\frac{1}{18}(5y_1^2 + 2y_1y_2 + 2y_2^2)\right], \quad -\infty < y_1, y_2 < \infty$$

이다.

10.12.2 최대 우도 추정치(MLE) 및 EM 알고리즘

$X_1, \cdots, X_n$은 p개의 모수 $\theta_1, \cdots, \theta_p$를 갖고 있는 모집단에서의 n개의 표본이라 하자. 우리는 이 표본이 확률벡터 $X=(X_1, \cdots, X_n)'$을 형성한다고 간주할 수 있다. 이때 X는 밀도함수 $f(x;\theta)$를 갖는다 하자. 이 밀도함수는 보통 X의 우도함수 $L(x;\theta)$로 쓰여진다. 주어진 표본에서 θ의 최대우도추정치(maximum likelihood estimate) $\hat{\theta}$은 우도함수 $L(x;\theta)$를 최대로 하는 θ의 값이다. 만약 $L(x;\theta)$가 $\theta_1, \cdots, \theta_p$에 관하여 편도함수를 갖는다면, $\hat{\theta}$는 $i=1, \cdots, p$에 대하여

$$\frac{\partial L(x, \hat{\theta})}{\partial \theta_i}=0$$

인 방정식을 풀면서 구해진다. 대부분의 상황에서 $L(x, \theta)$의 자연로그를 취하여 구할 수도 있다. 즉, $i=1, \cdots, p$에 대하여

$$\frac{\partial \log L(x, \hat{\theta})}{\partial \theta_i}=0 \tag{10.52}$$

이다. 식 (10.52)는 우도 방정식 (likelihood equation)이라 알려져 있다.

예 제 10.12.2

$X_1, \cdots, X_n$은 평균 μ와 분산 σ^2을 갖는 정규분포에서의 표본이라 하자. 이때 μ와 σ^2의 최대우도 추정량을 구하라.

(풀이) 여기서 $\theta=(\mu, \sigma^2)'$이고 우도함수는

$$L(x, \theta)=\frac{1}{(2\pi\sigma^2)^{\frac{n}{2}}} \exp\left[-\frac{1}{2\sigma^2} \sum_{i=1}^{n}(x_i-\mu)^2\right]$$

이다. $L^*(x, \theta)=\log L(x, \theta)$는 로그우도함수이다. 이때

$$L^*(x, \theta)=-\frac{1}{2\sigma^2} \sum_{i=1}^{n}(x_i-\mu)^2-\frac{n}{2} \log(2\pi\sigma^2)$$

이다. 그러므로

$$\frac{\partial L^*}{\partial \mu}=\frac{1}{\sigma^2} \sum_{i=1}^{n}(x_i-\mu)=0 \tag{10.53}$$

$$\frac{\partial L^*}{\partial \sigma^2}=\frac{1}{2\sigma^4} \sum_{i=1}^{n}(x_i-\mu)^2-\frac{n}{2\sigma^2}=0 \tag{10.54}$$

이다. 식 (10.53)와 (10.54)에서

$$n(\bar{x}-\hat{\mu})=0\ , \quad \sum(x_i-\hat{\mu})^2-n\widehat{\sigma^2}=0$$

이다. 따라서 $n\geq 2$이면,

$$\hat{\mu}=\bar{x}, \quad \widehat{\sigma^2}=\frac{1}{n} \sum_{i=1}^{n}(x_i-\bar{x})^2$$

이다. 여기서 $\hat{\mu}$ 와 $\widehat{\sigma^2}$이 $L^*(x,\theta)$를 최대화시키는 μ와 σ^2의 값임을 보일 수 있다. 먼저 L^*의 2차 편도함수들인 헤시안 행렬 A를 구한다. 즉,

$$A = \begin{pmatrix} \frac{\partial^2 L^*}{\partial \mu^2} & \frac{\partial^2 L^*}{\partial \mu \partial \sigma^2} \\ \frac{\partial^2 L^*}{\partial \mu \partial \sigma^2} & \frac{\partial^2 L^*}{\partial \sigma^4} \end{pmatrix}$$

이다. $\mu = \hat{\mu}$ 과 $\sigma^2 = \widehat{\sigma^2}$에 대하여

$$\frac{\partial^2 L^*}{\partial \mu^2} = -\frac{n}{\widehat{\sigma^2}}, \quad \frac{\partial^2 L^*}{\partial \sigma^4} = -\frac{n}{2\widehat{\sigma^4}}, \quad \frac{\partial^2 L^*}{\partial \mu \partial \sigma^2} = -\frac{1}{\widehat{\sigma^4}} \sum_{i=1}^{n} (x_i - \hat{\mu}) = 0$$

이다. $\frac{\partial^2 L^*}{\partial \mu^2} < 0$ 이고 $detA = \frac{n^2}{2\widehat{\sigma^6}} > 0$ 이므로 따름정리 10.7.1에 따르면 $(\hat{\mu}, \widehat{\sigma^2})$은 L^*의 국소최대값의 점이다. 또한 그것이 유일한 최대값이므로 그것은 절대최대값이어야 한다.

때에 따라서 식 (10.52)인 우도 방정식이 폐형태(closed−form)해를 갖지 않을 때도 있다. 예로써 다음과 같은 식(10.55)의 형태인 확률질량함수를 갖는 절단된 포아송분포를 생각하자.

$$g(x,\theta) = \frac{e^{-\theta} thex = 1, 2, \cdots ta^x}{(1-e^{-\theta})x!} \qquad , x = 1, 2, \cdots \tag{10.55}$$

이다. 이 때

$$\begin{aligned} \log L(x,\theta) &= \log \prod_{i=1}^{n} g(x_i, \theta) \\ &= -n\theta + (\log \theta) \sum_{i=1}^{n} x_i - \sum_{i=1}^{n} \log x_i! - n \log (1 - e^{-\theta}) \end{aligned}$$

이다. 그러므로

$$\frac{\partial L^*(x,\theta)}{\partial \theta} = -n + \frac{1}{\theta} \sum_{i=1}^{n} x_i - \frac{ne^{-\theta}}{1-e^{-\theta}} \tag{10.56}$$

이고, 여기서 $L^*(x,\theta) = \log L(x,\theta)$는 대수 로그 함수이다. (10.56) 형태로 주어진 우도방정식은 θ에 대한 폐형태 해를 갖고 있지 않다. 일반적으로 우도방정식인 식 (10.52)가 폐형태 해를 갖고 있지 않다면 Newton−Raphson 방법과 같은 반복적인 방법들이 $L(x,\theta)$를 최대화시키기 위해 사용되어진다. 예를 들어 10.11.1.2에 제시된 Newton−Raphson 방법을 이용한다고 하자. $\hat{\theta}_0$는 θ 의 초기 추정치이고, $\hat{\theta}_i$ 는 θ 의 i 번째 추정치라 하면,

$$\hat{\theta}_{i+1} = \hat{\theta}_i - H_{L^*}^{-1}(x, \hat{\theta}_i) \nabla L^*(x, \hat{\theta}_i), \quad i = 0, 1, 2, \cdots$$

이고 $H_{L^*}(x,\theta)$ 와 $\nabla L^*(x,\theta)$ 는 각각 헤시안 행렬과 대수 우도 함수의 경사(gradient)벡터이다. 적당한 수렴 요건이 만족될 때까지 그러한 반복들이 행하여진다. 이 방법의 수정은 다음 식 (10.57)으로 표현되며 이를 Fisher's method of scoring이라 불리어진다.

$$\hat{\theta}_{i+1} = \hat{\theta}_i - \{E[H_{L^*}(x, \hat{\theta}_i)\}^{-1} \nabla L^*(x, \hat{\theta}_i)], \quad i = 0, 1, \cdots \tag{10.57}$$

이다.

예 제 10.12.3.

식 (10.55)에서 주어진 절단된 포아송 분포를 생각한다. 이 때 모수는 하나이므로,

$$\nabla L^*(x,\theta)=\frac{\partial L^*(x,\theta)}{\partial\theta}$$

는 식 (10.56)에 주어진다. 그러므로 헤시안 행렬은

$$H_{L^*}(x,\theta)\ =\ \frac{\partial^2 L^*(x,\theta)}{\partial\theta^2}\ =\ -\frac{1}{\theta^2}\sum_{i=1}^{n}x_i+\frac{ne^{-\theta}}{(1-e^{-\theta})^2}$$

이다. 더구나, X 가 절단 포아송 확률변수이면

$$E(X)=\sum_{i=1}^{\infty}\frac{xe^{-\theta}\theta^x}{(1-e^{-\theta})x!}=\frac{\theta}{1-e^{-\theta}}$$

이고, 따라서

$$E[H_{L^*}(x,\theta)]\ =\ E\left(\frac{\partial^2 L^*(x,\theta)}{\partial\theta^2}\right)\ =\ \frac{ne^{-\theta}(1+\theta)-n}{\theta(1-e^{-\theta})^2}$$

이다.

불완전자료(incomplete data)문제에서 최대우도추정치를 찾는 가장 일반적인 방법인 EM알고리즘을 소개하고자 한다. 불완전자료라 함은 결측자료(missing data)를 포함하며, 이 때 실제 얻어진 자료를 불완전 자료로 처리한다. EM이란 용어는 Dempster, Laird와 Rubin(1977)에 의하여 소개되었다. 이 알고리즘의 각 반복은 기대값단계(Expectation, E-step)과 최대화단계(Maximization, M-step)라는 두 개의 단계를 포함하고 있다. E−step에서 결측자료의 조건부 기대값은 관측된 자료와 모수의 현재 추정치 아래서 계산된다 이 기대값들은 결측자료를 대신하여 사용되어지며, 이를 완전자료(complete data)라 한다. M−step에서 모수의 최대 우도 추정치는 앞에서 찾아진 완전자료를 이용하여 일반적인 방법으로 최대화한다. EM 알고리즘에 대한 보다 자세한 이론은 Dempster, Laird와 Rubin(1977)와 Little과 Rubin(1987, 7장)에서 찾을 수 있다.

예 제 10.12.4

평균 μ 와 분산 σ^2 을 갖는 정규분포에서의 n 개 자료를 생각해보자. 이 때 $x_1,\cdots,x_m$은 관측된 자료이고, $X_{m+1},\cdots,X_n$ 은 결측자료라 하자. 편의상 $x_{obs}=(x_1,\cdots,x_m)'$ 와 $\theta=(\mu,\sigma^2)'$ 이라 하자. $i=m+1,\cdots,n$ 에서 $E(X_i\mid x_{obs},\theta)=\mu$ 이다. 예제 10.12.2에서 완전자료(complete data)에 대한 대수 우도 함수는

$$L^*(x,\theta)=-\frac{n}{2}\log(2\pi\sigma^2)-\frac{1}{2\sigma^2}\left(\sum_{i=1}^{n}x_i^2-2\mu\sum_{i=1}^{n}x_i+n\mu^2\right) \tag{10.58}$$

이고 $x=(x_1,\cdots,x_m,\cdots,x_n)$이다. 이 때 $\left(\sum_{i=1}^{n}X_i^2,\ \sum_{i=1}^{n}X_i\right)$은 충분통계량이다. 그러므로 E−step을 적용하기 위해서, $E(X_i\mid X_{obs},\ \hat{\theta}_j)$ 와 $E(X_i^2\mid X_{obs},\ \hat{\theta}_j)$ 이 필요하다. 즉,

$$E(\sum X_i \mid \hat{\theta}_j, x_{obs}) = \sum_{i=1}^{m} x_i + (n-m)\,\hat{\mu}_j \quad , \ j=0,1,\cdots \tag{10.59}$$

와

$$E(\sum X_i^2 \mid \hat{\theta}_j, x_{obs}) = \sum_{i=1}^{m} x_i^2 + (n-m)(\hat{\mu}_j^2 + \hat{\sigma}_j^2) \quad , \ j=0,1,\cdots \tag{10.60}$$

이고 여기서 $\hat{\theta}_j = (\mu_j, \sigma_j^2)'$ 은 j 번째 반복에서의 추정치이다. 예제 10.12.2에서 완전자료에 근거한 μ 와 σ^2 의 최대 우도 추정치 $\frac{1}{n}\sum_{i=1}^{n} x_i$, $\frac{1}{n}\sum_{i=1}^{n} x_i^2 - \left(\frac{1}{n}\sum_{i=1}^{n} x_i\right)^2$ 이다. 그러므로 M−step의 $(j+1)$ 번째 반복에서의 μ 와 σ^2 의 추정치는

$$\hat{\mu}_{j+1} = \frac{1}{m}\left[\sum_{i=1}^{m} x_i + (n-m)\,\hat{\mu}_j\right] \quad , \ j=0,1,\cdots \tag{10.61}$$

$$\hat{\sigma}_{j+1}^2 = \frac{1}{n}\left[\sum_{i=1}^{m} x_i^2 + (n-m)(\hat{\mu}_j^2 + \hat{\sigma}_j^2)\right] - \hat{\mu}_{j+1}^2 \quad , \ j=0,1,\cdots \tag{10.62}$$

이다. 식(10.61)과 (10.62)에서 $\hat{\mu}_j = \hat{\mu}_{j+1} = \hat{\mu}$ 과 $\hat{\sigma}_j = \hat{\sigma}_{j+1} = \hat{\sigma}$ 이라 두면 , 각각의 반복된 추정치들은

$$\hat{\mu} = \frac{1}{m}\sum_{i=1}^{n} x_i \ , \quad \hat{\sigma}^2 = \frac{1}{m}\sum_{i=1}^{m} x_i^2 - \hat{\mu}^2$$

으로 수렴한다. 이들은 x_{obs} 에서 μ 와 σ^2 의 최대 우도 추정치들이다.

예 제 10.12.5 (Genetic Linkage 문제)

$X=(X_1, X_2, X_3, X_4)'$ 는 각 cell의 확률들이 $\left(\frac{1}{2}-\frac{1}{2}\theta,\ \frac{1}{4}\theta,\ \frac{1}{4}\theta,\ \frac{1}{2}\right)$ 인 다항분포함수를 따른다 하자. 여기서 $0 \le \theta \le 1$ 이다. 이 때 관측된 자료는 $x_{obs}=(38, 34, 125)'$이며 $x_1=38$, $x_2=34$, $x_3+x_4=125$ 라 간주한다. 그러므로 관측된 자료는 불완전 자료이다. 완전자료에 대한 우도 함수는

$$L(x,\theta) = \frac{(x_1+x_2+x_3+x_4)!}{x_1!x_2!x_3!x_4!}\left(\frac{1}{2}-\frac{1}{2}\theta\right)^{x_1}\left(\frac{1}{4}\theta\right)^{x_2}\left(\frac{1}{4}\theta\right)^{x_3}\left(\frac{1}{2}\right)^{x_4}$$

이다. 그러므로 대수 우도함수는

$$\begin{aligned} L^*(x,\theta) &= \log\left[\frac{(x_1+x_2+x_3+x_4)!}{x_1!x_2!x_3!x_4!}\right] + x_1\log\left(\frac{1}{2}-\frac{1}{2}\theta\right) \\ &\quad + x_2\log\left(\frac{1}{4}\theta\right) + x_3\log\left(\frac{1}{4}\theta\right) + x_4\log\left(\frac{1}{2}\right) \end{aligned}$$

이며, θ 에 대하여 $L^*(x,\theta)$ 을 미분한 후 그 도함수를 0이라 두면,

$$-\frac{x_1}{1-\theta} + \frac{x_2}{\theta} + \frac{x_3}{\theta} = 0$$

이다. 그러므로 완전자료에 대한 θ 의 최대 우도 추정치(MLE)는

$$\hat{\theta} = \frac{x_2+x_3}{x_1+x_2+x_3} \tag{10.63}$$

이다. 이 때 $x_3+x_4=125$ 이므로, x_{obs} 이 주어진 상황에서 X_3는 성공할 확률이 $\dfrac{\frac{1}{4}\theta}{\frac{1}{2}+\frac{1}{4}\theta}$ 이며 시행횟수가 125인 이항분포를 따른다고 생각할 수 있다. 그러므로

$$E(X_1 \mid \hat{\theta}_i, x_{obs}) = 38 \ ,$$

$$E(X_2 \mid \hat{\theta}_i, x_{obs}) = 34 \ ,$$

$$E(X_3 \mid \hat{\theta}_i, x_{obs}) = 125 \cdot \frac{\frac{1}{4}\hat{\theta}_i}{\frac{1}{2}+\frac{1}{4}\hat{\theta}_i} \ ,$$

와

$$E(X_4 \mid \hat{\theta}_i, x_{obs}) = 125 \cdot \frac{\frac{1}{2}}{\frac{1}{2}+\frac{1}{4}\hat{\theta}_i}$$

이다. 그러므로 $(i+1)$ 번째 반복에서

$$\hat{\theta}_{i+1} = \frac{38+125 \cdot \dfrac{\frac{1}{4}\hat{\theta}_i}{\frac{1}{2}+\frac{1}{4}\hat{\theta}_i}}{38+34+125 \cdot \dfrac{\frac{1}{4}\hat{\theta}_i}{\frac{1}{2}+\frac{1}{4}\hat{\theta}_i}} \tag{10.64}$$

로 표현한다 식(10.64)은 관측자료에 기초한 θ 의 최대 우도 추정치를 얻기 위해 반복적으로 사용되어진다. $\hat{\theta}_0 = \frac{1}{2}$ 인 초기값을 이용하여, 반복적인 과정의 결과들이 표10.1에 주어진다. 식 (10.64)에서 $\hat{\theta}_{i+1} = \hat{\theta}_i = \hat{\theta}$ 이라면 다음과 같은 2차식

$$197\hat{\theta}^2 - 15\hat{\theta} - 68 = 0$$

을 얻으며 여기서 양의 근은 오직 $\hat{\theta} = 0.626814$ 이다. 이것은 표 10.1에 주어진 마지막 반복에 얻어진 값과 거의 같다.

<표 10.1> 예제 10.12.5에 대한 EM 알고리즘

반복	0	1	2	3	4	5	6	7	8
$\hat{\theta}$	0.5000000	0.6082474	0.6243210	0.6264888	0.6267773	0.6268156	0.6268207	0.6268213	0.6268214

10.12.3 최량선형불편추정량 (BLUE)

X_1, X_2은 모수 μ의 불편추정량(unbiased estimator)들이라 하고, $f(x_1, x_2)$를 $X=(X_1, X_2)'$ 의 밀도함수라 하자. 이 두 추정량을 비교하기 위해 한 추정량 X_1이 다른 추정량 X_2보다 μ에 더 가까울 확률을 생각한다. 즉,

$$p=P(|X_1-\mu|<|X_2-\mu|)$$

이다. 이 확률 p는 다음과 같이 표현할 수 있다.

$$p=\int\int_D f(x_1, x_2)dx_1dx_2 \tag{10.65}$$

이고 여기서 $D=\{(x_1, x_2)|\ |x_1-\mu|<|x_2-\mu|\}$이다. 극좌표를 이용하여 다음과 같이 변수변환을 해보자. 즉,

$$x_1-\mu=r\cos\theta, \quad x_2-\mu=r\sin\theta$$

이다. 식 (10.39)을 이용하면, 식 (10.65)에 있는 적분은 다음과 같다.

$$p=\int\int_{D'}\tilde{g}(r,\theta)\left|\frac{\partial(x_1,x_2)}{\partial(r,\theta)}\right|drd\theta = \int\int_{D'}\tilde{g}(r,\theta)r\,dr\,d\theta$$

여기서 $\tilde{g}(r,\theta)=f(\mu+r\cos\theta, \quad \mu+r\sin\theta)$이고

$$D'=\left\{(r,\theta)|0\le r\le\infty, \quad \frac{\pi}{4}<\theta<\frac{3\pi}{4}, \quad \frac{5\pi}{4}<\theta<\frac{7\pi}{4}\right\}$$

이다. 특별히, X가 이변량 정규분포를 따른다면, 그것의 밀도함수는

$$f(x_1,x_2)=\frac{1}{2\pi\sigma_1\sigma_2(1-\rho^2)^{\frac{1}{2}}}*\exp\left\{\frac{-1}{2(1-\rho^2)}\left[\frac{(x_1-\mu)^2}{\sigma_1^2}-\frac{2\rho(x_1-\mu)(x_2-\mu)}{\sigma_1\sigma_2}+\frac{(x_2-\mu)^2}{\sigma_2^2}\right]\right\}$$

$$-\infty<x_1, x_2<\infty$$

이고

$$\tilde{g}(r,\theta)=\frac{1}{2\pi\sigma_1\sigma_2(1-\rho^2)^{\frac{1}{2}}}*\exp\left\{-\frac{r^2}{2(1-\rho^2)}\left[\frac{\cos^2\theta}{\sigma_1^2}-\frac{2\rho\cos\theta\sin\theta}{\sigma_1\sigma_2}+\frac{\sin^2\theta}{\sigma_2^2}\right]\right\}$$

이다. 여기서 σ_1^2과 σ_2^2은 각각 X_1과 X_2의 분산이고 ρ는 상관계수이다. 이 경우에

$$p = 2\int_{\frac{\pi}{4}}^{\frac{3\pi}{4}}\left[\int_0^{\infty}\tilde{g}(r,\theta)rdr\right]d\theta$$

이고 Lowerre(1983)에 의하여 만약 $\sigma_2>\sigma_1$이면

$$p = 1 - \frac{1}{\pi}Arctan\left[\frac{2\sigma_1\sigma_2(1-\rho^2)^{\frac{1}{2}}}{\sigma_2^2-\sigma_1^2}\right]$$

임을 보였다.

$X_1, \cdots, X_n$이 평균 μ와 분산 σ^2을 갖는 확률분포에서 독립적으로 추출된 표본(random sample) 이라 하자. $\hat{\phi} = \sum_{i=1}^{n} a_i X_i$ 형태의 추정량을 μ의 선형 추정량(linear estimator)이라 한다. 여기서 a_i들은 상수이다. $E(\hat{\phi_i}) = \mu$ (즉, $\sum_{i=1}^{n} a_i = 1$) 이면 $\hat{\phi}$는 불편이다. $\hat{\phi}$의 분산은 $Var(\hat{\phi}) = \sigma^2 \sum_{i=1}^{n} a_i^2$이다. $\hat{\phi}$의 분산이 작으면 작을수록 $\hat{\phi}$는 μ의 추정량으로써 더욱더 효용하다. 만약 $Var(\hat{\phi})$의 최소값을 갖는 $a_1, \cdots, a_n$이 선택된다면, $\hat{\phi}$는 μ에 대한 불편이고 선형인 추정량들 중에서 가장 작은 분산을 갖는다. 이런 경우 $\hat{\phi}$를 최량선형 불편추정량(BLUE, best linear unbiased estimator)라 한다. μ의 최량선형 불편추정량을 구하기 위해 $\sum_{i=1}^{n} a_i = 1$인 제약식 아래 $f = \sum_{i=1}^{n} a_i^2$을 최소화하는 것이다. 이 최소화 문제는 라그랑지 승수방법으로 풀 수 있다.

$$F = \sum_{i=1}^{n} a_i^2 + \lambda(\sum_{i=1}^{n} a_i - 1)$$

이라 하자. 이때 $i = 1, \cdots, n$에 대하여

$$\frac{\partial F}{\partial a_i} = 2a_i + \lambda = 0$$

이며, $a_i = \frac{-\lambda}{2}$ 이다. 제약식 $\sum_{i=1}^{n} a_i = 1$을 이용하면 $\lambda = -\frac{2}{n}$이다. 그러므로 $i = 1, \cdots, n$에 대하여 $a_i = \frac{1}{n}$이다. 이 해들이 f를 최소화 함을 보이기 위해 10.8절에 있는 $\triangle_1, \cdots, \triangle_{n-1}$ 들의 부호를 확인 할 필요가 있다. 여기서 $\triangle_i$는 B_i의 행렬식이다. 여기서 B_1은 $(n+1) \times (n+1)$인 행렬이며,

$$B_1 = \begin{pmatrix} 2I_n & 1_n \\ 1_n' & 0 \end{pmatrix}$$

이다. 따라서

$$\triangle_1 = detB_1 = -\frac{n2^n}{2} < 0$$

$$\triangle_2 = -\frac{(n-1)2^{n-1}}{2} < 0$$

$$\vdots$$

$$\triangle_{n-1} = -2^2 < 0$$

이다. $m = 1$이 홀수이므로 9.8절의 충분조건에 의하여 $a_i = \frac{1}{n}$일때 국소최소값을 갖는다. 이것이 R^n에서 유일한 최소값이므로 이것은 절대 최소값이다. 따라서 표본평균 $\overline{X}$는 모평균 μ의 가장 효과적인 최소선형 불편추정량이다.

10.12.4 MINQUE

다음과 같은 선형모형식(10.67)을 생각하자.

$$Y = X\alpha + \sum_{i=1}^{c} U_i\beta_i \tag{10.67}$$

이며 여기서 Y 는 n의 관측치의 벡터, α는 고정효과의 벡터, $\beta_i, \cdots, \beta_c$는 임의효과(random effects)의 벡터들이다. $X, U_1, \cdots, U_c$ 는 알려진 상수들의 행렬로써 $\beta_c = \varepsilon$이고 $U_c = I_n$이다. ε는 확률오차의 벡터이다. β_i들은 평균벡터 O과 분산-공분산 행렬 $\sigma_i^2 I_{m_i}$을 갖고, 서로 상관관계가 없다고 가정한다. 여기서 m_i는 U_i $(i = 1,\cdots, c)$의 열(column)들의 수이다. 분산 $\sigma_1^2, \cdots, \sigma_c^2$ 들은 분산요소라 한다. 모형 (10.67)은

$$Y = X\alpha + U\beta \tag{10.68}$$

로 표현할 수 있으며 $U = [U_1 : U_2 : \cdots : U_c]$, $\beta = (\beta_1', \cdots, \beta_c')'$이다. 모형 (10.68)에서

$$E(Y) = X\alpha$$

와

$$Var(Y) = \sum_{i=1}^{c} \sigma_i^2 V_i \tag{10.69}$$

이며, $V_i = U_i U_i'$ 이다.

분산요소의 선형함수 $\sum_{i=1}^{c} a_i\sigma_i^2$ 의 추정을 $Y'AY$ 형태의 이차 추정으로 하는 것을 생각하자. 여기서 a_i 들은 알려진 상수이다. 또한 A는 $Y'AY$ 가 다음의 기준들을 만족하는 것으로 대칭행렬이 되도록 결정한다.

10.12.4.1 전이불변성 (Translation Invariance)

α 대신에 $\gamma = \alpha - \alpha_0$을 생각하면, 식(10.68)에서

$$Y - X\alpha_0 = X\gamma + U\beta$$

이다. 이 경우에 $\sum_{i=1}^{c} a_i\sigma_i^2$ 는 $(Y - X\alpha_0)'A(Y - X\alpha_0)$로 추정한다.

$Y'AY$가 $Y'AY = (Y - X\alpha_0)'(Y - X\alpha_0)$를 만족하면 전이불변(translation invariant)이라 말한다. 이것이 사실이기 위해서는

$$AX = 0 \tag{10.70}$$

이다.

10.12.4.2 불편성(Unbiasedness)

$E(Y'AY)=\sum_{i=1}^{c} a_i\sigma_i^2$이다. Searle(1971,정리1,p55)에 있는 결과를 이용하고, $E(Y)=X\alpha$ 이므로,

$$E(Y'AY) = \alpha' X'AX\alpha + tr(AVar(Y)) \tag{10.71}$$

이다. 식 (10.69), (10.70)와 (10.71)에서

$$E(Y'AY) = \sum_{i=1}^{c} \sigma_i^2\, tr(AV_i) \tag{10.72}$$

이다. $\sum_{i=1}^{c} a_i\sigma_i^2$와 비교하면, 불평성을 위한 조건은

$$a_i = tr(AV_i), \quad i=1,2,\cdots,c \tag{10.73}$$

이다.

10.12.4.3 최소 놈 (Minimum norm)

모형식 (10.67)에 있는 $\beta_1,\cdots,\beta_c$가 관측할 수 있다면, $\sum_{i=1}^{c} a_i\sigma_i^2$ 의 자연적인 불편추정치는 $\sum_{i=1}^{c} a_i\beta_i'\beta_i/m_i$이다. 왜냐하면 $E(\beta_i'\beta_i) = tr(\sigma_i^2 I_{m_i}) = m_i\sigma_i^2$ 이기 때문이다. 이 추정치는 $\beta'\Delta\beta$ 로 쓰여진다. 여기서 Δ는 Block−대각행렬이며

$$\Delta = diag\left(\frac{a_1}{m_1}I_{m_1}, \frac{a_2}{m_2}I_{m_2}, \cdots, \frac{a_c}{m_c}I_{m_c}\right)$$

이다. 또한 $AX=0$ 이므로

$$Y'AY - \beta'\Delta\beta = \beta'(U'AU-\Delta)\beta$$

이다. 이 차는 유클리디언 놈 $\|U'AU-\Delta\|$ 을 최소화 시키므로 작게 만들 수 있다. 이차추정치 $Y'AY$ 는 식 (10.70)와 (10.73)의 제약식에서 $\|U'AU-\Delta\|$을 최소화할 수 있는 A가 결정될 수 있다면 minimum norm quadratic unbiased estimator (MINQUE)라 한다.

$\|U'AU-\Delta\|$의 최소화는 $tr(AVAV)$의 그것과 같다. 여기서 $V=\sum_{i=1}^{c} V_i$ 이다. 그 이유는 다음과 같다.

$$\begin{aligned}\|U'AU-\Delta\|^2 &= tr[(U'AU-\Delta)(U'AU-\Delta)] \\ &= tr(U'AUU'AU) - 2tr(U'AU\Delta) + tr(\Delta^2)\end{aligned} \tag{10.74}$$

이다.

$$\begin{aligned}tr(U'AU\Delta) &= tr(AU\Delta U') = tr\left(A\sum_{i=1}^{c} U_i\frac{a_i}{m_i}I_{m_i}U_i'\right) \\ &= \sum_{i=1}^{c}\frac{a_i}{m_i}tr(AV_i) = \sum_{i=1}^{c}\frac{a_i}{m_i} = tr(\Delta^2)\end{aligned}$$

이므로

$$\|U'AU-\Delta\|^2 = tr(U'AUU'AU) - tr(\Delta^2)$$
$$= tr(AVAV) - tr(\Delta^2)$$

이다. $tr(\Delta^2)$는 A를 포함하지 않으므로, MINQUE의 문제는 식(10.70)와 (10.73)의 제약식에서 $tr(AVAV)$을 최소화하는 A를 찾는것과 같다. Rao(1971)는 이 최적화 문제의 해는

$$A = \sum_{i=1}^{c} \lambda_i R V_i R$$

의 형태이며 $R = V^{-1} - V^{-1}X(X'V^{-1}X)^{-}X'V^{-1}$, $(X'V^{-1}X)^{-}$는 $X'V^{-1}X$의 일반화역 (generalized inverse)이며, λ_i 들은 다음식들을 만족하는데서 얻어진다.

$$\sum_{i=1}^{c} \lambda_i tr(RV_iRV_j) = a_j, \quad j = 1, 2, \cdots, c$$

이며, 이는 다시

$$\lambda' S = a' \tag{10.75}$$

로 표현할 수 있다.

여기서 $\lambda = (\lambda_1, \cdots, \lambda_c)'$, $S = (s_{ij})$는 $c \times c$행렬, $s_{ij} = tr(RV_iRV_j)$, $a = (a_1, \cdots, a_c)'$ 이다. 그러므로 $\sum_{i=1}^{c} a_i \sigma_i^2$ 의 MINQUE는

$$Y'\left(\sum_{i=1}^{c} \lambda_i R V_i R\right) Y = \sum_{i=1}^{c} \lambda_i Y' R V_i R Y = \lambda' q$$

로 표현할 수 있으며 여기서 $q = (q_1, \cdots, q_c)'$, $q_i = Y'RV_iRY \quad (i = 1, \cdots, c)$이다. 그러나 식 (10.75)에서, $\lambda' = a'S^{-}$이다. 따라서 $\lambda' q = a'S^{-}q = a'\hat{\sigma}$이며, $\hat{\sigma} = (\hat{\sigma_1}, \cdots, \hat{\sigma_c})'$는 다음 등식 (10.76)을 만족하는 해이다.

$$S\hat{\sigma} = q \tag{10.76}$$

이다. 이 등식이 유일한 해를 가질 필요충분조건은 각각의 분산요소들이 불편이하게 추정할(estimable)수 있다. (Rao, 1972, p142)라는 것이다. 그러므로 σ_i^2의 MINQUE는 식 (10.76)을 풀면서 구할 수 있다.

연습문제 (10)

1. $f(x_1, x_2)$는 R^2에 다음과 같이 정의된 함수이다.

$$f(x_1, x_2) = \begin{cases} \dfrac{|x_1|}{x_2^2} \exp\left(\dfrac{|x_1|}{x_2^2}\right) & , \ x_2 \neq 0 \\ 0 & , \ x = 0 \end{cases}$$

   1) $x = (x_1, x_2)^T$가 원점을 통과하는 직선위를 움직여서 0에 접근할 때, $f(x_1, x_2)$가 극한 0을 가짐을 보여라.
   2) $x \to 0$ 일 때 $f(x_1, x_2)$가 극한을 갖지 않음을 보여라.

2. 보조정리 10.3.1을 증명하라.

3. 보조정리 10.3.2를 증명하라.

4. 보조정리 10.3.3을 증명하라.

5. $$f(x_1, x_2) = \begin{cases} \dfrac{x_1 x_2}{x_1^2 + x_2^2} & , \ (x_1, x_2) \neq (0, 0) \\ 0 & , \ (x_1, x_2) = (0, 0) \end{cases}$$

   이라 하자.
   1) $f(x_1, x_2)$가 원점 0에서 연속이 아님을 보여라.
   2) x_1과 x_2에 대한 함수 $f(x_1, x_2)$의 편도함수가 원점 0에서 존재함을 보여라.

6. $$f(x_1, x_2) = \begin{cases} \dfrac{x_1^2 x_2}{x_1^4 + x_2^2} & , \ (x_1, x_2) \neq (0, 0) \\ 0 & , \ (x_1, x_2) = (0, 0) \end{cases}$$

   이라 하자.
   1) 원점 0에 f가 연속인가? 그 이유를 설명하라.
   2) 함수 f는 원점 0에서 모든 방향에 대하여 방향도함수를 갖음을 보여라.

7. 함수 $f(x_1, x_2)$와 $g(x_1, x_2)$가 $x_0 = (x_{10}, x_{20})'$ 의 근방에서 연속적으로 미분가능하다고 가정하자. $u_1 = f(x_1, x_2)$인 방정식을 생각하자.

   이때 x_0에서 $\dfrac{\partial f}{\partial x_1} \neq 0$이라 가정한다.

   1) x_0의 근방에서 $\dfrac{\partial x_1}{\partial x_2} = -\dfrac{\partial f}{\partial x_2} \Big/ \dfrac{\partial f}{\partial x_1}$임을 보여라.

2) x_0근방에서 $\dfrac{\partial(f,g)}{\partial(x_1,x_2)}=0$이면 $\dfrac{\partial g}{\partial x_1}\dfrac{\partial x_1}{\partial x_2}+\dfrac{\partial g}{\partial x_2}=0$임을 보여라.

(즉, x_0근방에서 g는 x_2에 대하여 실제적으로 독립이다.)

3) 2)를 이용하여 x_0근방에서 $g(x_1,x_2)=\phi[f(x_1,x_2)]$을 만족하는 함수 $\phi:D\to R$가 존재함을 보여라. 여기서 D는 $f(x_0)$의 근방이다. 이 경우, 함수 f와 g는 함수적으로 비독립(dependent)이라 한다.

4) 함수 f와 g가 함수적으로 비독립이면, $\dfrac{\partial(f,g)}{\partial(x_1,x_2)}=0$임을 보여라.

8. u_1과 u_2가 다음과 같이 정의된다.

$$u_1=x_1(1-x_2^2)^{\frac{1}{2}}+x_2(1-x_1^2)^{\frac{1}{2}},$$
$$u_2=(1-x_1^2)^{\frac{1}{2}}(1-x_2^2)^{\frac{1}{2}}-x_1x_2$$

이 때 u_1과 u_2는 함수적으로 비독립임을 보여라.

9. 다음 함수들의 정상점을 찾아라. 이때 국소최소값과 최대값을 확인하라.

1) $f=x_1^2+x_2^2+x_1+x_2+x_1x_2$

2) $f=2ax_1^2-x_1x_2+x_2^2+x_1-x_2+1$ 여기서 a는 상수이다.

3) $f=x_1^4+x_2^4-2(x_1-x_2)^2$

10. 구역 $c=\{(p_1,\cdots,p_m)\mid 0<p\le p_i\le 1,\ \ i=1,\cdots,m\}$에서 정의되는 함수 f는 다음과 같다.

$$f=\frac{1+p+\sum_{i=1}^{m}p_i}{\left(1+p^2+\sum_{i=1}^{m}p_i^2\right)^{1/2}}$$

을 생각하자. 여기서 p는 알려진 상수이다.

1) $i=1,\cdots,m$에 대하여 c에 있는 오직 한점에서 $\dfrac{\partial f}{\partial p_i}=0$임을 보여라.

2) c의 경계(boundary)에서 경사(gradient) 벡터 $\nabla f=\left(\dfrac{\partial f}{\partial p_1},\cdots,\dfrac{\partial f}{\partial p_m}\right)\neq 0$임을 보여라.

3) f는 c의 내점인 점 $(p_1^0,p_2^0,\cdots,p_m^0)$에서 절대 최대값을 갖는다. 여기서 $i=1,\cdots,m$에 대하여 $p_i^0=\dfrac{1+p^2}{1+p}$ 이다.

11. 라그랑지 승수 방법을 이용하여 모든 x_1,x_2,x_3에 대하여

$$(x_1^2x_2^2x_3^2)^{\frac{1}{3}}\le\frac{1}{3}(x_1^2+x_2^2+x_3^2)$$

임을 보여라.

12. 다음 적분들을 하라.

1) $\int\int_D x_2\sqrt{x_1}\,dx_1x_2$, 여기서 $D=\{(x_1, x_2) \mid x_1>0, \quad x_2>x_1^2, \quad x_2<2-x_1^2\}$이다.

2) $\int_0^1\left[\int_0^{\sqrt{1-x_2^2}}\left(\frac{2}{3}x_1+\frac{4}{3}x_2\right)dx_1\right]dx_2$

13. 함수 $f(x_1, x_2)$가 연속이면,

$$\int_0^2\left[\int_{x_1^2}^{4x_1-x_1^2} f(x_1, x_2)dx_2\right]dx_1=\int_0^4\left[\int_{2-\sqrt{4-x_2}}^{\sqrt{x_2}} f(x_1, x_2)dx_1\right]dx_2$$

임을 보여라.

14. $I=\int_0^1\left[\int_{1-x_1}^{1-x_1^2} f(x_1, x_2)dx_2\right]dx_1$ 라 하자.

1) 적분의 순서를 바꾸어 I에 대한 다른 표현을 쓰라.

2) $g(x_1)=\int_{1-x_1}^{1-x_1^2} f(x_1, x_2)dx_2$ 이면, $\frac{dg}{dx_1}$ 을 구하라.

15. $I=\int_0^{\sqrt{3}}\frac{dx}{(1+x^2)^3}$ 을 구하라.

16. 주어진 구간에서 각 적분의 일양 수렴성을 조사하여라.

1) $\int_1^{\infty}\frac{dy}{(x^2+4y^2)^{3/2}}$, $x\in[0, 1]$

2) $\int_1^{\infty}\frac{\cos y\,dy}{(x^2+y^2)^2}$, $x\in[0, 1]$

3) $\int_0^{\infty} y^n e^{-y^2}\cos(xy)\,dy$, $x\in R, n\in Z^+$

17. $x\geq 0$ 에서 f가 연속이고 $\int_0^{\infty} f$가 수렴한다 하자. 이 때 $\int_0^{\infty} e^{-xy}f(y)dy$는 $[0, b]$ 에서 일양 수렴함을 보여라.

18. 1) $a>0$ 에서 $\int_0^{\infty}\frac{e^{-ay}\sin xy}{y}\,dy=\text{arc tan}\left(\frac{x}{a}\right)$ 임을 보여라.

2) $x\in R$ 에서

$$\int_0^{\infty}\frac{\sin xy}{y}\,dy=\begin{cases}\frac{\pi}{2}, & x>0\\ 0, & x=0\\ -\frac{\pi}{2}, & x<0\end{cases}$$

임을 보여라.

19. 1) $\int_0^{\infty} \sin x\, e^{-xy^2} dy$ 는 $[0, \infty)$ 에 일양 수렴함을 보여라.

2) $\int_0^{\infty} \sin x\, e^{-xy^2} dy$ 는 $[0, b]$ 에서 일양 수렴하지 않음을 보여라. 여기서 $b>0$ 이다.

22. 확률 벡터 $X=(X_1, X_2)^T$ 가 다음과 같은 확률 밀도 함수를 갖는다고 가정하자.

$$f(x_1, x_2)=\begin{cases} x_1+x_2, & 0<x_1<1,\ 0<x_2<1 \\ 0, & \text{그외에} \end{cases}$$

1) 확률변수 X_1과 X_2는 독립인가?

2) $E(X_1, X_2)$를 구하라.

23. 확률벡터 $X=(X_1, X_2)^T$의 확률 밀도함수

$$f(x_1, x_2)=\begin{cases} \dfrac{1}{\Gamma(\alpha)\Gamma(\beta)} x_1^{\alpha-1} x_2^{\beta-1} e^{-x_1-x_2}, & 0<x_1,\ x_2<\infty \\ 0, & \text{그외에} \end{cases}$$

이다. 여기서 $\alpha>0$, $\beta>0$, $\Gamma(m)=\int_0^{\infty} e^{-x} x^{m-1} dx$이다.

새로운 확률변수 Y_1과 Y_2는

$$Y_1=\frac{X_1}{X_1+X_2}, \quad Y_2=X_1+X_2$$

이다.

1) Y_1과 Y_2의 결합 밀도함수를 구하라.

2) Y_1과 Y_2의 주변 밀도함수를 구하라.

3) Y_1과 Y_2는 독립인가?

24. $X_1, \cdots, X_n$ 는 독립인 확률변수들이다. 또한 이들은 모두 공통 밀도함수 $f(X)=e^{-x}$, $x>0$를 갖는다고 하자.

이 때 새로운 확률변수 y들을 다음과 같이 정의한다.

$$\begin{aligned} Y_1 &= X_1 \\ Y_2 &= X_1+X_2 \\ &\vdots \\ Y_n &= X_1+X_2+\cdots+X_n \end{aligned}$$

1) $Y=(Y_1, \cdots, Y_n)^T$의 결합 밀도함수를 구하라.

2) Y_n의 주변 밀도함수를 구하라.

25. 포물선 $\mu=\beta_0+\beta_1 x+\beta_2 x^2$이 주어진 쌍자료 $(x_1, y_1), (x_2, y_2), \cdots, (x_n, y_n)$에 잘 적합된다고 가정하자. 이때 $\beta_0, \beta_1, \beta_2$에 대하여 $\sum_{i=1}^{n}[y_i-(\beta_0+\beta_1 x_i+\beta_2 x_i^2)]^2$을 최소화 하는 $\beta_0, \beta_1, \beta_2$의 추정치를 구하라.

26. $f(x_1, x_2)=8x_1^2-4x_1x_2+5x_2^2$ 이다. 이때 초기값 $x_0=(5, 2)'$ 를 갖고 최소경사법을 이용하여 $f(x_1, x_2)$를 최소화하라.

27. $p\times p$ 인 행렬 A 는 비음수고유치(nonnegative eigenvalue)들을 갖는다 한다. 이 때

$$detA \le \exp[tr(A-I_p)]$$

임을 보여라.(힌트 : Watson(1964)) .

28. $X_1, \cdots, X_n$ 는 $N_p(\mu, V)$ 에 있는 독립적인 확률벡터이다. 이 때 우도함수는

$$L=\frac{1}{(2\pi)^{\frac{np}{2}}[detV]^{\frac{n}{2}}}\exp\left[-\frac{1}{2}\sum_{i=1}^{n}(X_i-\mu)'V^{-1}(X_i-\mu)\right]$$

이다. μ 의 최대우도추정치는 $\overline{X}=\frac{1}{n}\sum_{i=1}^{n}X_i$ 로 알려져 있다.

$$S=\frac{1}{n}\sum_{i=1}^{n}(X_i-\overline{X})(X_i-\overline{X})'$$

이라 하자. 이때 V 의 최대우도추정치가 S 임을 다음 식을 증명함으로써 보여라.

$$\frac{1}{(detV)^{\frac{n}{2}}}\exp\left[-\frac{1}{2}\sum_{i=1}^{n}(X_i-\overline{X})'V^{-1}(X_i-\overline{X})\right]$$

$$\le \frac{1}{(detV)^{\frac{n}{2}}}\exp\left[-\frac{1}{2}\sum_{i=1}^{n}(X_i-\overline{X})'S^{-1}(X_i-\overline{X})\right].$$

즉 ,

$$[det(SV^{-1})]^{\frac{n}{2}}\exp\left[-\frac{n}{2}tr(SV^{-1})\right] \le \exp\left[-\frac{n}{2}tr(I_p)\right]$$

이다. (힌트: 연습문제 27)

29. Random one−way model을 생각하자.

$$y_{ij}=\mu+\alpha_i+\varepsilon_{ij}, \quad i=1,\cdots,I \ : j=1,\cdots,n_i$$

이고 α_i과 ε_{ij}들은 독립적으로 $N(0, \sigma_\alpha^2)$과 $N(0, \sigma_\varepsilon^2)$을 따른다. 이 때 σ_α^2과 σ_ε^2의 MINQUE를 구하기 위해 사용되어지는 식 (10.76) 에 있는 행렬 S와 벡터 q 를 구하라.

제 11 장

특별한 함수들

본 장에서는 통계학 이론에서 사용되는 분포함수인 감마함수와 베타함수를 정의하고 그 성질을 정의로부터 유도한다. 또한 적분의 해석적 한계에 의하여 사용되어지는 라플라스 방법을 소개하고, 스털링(Stirling)공식을 증명한다. 마지막으로 베이지안 통계학에서 가장 중요한 부분인 베이지안 계산과 근사식을 소개한다.

11.1. 감마함수(Gamma Function)

[정 의 11.1.1.]

$x>0$ 에서 (11.1)과 같이 감마함수를 정의한다.

$$\Gamma(x) = \int_0^{\infty} e^{-t} t^{x-1}\, dt \tag{11.1}$$

이다.

[정 리 11.1.1.]

식 (11.1)에서 정의된 Γ는 $x>0$에서만 잘 정의(well-defined)된 함수이다.

(증명) $x>0$에서 $f(t)=t^{x-1}e^{-t}$, $g(t)=\frac{1}{t^2}$라 하고 정리 6.6.4를 이용한다. 이 때 x값에 상관없이

$$\lim_{t\to\infty}\frac{f(t)}{g(t)} = \lim_{t\to\infty}\frac{t^{x-1}e^{-t}}{\frac{1}{t^2}} = \lim_{t\to\infty}\frac{t^{x+1}}{e^t} = 0 \tag{11.2}$$

이므로 $a>0$인 $\int_a^{\infty} f$의 수렴성은 $\int_a^{\infty} g$의 수렴성에 의하여 결정된다. $a>0$에서

$$\int_a^{\infty} g = \lim_{b\to\infty}\int_a^{\infty} g = \lim_{b\to\infty}\left[\frac{1}{a}-\frac{1}{b}\right] = \frac{1}{a} \tag{11.3}$$

이므로 $a>0$에서 $\int_a^{\infty} f$는 수렴한다. 이 때 $a>0$에서

$$\Gamma(x) = \int_0^a f + \int_a^{\infty} f$$

로 쓰여지므로 $\int_0^a f$의 수렴성을 조사한다. 우선 $x>0$이라 하자. $a=1$이라 하자. 구간 $[0,1]$에서 $t^{x-1}e^{-t}\le t^{x-1}$이므로 비교 판정법을 이용하면 $\int_0^1 t^{x-1}dt$이 수렴하므로 $\int_0^1 f$도 역시 수렴한다. 그러므로 $x>0$에서 Γ는 잘 정의된다.

반면에 $x<0$이면 $\int_0^1 f$는 이종특이적분이다. 이때 정리 6.6.8을 이용하고자 한다. $f(t)=t^{x-1}e^{-t}$, $g(t)=t^{x-1}$라 하자. 그러면

$$\lim_{t\to 0^+}\frac{f(t)}{g(t)} = 1 \tag{11.4}$$

이고, $x<0$이면

$$\int_0^1 g = \lim_{a\to 0^+}\int_a^1 = \lim_{a\to 0^+}\left[\frac{1}{x}-\frac{a^x}{x}\right] = -\infty \tag{11.5}$$

이다. 그러므로 $\int_0^1 g$는 발산하므로 $\int_0^1 f$도 발산한다. $x<0$에서 Γ는 잘 정의되지 않는다. 마지막으로 $x=0$이면 $\int_0^1 t^{-1}e^{-t}dt$이다. 이때 $f(t)=t^{-1}e^{-t}$, $g(t)=t^{-1}$라 두고 다시 정리 6.6.8을 이용하면 $\int_0^1 t^{-1}e^{-t}dt$는 발산한다. 따라서 결론적으로 Γ는 $x>0$에서 잘 정의된다. ■

[정 리 11.1.2.]

$x > 0$에서 $\Gamma(x+1) = x\Gamma(x)$이다.

(증명) $x > 0$에서

$$\Gamma(x+1) = \int_0^{\infty} e^{-t}t^x\,dt$$
$$= e^{-t}t^x\Big]_0^{\infty} + x\cdot\int_0^{\infty} e^{-t}t^{x-1}\,dt = x\cdot\Gamma(x) \tag{11.6}$$

이다. ■

[정 리 11.1.3]

함수 Γ 는 구간 $I = (0, \infty)$에서 연속이고 무한히 미분가능하다.

(증명) $I = (0, \infty)$에서 x_0를 임의의 한 점이라고 하자. 적당한 a, b를 $0 < a < x_0 < b$에서 선택한다. 구간 $I_0 = [a, b]$에서 함수 Γ를 시험한다.

$$\Gamma_1(x) = \int_0^1 e^{-t}t^{x-1}\,dt \quad \text{와} \quad \Gamma_2(x) = \int_1^{\infty} e^{-t}t^{x-1}\,dt$$

라고 하면 $\Gamma = \Gamma_1 + \Gamma_2$로 표시된다. 모든 $x \in I_0$와 $0 \le t \le 1$에서

$$|e^{-t}t^{x-1}| = e^{-t}t^{x-1} \le t^{a-1} \equiv M_1(t) \tag{11.7}$$

이고 $t \ge 1$에서,

$$|e^{-t}t^{x-1}| \le e^{-t}t^{b-1} \equiv M_2(t) \tag{11.8}$$

이다. $\int_0^1 M_1(t)$와 $\int_1^{\infty} M_2(t)$가 각각 수렴하므로, 정리 10.10.1의 M판정법에 의하여 Γ_1와 Γ_2는 구간 I_0에서 평등 수렴한다. 결과적으로 Γ_1와 Γ_2는 I_0에서 연속인 함수이므로 Γ도 역시 I_0에서 연속이다. 특히 Γ는 x_0에서 연속이다. x_0는 임의의 양수이므로 Γ는 구간 $I = (0, \infty)$에서 연속이다. 정리 10.10.8과 $\int_0^1 t^{x-1}e^{-1}dt$와 $\int_1^{\infty} t^{x-1}e^{-t}dt$의 일양수렴성을 이용하며, Γ는 $x>0$에서 미분가능하다. 즉,

$$\Gamma'(x) = \int_0^1 \frac{\partial f(x,t)}{\partial x}\,dt = \int_0^{\infty} t^{x-1}(\ln t)e^{-1}dt$$

이며, $x>0$에서 $\Gamma^{(n)}(x) = \int_0^{\infty} t^{x-1}(\ln t)e^{-1}dt$이다. 비슷한 방법으로 구간 I에서 미분 가능함을 보일 수 있다. ■

[따름 정리 11.1.1.]

$n \ge 1$인 모든 정수와 $x > 0$에서

$$\Gamma(x+n) = (x+n-1)\cdot\cdots\cdot(x+1)\,x\Gamma(x) \tag{11.9}$$

이다.

(증명) 연습문제

[따름 정리 11.1.2.]

$n = 0, 1, 2, \cdots$이면 $\Gamma(n+1) = n!$이다.

(증명) 연습문제

[따름 정리 11.1.3.]

임의의 $a > 0$에 대하여, $\int_0^\infty e^{-at} t^{x-1}\, dt = \dfrac{\Gamma(x)}{a^x}$이다.

(증명) 연습문제

11.2. 베타함수(Beta Function)

[정 의 11.2.1.]

베타함수 B는 (11.10)과 같이 정의된다. $x>0, y>0$에서

$$B(x, y) = \int_0^1 t^{x-1}(1-t)^{y-1}\, dt \tag{11.10}$$

이다. 만약 $x \geq 1$, $y \geq 1$이면 위의 적분은 정상(proper)이다. $x<1$또는 $y<1$이며, 적분은 수렴한 이종 특이적분이다. 또한 베타함수는 대칭이다. 즉,

$$B(x, y) = B(y, x) \tag{11.11}$$

이다.

[정 리 11.2.1.]

$x > 0$, $y > 0$에서 $B(x, y)$는 연속 함수이다.

(증명) 연습문제

[보조 정리 11.2.1.]

$x > 0$, $y > 0$에서 $B(x, y) = \int_0^\infty \dfrac{\tau^{x-1}}{(1+\tau)^{x+y}}\, d\tau$ 이다.

(증명) 연습문제

[정 리 11.2.2.]

$x > 0$, $y > 0$에서 $B(x, y) = \dfrac{\Gamma(x)\Gamma(y)}{\Gamma(x+y)}$이다.

(증명) 따름 정리 11.1.3에 의하면,

$$\Gamma(x) = t^x \int_0^\infty \tau^{x-1} e^{-t\tau}\, d\tau = \int_0^\infty t^x \tau^{x-1} e^{-t\tau}\, d\tau \tag{11.12}$$

이다. 윗 식의 양변에 $t^{y-1}e^{-t}$를 곱하고 다시 적분한다면

$$\Gamma(x)\int_0^\infty e^{-t}t^{y-1}\,dt = \int_0^\infty t^{y-1}e^{-t}\,dt\cdot\int_0^\infty t^x\tau^{x-1}e^{-t\tau}\,d\tau \tag{11.13}$$

이고 다시

$$\Gamma(x)\Gamma(y) = \int_0^\infty dt\int_0^\infty t^{x+y-1}\tau^{x-1}e^{-t}e^{-t\tau}\,d\tau \tag{11.14}$$

이다. 적분의 순서를 바꿀 수 있으므로

$$\int_0^\infty d\tau\int_0^\infty t^{x+y-1}\tau^{x-1}e^{-t(1+\tau)}\,dt = \int_0^\infty \tau^{x-1}\,d\tau\int_0^\infty t^{x+y-1}e^{-t(1+\tau)}\,dt \tag{11.15}$$

이다. 다시 보조 정리 11.2.1에 의하면

$$\begin{aligned}\int_0^\infty \frac{\tau^{x-1}}{(1+\tau)^{x+y}}\Gamma(x+y)\,d\tau &= \Gamma(x+y)\int_0^\infty \frac{\tau^{x-1}}{(1+\tau)^{x+y}}\,d\tau \\ &= \Gamma(x,y)B(x,y)\end{aligned} \tag{11.16}$$

이다. ■

예 제 11.2.1.

$\displaystyle\lim_{n\to\infty}\frac{1}{2n+1}\left(\frac{2\cdot4\cdots(2n)}{1\cdot3\cdots(2n-1)}\right)^2 = \frac{\pi}{2}$ 임을 보여라.

(풀이) 연습문제 1과 정리 11.2.2를 이용하면,

$$\int_0^{\frac{\pi}{2}}\sin^k d\theta = \frac{1}{2}B\left(\frac{k+1}{2},\frac{1}{2}\right) = \frac{\sqrt{\pi}}{2}\frac{\Gamma\left(\frac{k+1}{2}\right)}{\Gamma\left(\frac{k+2}{2}\right)} \tag{11.17}$$

이다. 이 때

$$\int_0^{\frac{\pi}{2}}\sin^{2n-1}\theta\,d\theta = \frac{1}{2}B\left(n,\frac{1}{2}\right) = \frac{\sqrt{\pi}}{2}\frac{\Gamma(n)\Gamma\left(\frac{1}{2}\right)}{\Gamma\left(n+\frac{1}{2}\right)} \tag{11.18}$$

이다. 따름정리 11.1.1에 의하면

$$\begin{aligned}\Gamma\left(n+\frac{1}{2}\right) &= \left(n-\frac{1}{2}\right)\Gamma\left(n-\frac{1}{2}\right) = \cdots \\ &= \left(n-\frac{1}{2}\right)\left(n-\frac{3}{2}\right)\cdots\left(\frac{3}{2}\right)\left(\frac{1}{2}\right)\Gamma\left(\frac{1}{2}\right) \\ &= \frac{1\cdot3\cdot5\cdots(2n-3)(2n-1)}{2^n}\Gamma\left(\frac{1}{2}\right)\end{aligned} \tag{11.19}$$

이므로

$$\int_0^{\frac{\pi}{2}}\sin^{2n-1}\theta\,d\theta = \frac{2\cdot4\cdots(2n-2)}{1\cdot3\cdots(2n-1)} \tag{11.20}$$

이다. 또한, 같은 방법으로 다음을 구할 수 있다.

$$\int_0^{\frac{\pi}{2}}\sin^{2n}\theta\,d\theta = \frac{1}{2}B\left(n+\frac{1}{2},\frac{1}{2}\right) = \frac{1\cdot3\cdots(2n-1)}{2\cdot4\cdots(2n)}\,\frac{\pi}{2} \tag{11.21}$$

이다. $\theta\in\left(0,\frac{\pi}{2}\right)$에서 $0 < \sin\theta < 1$ 이므로 수학적 귀납법을 이용하면,

$$\sin^{2n+1}\theta < \sin^{2n}\theta < \sin^{2n-1}\theta \tag{11.22}$$

이다. 따라서

$$\int_0^{\frac{\pi}{2}} \sin^{2n+1}\theta\, d\theta < \int_0^{\frac{\pi}{2}} \sin^{2n}\theta\, d\theta < \int_0^{\frac{\pi}{2}} \sin^{2n-1}\theta\, d\theta$$

이므로

$$\frac{2\cdot 4\cdots(2n)}{1\cdot 3\cdots(2n+1)} < \frac{1\cdot 3\cdots(2n-1)}{2\cdot 4\cdots(2n)}\frac{\pi}{2} < \frac{2\cdot 4\cdots(2n-2)}{1\cdot 3\cdots(2n-1)} \qquad (11.23)$$

이다. 위 부등식 (11.23)의 역수를 취하면

$$\frac{1\cdot 3\cdots(2n-1)}{2\cdot 4\cdots(2n-2)} < \frac{2\cdot 4\cdots(2n)}{1\cdot 3\cdots(2n-1)}\frac{2}{\pi} < \frac{1\cdot 3\cdots(2n+1)}{2\cdot 4\cdots(2n)} \qquad (11.24)$$

이다. 부등식 (11.24)의 양변에 $\frac{2\cdot 4\cdots(2n)}{1\cdot 3\cdots(2n+1)}\frac{\pi}{2}$ 를 곱하면

$$\frac{2n}{2n+1}\frac{\pi}{2} < \frac{1}{2n+1}\left(\frac{2\cdot 4\cdots(2n)}{1\cdot 3\cdots(2n-1)}\right)^2 < \frac{\pi}{2} \qquad (11.25)$$

를 얻는다. $\lim_{n\to\infty}\frac{2n}{2n+1} = 1$ 이므로 정리 3.1.1에 의하면

$$\lim_{n\to\infty}\frac{1}{2n+1}\left(\frac{2\cdot 4\cdots(2n)}{1\cdot 3\cdots(2n-1)}\right)^2 = \frac{\pi}{2} \qquad (11.26)$$

이다.

[정의 11.2.2.]

예제 11.2.1에 얻어진 극한값의 표현을 왈리스의 곱(Wallis' product)이라 한다. 즉,

$$\frac{\pi}{2} = \frac{2}{1}\cdot\frac{2}{3}\cdot\frac{4}{3}\cdot\frac{4}{5}\cdot\frac{6}{5}\cdot\frac{6}{7}\cdots \qquad (11.27)$$

이다.

11.3. 라플라스 변환(Laplace Transform)

함수 f가 구간 $[0,\infty)$에서 적분가능하면, f의 라플라스 변환 F는 다음과 같이 정의된다. 6장의 연습문제 41을 참조하라.

$$F(x) = \int_0^\infty f(t)\, e^{-xt}\, dt = \mathrm{L}(f) \qquad (11.28)$$

[정 리 11.3.1.]

F는 $[a_1, b_1]$에서 일양 수렴한다. 여기서 $0 < a_1 < b_1 < \infty$ 이다.

(증명) F를 감마함수와 비슷한 방법으로 주어진 적분을 다음과 같이 분해한다.

$$\begin{aligned} F(x) &= \int_0^\infty f(t)\, e^{-xt}\, dt \\ &= \int_0^1 f(t)\, e^{-xt}\, dt + \int_1^\infty f(t)\, e^{-xt}\, dt \end{aligned} \qquad (11.29)$$

이다. 만약 $t \in [0,1]$이면 $|f(t)e^{-xt}| \le |f(t)|$이고 $t \in [1,\infty)$ 이면 $|f(t)e^{-xt}| \le e^{-a_1}|f(t)|$ 이다. 그러므로 $t \in [0,\infty)$ 에서 $|f(t)e^{-xt}| \le e^{-a_1 t}|f(t)|$ 이다. 여기서 M 판정법을 이용하면 F는 일양 수렴이다. ■

[정 리 11.3.2.]

f가 구간 $[0,\infty)$ 에서 연속이고 적당한 $x_0 > 0$ 에서 $F(x_0)$가 존재한다 하자. 또한 $G(t) = \int_0^t e^{-x_0 u} f(u)\,du$라 정의한다. 이 때 모든 구간 $[a_1, b_1] \subset (0,\infty)$에서 $F \in C^\infty$ 이고

$$F(x) = (x - x_0)\int_0^\infty e^{-(x-x_0)t} G(t)\,dt,$$

와

$$F^{(n)}(x) = (-1)^n \int_0^\infty f(t)\,t^n e^{-xt}\,dt$$

이다.

(증명) f가 $[0,\infty)$ 에서 연속이므로 정리 10.10.6에 의하면 F는 $[0,\infty)$ 에서 역시 연속이다. 또한 정리 10.10.8에 의하면 $\int_0^\infty f(t)e^{-xt}dt$가 연속인 모든 점 $x > 0$ 에 대하여

$$F'(x) = -\int_0^\infty f(t)\,te^{-xt}\,dt \tag{11.30}$$

이다. 적당한 x_0 에서 $F(x_0)$가 존재한다 가정하였다. 이 때 $x > x_0$ 라 하자. $G(0) = 0$ 이고 $\lim_{t\to\infty} G(t) = F(x_0)$ 이므로 $\lim_{t\to\infty} G(t)$ 가 존재한다. 더욱이 $G'(t) = e^{-x_0 t} f(t)$ 이므로 $f(t) = e^{x_0 t} G(t)$ 이다. $\varepsilon > 0$ 을 고정하고 $R > \varepsilon$ 인 R을 선택하면,

$$\int_\varepsilon^R e^{-xt} f(t)\,dt = \int_\varepsilon^R e^{-(x-x_0)t} G'(t)\,dt \tag{11.31}$$

이고, 부분적분을 이용하면 식 (11.31)은 다음과 같이 얻어진다.

$$\int_\varepsilon^R e^{-xt} f(t)\,dt = e^{-(x-x_0)R} G(R) - e^{-(x-x_0)\varepsilon} G(t) + (x - x_0)\int_\varepsilon^R e^{-(x-x_0)t} G(t)\,dt.$$

만약 $\varepsilon \to 0^+$ 이면 $e^{-(x-x_0)\varepsilon} G(t) \to 0$ 이다. 그러므로

$$\int_0^R e^{-xt} f(t)\,dt = e^{-(x-x_0)R} G(R) + (x - x_0)\int_0^R e^{-(x-x_0)t} G(t)\,dt$$

이다. 이때 $R \to \infty$ 이면 $\lim_{R\to\infty} G(R) = F(x_0)$ 이므로 $x > x_0$ 에서 $e^{-(x-x_0)R} G(R) > 0$ 이다. 따라서

$$F(t) = \int_0^\infty e^{-xt} f(t)\,dt = (x - x_0)\int_0^\infty e^{-(x-x_0)t} G(t)\,dt \tag{11.32}$$

이다. 만약 $\int_0^\infty e^{-(x-x_0)t} G(t)\,dt$가 $x > x_0$ 인 모든 x에 대하여 미분가능하면 product rule에 의

하여 F의 도함수는 구할 수 있다. $g(x,t) = e^{-(x-x_0)t}G(t)$라 하자. 이 때 정리 10.10.8인 특이 적분의 라이프니쯔 법칙을 이용하면,

$$\begin{aligned} \frac{d}{dx}\int_0^\infty e^{-(x-x_0)t}G(t)\,dt &= \int_0^\infty \frac{\partial g}{\partial x}(x,t)\,dt \\ &= \int_0^\infty -t\,e^{-(x-x_0)t}G(t)\,dt \end{aligned} \tag{11.33}$$

이다. 식 (11.33)이 성립하려면 (11.33)의 특이적분이 $[a_1, b_1] \subset (x_0, \infty)$인 구간에서 일양 수렴하여야 한다. $a_1 = x_0 + \delta$라 두자. 여기서 $\delta > 0$이다. 모든 $x \in [a_1, b_1]$에서 $\forall t > 0$에 대하여 $|-te^{-(x-x_0)t}G(t)| = e^{-(x-x_0)t}t|G(t)| \le e^{-\delta t}tM$ 이다.

여기서 M은 $|G(t)|$의 상계이다. $\int_0^\infty e^{-\delta t}tM\,dt$는 수렴하므로 M－판정법에 의하여 $\int_0^\infty -t\,e^{-(x-x_0)t}G(t)\,dt$는 일양 수렴한다. 그러므로 식 (11.32)는 곱법칙에 의하여 미분하면,

$$F'(x) = \int_0^\infty e^{-(x-x_0)t}G(t)\,dt - (x-x_0)\int_0^\infty t\,e^{-(x-x_0)t}G(t)\,dt \tag{11.34}$$

이다. 더욱이 부분적분에 의하면,

$$\begin{aligned} -\int_0^\infty t\,e^{-(x-x_0)t}f(t)\,dt &= -\int_0^\infty t\,e^{-(x-x_0)t}G'(t)\,dt \\ &= \int_0^\infty G(t)\frac{d}{dt}[e^{-(x-x_0)t}t]\,dt \\ &= \int_0^\infty G(t)\left[e^{-(x-x_0)t} - (x-x_0)\,t\,e^{-(x-x_0)t}\right]dt \\ &= \int_0^\infty e^{-(x-x_0)t}G(t)\,dt - (x-x_0)\int_0^\infty t\,e^{-(x-x_0)t}G(t)\,dt \\ &= F'(x) \end{aligned} \tag{11.35}$$

이다. 수학적 귀납법에 의하여, $x > x_0$에 대해서

$$F^{(n)}(x) = (-1)^n\int_0^\infty f(t)\,t^n e^{-xt}\,dt$$

이다. 또한 f가 연속이므로 정리 10.10.6에 의하여 $F \in C^\infty[x_0, \infty)$이다. ■

예 제 11.3.1.

$k \in R$에서 $L(t\cos kt)$를 구하라.

(풀이) 6장 연습문제 41번 5)에 의하면 $F(x) = L(\cos kt) = \dfrac{x}{x^2+k^2}$, $x > 0$이다. 식 (11.4)에 의하면

$$\begin{aligned} L(t\cos kt) &= \int_0^\infty (\cos kt)\,t\,e^{-xt}\,dt = -F'(x) \\ &= \frac{x^2-k^2}{(x^2+k^2)^2} \end{aligned}$$

이다.

11.4. 라플라스 방법(Laplace Method)

5.4절에서 이미 표시 "~" 를 언급하였다. $\lim_{x\to\infty}\frac{A(x)}{B(x)} = 1$이면 $x\to\infty$일때 $A \sim B$로 나타낸다. 즉, $A \sim B$란 표시는 A는 B에 점근적이다.

예 제 11.4.1.

$x\to\infty$일 때 $x^2 + x\cos x \sim x^2$임을 보여라.

(풀이) $x\to\infty$일때 $\frac{x^2 + x\cos x}{x^2} = 1 + \frac{\cos x}{x} \to 1$이다.

[정 리 11.4.1.]

$a>0$, $b>0$이고 $f(x) = \int_0^a e^{-xbt^2}\,dt$라고 정의하면 $x\to\infty$일 때

$$f(x) \sim \frac{1}{2}\left(\frac{\pi}{bx}\right)^{\frac{1}{2}}$$

이다.

(증명) $\sqrt{bx}\cdot t = u$라고 치환하면

$$f(x) = \int_0^{\sqrt{bx}\,a} e^{-u^2}\frac{du}{\sqrt{bx}}$$

이다. 이때,

$$\sqrt{bx}\,f(x) = \int_0^{\sqrt{bx}\,a} e^{-u^2}\,du \to \int_0^{\infty} e^{-u^2}\,du = \frac{1}{2}\sqrt{\pi}$$

이다. ■

[정 리 11.4.2.] (Laplace's Method)

함수 $f: [0, a) \to R$가 다음을 만족한다고 하자. 여기서 a는 유한 또는 ∞이다.

1) f는 두번 연속 미분 가능하고,

2) f는 주어진 구간에서 증가 함수이고,

3) $f(0) = f'(0) = 0$, $f''(0) > 0$이고,

4) $I(x) = \int_0^a e^{-xf(t)}\,dt$가 존재할 적당한 x_0가 존재한다.

이때 모든 $x > x_0$에서 $I(x)$가 존재하고 $x\to\infty$일 때

$$I(x) \sim \left[\frac{\pi}{2xf''(0)}\right]^{\frac{1}{2}}$$

이다.

(증명) 먼저 $x > x_0$에 대하여 $e^{-xf(t)} \le e^{-x_0 f(t)}$이므로 비교 판정법에 의하여 $I(x)$는 존재한다.

$0 < \varepsilon < f''(0)$인 ε이 선택된다. f''의 연속성에 의하여, 적당한 $\delta < a$가 존재하여 $0 \le t \le \delta$에서

$$0 < f''(0) - \varepsilon \le f''(t) \le f''(0) + \varepsilon \qquad (11.37)$$

을 만족한다. 이때

$$\begin{aligned} I(x) &= \int_0^a e^{-xf(t)}\,dt \\ &= \int_0^\delta e^{-xf(t)}\,dt + \int_\delta^a e^{-xf(t)}\,dt \\ &\equiv \quad I_1(x) \quad + \quad I_2(x) \end{aligned}$$

라고 하자. 먼저 I_2를 보자. $\delta \le t \le a$에서 f가 단조함수이므로 $f(t) \ge f(\delta)$이다. 그러므로 $x \ge 2x_0$이면,

$$\begin{aligned} e^{-xf(t)} = e^{-xf(t)/2} \cdot e^{-xf(t)/2} &\le e^{-xf(t)/2} \cdot e^{-xf(\delta)/2} \\ &\le e^{-x_0 f(t)} \cdot e^{-xf(\delta)/2} \end{aligned}$$

이다. 결론적으로

$$\begin{aligned} I_2 = \int_\delta^a e^{-xf(t)} &\le e^{-xf(\delta)/2} \cdot \int_\delta^a e^{-x_0 f(t)/2} \\ &\le e^{-xf(\delta)/2} \cdot \int_0^a e^{-x_0 f(t)/2} \end{aligned}$$

이고, 또한 $x \ge 2x_0$에서,

$$0 \le I_2 \le e^{-xf(\delta)/2} \cdot I(x_0) \qquad (11.38)$$

이다. 다음으로 $0 \le t \le \delta$에서 $f(t) = f(0) + f'(0)\,t + \dfrac{f''(\tau)\,t^2}{2}$이며 여기서 $0 \le \tau \le t \le \delta$ 이다. 그러나 $f(0) = f'(0) = 0$이므로 $f(t) = \dfrac{f''(\tau)\,t^2}{2}$이다. 식(11.38)과 식(11.37)에 의하면,

$$\frac{[f''(0) - \varepsilon]\,t^2}{2} \le f(t) \le \frac{[f''(0) + \varepsilon]\,t^2}{2}$$

이고

$$e^{-x[f''(0)+\varepsilon]t^2/2} \le e^{-xf(t)} \le e^{-x[f''(0)-\varepsilon]t^2/2} \qquad (11.39)$$

이다. 부등식(11.39)를 적분하면

$$\int_0^\delta e^{-x[f''(0)+\varepsilon]t^2/2}\,dt \le I_1(x) \le \int_0^\delta e^{-x[f''(0)-\varepsilon]t^2/2}\,dt \qquad (11.40)$$

이다. 식(11.38)과 (11.40)을 결합하면, $x \ge 2x_0$에서

$$\int_0^\delta e^{-x[f''(0)+\varepsilon]t^2/2}\,dt \le I(x) \le \int_0^\delta e^{-x[f''(0)-\varepsilon]t^2/2}\,dt + e^{-xf(\delta)/2} \cdot I(x_0) \qquad (11.41)$$

이다. 식(11.41)에 $\sqrt{x}$를 곱하고 $x \to \infty$하면 정리 11.4.1에 의하여 $\sqrt{x}\, e^{-xf(\delta)/2} I(x_0) \to 0$이고

$$\begin{aligned} \frac{1}{2}\left(\frac{2\pi}{[f''(0) + \varepsilon]}\right)^{\frac{1}{2}} &\le \underline{\lim}_{x\to\infty} \sqrt{x}\, I_{(x)} \\ &\le \overline{\lim}_{x\to\infty} \sqrt{x}\, I_{(x)} \le \frac{1}{2}\left(\frac{2\pi}{[f''(0) - \varepsilon]}\right)^{\frac{1}{2}} \end{aligned} \qquad (11.42)$$

이다. 부등식(11.42)은 $\varepsilon < f''(0)$인 모든 양의 ε에 대하여 성립하므로 $\varepsilon \to 0$이면

$$\lim_{x\to\infty} \sqrt{x}\, I_{(x)} = \left[\frac{\pi}{2f''(0)}\right]^{\frac{1}{2}}$$

이다. ■

예 제 11.4.2.

$x\to\infty$일 때 $I(x) = \int_0^1 e^{x\cos t}\,dt$의 점근적 상태를 조사하시오.

(풀이) 만약 $f(t) = -\cos t$라고 하면 $f'(0) \neq 0$이므로 정리 11.4.2를 적용할 수 없다. 그러므로

$$\begin{aligned} I(x) &= \int_0^1 e^{x\cos t}\,dt \\ &= e^x \int_0^1 e^{x(\cos t - 1)}\,dt \\ &= e^x \int_0^1 e^{-x(1-\cos t)}\,dt \end{aligned}$$

로 나타내고 $f(t) = 1 - \cos t$라고 하면 정리 11.4.2를 적용할 수 있다. 그러므로

$$e^{-x} I(x) = \int_0^1 e^{-x(1-\cos t)}\,dt \sim \left(\frac{\pi}{2x}\right)^{\frac{1}{2}}$$

이므로 $I(x) \sim e^x \cdot \left(\frac{\pi}{2x}\right)^{\frac{1}{2}}$ 이다.

[따름 정리 11.4.1.]

정리 11.4.2의 조건을 만족하는 $f(x)$이고, 구간 $\{0 \le t \le a\}$에서 g는 연속이다. $I(x) = \int_0^a g(t)\, e^{-xf(t)}\,dt$가 x_0에서 절대수렴하면, $x > x_0$에서 $I(x)$는 절대 수렴하고

$$I(x) \sim g(0)\left(\frac{\pi}{2xf''(0)}\right)^{\frac{1}{2}}$$

이다.

(증명) 모든 $x > x_0$에 대하여 $|g(t)|e^{-xf(t)} \le |g(t)|e^{-x_0 f(t)}$이므로 비교 판정법에 의하여 $I(x)$는 절대 수렴이다.

$$\begin{aligned} I(x) &= \int_0^\delta g(t)e^{-xf(t)}\,dt + \int_\delta^a g(t)e^{-xf(t)}\,dt \\ &\equiv I_1(x) + I_2(x) \end{aligned}$$

라 하자. 여기서 δ는 뒤에서 정의하기로 한다. 고정된 δ에 대하여 $x \ge 2x_0$이면

$$\begin{aligned} |I_2(x)| &\le e^{-xf(\delta)/2} \int_\delta^a |g(t)|e^{-x_0 f(t)}\,dt \\ &\le C_0\, e^{-xf(\delta)/2} \end{aligned} \tag{11.43}$$

이고 여기서 C_0는 상수이고, $C_0 = \int_0^{\delta} |g(t)| e^{-x_0 f(t)} dt$이다. 양의 수 $\varepsilon > 0$이 주어지면, $0 \le t \le \delta$에서 $g(0) - \varepsilon \le g(t) \le g(0) + \varepsilon$를 만족하는 적당한 δ를 선택할 수 있다. 부등식(11.43)에 $e^{-xf(t)}$를 곱하고 적분하면

$$[\, g(0) - \varepsilon\,] \int_0^{\delta} e^{-xf(t)}\, dt \le I_1 \le [\, g(0) + \varepsilon\,] \int_0^{\delta} e^{-xf(t)}\, dt \tag{11.44}$$

이다. 지금,

$$I_1 - |I_2| \le I = I_1 + I_2 \le I_1 + |I_2| \tag{11.45}$$

이므로 식 (11.43), (11.44) 그리고 (11.45)에서

$$\begin{aligned} [\, g(0) - \varepsilon\,] \int_0^{\delta} e^{-xf(t)}\, dt - C_0 e^{-xf(\delta)/2} &\le I(x) \\ &\le [\, g(0) + \varepsilon\,] \int_0^{\delta} e^{-xf(t)}\, dt + C_0 e^{-xf(\delta)/2} \end{aligned} \tag{11.46}$$

이다. 식 (11.46)의 양변에 $\sqrt{x}$를 곱하고 $x \to \infty$이면 모든 $\varepsilon > 0$에 대하여,

$$\begin{aligned} [g(0) - \varepsilon]\left[\frac{\pi}{2f''(0)}\right]^{\frac{1}{2}} &\le \underline{\lim}_{x\to\infty} \sqrt{x}\, I(x) \\ &\le \overline{\lim}_{x\to\infty} \sqrt{x}\, I(x) \le [g(0) + \varepsilon]\left[\frac{\pi}{2f''(0)}\right]^{\frac{1}{2}} \end{aligned}$$

이고 $\varepsilon \to 0$이면

$$\lim_{x\to\infty} \sqrt{x}\; I(x) = g(0)\left[\frac{\pi}{2f''(0)}\right]^{\frac{1}{2}}$$

이다. ■

11.5. 스털링 공식(Stirling's Formula)

[정 리 11.5.1.] **(Stirling's Formula)**

$x \to \infty$일때 $\Gamma(x+1) \sim \sqrt{2\pi} \cdot x^{x+\frac{1}{2}} \cdot e^{-x}$ 이다.

(증명) 정의에 의하여 $\Gamma(x+1) = \int_0^{\infty} e^{-u} u^x du$이고 여기서 $u = x(1+t)$로 치환하면

$$\begin{aligned} \Gamma(x+1) &= \int_{-1}^{\infty} e^{-x(1+t)} [x(1+t)]^x x\, dt \\ &= x^{x+1} e^{-x} \int_{-1}^{\infty} e^{-xt}(1+t)^x\, dt \end{aligned} \tag{11.47}$$

이고 또한

$$\begin{aligned} x^{-x-1} e^{x} \Gamma(x+1) &= \int_{-1}^{\infty} e^{-xt}(1+t)^x\, dt \\ &= \int_{-1}^{0} e^{-xt}(1+t)^x\, dt + \int_0^{\infty} e^{-xt}(1+t)^x\, dt \\ &\equiv I_1(x) + I_2(x) \end{aligned} \tag{11.48}$$

라고 하자. 먼저 I_1을 보자.

$$\begin{aligned} I_1(x) &= \int_{-1}^{0} e^{-xt}(1+t)^x\,dt = \int_0^1 e^{xt}(1-t)^x\,dt \\ &= \int_0^1 e^{-x[-t-\log(1-t)]}\,dt \end{aligned} \tag{11.49}$$

$f(t) = -t - \log(1-t)$라고 하고 정리 11.4.2를 적용하자.

이 때 $0 \le t \le 1$에서 $f'(t) = -1 + \frac{1}{1-t} = \frac{t}{1-t} \ge 0$이고 $f''(t) = \frac{1}{(1-t)^2}$, 특히 $f''(0) = 1$이다. 그러므로 $I_1(x) \sim \left(\frac{\pi}{2x}\right)^{\frac{1}{2}}$이다.

식 $I_2(x)$에 대하여서도 $f(t) = t - \log(1+t)$라고 하고 정리 10.4.2를 적용하면

$$I_2(x) \sim \left(\frac{\pi}{2x}\right)^{\frac{1}{2}} \tag{11.50}$$

이므로

$$\Gamma(x+1) \sim \sqrt{2\pi}\cdot x^{x+\frac{1}{2}}\cdot e^{-x} \tag{11.51}$$

이다. ■

11.6. 베이지안 적분의 근사 계산

본 절에서는 베이지안 해석을 하기 위해서는 필연적으로 해결하여야할 적분계산을 논하고자 한다. Y는 확률밀도함수 $p(y \mid \theta)$를 갖는 확률변수라 하자. 여기서 $Y = (Y_1, \cdots, Y_n)$, $\theta = (\theta_1, \cdots, \theta_p)$이다. 이때 우도함수 $L(\theta \mid y)$는 밀도함수 $p(y \mid \theta)$에 비례하는 θ의 함수이다. 또한, $l(\theta \mid y) = \log L(\theta \mid y)$는 대수 우도함수(loglikelihood function)를 나타낸다. 베이지안 해석 방법에서 관측된 자료를 조건으로 하며 모수들을 확률변수로써 간주한다. 그러므로 θ는 확률분포 $p(\theta)$를 갖고 있다 가정한다. 즉 $p(\theta)$를 사전분포함수(prior distribution)라 한다. 따라서, Y와 θ의 결합분포함수는

$$p(Y, \theta) = p(Y \mid \theta)p(\theta) = p(\theta \mid Y)p(Y) \tag{11.52}$$

로 표현할 수 있다. 관측자료 Y를 조건화 아래서, θ의 분포는

$$p(\theta \mid Y) = \frac{p(Y \mid \theta)p(\theta)}{p(Y)} \tag{11.53}$$

이고 여기서 $p(Y) = \int p(Y \mid \theta)p(\theta)d\theta$를 의미한다. 이때, 식 (11.53)은 베이지안 해석론에 근간이 되는 베이즈(Bayes)정리로 알려져 있다. 또한 $p(\theta \mid Y)$는 θ의 사후밀도함수라 한다.

[정 의 11.6.1.]

우도함수 $L(\theta|Y)$와 θ의 사전분포함수 $p(\theta)$아래서, θ의 사후밀도함수(posterior density)는

$$p(\theta \mid Y) = c \cdot p(\theta) \cdot L(\theta \mid Y) \tag{11.54}$$

이고 $c^{-1} = \int p(\theta)L(\theta \mid Y)d\theta$이다. 일반적으로 베이지안 자료해석에서 다음형태 (11.55)의 사후 기대값 (posterior expectation)인

$$E[u(\theta) \mid Y] = \int_{R^p} u(\theta)\ p(\theta \mid Y)\ d\theta \tag{11.55}$$

에 관심이 많다. 여기서 $u(\theta)$는 $\theta = (\theta_1, \cdots, \theta_p)'$의 실함수이다. (11.55)의 형태들은 사후평균(posterior mean), 사후 분산(posterior variance), 사후 공분산(posterior covariance matrix), 고차원 적률(posterior moments), 사후 확률(posterior probability) 등을 포함하고 있다. 예를 들면, (11.55)은 다음과 같이 이해할 수 있다.

1) $u(\theta) = \theta$이면, 사후평균이다.
2) $u(\theta) = (\theta_j - E(\theta_j \mid Y))(\theta_{j'} - E(\theta_{j'} \mid Y))$이면, θ_j와 $\theta_{j'}$의 사후공분산이다. 여기서 $E(\theta_j \mid Y) = \int_{R^p} \theta_j\, p(\theta \mid y)\ d\theta$이다.
3) $u(\theta) = p(z \mid \theta)$이면, 사후 예측함수(posterior predictive density)이다. 여기서 $p(z \mid \theta)$는 예측분포이다.
4) $u(\theta) = 1(\theta \in A)$이면, 집합 A의 사후확률이다.

식 (11.54)를 이용하면 식 (11.55)는 다음과 같은 두 적분들의 비(ratio)형태로 표현된다.

$$\begin{aligned} E[u(\theta) \mid Y] &= \int u(\theta)\ p(\theta \mid y)d\theta \\ &= \int u(\theta) \frac{p(\theta)\ L(\theta \mid y)}{L(\theta \mid y)\ p(\theta)}\ d\theta \\ &= \frac{\int u(\theta)\ p(\theta)\ L(\theta \mid y)d\theta}{\int L(\theta \mid y)\ p(\theta)d\theta} \\ &= \frac{\int u(\theta)e^{l(\theta \mid y) + \log p(\theta)}d\theta}{\int e^{l(\theta \mid y) + \log p(\theta)}d\theta} \end{aligned} \tag{11.56}$$

이다. 정리 11.6.1을 위하여 잠시동안 θ를 스칼라라 가정하자. 먼저,

$$I(u) = \int u(\theta)\exp[-nh(\theta)]d\theta \tag{11.57}$$

라 하자. 여기서 $-h(\theta)$는 유계이고 $\theta = \hat{\theta}$에서 최대값을 갖는 단봉함수라 하자. 이때, 식 (11.56)과 식 (11.57)에서

$$E[u(\theta) | Y] = \frac{I(u)}{I(1)} \tag{11.58}$$

로 표현할 수 있다. 여기서 $-nh(\theta)=l(\theta|y)+\log p(\theta)$이다. 따라서 다음 정리에 의하여 $I(u)$의 근사식을 구한다.

[정 리 11.6.1.]

식 (11.57)에 정의된 $I(u)$는 다음과 같이 근사한다.

$$\hat{I}(u)=u(\hat{\theta})\sqrt{\frac{2\pi}{n}}\sigma\exp[-nh(\hat{\theta})] \tag{11.59}$$

이다. 여기서 $\sigma=\left[\left.\frac{\partial^2 h}{\partial\theta^2}\right|_{\theta=\hat{\theta}}\right]^{-1/2}$이다.

(증명) $h(\theta)$를 $\theta=\hat{\theta}$에 대하여 2차까지 테일러 확장하면,

$$h(\theta)\cong h(\hat{\theta})+(\theta-\hat{\theta})h'(\hat{\theta})+(\theta-\hat{\theta})^2h''(\hat{\theta})$$

이며, $h'(\hat{\theta})=0$이므로

$$\begin{aligned}I(u)&=\int u(\hat{\theta})\exp\left\{-n\left[h(\hat{\theta})+\frac{(\theta-\hat{\theta})^2}{2}h''(\hat{\theta})\right]\right\}d\theta\\&=u(\hat{\theta})\exp(-nh(\hat{\theta})]\cdot\int\exp\left[-\frac{n(\theta-\hat{\theta})^2}{2\sigma^2}\right]d\theta\\&=u(\hat{\theta})\sqrt{\frac{2\pi}{n}}\sigma\exp[-nh(\hat{\theta})]\end{aligned}$$

이다. ■

[주 의 11.6.1.]

Tierney와 Kadane(1986)은 $I(u)=\hat{I}(u)\left(1+O\left(\frac{1}{n}\right)\right)$임을 보였다.

[따름 정리 11.6.1.]

$\theta=(\theta_1,\cdots,\theta_p)$이면 $I(u)$는

$$\hat{I}(u)=u(\hat{\theta})\sqrt{\frac{2\pi}{n}}\,|\Sigma|^{\frac{1}{2}}\exp(-nh(\hat{\theta})) \tag{11.60}$$

로 근사할 수 있다. 여기서 θ^*는 $-h(\theta)$의 최빈값(mode)이고 $\sigma=\left[\left(\frac{\partial^2 h}{\partial\theta_i\partial\theta_j}\right)\right]^{-1}_{\theta=\hat{\theta}}$이다.

(증명) 정리 11.6.1을 다변수 $\theta=(\theta_1,\cdots,\theta_p)$로 확장하여 쉽게 보일 수 있다. ■

[따름 정리 11.6.2.] (Laplace approximation)

식 (11.55)에 있는 $E[u(\theta)\mid y]$는

$$\hat{E}[u(\theta)\mid y]=u(\hat{\theta}) \tag{11.61}$$

로 근사한다.

(증명) 식 (11.56)과 $I(u)$의 정의에 의하여 $E[u(\theta)|Y]=\frac{I(u)}{I(1)}$로 표현할 수 있다. 또한 정리 11.6.1과 따름정리 11.6.1에 의하여 정리의 결과 (11.61)을 얻는다. ■

[정 리 11.6.2.] (Tierney-Kadane Approximation ; 1986)

$u(\theta)$가 거의 모든 점에서 양이라 가정하면,

$$E[u(\theta)\mid y]\cong\left(\frac{det\Sigma^*}{det\Sigma}\right)^{\frac{1}{2}}\frac{\exp[-nh^*(\theta^*)]}{\exp[-nh(\theta)]} \tag{11.62}$$

이다. 여기서 $-nh(\theta)=l(\theta\mid y)+\log p(\theta)$이며 $\theta=\hat{\theta}$는 $-h(\theta)$의 최빈값이다. $-nh^*(\theta)=-nh(\theta)+\log u(\theta)$이며 $\theta=\widehat{\theta^*}$는 $-h^*(\theta)$의 최빈값이다. 또한,

$$\Sigma^*=\left[\frac{\partial^2 h^*}{\partial\theta^2}\Big|_{\theta=\hat{\theta}^*}\right]^{-1},\quad \Sigma=\left[\frac{\partial^2 h}{\partial\theta^2}\Big|_{\theta=\hat{\theta}}\right]^{-1}$$

이다.

(증명) 식(11.56)의 분모, 분자에서 앞에서 정의한 $-nh(\theta)$와 $-nh^*(\theta)$을 갖고 따름 정리 11.6.1을 적용함으로써 쉽게 구할 수 있다. ■

예 제 11.6.1.

$Y_1,\ldots,Y_n$ 가 평균 θ인 지수분포함수의 랜덤 샘플이라 하자. 즉, $i=1,\ldots,n$,

$$Y_i \sim p(y_i\mid\theta)=\frac{1}{\theta}e^{-\frac{y_i}{\theta}} = L(\theta|y_i),\quad \theta>0,\quad y_i>0.$$

또한 θ의 사전분포 함수를 $p(\theta)\propto\frac{1}{\theta}$라 하자. 이는 Jeffrey's prior라 한다. 이때 θ의 사후 분포함수는 우도함수 $L(\theta\mid y_1,\ldots,y_n)$와 사전분포 함수 곱에 비례한다. 즉,

$$p(\theta|y_1,\ldots,y_n)\propto L(\theta|y_1,\ldots,y_n)\times P(\theta)$$

$$\propto\frac{1}{\theta^{n+1}}\exp\left(-\frac{\sum_{i=1}^n y_i}{\theta}\right)$$

이다. 그러므로 사후 분포 함수는 역감마분포(inverse gamma distribution), $IG(n,n\bar{y})$이다. 따라서 여기서 우리는 정확한 사후 평균과 사후 분산을 구할 수 있다. 즉,

$$E(\theta|y)=\frac{n\bar{y}}{n-1},\quad E(\theta^2|y)=\frac{n^2\bar{y}^2}{(n-1)(n-2)} \tag{11.63}$$

이다. 여기서 $y=(y_1,\ldots,y_n)$이다. 앞에서 제시된 근사식들을 구하여 비교한다. 먼저 따름정리 11.6.2에서 제시된 Laplace approximation을 이용하여 사후 평균 $E(\theta|y)$의 근사식을 구한다. 이때 $u(\theta)=\theta$이며, 역감마분포(inverse gamma distribution), $IG(n,n\bar{y})$의 최빈값은 $\hat{\theta}=\frac{n\bar{y}}{n+1}$이다.(연습문제). 그러므로, 사후 평균 $E(\theta|y)$의 Lapace 근사값은 간단히

$$u(\hat{\theta}) = \hat{\theta} \tag{11.64}$$

이다. 다음으로 Tierney －Kadane 근사값을 구한다. 이때,

$$-nh(\theta) = \log IG(n,\ n\bar{y}),$$

$$-nh^{*}(\theta) = \log IG(n,\ n\bar{y}) + \log\theta$$

이며, 여기서 각각의 최빈값을 구한후 정리 11.6.2에 대입하면,

$$\hat{E}(\theta|y) = \left(\frac{n}{n-1}\right)^{n-1/2} e\,\hat{y} \tag{11.65}$$

이다.

연습문제 (11)

1. 1) $B(x, y) = 2\int_0^{\frac{\pi}{2}} (\sin\theta)^{2x-1}(\cos\theta)^{2y-1}d\theta$ 임을 보여라.

   2) $\Gamma(\frac{1}{2}) = \sqrt{\pi}$ 임을 보여라.

2. 다음적분들의 점근적 값을 구하라.

   1) $\int_0^1 (\cos t)^x dt$

   2) $\int_0^1 (1-t^2)^x \cos t\ dt$

   3) $\int_0^1 (2-t^2)^x\ dt$

3. $\Gamma^{(n)}(x) = \int_0^\infty e^{-t}t^{x-1}(\log t)^n dt,\ x>0$임을 보여라.

4. 다음을 구하시오.

   1) $\Gamma\left(-\frac{1}{2}\right),\ \Gamma\left(-\frac{3}{2}\right), \cdots,\ \Gamma\left(-n+\frac{1}{2}\right)$과 $\Gamma\left(\frac{3}{2}\right),\ \Gamma\left(\frac{5}{2}\right), \cdots,\ \Gamma\left(n+\frac{1}{2}\right)$을 구하라.

   2) $\sqrt{\pi}\,\Gamma(2n) = 2^{2n-1}\Gamma(n)\,\Gamma(n+\frac{1}{2})$임을 보여라.

5. $\Gamma(x) = \int_0^1 [\log\frac{1}{t}]^{x+1}\ dt$임을 보여라.

6. $\Psi(x) = \frac{d}{dx}\log\Gamma(x) = \frac{\Gamma'(x)}{\Gamma(x)}$라 하자. 이때 $\Psi(x+1) = \Psi(x) + \frac{1}{x}$임을 보여라.

7. $x>0$ 에서 $\Gamma(x)=\sum_{n=0}^{\infty}\frac{(-1)^n}{n!}\frac{1}{n+x}+\sum_{n=0}^{\infty}c_n x^n$ 임을 보여라.

여기서 $C_n=\frac{1}{n!}\int_1^{\infty}t^{-1}e^{-t}(\log t)^n\,dt$ 이다.

8. $(\Gamma(x+1))^{\frac{1}{x}} \sim \frac{x}{e}$ 임을 보여라.

9. 1) $\Gamma(a+x)\sim\sqrt{2\pi}\,x^{x+a-\frac{1}{2}}e^{-x}$ 임을 보여라.

2) $\frac{\Gamma(a+x)}{\Gamma(b+x)}\sim x^{a-b}$임을 보여라.

10. 모든 $x\neq 0,\ -1,\ -2,\ \cdots$ 에 대하여 $\Gamma(x)=\lim_{n\to\infty}\frac{n!\,n^x}{x(x+1)\cdots(x+n)}$ 임을 보이시오.

11. $\limsup_{n\to\infty}\frac{|u_n'|^{\frac{1}{n}}}{n}<\infty$ 이라 하자. 이때 확률변수 X의 비중심적률 u_n' $(n=1,2,\cdots)$ 들은 X의 누적분포함수를 유일하게 결정함을 보여라. (힌트 ; Stirling's formula)

12. $\lim_{n\to\infty}\frac{2^{2n}(n!)^2}{(2n)!\,n}=\sqrt{\pi}$임을 보여라. (힌트: *Wallis'* 곱)

13. $\sqrt{\pi}\,\Gamma(2n)=2^{2n-1}\Gamma(n)\Gamma(n+\frac{1}{2})$임을 보여라.

14. 1) $x>0,\ y>0$ 에서 $yB(x+1,y)=xB(x,y+1)$임을 보여라.

2) 만약 $m+1,n+1\in Z^+$ 이면, $B(m+1,n+1)=\frac{m!\,n!}{(m+n+1)!}$ 임을 보여라.

3) $x>0,y>0$ 에서 $B(x+1,y)+B(x,y+1)=B(x,y)$ 임을 보여라.

4) 1)과 3)을 이용하여 $B(x+1,y)=\frac{x}{x+y}B(x,y)$ 임을 보여라.

5) $n\in Z^+$ 이고 $y>0$ 이면 $B(n,y)=\frac{(n-1)!}{y(y+1)\cdots(y+n-1)}$ 이다.

15. 1) $m,n>0\ ,p>0$ 이면 $\int_0^1 x^m(1-x^p)^n\,dx=\frac{1}{p}B\left(\frac{m+1}{p},n+1\right)$ 임을 보여라.

2) $\int_0^1(1-\sqrt{x})^2\,dx$ 와 $\int_0^1 x^{\frac{5}{2}}(1-\sqrt{x})^{\frac{3}{2}}\,dx$ 를 계산하라.

3) $c>\frac{1}{2}$ 이면 $\int_0^1\frac{x^{2c}}{\sqrt{1-x^2}}\,dx=\frac{\sqrt{\pi}\,\Gamma\left(c+\frac{1}{2}\right)}{2\Gamma(c+1)}$ 이다.

16. 1) $F(x)=\int_0^\infty f(t)\,e^{-xt}\,dt=\mathrm{L}\,(f)$ 이면, 이 때 $\mathrm{L}\,(f'(t)) = x\,\mathrm{L}\,(f(t))-f(0)$ 임을 보여라.

2) $\mathrm{L}\,(f''(t)) = x^2\,\mathrm{L}\,(f(t))-x\,f(0)-f(0)$ 임을 보여라.
따라서 $\mathrm{L}\,(f^{(n)}(t)) = x^n\,\mathrm{L}\,(f(t))-x^{n-1}f(0)-x^{n-2}f(0)-\cdots-f^{n-1}(0)$ 이다.

17. $\left(1-\frac{1}{2^2}\right)\left(1-\frac{1}{4^2}\right)\left(1-\frac{1}{6^2}\right)\cdots=\lim_{n\to\infty}\prod_{k=1}^{n}\left(1-\frac{1}{(2k)^2}\right)=\frac{2}{\pi}$ 임을 보여라. (힌트: Wallis 곱)

18. $p>0$ 이고 $\alpha\in(0,1)$ 이라 하자. $\forall\varepsilon>0$ 에 대하여

$$F(x) = \frac{1}{\varepsilon}\int_0^\infty dx\int_0^x e^{-\frac{y^2}{2p}}\,dy\int_0^\infty e^{-\varepsilon u^\alpha}\cos xu\,du$$

라 하자. 이 때

$$\lim_{\varepsilon\to0^+}F(\varepsilon) = \frac{1}{2}\,(2p)^{\frac{1-\alpha}{2}}\,\Gamma\left(\frac{1-\alpha}{2}\right)\Gamma(\alpha)\,\sin\frac{\pi\alpha}{2}$$

임을 보여라. 이 결과는 확률과정론 연구에 매우 중요하다.

19. $Y_1,\cdots,Y_n$는 평균 λ인 포아송 분포의 랜덤샘플이라 하자. 이 때 λ는 Jeffrey 사전 분포함수를 갖는다 가정하자. 즉,

$$P(\lambda)=\frac{1}{\sqrt{\lambda}},\quad \lambda>0.$$

1) 사후평균 $E(\lambda\,|\,Y_1,\cdots,Y_n)$을 구하라.

2) 사후평균의 Laplace 근사식을 구하라.

3) 사후평균의 T−K 근사식을 구하라.

참 고 문 헌

Anderson, T. W. and S. D. Gupta(1963). "Some inequalities on characteristic roots of matrices." *Biometrika*, **50**, 522-524.

Apostol, T.M.(1964). *Mathematical Analysis*. Addison-Wesley, Reading, Massachusetts.

Bickel, P. J. and K. A. Doksum(1977). *Mathematical Statistics*. Holden-Day, San Francisco.

Bohachevsky, I. O., M. E. Johnson and M. L. Stein (1986). "Generalized simulated annealing for function optimization." *Technometrics*, **28**, 209-217.

Box, G. E. P. and H. L. Lucas (1959). "Design of experiments in nonlinear situations." *Biometrika*, **46**, 77-90

Buck, P. C. (1956). *Advanced Calculus*. McGraw-Hill, New York.

Bunday, B. D. (1984). *Basic optimization methods*. Edward Arnold Ltd., Victoria, Australia.

Buse, A. and L. Lim (1977). "Cubic splines as a special case of restricted least squares." *JASA*. **72**, 64-68

Chatterjee, S., and B. Price (1977). *Regression Analysis by Example*. Wiley, New York.

Cheney, E. W. (1982). *Introduction to Approximation Theory*, 2nd ed. Chelsea, New York.

Corwin, L. J., and R. H.Szczarba (1982). *Multivariable Calculus*. Marcel Dekker, New York.

Davis, P. J. (1975) *Interpolation and Approximation*. Dover, New York.

De Boor, C. (1978). A Practical Guide to Splines. *Springer-Verlag*, New York.

Dempster, A. P., N. M. Larid and D. B. Rubin (1977). "Maximum likelihood from incomplete data via the EM algorithm." *JRSS-B*, **39**, 1-38.

Draper, N. R. (1963). "Ridge analysis of response surfaces." *Technometrics*, **5**, 469-479.

Draper, N. R., and A. M. Herzberg (1987). "A ridge-regression sidelight." *American Statistician.*, **41**, 282-283.

Draper, N. R., I. Guttman, and P. Lipow(1977). "All-bias designs for spline functions joined at the axes." *J. Amer. Statist. Assoc.*, **72**, 424-429.

Feller, W. (1968).*An Introduction to Probability Theory and Its Applications*, Vol. I, 3rd ed. Wiley, New York.

Fiher, R. A., A. S. Corbet, and C. B. Williams (1943). "The relation between the number of species and the number of individuals in a random sanple of an animal population." *J. Anim. Ecology*, **12**, 42-58.

Fisz, M. (1963). *Probability Theory and Mathematical Statistics*, 3rd ed. Wiley, New York.

Fulks, W. (1978). *Advanced Calculus*, 3rd ed. Wiley, New York.

Gillespie, R. P. (1954). *Partial Differentiation*. Oliver and Boyd, Edinburgh, England.

Graybill, F. A. (1983). *Matrices with Applications in Statistics*, 2nd ed. Wadsworth, Belmont, California.

Hall, C. A. (1968). "On error bounds for spline interpolation." *Journal of Approximation Theory*, **1**, 209-218

Hoerl, A. E., and R. W. Kennard (1970a). "Ridge regression: Biased estimation for non-orthogonal problems." *Technometrics*, **12**, 55-67.

Hoerl, A. E., and R. W. Kennard (1970b). "Ridge regression: Applications to non-orthogonal problems." *Technometrics*, **12**, 69-82;correction, **12**, 723.

Hogg, R. V., and A. T. Craig (1965). *Introduction to Mathematical Statistics*, 2nd ed. Macmillan, New York.

Johnson, N. L., and S. Kotz (1969). *Discrete Distributions*. Houghton Mifflin, Boston.

Johnson, N. L., and S. Kotz (1970a). *Continuous Univariate Distributions-1*. Houghton Mifflin, Boston.

Johnson, N. L., and S. Kotz (1970b). *Continuous Univariate Distrbutions-2*. Houghton Mifflin, Boston.

Kaplan, W. (1991). *Advanced Calculus*, 4th ed. Addison-Wesley, Redwood City, California.

Kendall, M., and A. Stuart (1977). *The Aevanced Theory of Statistics*, Vol. 1, 4th ed. Macmillan, New York.

Kirkpatrick, S., C. D. Gelatt and M. P. Vechhi (1983). "Optimization by simulated annealing." *Science*, **220**, 671-680.

Khuri, A. I., and R. H. Myers (1979). " Modified ridge analysis." *Technometrics*, **21**, 467-473.

Knopp, K.(1951). *Theory and Application of Infirite Series*. Blackie and Son, London, England.

Kosambi, D. D. (1949). "Characteristic properties of series distributions." *Proc. Nat. Inst. Sci. India*, **15**, 109-113.

Little, R, J. A. and D. B. Rubin (1987). Statistical analysis with Missing Data., *Wiley*, New York.

Lowerre, J. M. (1983). "An integral of the bivarite normal and an appliation." *American Statistician*, **37**, 235-236.

Nelder, J. A. and R. Mead (1965). "A simplex method for function minimization." *Computational Journal*, **7**, 308-313

Ofir, C., and A. I. Ljiro (1986). " Multicollinearity in marketing models: Diagnostics and remedial measures." *Internat. J . Res. Market.*, **3**, 181-205.

Olsson, D. M. and L. S. Nelson (1975). "The Nelder-Mead simplex procedure for funtion minimization." *Technometrics*, **15**, 45-51

Poirier, D. J. (1973) "Piecewise regression using cubic splines." *JASA*, **68**, 515-524

Rao, C. R. (1973). *Linear Statistical Inference and its Applications*, 2nd ed. Wiley, New York.

Rudin, W. (1964). *Principles of Mathematical Analysis*, 2nd ed. McGraw-Hill, New York.

Sagan, H.(1974). *Advanced Calculus*. Houghton Mifflin, Boston.

Searle, S. R. (1971). *Linear Models*. Wiley, New York.

Spendley, W. G. R. Hext and F. R. Himsworth (1962). "Sequential application of simplex designs in optimization and evalutionary operation." *Technometrics*, **4**, 441-461

Tierney, L and Kadane, J.(1986) "Accurate approximations for posterior moments and marginal densities." *Journal of the American Statistical Association*, **81**, 82-86.

Watson, G. S. (1964). "A note on maximum likelihood." *Sankhya*, ser. A., **26**, 303-304.

Wilks, S. S. (1962). *Mathematical Statistics*. Wiley, New York.

찾아보기(영문)

찾아보기(국문)

(ㅈ)

(ㅊ)

(ㅋ)

| 저자 약력 |

정 윤 식

연세대학교 이과대학 수학과 (학사)
미국 코넷티컷대학교 수학과 (석사)
미국 코넷티컷대학교 통계학과 (박사)
현, 부산대학교 자연과학대학 통계학과 교수

통계수학 -개정판-

| 저 자 정 윤 식
| 펴 낸 이 주 정 희
| 펴 낸 곳 자유아카데미
| 주 소 경기도 파주시 회동길 37-42
파주출판도시
| 전 화 031-955-1321
| 팩 스 031-955-1322
| 홈페이지 www.freeaca.com
| 전자우편 main@freeaca.com(대표)
editor@freeaca.com(편집)
| 등 록 제406-2003-017호, 1980. 7. 12
| 제2판1쇄 2001년 3월 1일 발행
| 제2판3쇄 2015년 6월 10일 발행
| 정 가 15,000원

ISBN 89-7338-266-7 93310